Anais do 6º Simpósio sobre Bovinocultura Leiteira

Editores

Flávio Augusto Portela Santos
José Carlos de Moura
Vidal Pedroso de Faria

Anais do 6º Simpósio sobre Bovinocultura Leiteira

REQUISITOS DE QUALIDADE NA BOVINOCULTURA LEITEIRA

Editores

Flávio Augusto Portela Santos

José Carlos de Moura

Vidal Pedroso de Faria

Apoio

CAPES

FAPESP

FEALQ

Av. Centenário, 1080
13416-000 Piracicaba, SP, Brasil

Fone: 19-3417-6600
Fax: 19-3422-2755

livros@fealq.org.br
fealq.org.br

Dados Internacionais de Catalogação na Publicação (CIP)
DIVISÃO DE BIBLIOTECA E DOCUMENTAÇÃO – ESALQ/USP

Simpósio sobre Bovinocultura Leiteira (6. : 2008 : Piracicaba, SP)
Requisitos de qualidade na bovinocultura leiteira : anais ... / edição de Flávio Augusto Portela Santos, José Carlos de Moura e Vidal Pedroso de Faria. - - Piracicaba: FEALQ, 2008.
367 p. : il.

Bibliografia.

1. Bovinocultura leiteira – Congressos 2. Carnes e derivados – Congressos 3. Controle de qualidade – Congressos I. Santos, F. A. P., ed. II. Moura, J. C. de, ed. III. Faria, V. P. de, ed. IV. Título

CDD 636.214
S237r

ISBN 978-85-7133-062-7

As revisões técnica, ortográfica, de digitação e ordenação de cada capítulo são de responsabilidade de seu(s) respectivo(s) autor(es).

Sumário

AUMENTO DE RENDA DA POPULAÇÃO E CONSUMO DE LEITE

PAULO DO CARMO MARTINS[1]
ALZIRO VASCONCELOS CARNEIRO[2]

1. Introdução

Todo setor produtivo tem seu desempenho afetado pelo comportamento de variáveis que compõem o segmento de produção e pelo segmento de consumo. Permeando estes dois segmentos existem variáveis atinentes à economia do país como um todo que, enfim, são determinantes do comportamento do setor produtivo em questão.

No caso dos lácteos brasileiros, o setor de produção tem apresentado crescimento contínuo nas últimas três décadas. Contribuíram

1 Economista. Doutor em Economia Aplicada. Pesquisador Embrapa Gado de Leite.

2 Médico Veterinário. Doutor em Ciências Veterinárias. Analista Embrapa Gado de Leite.

para este comportamento a disponibilidade de fatores de produção como terra, mão-de-obra e água em condições bastante favoráveis. Contudo, esses fatores disponíveis a preços baixos não explicam totalmente este comportamento. Afinal, países africanos têm estas características e não apresentam aumento de produção em níveis similares aos brasileiros.

Há um fator decisivo, o capital humano, que é fator diferencial para o Brasil. A disponibilidade de capital humano resulta na possibilidade de gerar e adaptar tecnologias e capacidade de se valer de pessoal técnico qualificado, fundamental para a introdução de inovações tecnológicas disponibilizadas.

Todavia, os fatores de produção citados até o presente são importantes para explicar o aumento da produção de leite nos últimos trinta anos, mas não explicam totalmente. Há que se considerar variáveis relacionadas ao consumo, pois o consumo tem o papel de estimular a produção. Nesse caso, o tamanho e o perfil da população têm papel fundamental.

Adicionalmente, fatores relacionados ao ambiente institucional do país afetam sobremodo o consumo e a produção e devem ser considerados quando se analisa o desempenho dos lácteos. Considerando-se que os fatores vinculados à produção de leite contam com vasta literatura que trata a respeito, o presente trabalho objetiva discutir questões pertinentes ao consumo e ao ambiente institucional que auxiliam na compreensão do comportamento do setor de leite e derivados brasileiros.

2. Efeito da Renda sobre o Consumo

A Teoria Econômica é clara ao estabelecer relações entre renda e consumo. Quanto maior a renda da população, maior tenderá a ser o consumo da maioria dos bens e serviços disponíveis numa sociedade. Todavia, a população não reage de modo idêntico para todos os bens ou serviços quando país ocorre uma variação em sua renda. Isso ocorre em função do padrão de consumo de cada grupo populacional, que se traduz na preferência revelada para cada bem ou serviço.

Há produtos ou serviços que, quando o consumidor recebe uma elevação de renda o consumo desse bem se eleva numa proporção maior que o aumento da renda. Como exemplo, suponha que a renda tenha se elevado em 10%. É possível que os gastos adicionais com alguns bens ou serviços cresçam acima de 10%. Esses bens e serviços são chamados como *bens superiores* ou *bens de luxo*. Planos de saúde e previdência privada, aquisição de veículos com componentes mais sofisticados são alguns dos exemplos atuais encontrados na sociedade brasileira.

Por outro lado, há produtos ou serviços que, quando o consumidor tem elevação de renda de, por exemplo, 10%, o dispêndio adicional com suas aquisições se eleva entre 0 e 10%. Essa é a maioria dos casos e, por isso, os bens que se enquadram nesta situação são considerados *bens normais*.

Há ainda os chamados *bens inferiores*, que são aqueles que, dada uma elevação de renda, ocorre o inverso do esperado, ou seja, há redução no consumo do produto. São exemplos a farinha de mandioca, a carne de segunda ou produtos que estão no final de seu ciclo e estão sendo substituídos por modelos com melhoria tecnológica, como os aparelhos de televisão preto e branco no passado e os aparelhos atuais, que iniciaram recuo de vendas em função da disponibilidade de aparelhos de plasma e LCD.

3. Efeito da Inflação sobre o Consumo

Se a renda é fortemente afetada pelo consumo, a inflação afeta fortemente a renda e, consequentemente o consumo de bens e serviços.

Quando um bem apresenta majoração de preços a racionalidade do consumidor força-o a reorganizar sua cesta de bens adquiridos. Certamente ocorrerá a redução de consumo deste bem, em alguma proporção. Se a majoração de preços ocorre de maneira generalizada, o que é conhecida por inflação, e não ocorre, em contrapartida, elevação da renda do consumidor na mesma proporção, o efeito esperado é uma reorganização total dos itens consumidos pelo indivíduo, tanto em termos quantitativos quanto em termos qualitativos.

Portanto, a inflação é, na prática, um processo de redução da renda do consumidor. Seu efeito no consumo é o inverso do descrito no item anterior. Bens superiores e normais são afetados pela inflação de modo negativo. Já os bens inferiores são afetados de modo positivo, ou seja, quanto maiores as taxas inflacionárias maiores serão os estímulos para a elevação de consumo de bens inferiores.

4. Consumo de Leite e Fatores Estruturais

Existem quatro motivos que levam a supor que mudanças estruturais estão em curso em termos de consumo de leite, e que serão apresentadas a seguir:

4.1. Terminou a substituição de importação no leite

Os países que se industrializaram somente no século passado, como o Brasil, adotaram políticas de substituição de importação. A receita é simples, de cunho protecionista. Cria-se legislação que dificulta importações, impostos vultosos passam a incidir sobre os produtos estrangeiros e a moeda nacional é desvalorizada. Além disso, subsídios à indústria nascente são oferecidos. A implantação da indústria automobilística no Brasil é um exemplo típico dessa política. No caso do leite, ocorreu uma substituição de importação que foge ao modelo clássico. Um caso raríssimo, pois a substituição de importação se deu via mercado, enquanto que o tradicional é via ação protecionista de Governo. Em vez de proteção do Estado, foi a competição que levou a esta substituição de produtos importados.

Em 1991, o Governo deixou de tabelar o preço do leite. De 1991 até 2005 a produção brasileira cresceu 60%, mas a população cresceu 23,5% e o poder aquisitivo de cada brasileiro cresceu 19,5%, ou 1/3 do crescimento do consumo. Isso fez com que se abrisse um fosso entre o crescimento da produção e do consumo per capita. As diferentes taxas de

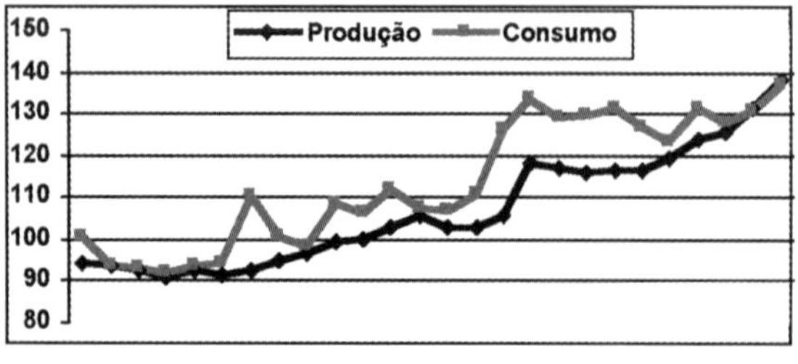

Gráfico 1. Produção Per Capita e Consumo Per Capita de Leite. Brasil. 1980 -2005. (Fonte: dados organizados pelo autor).

crescimento fizeram com que, gradativamente, a produção per capita e o consumo per capita fossem se aproximando, conforme o Gráfico 1, até que se equivaleram. Portanto, a organização da cadeia produtiva do leite nos anos noventa levou a uma substituição de importações e a uma auto-suficiência nacional. Mas, o cenário futuro é de excedente de leite, ou seja, a produção deverá superar o consumo.

4.2. Redução do crescimento populacional

Estimativas populacionais do IBGE para 1985 atribuem ao Brasil uma população de 133 milhões e o crescimento populacional de 2,1% ao ano. Em 2005, as estimativas foram de 184 milhões de habitantes, mas a taxa de crescimento da população caiu para 1,4% ao ano. Para 2025 o IBGE prevê que o Brasil contará 229 milhões de habitantes, mas a população estará crescendo a 0,8% ao ano. Portanto, entre 1985 e 2025 a taxa de crescimento populacional brasileira deverá registrar uma queda de crescimento de 2/3. A conseqüência é que a população está ficando velha. Em 1985, 49,7% da população brasileira tinha até 19 anos de idade, ou seja, a cada dois brasileiros, um era adolescente. Em 2025 o percentual dessa faixa etária cairá para 30,4%. Já o percentual de brasileiros com idade acima de 60 anos, que era de 6,1% em 1985, subirá para 15,1%.

A idade média da população, em quarenta anos, sairá de 19 anos para 33 anos. Esse envelhecimento deverá impactar negativamente o consumo per capita de leite. Primeiro, porque o jovem tem maior propensão ao consumo que qualquer outra faixa etária. Segundo, porque, na cultura brasileira, leite é consumo de pessoas da primeira idade. No imaginário coletivo, é um produto vinculado mais à visão clássica de saúde e nutrição que a um produto saboroso e de prazer. Talvez isso explique o fato de, em eventos, os "milk-breaks" serem momentos de consumo de café e sucos em maior quantidade que os produtos lácteos em geral fartamente disponíveis.

4.3. Tendência de baixo crescimento econômico

Em 2005 o Brasil teve o segundo pior desempenho econômico entre todos os países da América Latina, ao crescer apenas 2,3%. Em 2006, a colocação de segundo pior voltou a se repetir. Pior que o desempenho brasileiro, somente o do Haiti. O crescimento brasileiro, medido pelo PIB - Produto Interno Bruto, tem sido cerca da metade do crescimento econômico mundial e quatro vezes menos que o crescimento da China. Em 2008 o crescimento apresentou melhoria e foi de 3,8%. Também em 2007 o crescimento foi favorável, de 5,4%. Todavia, tudo leva a crer que, em 2008 o crescimento do PIB deverá ficar entre os valores apresentados nos últimos dois anos, face à medidas de combate à inflação anunciadas.

Para que haja crescimento elevado e contínuo, é necessário que a taxa de investimento do país seja também elevado. Ocorre que o Brasil tem apresentado historicamente uma taxa anual de investimento que não ultrapassa a 20% do PIB a mais de duas décadas, enquanto que na China a taxa é próxima a 50% do PIB. A política econômica brasileira tem buscado manter a inflação em patamares baixos. Para tal, busca-se manter os juros elevados, que inibem investimentos públicos e privados.

Esse quadro não deverá sofrer substancial modificação. Caso ocorra, deverá gerar o grave problema de restrição ou falta de capacidade ociosa em infra-estrutura, representada por carência de energia elétrica e infra-estrutura em logística, além da elevada carga de tributos. Tudo isso é inibidor do crescimento. Portanto, não é provável que o Brasil apresente taxas de crescimento contínuas acima de 5% ao ano. Se o crescimento da renda não é elevado, também não deverá ser elevado o consumo per capita de leite.

4.4. Baixa preferência para consumo de lácteos

Com base nos dados da Pesquisa de Orçamentos Familiares do IBGE, pesquisadores da Embrapa Gado de Leite procuraram estimar a preferência do consumidor brasileiro em relação a leite e derivados. Os resultados deste estudo demonstraram que uma família com renda mensal até R$ 1.200,00, caso tenha uma elevação de 10% na sua renda, aumentaria seus gastos com leite e derivados em somente 5,4%. Para a faixa de renda familiar entre R$ 1.200,00 e R$ 3.000,00, o comprometimento adicional com a renda elevada em 10% seria de 4,9%, somente. Acima de R$ 3.000,00, o percentual é de 3,8%. Os resultados demonstram, portanto, que o acréscimo aos gastos com aquisição de leite é menos que proporcional ao aumento da renda. E não se pode afrimar que isso se deve à saturação de consumo de leite, pois o brasileiro consome, em média, a metade do consumo médio per capita verificado nos países desenvolvidos, ou cerca de 140 litros por habitante/ano.

5. Considerações Finais

O consumo de leite e derivados está bastante vinculado à renda per capita. São considerados "bens salário", ou seja, o consumo cresce na medida em que haja crescimento da renda das famílias. Nos momentos em que houve crescimento do poder aquisitivo da população brasileira, houve aumento significativo do consumo de lácteos. São exemplos as adoções dos Planos Cruzado e Real. Nestes dois momentos a retirada da inflação traduziu-se em elevação do poder de compra da família brasileira o que, na prática, significou elevação de renda. O resultado foram os recordes em importação. Em 1986 o Brasil importou cerca de 11% de todo o seu consumo. Já em 2005 e 2006 o Brasil acumulou cerca de U$ 900 milhões em importações.

O aumento contínuo da renda per capita entre 1980 até o presente possibilitou o aumento do consumo per capita, que saiu de um patamar em torno de 100 litros por habitante/ano para o estimado de 140 litros por habitante em 2008. Naturalmente, isso estimulou a produção brasileira de lácteos. Todavia, o crescimento tem se mostrado lento. Entre 1980 e 2005 o consumo cresceu a uma taxa média anual de 3,5% ao ano. Se a média extraída entre 2000 e 2005, a taxa anual cai para 2,6% ao ano, o que é inferior à taxa média anual de crescimento da produção no período, que foi de 4,2%. Isso cria um cenário de excedente entre produção e consumo, que deverá ser considerado pelos agentes públicos e privados que atuam neste setor, pois poderá ser uma ameaça ou uma oportunidade, dependendo de como esses agentes irão se postar frente a este desafio.

COMO PRODUZIR LEITE DE ALTA QUALIDADE[1]

JOÃO WALTER DÜRR[2]

Programa nacional de melhoria da qualidade do leite

O Programa Nacional de Melhoria da Qualidade do Leite (PNQL) quer mudar a forma de se produzir leite no Brasil. O objetivo é melhorar a qualidade do leite para que a população possa consumir produtos lácteos mais seguros, mais nutritivos e mais saborosos além de proporcionar condições para aumentar o rendimento dos produtores.

O Ministério da Agricultura, Pecuária e Abastecimento (MAPA) publicou, em 2002, a Instrução Normativa nº 51, IN51, que regulamenta a produção, identidade, qualidade, coleta e transporte do leite A, B, C, pasteurizado e cru refrigerado. Esta norma entrou em vigor no dia 1º de julho de 2005 nas regiões Sul, Sudeste e Centro-Oeste e

1 Texto publicado em Dürr, João Walter. Como produzir leite de qualidade / João Walter Dürr - Brasília: SENAR, 2007. 2ª edição, 36 p. il. ; 21 cm. (Coleção SENAR, ISSN 1676-367x, 113) ISBN 85-7664-015-5

2 Eng.-Agr., Ph. D.

nas regiões Norte e Nordeste em 1º de julho de 2007. A implementação da IN51 abrirá as portas de novos mercados para o leite brasileiro, garantindo a sustentabilidade da produção pelos próximos anos. Para isso, todos os elos da cadeia devem estar integrados no esforço comum de produzir leite de qualidade.

Como produzir leite de qualidade

A produção de leite de qualidade abrirá as portas de um mercado consumidor exigente no Brasil e no mundo. Hoje, no nosso país, a maioria dos produtores produz o leite cru refrigerado e existe uma tendência clara de valorização do leite que atenda às exigências de qualidade pelos laticínios, que chegam a pagar um preço diferenciado por ele.

A higiene do animal, do ordenhador e das instalações são ações necessárias para atingir esse objetivo. Para uma correta higienização, os vaqueiros devem limpar e desinfetar as instalações e utensílios utilizados, lavar as

mãos antes da ordenha, desinfetar as tetas do animal e realizar testes de mastite, antes da ordenha.

Outra ação importante é a conservação do leite ordenhado em baixas temperaturas. O leite deve ser resfriado em tanques de refrigeração por expansão direta ou em tanques de imersão do latão em água gelada, devendo ser recolhido e transportado por caminhões isotérmicos até o laticínio. Caso o produtor não tenha como resfriar o leite na fazenda, deverá resfriá-lo em um tanque comunitário ou no próprio laticínio, desde que seja entregue, no máximo, 2 horas após a ordenha.

Complementando as orientações, os produtores deverão enviar, mensalmente, amostras de leite aos laboratórios credenciados na Rede Brasileira de Laboratórios de Controle de Qualidade do Leite (RBQL).

Seguindo essas recomendações, os produtores poderão melhorar a qualidade do seu leite e aumentar a sua renda familiar.

Em que consiste a IN51

Informações importantes para o produtor:

I. O leite cru deverá ser refrigerado na propriedade rural. Os produtores rurais deverão usar tanques de refrigeração por expansão direta ou por imersão de latões em água gelada, desde que o leite seja mantido abaixo de 7ºC, por no máximo 48 horas.

II. O leite cru refrigerado deverá ser transportado a granel da propriedade para a indústria, em tanques rodoviários isotérmicos. Em casos especiais, leite cru não refrigerado poderá ser transportado em latões, desde que chegue à indústria até duas horas após a ordenha.

III. Uma vez por mês, amostras do leite de cada produtor deverão ser enviadas para análise nos laboratórios da Rede Brasileira de Laboratórios de Controle de Qualidade do Leite (RBQL). Com isso, o MAPA vai acompanhar a qualidade do leite em cada propriedade rural, e exigir que os problemas detectados sejam resolvidos.

As análises a serem realizadas pela RBQL serão:

- Contagem Bacteriana Total (CBT),
- Contagem de Células Somáticas (CCS),
- determinação dos teores de gordura, lactose, proteína, sólidos totais, sólidos desengordurados e
- pesquisa de resíduos de antimicrobianos.

A CBT indica a contaminação bacteriana no leite e é expressa em Unidades Formadoras de Colônia por mililitro (UFC/mL).

Tabela 1. Contagem bacteriana total máxima admitida no leite cru refrigerado.

A partir de 01/07/2005 nas regiões CO, SE e S e a partir de 01/07/2007 nas regiões N e NE.	A partir de 01/07/2008 nas regiões CO, SE e S e a partir de 01/07/2010 nas regiões N e NE.	A partir de 01/01/2011 nas regiões CO, SE e S e a partir de 01/07/2012 nas regiões N e NE.
1.000.000 UFC/mL	750.000 UFC/mL	100.000 UFC/mL

Bactérias são seres conhecidos popularmente como micróbios e que se alimentam dos componentes do leite, causando prejuízos para produtores, indústrias e consumidores. As bactérias estão em todos os lugares, como na água, na poeira, na terra, na palha, no capim, nos corpos e nos pêlos das vacas, nas fezes, na urina, nas mãos do ordenhador, nos insetos e em utensílios de ordenha sujos. Para se evitar altas contagens bacterianas é preciso trabalhar com higiene e refrigerar o leite o mais rápido possível após a ordenha, mantendo-o refrigerado na propriedade por no máximo 48 horas.

Higiene

Como as bactérias estão em todos os lugares, o produtor deve adotar as seguintes medidas para que o leite não seja contaminado:

- manter a sala ou local de ordenha sempre limpos;
- usar roupas limpas para ordenhar as vacas;
- utilizar água de boa qualidade (potável);
- lavar as mãos e mantê-las limpas durante a ordenha (de preferência, usar luvas de borracha);
- imergir os tetos em solução desinfetante antes e após a ordenha;
- secar os tetos com papel toalha descartável;
- lavar os equipamentos e utensílios após cada ordenha com água aquecida, usando os detergentes de acordo com o manual do fabricante dos mesmos;
- trocar borrachas e mangueiras do equipamento de ordenha na freqüência recomendada pelo fabricante ou quando ocorrerem rachaduras;
- lavar os tanques de refrigeração, usando água aquecida e detergentes adequados cada vez que o leite for recolhido pelo transportador.

Refrigeração

Mesmo que o produtor mantenha a máxima higiene na ordenha, alguma contaminação vai ocorrer no leite. Mas se o leite for refrigerado imediatamente após a ordenha, isto vai inibir a multiplicação das bactérias e evitar que o leite seja deteriorado. Por isso, a IN51 estabelece que o leite deve estar a 4°C quando estocado em tanques refrigeradores por expansão direta e a 7°C, quando mantido em tanques refrigeradores por imersão em água gelada, em, no máximo, 3 horas após a ordenha.

<u>Refrigeração</u> - O produtor poderá se utilizar tanto de tanques de refrigeração por expansão direta quanto de tanques de refrigeração

por imersão de latões. Produtores vizinhos poderão utilizar os chamados tanques comunitários, nos quais o leite de mais de uma propriedade é armazenado num mesmo tanque de expansão direta.

Tempo De Conservação - O tempo máximo de conservação do leite na propriedade é de 48 horas.

Contagem de células somáticas

Outra análise laboratorial que será feita no leite é a CONTAGEM DE CÉLULAS SOMÁTICAS (CCS).

Tabela 2. Contagem de células somáticas máxima admitida no leite cru refrigerado.

A partir de 01/07/2005 nas regiões CO, SE e S e a partir de 01/07/2007 nas regiões N e NE.	A partir de 01/07/2008 nas regiões CO, SE e S e a partir de 01/07/2010 nas regiões N e NE.	A partir de 01/01/2011 nas regiões CO, SE e S e a partir de 01/07/2012 nas regiões N e NE.
1.000.000 células/mL	750.000 células/mL	400.000 células/mL

Em caso de mastite (inflamação do úbere), as células de defesa do animal passam do sangue para o leite em grande quantidade. A função destas células é combater as bactérias que estão causando a mastite e "limpar" as áreas inflamadas. Sempre que o número dessas células (CCS) aumenta muito no leite, pode-se dizer que a vaca está com mastite.

Existem duas formas de mastite:

- CLÍNICA: é fácil de perceber, pois a vaca pode parar de comer, ter febre e reduzir muito a produção de leite, o úbere fica inchado e avermelhado, e o leite apresenta grumos, pus e outras alterações. Geralmente precisa ser tratada, pois a vaca pode transmitir a infecção a outros animais ou mesmo, correr risco de morte. Esta mastite pode ser detectada pela eliminação dos primeiros jatos de leite de cada quarto mamário em caneca de fundo escuro ou telado.
- SUBCLÍNICA: não apresenta nenhum dos sintomas acima, a não ser redução da produção de leite, que quase sempre passa despercebida. Para sabermos se a vaca está com mastite subclínica, temos que observar se houve um aumento da CCS no leite.

O problema é que quase todos os casos de mastite são da forma subclínica, fazendo com que o produtor muitas vezes não perceba que tem um problema sério em seu rebanho: como ele não enxerga a doença, as mastites são de longa duração de causam enormes prejuízos, principalmente pelo leite que deixa de ser produzido e pela redução no seu preço pela indústria. Por isso, a CCS é uma ferramenta muito importante no manejo do gado leiteiro.

O MAPA e as indústrias estão preocupados com as conseqüências da mastite no rebanho, pois essa doença altera profundamente a qualidade do leite, reduzindo o rendimento industrial, a vida de prateleira dos produtos lácteos, além de afetar o produto oferecido ao consumidor. Ou seja, a mastite causa prejuízo para todos, desde o produtor rural até o consumidor.

Para saber a CCS de suas vacas, pelo menos uma vez por mês, quando for realizar o controle leiteiro, o produtor pode colher uma amostra de leite de cada vaca e enviar para análise no laboratório da RBQL mais próximo.

Para prevenir a mastite, deve-se seguir uma rotina rigorosa na ordenha:

- manter a máxima higiene durante a ordenha (mãos e equipamentos limpos e desinfetados);
- retirar os primeiros jatos de cada teto em uma caneca de fundo escuro, e colocar para o final da ordenha as vacas cujo leite apresente grumos, filamentos, pus ou sangue;
- imergir os tetos em solução bactericida antes da ordenha;
- acoplar as teteiras em tetos limpos e secos;
- ordenhar primeiro as vacas saudáveis (baixas CCS) e separadamente as vacas com mastite clínica e as tratadas com antimicrobianos;
- imergir imediatamente os tetos em solução bactericida após a ordenha.

Outras medidas importantes no controle da mastite são:

- anotar em planilhas simples informações importantes, como a identificação das vacas e dos quartos que tiveram mastite clínica e as datas de ocorrência, o nome dos antimicrobianos usados para o tratamento das mastites e as datas de aplicação, a identificação das vacas e dos quartos que tiveram mastite subclínica (alta CCS), etc.;

- descartar vacas com problemas de mastite crônica (recorrente);
- fazer o tratamento em todos os quartos de todas as vacas secas;
- assegurar-se que animais comprados não estejam com mastite.

Composição do leite

Além de determinar a CBT e a CCS no leite de cada produtor rural, os laboratórios da RBQL ainda vão analisar a composição do leite entregue para a indústria.

Tabela 3. Composição mínima exigida no leite cru refrigerado.

Gordura (%)	3,0
Proteína (%)	2,9
Sólidos não gordurosos (%)	8,4

Os componentes do leite, exceção à água, constituem os sólidos totais e são responsáveis pelo seu valor nutricional. O teor de sólidos no leite determina o valor industrial do leite, pois quanto mais gordura e proteína, maior o rendimento que a indústria terá ao fabricar os derivados lácteos.

Alguns fatores que podem interferir na produção e composição do leite são:

- raça,
- estágio de lactação,
- herança genética,
- porção e intervalo entre as ordenhas,
- estação do ano,
- saúde da vaca e
- mastite.

As vacas devem receber uma dieta equilibrada a base de alimentos volumosos (pastagens, fenos, silagens) de boa qualidade e uma suplementação com alimentos concentrados, de acordo com o seu potencial genético. O produtor rural deve planejar a produção de alimentos para o ano todo, a fim de evitar que a produção e a composição do leite sejam prejudicadas em determinadas épocas.

Finalmente, os laboratórios da RBQL vão pesquisar se o leite vendido pelos produtores rurais no Brasil apresenta-se contaminado com resíduos de antimicrobianos.

Evite a contaminação do leite por medicamentos veterinários

Além do PNQL, o Ministério da Agricultura, Pecuária e Abastecimento (MAPA) também implementou o Plano Nacional de Controle de Resíduos (PNCR) para monitorar a presença de resíduos de medicamentos veterinários e outros contaminantes em leite e demais produtos de origem animal.

Leite com resíduos de medicamentos veterinários não deve ser comercializado, pois pode:

- Trazer prejuízos à saúde do consumidor (alergias, anemias, problemas no fígado, problemas nos rins, problemas reprodutivos)
- Desenvolver resistência em bactérias causadoras de doenças nos consumidores
- Inibir ou interferir no crescimento dos fermentos usados na produção de queijos e iogurtes
- Causar a condenação e o descarte de uma grande quantidade de leite e produtos lácteos
- Impedir que produtos lácteos brasileiros sejam exportados para outros países

Tratamentos térmicos como pasteurização e ultrapasteurização não eliminam os resíduos dos medicamentos veterináros presentes no leite.

Para evitar problemas com resíduos de medicamentos no leite, o produtor rural deve:

- Aplicar medicamentos somente nos casos recomendados pelo Médico Veterinário que assiste a propriedade
- Descartar o leite das vacas tratadas durante o prazo de eliminação do produto no leite, escrito na bula
- Marcar as vacas tratadas com pulseiras, carimbos ou outra forma de identificação, para que todos os envolvidos com o rebanho saibam que o leite deve ser descartado
- Anotar em planilhas simples e ao alcance de todos o dia e a hora do tratamento, o medicamento usado e o prazo de eliminação do produto no leite, escrito na bula

- Lavar bem equipamentos e utensílios sempre que ordenhar uma vaca tratada
- Fazer o tratamento de "vaca seca" em todos os animais, 60 dias antes do próximo parto, observando o período de ação do produto, para evitar resíduos no leite após o parto

Os principais medicamentos utilizados em vacas leiteiras são os antimicrobianos, os antiparasitários e os antiinflamatórios. Antimicrobianos são medicamentos extremamente eficientes para o combate de micróbios causadores de doenças nas vacas, desde que sejam utilizados corretamente, sob a orientação de um Médico Veterinário. Estes incluem antibióticos, sulfas e outras bases farmacológicas. Tratamentos para curar ou prevenir a mastite são os principais responsáveis pela contaminação do leite por antimicrobianos. Prevenindo essa doença, o produtor corre menos risco de contaminar o leite com essas substâncias. Antiparasitários são produtos veterinários usados no combate a carrapatos, moscas-dos-chifres, berne e também às verminoses. Ao contrário do que muitos pensam, esses medicamentos também causam resíduos no leite, que deve ser descartado durante o prazo de eliminação informado na bula.

Antiinflamatórios podem ser usados para reduzir os efeitos de uma inflamação, além de diminuírem a dor que o animal possa estar sentindo. Estes medicamentos também deixam resíduos no leite e devem ser usados sob a orientação do Médico Veterinário. Quando um medicamento é aplicado em uma vaca para combater uma infecção, o leite que ela produz passa a conter resíduos desse produto por um determinado tempo. Durante esse período, o leite não deve ser aproveitado ou comercializado, sendo muito importante verificar e seguir as informações do fabricante do medicamento.

Existem no mercado medicamentos com menor período de carência. O Médico Veterinário poderá orientá-lo na aquisição desses produtos.

Controle da qualidade do leite

O MAPA criou o Cadastro Nacional de Produtores de Leite, no qual todas as indústrias de laticínios deverão cadastrar todos os produtores rurais que lhes fornecem leite. Uma vez cadastrado, cada produtor será monitorado pelo MAPA enquanto ele produzir leite no Brasil, mesmo que passe a vender para outra empresa. Com isso, o MAPA vai fiscalizar a qualidade do leite em cada propriedade rural do país, garantindo alimentos lácteos seguros à população. Cada indústria deverá ter seu próprio programa de controle de qualidade do leite cru refrigerado, onde estará definido quem vai coletar as amostras de leite para envio aos laboratórios da RBQL. Após a análise do leite, os resultados serão enviados ao MAPA e também para as indústrias, que deverão apresentá-los a cada produtor. Num primeiro momento, os produtores serão orientados quando um resultado isolado estiver fora dos limites estabelecidos. O MAPA vai sempre avaliar as "médias geométricas" da CCS e da UFC dos últimos três meses de análise, o que dá bastante tempo para produtores e indústrias tomarem as devidas providências para evitar penalidades. O MAPA estabelecerá os critérios a serem adotados para os casos de resultados fora dos limites estabelecidos.

Veja os exemplos abaixo, onde fica claro que, mesmo após contagens elevadas, o produtor pode evitar que a média geométrica trimestral esteja acima do máximo estabelecido (1 milhão de UFC/mL):

	Exemplo 1	**Exemplo 2**	**Exemplo 3**
CBT no 1º mês	1.200.000	3.000.000	10.000.000
CBT no 2º mês	1.400.000	600.000	390.000
CBT no 3º mês	590.000	500.000	250.000
Média Aritmética	1.063.333	1.366.666	3.546.666
Média Geométrica	997.058	965.489	991.596

Todas as práticas de manejo que garantem a obtenção de leite de alta qualidade na fazenda aumentam a rentabilidade da propriedade rural:

- leite com baixa CBT indica que o leite foi obtido com higiene e bem conservado, o que evita perdas por leite ácido;
- leite com baixa CCS indica que as vacas não tem mastite, o que evita quedas na produção e melhora o rendimento industrial do leite;
- leite com altos teores de sólidos indica que as vacas estão sendo bem alimentadas, o que aumenta a produção individual e total do rebanho;

- leite sem resíduos de antimicrobianos indica uma boa prevenção de doenças e um bom controle do descarte de leite contaminado, o que reduz as chances de penalidades por parte da indústria.

Além de tudo isso, as indústrias de laticínios estão começando a pagar mais pelo leite de melhor qualidade, premiando aqueles produtores que investem na melhoria da qualidade do leite.

Melhorar a qualidade do leite não é uma opção, é um compromisso de quem produz.

Produzir alimentos seguros é garantir saúde à população.

Cada um de nós deve fazer a sua parte!

Rede brasileira de laboratórios de controle da qualidade do leite — RBQL

Serviço de Análise de Rebanhos Leiteiros (SARLE)
Universidade de Passo Fundo - Passo Fundo - RS
Fone: (54) 316-8191 - E-mail: sarle@upf.br

Clínica do Leite
Escola Superior de Agricultura "Luiz de Queiroz"
Universidade de São Paulo - Piracicaba - SP
Fone: (19) 3429-4278 e (19) 3422-3980 - E-mail: cleite@esalq.usp.br
Laboratório de Qualidade do Leite (LQL)
Universidade Federal de Goiás - Goiânia - GO
Fone: (62) 521-1576 (ramal 21) - E-mail: lql@vet.ufg.br

Laboratório de Análise da Qualidade do Leite (LabUFMG)
Universidade Federal de Minas Gerais - Belo Horizonte - MG
Fone: (31) 3499-2136 - E-mail: labufmg@vet.ufmg.br

Laboratório de Qualidade do Leite Prof. José de Alencar (LQL-Embrapa)
Embrapa Gado de Leite - Juiz de Fora - MG
Fone: (32) 3249-4826 - E-mail: lableite@cnpgl.embrapa.br

Programa de Gerenciamento de Rebanhos Leiteiros do Nordeste (PROGENE)
Universidade Federal Rural de Pernambuco - Recife - PE
Fone: (81) 3302-1550 - E-mail: progene@ufrpe.br

Programa de Análise de Rebanhos Leiteiros do Paraná (PARLPR)
Universidade Federal do Paraná - Associação Paranaense de Criadores de Bovinos da Raça Holandesa - Curitiba - PR
Fone: (41) 367-7556 - E-mail: parlpr@holandesparana.com.br

Laboratório Estadual de Qualidade do Leite
Companhia Integrada de Desenvolvimento Agrícola de Santa Catarina
Universidade do Contestado - Concórdia - SC
Fone: (49) 3441-1084

INVESTIMENTOS NA PRODUÇÃO DE LEITE

MAURÍCIO PALMA NOGUEIRA[1]

1. Introdução

A produção de leite sempre foi tida como uma atividade marginal em termos de resultados no campo. Por preconceito, era uma atividade considerada característica de produtores mais atrasados, menos eficientes e que sempre operavam com prejuízos.

Para quem convive o dia-a-dia da pecuária leiteira, não faltam paradigmas atribuídos ao produtor de leite: "o leite não dá lucro"; "dinheiro de leite não compra terra"; "coitado do produtor de leite"; "é uma atividade de subsistência"; e outros conceitos parecidos.

O próprio produtor, muitas vezes sem saber, acaba desdenhando da atividade: "tiro um leite apenas para pagar os funcionários da fazenda".

1 Engenheiro agrônomo, especializado em administração de empresas e sócio-diretor da Scot Consultoria.

De fato, a geração de caixa mensal é uma das vantagens da pecuária leiteira. No entanto, quando o produtor estabelece que o objetivo é apenas pagar os funcionários, é evidente que não adiantará esperar mais de uma atividade que poderia ser rentável. Produzir leite, por si só, não trará resultado nenhum. É preciso rigor, plano, objetivos desafiadores e muita eficiência para conseguir lucrar com a atividade leiteira.

No final da década de 90, um engenheiro agrônomo do interior de São Paulo, citricultor de alta tecnologia, precisou visitar um vizinho produtor de leite para planejarem a manutenção de uma linha de energia.

Chegando à propriedade assustou-se com o nível tecnológico da empresa. Toda a produção organizada com as bezerras criadas em casinhas, alimentação planejada, ordenha com equipamentos e em estruturas limpas e adequadas, coleta à granel, funcionários bem treinados e preparados, vacas separadas corretamente em lotes, etc.

A propriedade chamou a atenção e despertou a curiosidade do citricultor. Já habituado com conceitos modernos de produção rural, não esperava ver tais conceitos aplicados em uma propriedade leiteira. Sua imagem de produção de leite era a mais arcaica possível, uma atividade praticamente extrativista.

A visita que lhe tomaria apenas alguns minutos se estendeu por quatro horas, enquanto o produtor de leite explanava sobre a produção de leite e o projeto para os próximos anos.

A propriedade tinha planos de expansão, investimentos, estratégias de intensificação da área, análise de resultado financeiro, projeções, acompanhamento de mercado e uma gama de informações técnicas relacionadas a índices zootécnicos e agronômicos.

Nada sofisticado, nada automatizado, apenas higiene, rigor técnico e planejamento. A propriedade amadureceu gerencialmente após o plano Real, época em que grande parte do empresariado brasileiro se viu frente a todas as mudanças na economia. Portanto, e empresa investiu em anos de crise e operava com dificuldades em renovar maquinários, benfeitorias e instalações. Mesmo assim, trabalhava com eficiência produtiva.

Irônico foi a pergunta do visitante: "quantos produtores fazem isso na região? Pois eu nunca vi nada assim para a pecuária leiteira".

A pergunta é considerada irônica, pois de fato é isso que interessa. Quantos produtores de leite realmente enxergam sua atividade de maneira empresarial? Quantos estabelecem um plano de investimento em sua empresa?

Pesquisa realizada pela Scot Consultoria para o estudo Gestão Estratégica do Sistema Agroindustrial do Leite, coordenado pelo PENSA — Programa de Estudos dos Negócios do Sistema Agroindustrial da USP — identificou que um dos problemas da pecuária leiteira paulista é o alto custo fixo de produção, além de problemas gerenciais.

Para diagnosticar a situação das empresas leiteiras paulistas, foi realizada uma pesquisa de campo, por telefone e por correio eletrônico, com 243 produtores, selecionados em bancos de dados construídos a partir de cadastros formados em palestras, assinaturas de periódicos ou cursos. Sendo assim, trata-se de produtores que já buscam melhorar a sua empresa, compondo uma parcela privilegiada dos pecuaristas de São Paulo.

Para compreender o perfil dos produtores, a pesquisa identificou que a produtividade média em torno de 9,3 mil litros por hectare por ano, enquanto a média nacional gira em torno de 1,1 mil litros por hectare por ano.

Cerca de 59% da amostra produzia entre 250 litros a mil litros por dia.

Constatou-se que 33,34% dos produtores produziam menos que 4 mil litros de leite/ha/ano. O maior número de produtores, cerca de 55,38%, localizava-se na faixa de produtividade entre 4 a 20 mil litros de leite por hectare por ano.

Apenas 11,53% dos produtores obtiveram produtividades acima dos 20 mil litros/ha/ano, nível de produtividade competitivo para o cenário atual. Interessante que tal porcentagem é próxima dos 12% que produzem acima de mil litros de leite por dia.

Na pesquisa de campo, também foi identificado que cerca de 57% das unidades produtivas ocupavam menos de 30 hectares para a atividade leiteira. Apenas 17% ultrapassavam os 100 hectares.

Ainda, dentre os entrevistados, 47,3% afirmaram não conhecer os custos de produção de sua empresa. Outros 6,2% supõem que o custo de produção esteja próximo de um determinado valor. Reunindo ambas as respostas, pode-se afirmar que 53,5% dos produtores não sabiam os custos de produção de leite.

Outras questões ainda levantadas, que influenciam diretamente as condições dos produtores, foram diagnosticadas e analisadas. Todas essas conclusões indicam pontos preocupantes que tendem a minar a competitividade das fazendas.

Por exemplo, o rendimento médio por pessoa envolvida na atividade, encontrada na pesquisa, é de 208 litros por dia, enquanto poderia atingir os 400 litros por dia.

Diversos outros problemas relacionados ao dimensionamento de máquinas, infra-estruturas, busca de alternativas para formulação da dieta foram diagnosticados e analisados no estudo.

Pela pesquisa, cerca de 42,4% dos produtores usam a mistura de concentrados já pronta, comprando diretamente de empresas especializadas. Os demais 57,6% preferem misturar dentro da empresa, comprando os ingredientes separadamente no mercado.

Apenas 11% usavam polpa cítrica na dieta das vacas, como estratégia de redução do custo da energia e menos de 8% dos produtores adotavam os derivados de algodão, cervejaria, resíduos da extração de amido de milho e outros ingredientes que podem contribuir para a redução de custos.

Comparando número de máquinas com o consumo de diesel, estima-se um uso médio de 600 horas de trator por ano nas propriedades agrícolas.

É o caso do sorgo e dos derivados do processamento de milho (farelo proteinoso de milho) e de cervejarias (resíduo úmido de cervejaria).

Apenas cerca de 24% dos estabelecimentos pesquisados trabalham com cana-de-açúcar como opção de volumosos. A cana é uma das culturas mais difundas pelos técnicos do Projeto Balde Cheio (Embrapa Pecuária Sudeste e CATI), coordenado pelo pesquisador e engenheiro agrônomo Dr. Artur Chinelato de Camargo.

Para 35,5% dos produtores, o preço do leite é o maior problema. A maioria atribui, além do preço, problemas relacionados à indústria, políticas públicas e outros fatores que, na verdade, acabam se relacionando indiretamente com preços do leite.

Apenas 12,15% entendem que os custos de produção como os maiores problemas. E a única alternativa para o produtor, na rotina de sua empresa, é trabalhar com objetivos em manter os custos de produção competitivos para a realidade de mercado.

Esta constatação parece até irrelevante. Porém um problema só é solucionado se o profissional é capaz de chegar ao diagnóstico. Quando poucos produtores conseguem enxergar que os custos são os problemas, pode-se concluir que pouca parcela realmente irá trabalhar objetivando melhorar a competitividade da empresa. Trata-se de uma situação preocupante.

2. Perspectiva de lucro com a produção de leite

Para que seja possível atingir objetivos de lucro, é preciso compreender a composição dos custos de produção e a relação entre resultados técnicos e capital envolvido.

Estabelecer indicadores técnicos e econômicos para a pecuária de leite tem sido um problema e, geralmente, um estopim para debates acalorados que levam a posições emotivas adotadas por produtores, técnicos e pesquisadores.

No entanto, o critério que parece mais lógico é seguir o que qualquer empresário, ou investidor, faz no momento de analisar os resultados de suas decisões: a rentabilidade do capital investido.

Rentabilidade do capital investido é a relação do dinheiro líquido recebido a partir de operações envolvendo um determinado montante de capital. Estas operações podem ser financeiras, comerciais ou produtivas, no caso de agropecuárias e indústrias.

Observe que todos os conceitos comuns em análises de projetos levam, de alguma forma, a estabelecer uma relação entre investimento e entrada de recursos como são a taxa interna de retorno e a análise de "pay back".

A produção leiteira, no entanto, não deve ser diferente.

Muitos perguntam se produzir leite pode ser rentável. Evidente que sim, desde que administrado com objetivos de obter rentabilidade tal qual outras atividades. Caso não seja assim, como esperar que os resultados aconteçam?

O leite exige um investimento elevado para entrar no negócio. Além da terra, cujos valores variam de região para região, é preciso investir na formação de forragens, estrutura de alimentação e ordenha, armazenamento de leite, rebanho leiteiro, estrutura de armazenamento e distribuição de alimentos concentrados, etc.

Sabidamente, a atividade leiteira, assim como a cafeicultura e a citricultura são consideradas atividades de alto valor de entrada e alto valor de saída.

Ou seja, exige altos investimentos iniciais e, caso o produtor desista, o valor de venda dos bens residuais tendem a ser consideravelmente abaixo do que podem render.

Por isso, investir nestas atividades exige uma reflexão muito mais ampla e detalhada quando comparadas às demais.

A cafeicultura traz a vantagem da armazenagem da produção, algo que não existe na citricultura e na produção de leite. Por isso ambas geralmente são consideradas atividades de maus resultados. A dificuldade de armazenamento leva à necessidade de vender rapidamente a produção, o que facilita muito a pressão de compradores, ou seja, a pressão das agroindústrias.

Não são apenas as três atividades que apresentam estas características. São apenas as mais comuns dentre as principais atividades agropecuárias.

Enfim, mesmo com essa desvantagem, é evidente que é possível obter bons resultados com a atividade leiteira. E foi justamente isso que foi observado em 2007, quando o leite atingiu os maiores preços históricos em dez anos, em valores corrigidos pela inflação.

Observe, na Figura 1, os resultados de diversos investimentos comparados em estudo anual realizado pela Scot Consultoria.

Pode-se atribuir os bons resultados da pecuária leiteira aos bons preços obtidos em 2007. No entanto, ocupar a rara posição das atividades que tiveram rentabilidade acima dos 10% em agropecuária não é qualquer coisa. Nos últimos dez anos, apenas cana-de-açúcar e soja haviam ocupado.

E os resultados não se devem aos preços bons, tanto é que produtores com baixa tecnologia operaram com resultados negativos, ou seja, embora tenham trabalhado com caixa positivo, seus resultados foram insuficientes para cobrir as depreciações de seus bens de

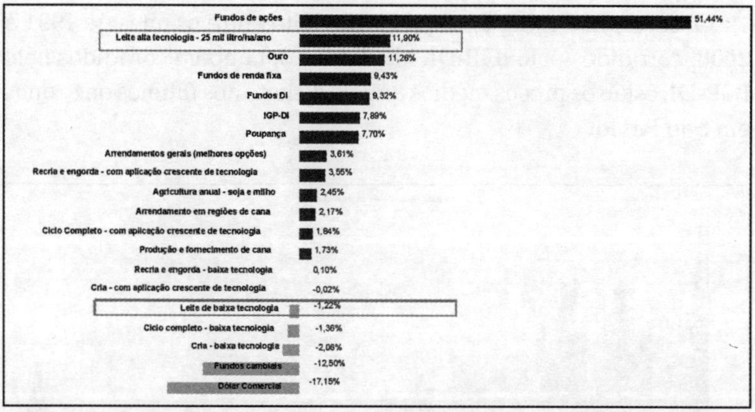

Figura 1. Índices e resultados estimados com investimentos financeiros e atividades agropecuárias em 2007. (Fonte: Ímpar Consultoria/Agroconsult/Scot Consultoria).

produção. O resultado dessas condições é o empobrecimento da empresa e conseqüente sucateamento dos bens no longo prazo.

Portanto, mesmo com preços altos em 2007, muitos produtores ainda operaram no vermelho. Essa conclusão foi corroborada em estudo divulgado pelo CEPEA (Centro de Estudos e Pesquisas em Economia Agrícola/Esalq/USP) no início de 2008.

Uma das conclusões do CEPEA é que a atividade leiteira, em oito regiões pesquisadas, cobre somente os custos diretos, indiretos e a mão-de-obra familiar, não sendo suficiente para bancar as depreciações, nem para remunerar o capital investido.

"Sem renda para esses itens do custo total, em médio prazo, isso pode representar o sucateamento das propriedades", segundo relatório do CEPEA. As empresas analisadas no estudo são de baixa tecnologia, com produções inferiores a 1,4 mil litros de leite por hectare por ano.

Os resultados encontrados pela metodologia de acompanhamento da Scot Consultoria não se devem apenas a bons preços. É uma junção de preços favoráveis e eficiência produtiva.

Tanto é que em 2006, quando se registrou os piores preços da história, com os valores corrigidos pelo IGP-DI (Índice Geral de Preços — Disponibilidade Interna), a produção de leite com alta tecnologia registrou resultados positivos.

Observe, na Figura 2, os preços do leite entre os anos de 1991 a 2008, corrigidos pelo IGP-DI. Na Figura 3, também corrigidos pelo IGP-DI, estão os preços médios anuais do leite nos últimos onze anos em São Paulo.

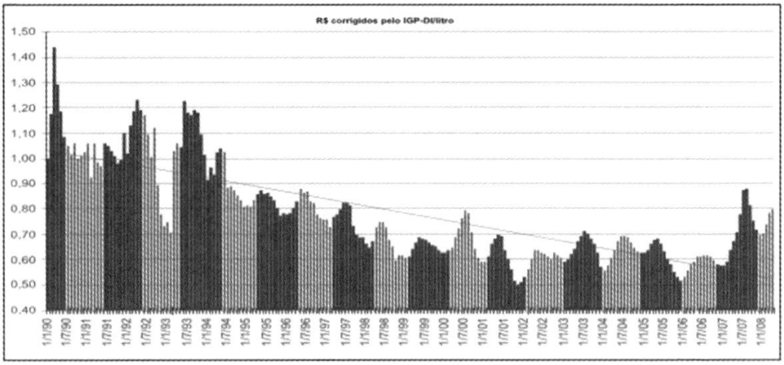

Figura 2. Evolução dos preços de leite no período de janeiro de 1990 a junho de 2008, em Reais corrigidos pelo IGP-DI, em São Paulo. (Fonte: IEA/CEPEA/ Scot Consultoria).

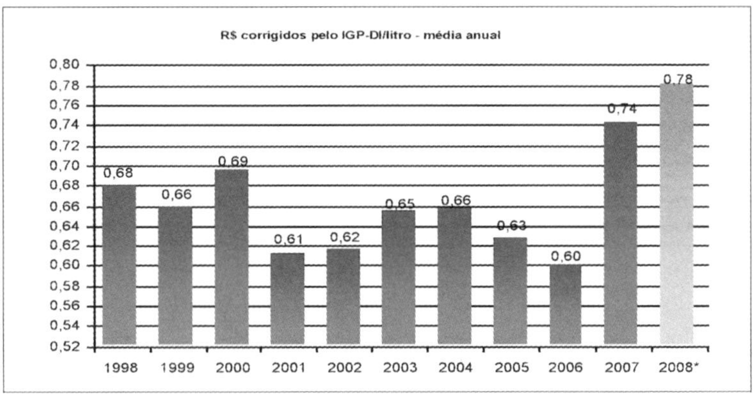

* média de janeiro a junho

Figura 3. Preços médios anuais, em Reais corrigidos pelo IGP-DI, do leite em São Paulo, no período de 1998 a 2008. (Fonte: Scot Consultoria).

Nas demais regiões do Brasil o comportamento é o mesmo.

Em 2006, com preços médios anuais abaixo da média dos piores anos de preços, como mostram as Figuras 2 e 3, o produtor de leite com alta tecnologia operou com rentabilidade positiva próxima de 3%, segundo estudo da Scot Consultoria.

E ainda é possível melhorar tais resultados. Pelo critério do estudo, a Scot Consultoria mantém um banco de dados com indicadores técnicos das fazendas analisadas pela empresa. Este banco sempre vai aumentando à medida que novas fazendas são analisadas. No caso da agricultura, outras empresas de consultoria contribuem passando informações sobre resultado por hectare, como é o caso da Ímpar Consultoria e da Agroconsult, conceituadas empresas de consultoria do Agronegócio.

Anualmente são atualizados os valores de insumos, preços agrícolas, salários e preços de terra com o objetivo de atualizar lucro operacional e valor de patrimônio.

As empresas são separadas por nível de tecnologia e os indicadores técnicos reais são comparados com base em uma simulação para diferentes níveis de tecnologia em uma mesma área.

Como já é de conhecimento geral, a agricultura avançou mais, em termos de tecnologia, do que a pecuária. Por isso, quando comparam resultados entre agricultura e bovinocultura, geralmente compara-se a agricultura moderna de alta tecnologia com a pecuária de baixa tecnologia ainda realizada no Brasil.

Para comprovar essa afirmação, a Scot Consultoria identificou as empresas mais produtivas dentro dos bancos de dados de fazendas comerciais, para todas as atividades agropecuárias. Essas foram estabelecidas com índice 100. Comparando a produtividade por hectare entre o nível de tecnologia médio das empresas que compõe a Figura 1, estabeleceu-se um índice para soja, milho, cana-de-açúcar, pecuária de corte e pecuária de leite.

Em outras palavras, em relação às fazendas melhores, que nível de tecnologia foi considerado para os resultados expostos na Figura 1. Essa comparação é ilustrada na Figura 4. No caso da pecuária, tanto corte como leite, só foi considerado a situação de aporte tecnológico para chegar à Figura 4.

Observe que pecuária de leite e, principalmente, pecuária de corte ainda tem muito que andar em termos de adoção de tecnologia. Para dar resultados, as atividades agrícolas precisam operar

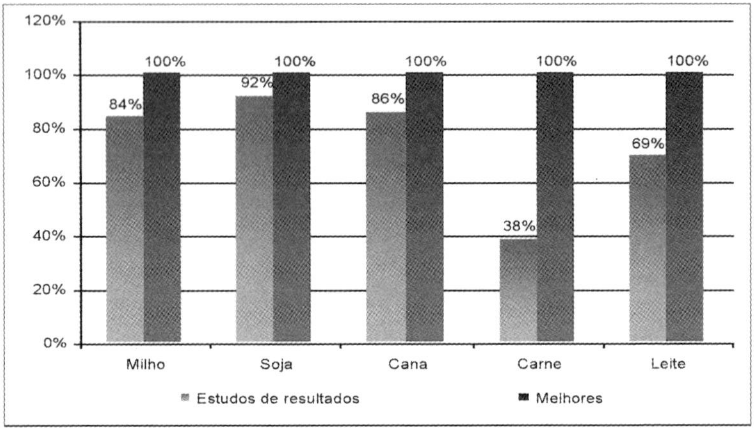

Figura 4. Comparação relativa entre a produtividade das empresas consideradas nos estudos e as maiores médias comerciais já praticadas no mercado: maiores produtividades = 100. (Fonte: Scot Consultoria).

com produtividades em torno de 85% a 90% das que são obtidas pelas melhores. Por isso que o nível de detalhamento é rigoroso para estas culturas.

Poucos produtores arriscam investir em milho em regiões abaixo dos 500 metros de altitude, pois sabem que será mais difícil obter produtividade.

No caso do leite, a produtividade de quase 70% das melhores empresas foi suficiente para levar a atividade entre os melhores resultados obtidos em 2007. E, mesmo com 50% da produtividade das melhores, em 2007 o leite teria proporcionado melhores resultados que todas as atividades agropecuárias.

Observe, voltando à Figura 1, que apenas leite e corte entram na análise com dois níveis de tecnologia, uma média a alta — de acordo com o banco de dados — e outra sem aporte tecnológico.

Até 2005 era possível obter resultados sem adotar tecnologia. No entanto, será cada vez mais difícil obter resultados sem aporte tecnológico. Em outras palavras, a pecuária está ficando exigente como a agricultura. Na produção de cana, soja, milho, laranja, café, feijão nem se tem esperança de conseguir lucro sem tecnologia.

3. Planejando a produção

Sendo assim, não serão consideradas as opções de investimentos em pecuária leiteira de baixa tecnologia. Se há alguns anos ainda era possível pensar em leite com baixo aporte tecnológico, atualmente não é mais uma opção para o produtor.

No que tange a definição de tecnologias para produção de leite, muitos profissionais do ramo também acabam entrando em um debate acalorado em torno de sistemas de produção, raças leiteiras, tipos volumosos, etc.

É um debate inócuo, pois quando se analisa o cenário, toda a produção leiteira caminha num só sentido: maximizar a produção por área.

Por isso, independente de qual seja o sistema de produção e as raças de vacas leiteiras disponíveis, a tendência é buscar sempre maximizar a eficiência da alimentação e melhorar o potencial dos animais destinados à produção.

A decisão pelo sistema de produção é mais relacionada ao capital disponível para investimento do que à eficiência de resultados.

Bons resultados em produção leiteira podem ser obtidos com animais de qualquer raça especializada, em qualquer sistema de produção, desde que tecnicamente embasado.

A grande dificuldade do pecuarista é dimensionar o capital disponível e adaptá-lo a uma estratégia que permita expansão de sua atividade.

Para planejar a produção é preciso seguir rigorosamente as técnicas de investimentos e análise de projetos, passando pelo dimensionamento das demandas de bens de capital, elaboração do fluxo de caixa e determinação dos resultados esperados. Freqüentemente os resultados são analisados pelo valor presente líquido (VPL) e taxa interna de retorno (TIR).

Como não é objetivo detalhar a elaboração de um projeto, definiu-se por partir diretamente à comparação de duas situações que serão resumidas seguir.

Imaginando o exemplo de um produtor que tenha 80 hectares à disposição, e pretenda iniciar a produção leite, discorreu-se sobre o processo analítico e decisório.

Inicialmente, o produtor analisou o cenário, elaborou o plano de projeto para produção e concluiu duas condições básicas para entrar na pecuária leiteira.

Primeiro, conforme comentado anteriormente, o produtor reconhece que produzir sem tecnologia traz maus resultados, pois acabará operando com um custo superior e o lucro será inferior ao capital disponibilizado na atividade.

E, segundo, ao longo dos anos as margens vêm se reduzindo na atividade leiteira, assim como em outras atividades agropecuárias. Em outras palavras, os custos sobem proporcionalmente mais que os preços do leite.

É por isso que, normalmente, profissionais do ramo lembram que há anos atrás, um produtor de mil litros de leite tinha uma condição econômica bem confortável, enquanto hoje já é preciso escala consideravelmente superior para manter o mesmo padrão de vida de antigamente.

A Figura 5 ilustra essa tendência dos últimos anos, comparando a evolução nominal dos preços do leite e dos custos de produção com o IGP-DI, índice de inflação calculado pela Fundação Getúlio Vargas (FGV).

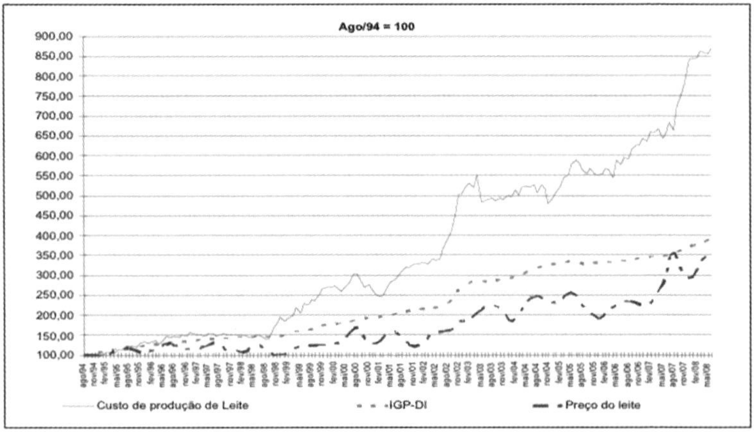

Figura 5. Evolução dos custos de produção, preços do leite e IGP-DI ao longo do Plano Real: agosto de 1994 = 100. (Fonte: IEA/CEPEA/Scot Consultoria).

A Figura mostra que os custos de produção, ao longo de todo o plano Real, aumentaram 8,68 vezes (768%) enquanto os preços aumentaram 3,5 vezes (250%), em valores nominais. É evidente a perda de margem da atividade.

Reconhecendo essa tendência, o produtor estará mais embasado para planejar o processo de evolução de sua empresa, estabelecendo critérios técnicos a serem rigorosamente seguidos.

A reflexão, antes da análise, é fundamental para se determinar a estratégia de ação e do uso de capital que será empregue na atividade. Nesse contexto, a Scot Consultoria sempre recomenda que o empresário pondere bem o equilíbrio entre as diversas técnicas de produção a serem adotadas pela empresa.

A Figura 6 ilustra cinco grandes componentes tecnológicos da pecuária. Definindo a infra-estrutura, a produção de forragens, nutrição animal, sanidade e reprodução/genética como os cinco pilares da pecuária, é de se esperar que os mesmos precisem estar em equilíbrio para que a empresa opere com resultados.

Em outras palavras, de nada adianta trabalhar com a melhor genética disponível, se o animal não for bem nutrido para produzir. E de nada adianta preparar bem os alimentos, elaborar adequadamente a dieta, se a empresa não possui estrutura adequada para fornecê-los aos animais.

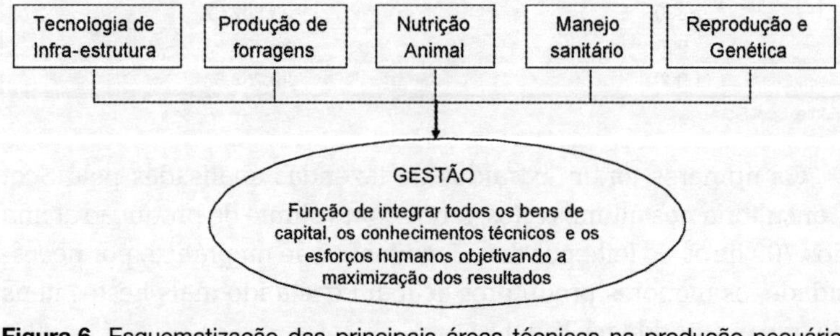

Figura 6. Esquematização das principais áreas técnicas na produção pecuária. (Fonte: Scot Consultoria).

Esse conceito, apresentado na Figura 6, parece até infantil quando exposto desta forma. No entanto, é muito comum encontrar grandes erros que foram cometidos pelo investimento em determinada estrutura, equipamento ou maquinário, sem que houvesse necessidade naquele momento.

São erros que acabam representando aumentos nos custos de produção e desperdício de capital. Capital que poderia ter sido direcionado a outro item que possibilitaria retorno mais rápido.

Tecnicamente, a empresa deve estar em equilíbrio, sob pena de operar com resultados abaixo do possível ou com custos acima do previsto. Em ambos os casos, a empresa perde.

Um exemplo bem ilustrativo é o caso do capital para investimentos em equipamentos de ordenha e refrigeração de leite. Na Tabela 1 estão apresentadas as disponibilidades de capital para investimentos nestes itens, à medida que a produção aumenta.

Tabela 1. Disponibilidade de capital para investimento em equipamentos de ordenha e refrigeração de leite.

Produção diária de leite	Recursos para equipamentos de ordenha e refrigeração — R$
50	1.487,68
100	2.975,36
200	5.950,72
300	8.926,08
400	11.901,43
500	14.876,79
600	17.852,15
700	20.827,51
800	23.802,87
900	26.778,23
1.000	29.753,58

Fonte: Scot Consultoria

Os números foram extraídos de fazendas analisadas pela Scot Consultoria nos últimos anos, todas com volume de produção acima dos 700 litros de leite por dia. É evidente que na prática, por necessidade, os menores produtores acabam gastando mais nestes itens do que o sugerido na Tabela 1.

Mesmo assim, é preciso ficar atento e evitar direcionar recursos em bens que, apesar de necessários, acabam sendo investidos fora de hora.

São conclusões simples que os produtores, instruídos, encontram sozinhos. Voltando ao exemplo, a partir de que momento seria recomendável comprar um pequeno equipamento de ordenha para auxiliar na rotina da propriedade?

A partir do momento que a rotina começa a demandar mais um funcionário pelo tempo despendido com a ordenha. Aparentemente, essa necessidade ocorre por volta dos 300 litros de leite por dia. No entanto, cada caso é um caso; é impossível estabelecer um indicador técnico e econômico sem conhecer a realidade da empresa.

Observe também que os diversos itens dentro da empresa competem entre si. Quando a rotina estiver apertando, é preciso ainda definir qual o item que poderá proporcionar o melhor retorno dentro da empresa. Neste caso, não é preciso nenhuma análise econômica sofisticada; basta usar o "tempo" de serviço como medida.

O que toma mais tempo? A ordenha? O corte da cana? A aplicação manual de adubo? A distribuição do volumoso?

Enfim, basta uma comparação simples entre tempo e custo do item que será investido. É literalmente usar a máxima de que "tempo é dinheiro". Claro, economizando tempo há maior eficiência no emprego do esforço familiar na atividade, no caso de pequenos produtores.

Abrindo um parêntese nessa questão do pequeno produtor, muitas vezes a análise simples do lucro publicado por entidades, empresas de consultoria e pesquisadores apresentam uma situação bem desconfortável para o pequeno produtor.

Mesmo assim, é preciso lembrar que além do lucro, o pequeno produtor está se empregando, e empregando a sua família, na atividade. Portanto, o próprio salário, como operador e administrador de sua empresa, precisa ser considerado.

Voltando ao exemplo dos investimentos, sempre que houver necessidade de contratação por aperto na rotina da empresa, é hora do empresário avaliar a necessidade de investir em um determinado equipamento, desde que seja possível.

Por mais que essa afirmação pareça desumana, sempre que for possível, será financeiramente melhor investir na mecanização do que contratar terceiros, especialmente numa atividade que é cada vez mais difícil contratar bons funcionários.

Mesmo socialmente, no longo prazo, essa afirmação aparentemente desumana acaba sendo melhor. Os empregos só são mantidos se a empresa for sólida. De nada adianta criar um emprego hoje e gerar outro amanhã. Voltando ao exemplo dos equipamentos de ordenha, é bem mais em conta investir em automação da ordenha do que contratar um ajudante, mesmo que por meio período. A própria legislação trabalhista brasileira pesa nesta decisão.

Por isso, se fosse possível resumir a recomendação para um pequeno produtor, as prioridades deveriam ser: a) garantir o próprio emprego; b) empregar outros membros da família; c) investir para crescer.

Empregos estáveis só serão criados a partir do investimento e crescimento. Aí sim, lentamente, o empresário em crescimento começa a trazer terceiros para dentro da atividade.

Por que falar do pequeno? Porque são dificuldades reais pelas quais os pequenos produtores passam. E, como será visto adiante, mesmo para os pequenos produtores, o capital demandado para investimento em produção leiteira é elevado.

Todo o raciocínio desenvolvido serve para as demais etapas de investimentos em máquinas, equipamentos, benfeitorias e outros itens necessários para a atividade leiteira.

4. A questão da qualidade, escala e preços

Nos últimos anos, período de amplo debate em cima da Instrução Normativa 51, que regulamenta a qualidade do leite no Brasil, muito se discutiu que a exigência para o produtor de leite acabaria tirando os pequenos da atividade.

Trata-se de um conceito equivocado, difundido sem nenhum critério técnico ou analítico.

A garantia da qualidade do leite produzido é um dos principais requisitos relacionados aos bons resultados na atividade leiteira. Voltando ao conceito ilustrado na Figura 6, é possível separar os processos de produção em duas grandes disciplinas: disciplina de ampliação da produção e disciplina de garantia da produção. Observe a ilustração na Tabela 2.

Hoje, mais do que nunca, o sucesso depende da eficiência em todos os oito itens descritos na Tabela 2.

E veja que há bem maior afinidade dos empresários, e técnicos do meio rural, com as disciplinas de ampliação. Ou seja, aquelas que quando aplicadas, promovem um aumento no volume de produção, seja carne, leite, lã, etc.

Tabela 2. Classificação dos grandes processos de produção entre as disciplinas que dominam o gerenciamento de uma propriedade pecuária.

Disciplinas de ampliação da produção	Disciplinas de garantia da produção
Volumosos/pastagens	Infra-estrutura
Genética	Pessoal
Nutrição/alimentação	Sanidade
Conhecimento técnico	Gestão de custos, finanças e planejamento

Fonte: Scot Consultoria

Tratam-se de assuntos empolgantes como raças de vacas, cruzamentos, inseminação, adequação de dietas, manejo de pastagens, irrigação, enfim são assuntos mais prazerosos de se lidar.

Por outro lado, na coluna da direita — as disciplinas que garantem que a produção seja ampliada — estão aquelas que geralmente os profissionais menos gostam. Se pudesse até as evitava.

No entanto, são tão importantes quanto as outras. E pior, caso o empresário invista nas disciplinas da coluna de ampliação, e não destine a devida atenção às disciplinas de garantia, é bem provável que não colha os resultados dos investimentos. Em outras palavras, há aumento de custos e não nos resultados.

No caso da sanidade animal, os processos que garantem a qualidade do leite estão quase todos relacionados aos processos que garantem a sanidade do úbere das vacas. Além disso, há ainda a questão do pagamento por qualidade.

Observe, na Figura 7, a diferença entre preços médios regionais e os preços mais altos, com as maiores bonificações, praticados no mercado.

Apenas olhando o Gráfico, é difícil perceber a tendência. No entanto, quando se compara a diferença entre os preços pagos aos produtores com as maiores bonificações e as médias regionais, percebe-se nitidamente o aumento do ágio entre os preços mais altos pagos aos produtores e os preços médios regionais. Observe a análise ilustrada na Tabela 3.

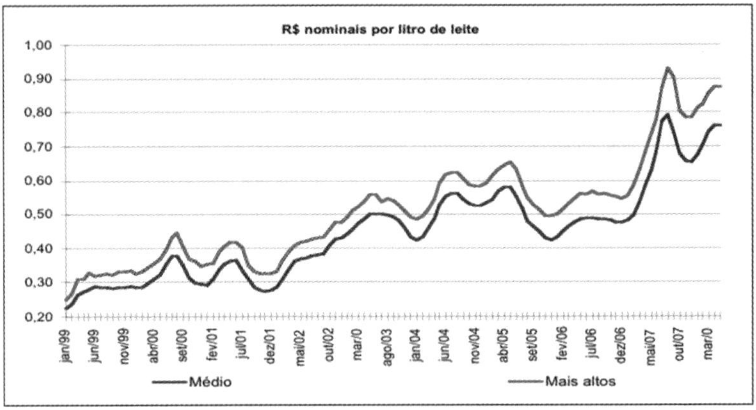

Figura 7. Evolução dos preços médios do leite e dos valores de maiores bonificações, em R$ nominais, no período de janeiro de 1999 a junho de 2008, na média dos seis maiores Estados produtores: MG, PR, RS, GO, SP e SC. (Fonte: Scot Consultoria).

Tabela 3. Diferenças entre os preços mais altos e médios, pagos aos produtores de leite, em três período diferentes.

Período analisado	Variação média
1999 a 2008	14,39%
2007 e 2008	17,17%
Último período de safra	18,37%

Fonte: Scot Consultoria

É nítido, portanto, que há um favorecimento daqueles produtores que estão investindo em escala de produção e garantia da qualidade do leite.

5. O processo de investimento

Voltando ao exemplo do empresário com a área disponível de 80 hectares, Depois de feita toda a análise financeira, o produtor identificou que para produzir leite com alta tecnologia, em 80 hectares, seriam necessários investimentos da ordem de R$2,4 milhões, recurso que não estava disponível.

Um susto! São poucos que imaginam, sem analisar previamente, que a produção de leite demande cerca de R$30 mil por hectare em investimentos. Isso sem considerar o valor de compra da terra. Caso seja necessário incluir a compra da terra, basta considerar o valor de mercado da terra nua na região.

No entanto, é bem melhor o susto do que o processo mais corriqueiro no ramo rural: investimento sem análise, insuficiência de capital, endividamento e perpetuação de maus resultados.

Com base nos números levantados, tornou-se evidente que os passos terão que ser mais modestos. Não será possível iniciar um projeto com produção mensal de 5,5 mil litros de leite.

O capital disponível está em torno de R$500 mil e o empresário imaginava que dificilmente haveria necessidade de investir mais de R$6 mil por hectare.

A cana-de-açúcar, por exemplo, demanda investimentos da ordem de R$5,4 mil/ha, incluindo recuperação de solos degradados, investimentos em prédios, benfeitorias, talhões, estradas, cantinas, máquinas e formação.

Para produzir leite é preciso investir quase 6 vezes mais, por hectare, do que investir em cana-de-açúcar. Por isso que é preciso repensar o conceito de se determinar a inviabilidade de produção de leite em terras de alto valor. O preço da terra vai pesar muito mais em nos investimentos em canaviais do que em leite, proporcionalmente.

É também por este motivo que a produção de leite é competitiva e típica de pequenas áreas.

Adaptando o projeto ao capital disponível para investimento, optou-se por manter a produção, com alta tecnologia, em apenas 15 hectares.

Observe, na Tabela 4, os investimentos totais demandados para 15 hectares e 80 hectares.

A Tabela 5 apresenta os mesmos dados da Tabela 4 comparados em total investido por litro de leite a ser produzido ao dia.

Estabelecer o indicador do total investido por litro de leite é um parâmetro interessante para visualização. Observe que, com tecnologia, em ambos os casos, o investimento total sem a terra será por volta de R$450,00 a R$500,00 para cada litro de leite que se deseja produzir.

Se a análise for feita com base numa empresa com baixo aporte tecnológico, a necessidade de investimentos (sem a terra) aumenta

Tabela 4. Investimentos na atividade leiteira em 15 hectares e em 80 hectares – tecnologia para produção de 25 mil litros de leite por hectare por ano.

Demanda de investimentos	15 hectares	80 hectares
	R$ para investimentos	
Forragens (pasto, cana. silagem)	26.798,85	143.396,54
Maquinários	79.049,16	475.852,47
Benfeitorias	98.970,87	702.605,33
Equipamentos	15.458,97	241.981,67
Rebanho	271.586,83	883.993,83
Total	491.864,68	2.447.829,84

Fonte: Scot Consultoria

Tabela 5. Investimentos na atividade leiteira em 15 hectares e em 80 hectares – tecnologia para produção de 25 mil litros de leite por hectare por ano.

Demanda de investimentos	15 hectares	80 hectares
	R$ investidos por litro produzido ao dia	
Forragens	26,28	26,28
Maquinários	77,52	87,21
Benfeitorias	97,05	128,77
Equipamentos	15,16	44,35
Rebanho	266,33	162,01
Total	482,34	448,61

Fonte: Scot Consultoria

para cerca de R$1.500,00 a R$2.000,00 por litro de leite que será produzido. Com menor tecnologia, os aumentos acontecerão nos itens forragens, benfeitorias e, principalmente, no rebanho.

Pelo critério adotado, o produtor foi obrigado a alterar a composição dos investimentos médios por litro de leite. No caso das máquinas, reduziu o investimento em quase R$10,0/litro de leite ao dia, enquanto nas benfeitorias e equipamentos, a redução somada foi de R$60,90/litro de leite que será produzido ao dia.

Observe, na Tabela 5, que o investimento por litro produzido em rebanho é maior no investimento de 15 hectares do que no investimento em 80 hectares. Isso indica que o potencial de lactação das vacas no primeiro caso é inferior ao segundo.

Essa informação é confirmada pelo sumário técnico e econômico do projeto, ilustrado na Tabela 6.

Tabela 6. Sumário técnico e econômico do investimento, orçamento e resultado do projeto para 15 hectares e 80 hectares de leite com alta tecnologia.

Indicador	15 hectares	80 hectares
Produção de leite - litros/ha/ano	25.000	25.000
Produção diária de leite - litros/dia	1.027	5.479
Produção por vaca - litros/lactação	5.137	8.430
Postos de trabalho diretos - pessoas	4	14
Número de vacas em lactação - cabeças	60	195
Rebanho total - cabeças	114	358
Participação da receita com venda e animais	28,60%	18,67%
Investimento total/ha - sem a terra	33.037,11	30.726,64
Custo variável - R$/litro	0,67	0,62
Custo operacional - R$/litro	0,76	0,69
Custo econômico total (inclui custo de capital) - R$/litro	0,82	0,74
Preço líquido do leite - R$/litro	0,76	0,77
Lucro operacional - R$/ha/ano	989,19	3.249,25
Rentabilidade sobre o capital (inclui terra*) - %	2,18%	9,47%

* considerado preço de terra nua a R$7,5 mil/ha

Fonte: Scot Consultoria

A lactação das vacas consideradas para o investimento em 15 hectares é cerca de 3,3 mil litros inferior às orçadas para o investimento em 80 hectares. Estrategicamente, a opção para o início da atividade foi obter uma lotação maior e ganhar também com a venda de animais meio sangue. Observe que a participação da venda de animais nas receitas totais difere entre os casos, confirmando a estratégia.

O número de animais por hectare também será superior no primeiro caso. Outro motivo da opção por vacas de menor potencial de lactação, neste momento, é o preço 20% inferior dos animais adultos no mercado de maio e junho, segundo compilações feitas pela Scot Consultoria com base em dados disponibilizados por leiloeiras.

O empresário, ciente de sua condição inicial, precisará planejar muito bem os investimentos em 15 hectares, de modo a evitar a futura necessidade de refazer alguns itens, quando for expandir a produção.

Ao mesmo tempo, é preciso o máximo cuidado para que não haja super-dimensionamento já se antecipando a um crescimento que pode levar ainda alguns anos para se concretizar.

Em projetos que serão expandidos no futuro, a partir do resultado do próprio empreendimento, talvez este dimensionamento inicial seja o item mais difícil. E essa é a realidade de todas as empresas leiteiras. Todas estão em expansão ou pretendem se expandir no médio prazo.

Os números que formaram a Tabela 6 foram extraídos de planilhas de projeto e orçamento para a atividade leiteira em 15 hectares e 80 hectares, nas condições já citadas.

Apenas para ilustrar, no caso da tecnificação de 15 hectares, o produtor trabalhará com pastos irrigados, fertilização de pastagens, cercas elétricas, estrutura de alimentação simples, bebedouros à vontade e apenas um trator, incluindo os diversos maquinários e implementos.

Para manter a lotação, há a adequação da produção de volumosos, minerais e concentrados.

A sala de ordenha será dimensionada para 2 mil litros de leite por dia, em duas ordenhas, com possibilidade de aumento ao longo dos anos.

6. Considerações finais

A apresentação apenas do sumário técnico e econômico tem dois objetivos. Simplificar, evitando o detalhamento de item a item do planejamento que levou aos números finais, e manter o texto dentro do objetivo de resumir e levar à reflexão dos cuidados no momento de investir.

A apresentação de um projeto seria inútil, pois não há aplicabilidade prática quando o plano não é feito para a realidade específica da empresa. Por outro lado, apontar indicadores interessantes da análise pode levar à comparação e à busca de informações importantes para a própria realidade.

Muitas vezes, a solução para os produtores não está numa recomendação de um especialista. A solução acaba aparecendo naturalmente à medida que o empresário garimpa as informações de sua empresa.

É o caso do exemplo. O produtor imagina que terá condições de financiar uma elevada produção e acaba descobrindo que não será possível. A partir de então parte para a adaptação da realidade ao seu orçamento.

E ainda não poderá perder de vista o seu projeto inicial, que era produzir cerca de 5,5 mil litros em 80 hectares. Essa é a meta que ele estabelecerá para atingir no futuro.

Para navegar é preciso apenas duas informações: saber onde está e saber onde quer chegar. Por isso, o exercício apresentado aqui, se praticado nas empresas, pode auxiliar no planejamento gerencial da atividade.

A expansão da escala de produção de maneira coordenada é fundamental para o produtor de leite. Observe que no mesmo nível de tecnologia, o lucro por hectare será bem superior em 80 hectares, do que nos 15 hectares.

O resultado melhora pela maior diluição de custos fixos e indiretos, favorecendo os resultados em escala de produção. Em outras palavras, os lucros passam a aumentar também em escala. Observe na Figura 7.

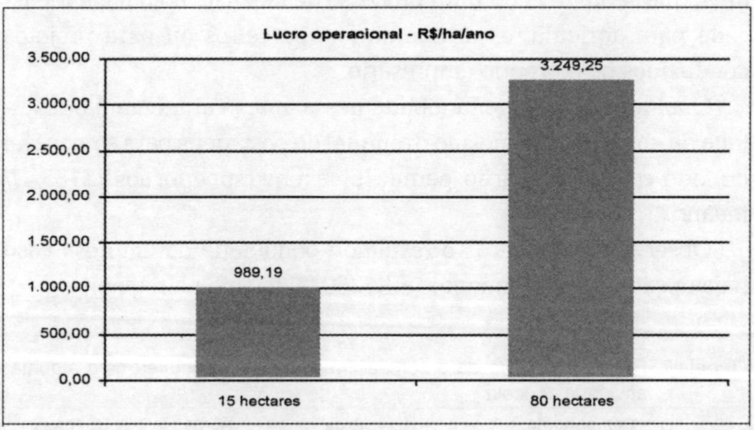

Figura 7. Comparação entre o lucro por hectare por ano nos 15 hectares e nos 80 hectares. (Fonte: Scot Consultoria).

Quando se compara a Figura 1 com a rentabilidade exposta na Tabela 6, observa-se que até junho de 2008, a tendência era uma redução nas rentabilidades do produtor de leite.

Mesmo assim, ainda na Tabela 6, pode-se observar que mesmo no caso analisado para 15 hectares, apesar da rentabilidade baixa, estimada em 2,18% sobre o capital, o lucro por hectare supera em muito a maior parte das atividades agropecuária.

No entanto toda a análise ainda pode deixar uma questão em aberto. O que o produtor fará, inicialmente, com os 65 hectares restantes, caso opte-se por trabalhar de maneira tecnificada?

Caso o produtor invista os mesmos R$491,8 mil e deixe a produção em 80 hectares, a produtividade anual esperada cairá dos 25 mil litros de leite por hectare por ano para quase 4,7 mil litros.

Tanto os custos, como os investimentos, aumentarão pois serão 65 hectares a mais de pastos, cercas, cochos, águas, corredores e despesas operacionais em todo o processo.

Mesmo assim, vamos considerar que investimentos e resultados não se alteram. Com isso, o lucro da empresa, distribuído nos 80 hectares recuaria para R$185,47/ha/ano.

Aí entra o conceito de custo de oportunidade do uso da terra. A área, que seria inserida num processo de baixa tecnologia, é repassada para agricultores arrendatários, parceiros ou para projetos conduzidos pelo próprio empresário.

Qualquer renda que for obtida nessa área já aumentará o resultado da empresa. Até mesmo o aluguel de pastagens para a pecuária de corte, com baixa lotação, permite uma renda superior aos R$185,47/ha/ano.

Observe, na Tabela 7, o resultado ponderado da empresa caso haja opção de arrendamentos a R$350,00/ha/ano na região.

Tabela 7. Resultado médio da empresa arrendando 65 hectares para alguma atividade agrícola.

Componente	Área	R$/ha	R$ totais
Arrendamento	65,00	350,00	22.750,00
Pecuária leiteira de alta de tecnologias	15,00	989,19	14.837,84
Média ponderada dos resultados	**80,00**	**469,85**	**37.587,84**

Fonte: Scot Consultoria

Os arrendamentos podem ser pagos em milho, soja, batata, cana-de-açúcar, milho verde, etc. Qualquer que seja a opção, inclusive o aluguel dos pastos, permitirá um aumento da renda na empresa. Acompanhe os resultados comparados na Figura 8.

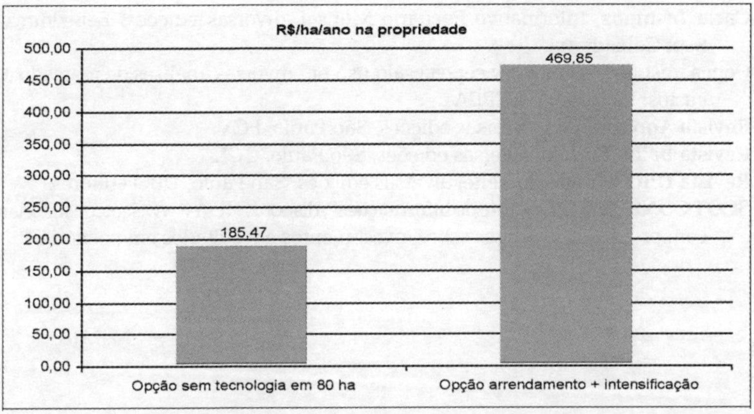

Figura 8. Comparação entre o lucro anual por hectare com a empresa investindo em 80 hectares sem tecnologia e com a opção de integrar arrendamentos e produção com alta tecnologia em 15 hectares. (Fonte: Scot Consultoria).

Os maiores benefícios da tão comentada integração entre lavoura e pecuária não são de ordem técnica, mas sim de ordem econômica. A agricultura entra ocupando espaço e financiando o processo de intensificação da pecuária. Essas oportunidades, quando existirem, não podem ser desperdiçadas.

Na pecuária de leite, a diferença entre bons resultados e prejuízos se mede em centavos. Por isso, nada mais lógico do que planejar a administração de modo a analisar cada centavo e cada componente que pode alterar o resultado da atividade ou do empreendimento.

7. Referências bibliográficas

Este texto foi construído com base em planilhas, análises e casos acompanhados pela Scot Consultoria nos últimos anos. Artigos, análises, comentários e textos referentes ao tema, elaborados por diversos pesquisadores, podem ser freqüentemente encontrados em sites e publicações como:

A Nata do Leite. Informativo Pecuário Semanal, diversas edições. Bebedouro, Scot Consultoria.

Carta Leite. Informativo Pecuário Mensal, diversas edições. Bebedouro, Scot Consultoria.

Carta Insumos. Informativo Pecuário Mensal, diversas edições, Bebedouro, Scot Consultoria.

Cepea, disponível em www.cepea.esalq.usp.br - diversas análises de mercado e custos. Piracicaba, CEPEA

Revista Agroanalysis, diversas edições, São Paulo, FGV.

Revista Balde Branco, diversas edições, São Paulo, CCL.

Revista DBO Mundo do Leite, diversas edições, São Paulo, DBO editores.

SCOT CONSULTORIA, "Site de informações", disponível em www.scotconsultoria.com.br - diversos artigos sobre investimentos e resultados em pecuária.

Monitoramento da nutrição com base nas análises de leite

Paulo Fernando Machado[1]
Laerte Dagher Cassoli[2]
Felipe Cardoso de Cardoso[3]

O sucesso na exploração da pecuária de leite é função do controle do custo de produção. Como o custo está diretamente relacionado com o volume de leite produzido pelos animais e este é função direta da sua alimentação, uma das maiores tarefas gerenciais seria verificar se a dieta que as vacas em lactação estão recebendo está adequada. Como adequada entende-se que a quantidade de nutrientes oferecida é equivalente à utilizada para a síntese do leite, ou seja não há excessos nem deficiências.

1 Professor Titular – Esalq/USP.
2 Pesquisador – Esalq/USP.
3 Pesquisador – Esalq/USP.

Como saber se a dieta está adequada?

Uma maneira é relacionar o consumo de matéria seca com o volume de leite produzido. Como meta espera-se uma relação entre 1,45 e 1,65 litros de leite por kg de matéria seca. Este indicador possui um inconveniente que é a necessidade de pesar o oferecido e as sobras, diáriamente, e determinar a matéria seca destas frações. Este é um trabalho árduo, pouco preciso e muitas vezes pouco elucidativo visto que, após o pico de produção os animais ajustam o volume de leite produzido em função da quantidade de alimentos consumidos tornando o indicador sem função gerencial.

Outra maneira de responder a questão é relacionar a quantidade de nutrientes ingerida com a quantidade de nutrientes secretada no leite. Esta maneira também apresenta uma série de inconvenientes como por exemplo o desconhecimento do que o animal está ingerindo e do que está absorvendo (a digestibilidade e a absorção de nutrientes de um alimento é influenciada por inúmeros fatores não controláveis pelo operador).

A maneira mais precisa que dispomos no momento é a avaliação do animal e seu desempenho. A avaliação da alteração na condição corporal (CC), do volume e da composição do leite indicam com relativa precisão a adequação da dieta. Quanto à condição corporal, a literatura oferece padrões de referência para os diferentes estágios da lactação. Assim, os animais devem parir com CC entre 3,25 e 3,75, atingir valores entre 2,5 e 3,0 por volta do pico de produção (ao redor de 60 a 90 dias em lactação) e cerca de 3,5 a 4,0 ao secar, numa escala de 1 a 5, sendo 5 obeso e 1 muito magro. Se estas condições corporais forem observadas, juntamente com pico e persistência dentro da meta preconizada para o potencial genético e características ambientais existentes, poderemos dizer que, com razoável exatidão, a dieta está adequada.

Se, no entanto, dispusermos de informações quanto à composição do leite, poderemos fazer um diagnóstico bem mais preciso da situação.

Os nutrientes presentes no leite são provenientes em sua totalidade dos nutrientes da dieta, direta ou indiretamente. Assim, o conhecimento da composição do leite poderá dizer se a quantidade, qualidade e relação entre os nutrientes da dieta está adequada às exigências nutricionais do animal.

Composição do leite

O leite é composto por água, gorduras, proteínas, lactose, minerais e vitaminas. A água se apresenta em maior quantidade (85,5 a 88,7%) e em concentração muito pouco variável pois ela é transferida do sangue para o interior dos alvéolos, onde o leite é secretado, em função da quantidade de lactose e dos minerais. Ela não é, portanto, juntamente com a lactose e minerais um bom indicador da adequação da dieta. Restam as gorduras e as proteínas.

As gorduras são formadas por ácidos graxos de cadeia curta (4 a 16 carbonos) e de cadeia longa (18 a 22 carbonos). Os ácidos graxos de cadeia curta são sintetizados na glândula mamária a partir dos ácidos acético (2 carbonos) e butírico (4 carbonos) produzidos no rúmen a partir da atividade fermentativa dos microrganismos sobre os carboidratos estruturais (celulose, hemicelulose) e dos não estruturais (amido, pectina, açúcares). Estes ácidos graxos de cadeia curta representam cerca de 50% da gordura presente no leite. Os restantes 50% são, em maior proporção, provenientes de ácidos graxos de cadeia longa armazenados nos tecidos adiposos e dos existentes na dieta dos animais. A dieta de vacas em lactação possui baixa quantidade de ácidos graxos (2 a 5% da matéria seca). Estes ácidos graxos estão presentes nas forragens, no milho (grão ou silagem) e nas sementes de oleaginosas (soja e algodão). Apesar da pequena quantidade, estes ácidos graxos exercem grande influência no teor de gordura do leite. Como êles são insaturados (possuem duplas ligações entre átomos de carbono), são altamente tóxicos aos microrganismos celulolíticos (*Ruminococos albus, R. Flavefacies*) e precisam ser hidrogenados. Esta hidrogenação é executada por outros microrganismos (*Megasphera elsdenii*). Em condições normais de alimentação (dieta com quantidade adequada de fibra – 30 a 35% de fibra em detergente neutro proveniente de forragens com tamanho de partículas adequado – 6 a 10% na peneira superior, Heinrichs, 1966) a hidrogenação é completa. Se a dieta, no entanto, não for normal, haverá uma redução do pH do rúmen para valores abaixo de 6,0, diminuindo a atividade microbiana, levando à passagem de pequenas quantidades de ácidos graxos insaturados para o intestino delgado. Estes ácidos graxos, principalmente o C18:2, trans 11 (ácido linolêico conjugado – CLA), são absorvidos e, na glândula mamária impedem a síntese dos ácidos graxos de cadeia curta. Nesta situação, a porcentagem de gordura do leite pode cair para 2,0 a 2,5%. A adição de ionóforos (monensina, lasalocida) na dieta dos animais, juntamente com o fornecimento de ácidos graxos insaturados e de alta quantidade de concentrados pode ter efeito semelhante ao mencionado anteriormente.

Assim, em uma dieta "normal", dependendo da raça (Tabela 1) teremos certo montante de gordura no leite. Toda vez que o teor observado for 0,3 ud % abaixo dos da Tabela 1 teríamos indicação de algum problema na dieta. Como mencionado o "problema" estaria relacionado à fatores conducivos à um ambiente ruminal inadequado como por exemplo alta quantidade de grãos fermentescíveis (mais de 30% de amido na forma de grão seco ou mais de 25% na forma de grão úmido), baixa quantidade de fibra (o ideal seria 6 a 10% na peneira superior e 30 a 50% na peneira média, Heinrichs, 1966), alto fornecimento de gordura não protegida no rúmen (mais de 1 kg de grão de soja ou mais de 2,0 kg de caroço de algodão).

Tabela 1. Composição do leite em função da raça

Raça	Água	Gordura	Proteína
Guernsey	86,5	4,50	3,47
Holandesa	88,1	3,44	3,11
Jersey	85,6	5,15	3,74
Pardo Suiça	87,0	3,93	3,47

Fonte: Lindamond and Kristoffen, 1978

Além do teor de gordura no leite, a relação entre o teor de gordura e o de proteína poderia indicar a adequação da dieta. Normalmente mais de 75% dos animais possuem teor de gordura maior ou igual ao de proteína. No caso de fornecimento de ionóforos este valor seria de mais de 60%. Valores diferentes dos mencionados indicariam acidose ruminal. Nestes cálculos é importante que o teor de proteína do leite esteja dentro da normalidade para a raça (ver Tabela 1). A relação entre a gordura e a proteína para animais da raça Holandesa deve ficar entre 1,0 e 1,50.

A proteína do leite é sintetizada a partir de aminoácidos presentes no sangue, derivados da degradação de proteínas no intestino delgado (microrganismos e proteína sobrepassante da dieta). A quantidade de proteína sobrepassante depende das características químicas das proteínas alimentares. Já as proteínas microbianas dependem da atividade fermentativa ruminal. A atividade será mais intensa na presença de carboidratos fermentescíveis (amido, pectina, hemicelulose, celulose, açúcares), de aminoácidos/amônia e de condições físicas ruminais adequadas (pH, substrato físico de partículas que permaneçam no rúmen mais do que 24 horas). Se o teor de proteína do leite for inferior a 0,2 ud % abaixo da média da raça teremos indicação de baixa atividade fermentativa no rúmen que pode estar relacionada com baixo fornecimento de nitrogênio na dieta ou baixa quantidade de carboidratos fermentescíveis.

É bastante difícil aumentar o teor de proteína do leite. Teores ao redor de 3,6% na raça Holandesa estão relacionados com estágio avançado da lactação ou mesmo com a presença de mastite (contagem de células somáticas acima de 500 mil/mL no tanque). No inverno observa-se valores até 0,2 ud % acima dos do verão. É possível, no entanto, aumentar o teor no leite em até 0,2 a 0,4 ud % através do aumento de carboidratos fermentescíveis e, em algumas situações, com o fornecimento de metionina e lisina. Este aumento está relacionado não somente com o aumento da população microbiana como também com uma redução do uso de aminoácidos da corrente sanguínea em vias gluconeogênicas (síntese de glucose).

O fornecimento de quantidades excessivas de nitrogênio na dieta não eleva o teor de proteína do leite. O excesso de nitrogênio (em função de quantidades maiores de proteína na dieta, falta de carboidratos fermentescíveis ou condição inadequada no rúmen – acidose) aumenta a produção de amônia no rúmen que é absorvida. A amônia é altamente tóxica para o organismo animal. Ela é transformada rápidamente à uréia no fígado e eliminada através dos rins. Como a uréia se difunde fácilmente entre os tecidos, sua concentração no sangue é semelhante à do leite. Portanto, o teor de uréia do leite representa o correto balanceamento entre o nitrogênio e o carboidrato fermentescível fornecido na dieta e o ambiente ruminal. Em condições ótimas, o teor de nitrogênio uréico no leite (NU) situa-se entre

10 e 14 mg/100 mL. Abaixo de 10 mg/ 100 mL teríamos uma situação de baixa quantidade de proteína na dieta enquanto que acima de 14 mg/ 100 mL poderíamos estar frente à um excesso de proteína e/ou baixo carboidrato fermentescível e/ou acidose ruminal.

Relatórios da Clínica do Leite

A Clínica do Leite da Esalq-USP vem trabalhando dentro desta linha de pesquisa desde 1996. Vários experimentos foram conduzidos levando ao desenvolvimento de Gráficos e Tabelas que permitem, de uma maneira extremamente fácil, fazer uma avaliação da dieta de vacas em lactação.

O protocolo operacional desenvolvido exige que sejam coletadas amostras do leite (representativas de todo o leite produzido durante 24 horas – pode ser de somente uma ordenha se os intervalos forem regulares) de animais individualmente. O número mínimo de animais a ser amostrado dentro de um determinado grupo, recebendo a mesma dieta, é igual a 12. Como grupos de animais deve-se considerar novilhas de primeira cria, início (de 10 a 40 dias em lactação; meio de 60 a 90 dias em lactação e fim de 240 a 270 dias em lactação). Num rebanho com até 100 vacas em lactação deveriam ser amostrados todos os animais. Além disso, o ideal é que sejam feitas análises mensais, ou toda vez que houver mudança na dieta, seja de fórmula ou de ingredientes. A partir da terceira análise mensal é possível se fazer inferências precisas sobre o balanceamento das dietas.

As análises no leite que devem ser utilizadas para estes fins são: gordura, proteína e uréia.

As análises de gordura e proteína são realizadas em equipamentos automatizados que medem a energia absorvida do componente, em específicos comprimentos de onda, no centro da região infravermelha. O equipamento da Clínica do Leite é capaz de realizar até 450 amostras por hora com uma acurácia superior a 99% e com coeficiente de variação inferior a 0,5%. Já a análise de uréia utiliza o princípio colorimétrico com a ajuda de espectrofotômetro em célula de trans-reflectância. A uréia presente no leite é hidrolisada enzimaticamente, com urease, e após certo período de incubação, um corante e seu ativador são adicionados para posterior leitura da intensidade da cor da solução. O equipamento da Clínica realiza até 150 amostras por hora com acurácia superior a 98% e coeficiente de variação inferior a 1,5%.

Deve-se fazer médias dos resultados para cada um dos grupos, mencionando o número de observações que deu origem àquela média, conforme Quadro abaixo.

Composição do leite – Número de lactações X Fase de lactação

Fase de lactação	1 Lactação		2 Latação		> = 3 Lactação		Todos	
Início	2,9	2,9	2,6	3,0	2,9	2,9	2,8	2,9
0-100 DEL	8,0	57	11,4	38	11,9	56	10,2	151
Meio	2,7	3,3	2,7	3,2	3,3	3,2	2,9	3,2
101-200 DEL	8,6	44	10,1	37	9,3	41	9,2	122
Final	2,9	3,5	3,0	3,5	3,0	3,4	3,0	3,5
> 200 DEL	8,4	101	9,8	74	8,7	90	8,9	265
Todos	2,9	3,3	2,8	3,3	3,1	3,2	2,9	3,2
	8,3	202	10,3	149	9,8	187	9,3	538

Legenda:

Gordura %	Proteína %
Uréia mg/dL	Número animais

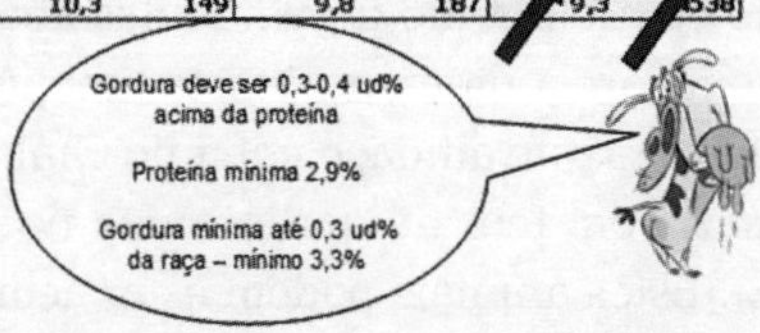

No Quadro acima podemos observar que foram realizadas 538 análises, sendo 202 de animais de primeira cria, 149 de segunda e 187 de terceira. Que havia 151 animais no início da lactação, 122 no meio e 265 no final. O teor de gordura médio do rebanho era de 2,9%, de proteína 3,2% e de uréia 9,3mg/dL. Neste exemplo, o teor de gordura estava baixo, indicando possível excesso de CNE ou falta de fibra efetiva. Também, a concentração de uréia era baixa (normal entre 10 e 14 mg/dL) indicando falta de proteína solúvel no rúmen. O teor de proteína do leite está normal.

A falta de fibra efetiva pode ser avaliada através da análise do teor de gordura em relação à produção de leite e/ou estágio da lactação, conforme Gráfico abaixo.

No Gráfico a seguir observa-se que grande parte dos animais está com teor de gordura no leite abaixo de 3,0%. O número máximo de animais com teor de gordura abaixo de 3,0% deveria ser igual a 25%. A condição mostrada é típica de rebanho com problemas nutricionais. Os animais podem estar recebendo acima de 2,0 kg de concentrado em cada refeição, ou estão consumindo pastagens de baixo valor

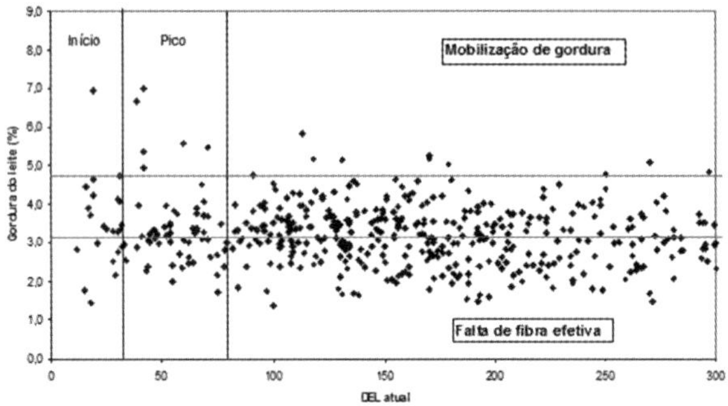

nutricional, ou estarem recebendo dieta com excesso de amido (acima de 30% na MS), ou ainda a deita ser muito picada (silagem de milho com tamanho de partículas abaixo de 0,5 cm). De qualquer maneira, aparentemente existe um quadro de acidose no rebanho.

Interessante ainda, é notar no Gráfico acima que existem alguns animais com teor de gordura alto no início da lactação (acima de 5,0%). Estes animais podem estar acometidos de cetose, reflexo de baixo consumo como conseqüência de doenças do periparto.

Outra maneira de se avaliar a ocorrência de disfunções ruminais devido à desbalanço entre carboidratos estruturais e não estruturais na dieta seria através da análise da relação entre o teor de gordura e de proteína do leite de cada animal. O Gráfico abaixo ilustra a situação do rebanho em análise.

No Gráfico abaixo observa-se grande número de animais com relação entre gordura e proteína inferior a 1,0. A literatura recomen-

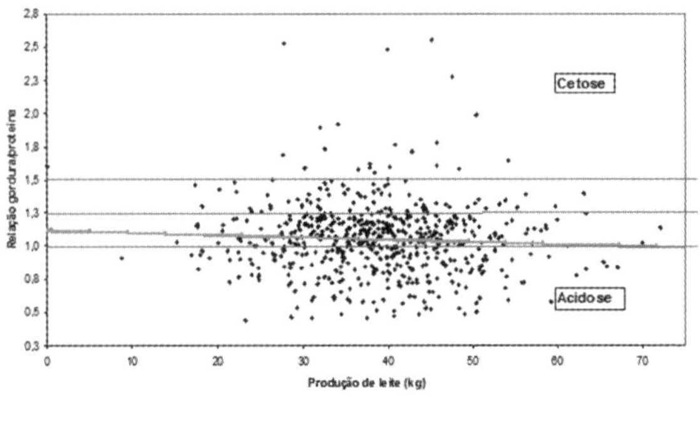

da que deve haver no máximo 25% dos animais com relação inferior a 1,0. A regressão das relações com a produção de leite mostra um quadro de acidose no rebanho em análise.

Para facilitar a interpretação dos resultados de NU, a Clínica do Leite desenvolveu o Gráfico abaixo.

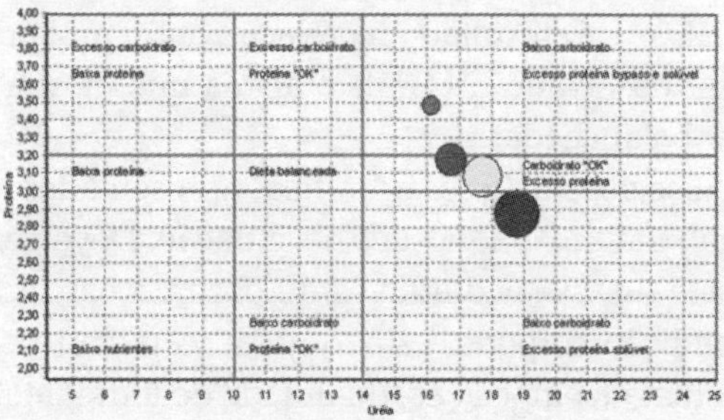

O Gráfico acima era de uma propriedade onde as vacas recebiam as dietas listadas abaixo. Eram 05 formulas diferentes. Os animais eram agrupados em função da produção e do número da lactação.

Dietas	1	2	3	4	5
PB	18,6	14,6	18,6	18,6	14
Ell	1,59	1,53	1,59	1,59	1,48
Pdegradavel	66,4	67	66,4	66,4	71,3
Psoluvel	29,9	30,3	29,9	29,9	37,3
ADF	20,2	20,7	20,2	20,2	22,6
NDF	36,2	38,8	36,2	36,2	41,3
NFC	32,2	35,5	32,2	32,2	35
Amido	23,6	26,4	23,6	23,6	25,1
Forragem	47	66	47	47	77
Rel E/P	0,85	1,05	0,85	0,85	1,06

Dietas	6
PB	16,3
Ell	1,65
Pdegradavel	65,4
Psoluvel	28,4
ADF	20,8
NDF	34,6
NFC	38,4
Amido	29,9
Forragem	47,8
Rel E/P	1,01

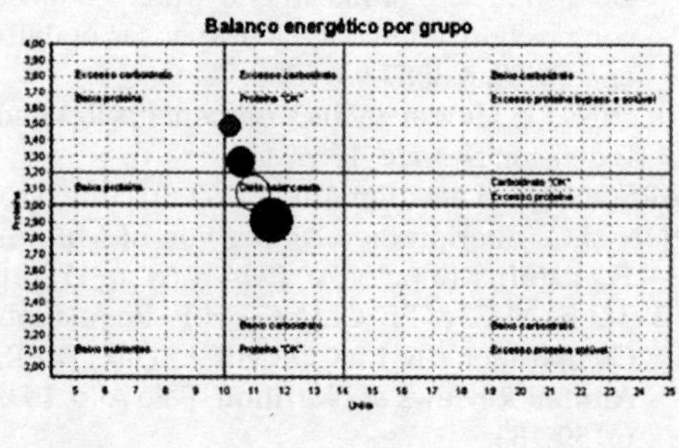

Pelo Gráfico, os animais estavam recebendo excesso de proteína e/ou deficiência de carboidratos não estruturais. O proprietário alterou a dieta para a fórmula abaixo e passou a fornecê-la para todos os animais, independentemente da produção.

A fórmula alterada possuía maior teor de CNE (NFC 38,4%) menor teor de proteína bruta (16,3%) e maior concentração energética (1,65 Mcal EL/kg). O resultado na relação entre proteína e uréia do leite pode ser observado no Gráfico acima que mostra que a dieta ficou melhor balanceada.

Após análise dos relatórios e Gráficos apresentados teremos condições de elaborar um diagnóstico da situação. Deve-se, no entanto, confirmar este diagnóstico através de observações locais sobre os animais (condição corporal, estado geral, características de fezes, etc), sobre a dieta (composição, qualidade de ingredientes, mistura, disponibilidade, etc) e sobre o ambiente (competição, estresse térmico, barro, etc). De posse de todas estas informações o profissional poderá fazer ajustes na dieta com muito mais precisão, garantindo com isso sucesso para o produtor e para ele próprio.

Literatura consultada

CANT, J.P.; DePETERS, E.J.; BALDWIN, R.L. Mammary Uptake of Energy Metabolites in Dairy Cows Fed Fat and Its Relationship to Milk Protein Depression. **Journal of Dairy Science**, Chanpaing EUA, v 76, n 8, p.2254-2265, ago. 1993.

EMERY, R.S. Feeding for Milk Components. **Large Animal Veterinarian**, Mont Morris, Eua, v. 46, n. 3, p. 30-33, mai/jun 1991.

HOLMES, C.W.; WILSON, G.F. **Produção de Leite à Pasto**. Campinas: Inst. Campineiro de Ensino Agrícola, 1990. 708p.

HORNER, J.K.; COPPOCK, C.E.; SCHELLING, G.T.; LaBORE, J.M.; NAVE, D.H. Influence of niacin and whole cottonseed on intake, milk yield and composition, and systemic responses of dairy cows. **Journal of Dairy Science**, v.69, p.3087-93, 1986.

KEOWN, J.F. **How are Milk Components Related ?** s.l.: Nebraska, Cooperative Extension Service, 1986. 1 v.

LARSON, B.L. **Lactation** Ame: Iowa St. Univ. Press. 1985. 276p.

LINN, J.G. Altering the Composition of Milk througt Management Practice. **Feedstuff**, Minnetonka, EUA, v.61, n. 17, p.18-23, jun. 1989.

NEVILLE, M.C. & PICCIANO, M.F. Regulation of Milk Lipid Secretion and Composition. In: McCORMICK, D.B.; BIER, D.M.; GOODDRIDGE, A.G. **Annual Reviews of Nutrition**. Palo Alto, EUA, Annual Reviews Inc., 1997. p.159-183.

OLDHAM J.D. Protein - Energy Interrelationships in Dairy Cows. **Journal of Dairy Science**, Chanpaing EUA, v.67, p.1090, 1984.

PARK, C.S. & JACOBSON, N. Glândula Mamária e Lactação. In: SWENSON, M.J. & REECE, W.O. **Dukes - Fisiologia dos Animais Domésticos**. 11 ed. Rio de Janeiro: Ed. Guanabara Koogan LTDA, 1996. cap. 37.

RAMANZIN, M.; BAILONI, L.; SCHIAVON, S.; BITTANTE, G. Effect of monensin on milk production and efficiency of dairy cows fed two diets differing in forage to concentrate rations. **Journal of Dairy Science**, Chanpaing EUA, v.80, n.6, p.1136-1142, 1997.

SCHMIDT G.H. **Biology of Lactation** San Francisco: W. H. Freeman and Company, 1971. 317 p.

SUTTON, J.D. Altering Milk Composition by Feeding **Journal of Dairy Science**, Chanpaing EUA, v 72, n 10, p.2801-2814, out. 1989.

WU, Z.; HUBER, J.T. Relationship between dietary fat supplementation and milk protein concentration in lactating cows: A review. **Livestock Production Science**, v.39, p.141-155, 1994.

Estratégias para redução de células somáticas no leite

Marcos Veiga dos Santos[1]
Carolina Barbosa Malek dos Reis

Introdução

A contagem de células somáticas (CCS) é um critério mundialmente utilizado por indústrias, produtores e entidades governamentais para o monitoramento de mastite em nível individual e de rebanhos e para a avaliação da qualidade do leite. Os resultados da CCS podem ser obtidos a partir de amostras de quartos mamários (principalmente em trabalhos de pesquisa), amostras composta dos quatro quartos (monitoramento de rebanhos) e de amostras do tanque (monitoramento da qualidade do leite).

1 Faculdade de Medicina Veterinária e Zootecnia, FMVZ-USP. Campus de Pirassununga, SP. mveiga@usp.br

A sua utilização como ferramenta para monitoramento de mastite e avaliação da qualidade do leite teve início no final da década de 1970 (Dohoo e Leslie, 1991). A partir de 1992, os países da União Européia adotaram como limite máximo legal para a CCS do leite para consumo humano, o valor de 400.000 cels/mL (Schukken *et al.*, 2003), enquanto no Canadá e nos EUA, os limites fixados são respectivamente: 500.000 e 750.000 cels/mL.

A partir de 2005, a Instrução Normativa 51/2002 (Ministério da Agricultura e Pecuária - MAPA) estabeleceu o limite de 1.000.000 cels/mL para o leite produzido nas regiões Sul, Sudeste e Centro-Oeste. As demais regiões têm um cronograma de implantação desses limites de acordo com a Tabela 1.

Tabela 1. Limites legais para CCS do leite, de acordo com a Instrução Normativa Nº 51/02 (MAPA, 2002).

Sul, sudeste e centro-oeste	07/2005	2008	2011
Norte e Nordeste	07/2007	2010	2012
CCS (cel./mL)	1.000.000	750.000	400.000

Além das implicações legais, a saúde da glândula mamária pode estar relacionada com o bem estar dos animais de produção, visto que, casos de mastite clínica pode ocorrer dor e desconforto e, freqüentemente, os quais têm sido apontados por entidades de defesa dos direitos dos animais como indesejáveis (Schukken *et al.*, 2003). A CCS do tanque está relacionada com o aumento do risco da ocorrência de resíduos de antibióticos em rebanhos leiteiros, em função da maior utilização de tratamentos intramamários (Ruegg, 2005). Finalmente, uma baixa CCS do tanque além de estar relacionada com baixo nível de infecções intramamárias, também está associada com menor contagem bacteriana total (CBT) e maior padrão de higiene de produção de leite (Reneau, 2001).

A CCS pode ser expressa na forma de escore linear de células somáticas, que tem sido adotado em vários países. Como pode ser observado na Tabela 2, o uso do escore de células somáticas (ECS) facilita a interpretação dos resultados, uma vez que, a cada aumento de 1 (um) escore linear, a CCS é dobrada.

Tabela 2. Relação entre o escore de células somáticas (ECS) e a contagem de células somáticas (CCS).

ECS	Média da CCS (x1.000/mL)	Variação
0	12,5	0-17
1	25	18-34
2	50	35-70
3	100	71-140
4	200	141-282
5	400	283-565
6	800	566-1.130
7	1.600	1.131-2.262
8	3.200	2.263-4.525
9	6.400	4.526

Fonte: (National Mastitis Council, 1996).

CCS e ocorrência de mastite

A mastite é uma inflamação de um ou mais quartos mamários, na maioria das vezes, associada a uma infecção intramamária (IIM) de causa bacteriana. A mastite subclínica ocorre quando a inflamação não resulta em alterações perceptíveis, sendo diagnosticada pelo isolamento bacteriano no quarto afetado ou por alterações celulares e de composição do leite (Harmon, 2001).

As células somáticas do leite são compostas basicamente por leucócitos originários do sangue e por células epiteliais de descamação. Os leucócitos fazem parte do sistema imune, cujas células principais são: neutrófilos, linfócitos e macrófagos (Sordillo *et al.*, 1997). No quarto mamário sadio, os macrófagos predominam (66-88%) e os neutrófilos representam cerca de 1-11%, no entanto, durante uma infecção intramamária, os neutrófilos podem compor aproximadamente 90% das células somáticas presentes no leite (Pyorala, 2003).

Após a invasão bacteriana da glândula mamária, ocorre rápido aumento da CCS do quarto infectado (Rainard e Riollet, 2006). O objetivo dessas células é eliminar as bactérias existentes, visto que, se o caso de mastite for resolvido, a CCS do leite retorna aos limites normais dentro de algumas semanas. Contudo, quando o sistema imune não elimina o agente causador da IIM a CCS permanece acima do limite normal por longo período, ainda que possa sofrer variação ao longo do tempo.

A CCS é um indicativo da ocorrência de inflamação da glândula mamária em resposta à invasão bacteriana. Dessa forma, a CCS ou outros métodos indiretos (CMT, WMT) de estimativa da inflamação podem ser usados para classificar um quarto mamário como infectado (mastite subclínica) ou não (sadio).

A existência de IIM em um quarto é o fator que isoladamente mais afeta a CCS (Dohoo, 2001; Harmon, 2001). O estágio de lactação afeta a CCS, sendo que imediatamente após o parto a CCS é alta, mas é rapidamente reduzida para níveis normais dentro de 4-5 dias, se não houver infecção intramamária (Pyorala, 2003). No entanto, em vacas sem isolamento bacteriano (sadias) não ocorre efeito da ordem de parição e do estágio de lactação (Laevens *et al.*, 1997), conforme pode ser visualizado na Figura 1. A CCS pode aumentar com a idade, com o avanço da lactação e com a redução da produção de leite, no entanto, a ocorrência de IIM é o principal fator determinante do aumento da CCS (Schepers *et al.*, 1997).

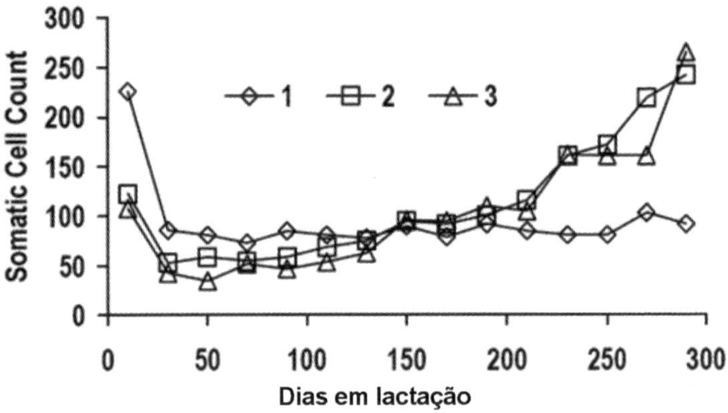

Figura 1. Média geométrica de CCS de vacas sem isolamento bacteriano na primeira (◊) segunda (□) e terceira (Δ) lactação, em diversos estágios de lactação. (Fonte: adaptado de Laevens et al., 1997).

A freqüência de ordenha também pode afetar a CCS. A mudança de 2 para 3 ordenhas/dia pode reduzir a CCS do tanque e a porcentagem de vacas infectadas no rebanho, enquanto que, o aumento da freqüência de ordenhas pode causar aumento da CCS (Pyorala, 2003).

O diagnóstico preciso de IIM em um quarto pode ser feito pelo uso da CCS e/ou da realização de culturas microbiológicas repetidas ao longo do tempo. Entretanto, o uso de avaliações múltiplas requer mais tempo, mão-de-obra e representam custos elevados em situações de campo, além disso, nem sempre estão disponíveis aos produtores. Ainda que possa apresentar erros de identificação, como em qualquer método diagnóstico, pode-se assim estabelecer um limite de CCS como indicativo para diferenciar entre um quarto infectado ou não.

Com base em estudos realizados na América do Norte e Europa, a média geométrica da CCS de quarto não-infectados é de aproximadamente 70.000 cels/ml, enquanto a média aritmética (de quarto infectado) é de 187.000 cels/ml (Djabri *et al.*, 2002; Dohoo e Leslie, 1991; Schepers *et al.*, 1997) (Tabela 3).

Tabela 3. Critérios para diagnóstico da mastite com base em resultados de quartos mamários

Resultados da amostra de leite		Diagnóstico
Isolamento bacteriano	**Inflamação (> 200.000 cel/ml)**	
Sim	Não	Infecção latente
Não	Sim	Mastite não específica
Sim	Sim	Mastite

Fonte: adaptado de (Pyorala, 2003)

Em termos gerais, alguns pesquisadores têm definido o valor de 200.000 a 250.000 cels/ml como limite para separar os quartos infectados e não-infectados, de forma a reduzir a ocorrência de falso-positivos e falso-negativos (Djabri *et al.*, 2002; Dohoo e Leslie, 1991; Schepers *et al.*, 1997). Utilizando-se esse limite, pode-se estimar uma sensibilidade de 73-89% e especificidade de 75-85% (Pyorala, 2003; Schepers *et al.*, 1997).

O uso do limite de CCS de 200.000 cels/ml pode ser utilizado em condições de campo para distinguir entre quartos infectados ou não, visando minimizar os erros de diagnóstico (Schukken *et al.*, 2003). Dessa forma, a variação da CCS de uma vaca entre dois meses consecutivos pode ser usada como indicativo da ocorrência de uma nova infecção. Contudo, deve-se destacar que a escolha de um único limite de CCS não é adequada para todas as situações nas quais se deseja tomar decisões baseadas na CCS de uma vaca. Deve-se levar em conta: a prevalência da mastite no rebanho, o estágio de lactação e o tipo de uso dessa informação.

Uso dos resultados da CCS individual

A CCS individual das vacas, quando realizada mensalmente, é uma ferramenta essencial para um programa de controle de mastite e pode ser utilizada nos seguintes casos:

a) Avaliação da prevalência de mastite subclínica;
b) Identificação de vacas com mastite crônica;
c) Estimativa da contribuição relativa de vacas com alta CCS para a CCS do tanque;
d) Estimativa das perdas de produção de leite;
e) Avaliação da qualidade do leite produzido na fazenda.

Os resultados da CCS individual das vacas podem ser utilizados para avaliar a sanidade da glândula mamária por meio da estimativa do número de animais com mastite subclínica (p. ex., vacas com CCS acima de 200.000 cels/mL de leite). Pode-se utilizar a CCS para monitorar o programa de controle de mastite adotado, bem como para identificar animais infectados cronicamente que apresentam CCS alta por vários meses e a taxa de novas infecções. As vacas com mastite crônica podem ser identificadas e posteriormente selecionadas para descarte ou para secagem antecipada, uma vez que, a terapia da vaca seca apresenta taxa de cura superior ao tratamento durante a lactação.

Para uma correta interpretação da CCS individual de vacas, recomenda-se que esses resultados sejam distribuídos em função dos dias em lactação e número de lactação dos animais, o que permite

												Infecções					
	Médias		% Distribuição pelo E.L.						E.L. por Estágio de Lactação			Total		Novas		Crônicas	
N.L.	E.L.	CCS	<= 2	3	4	5	6	> 6	Início	Meio	Fim	Nº	%	Nº	%	Nº	%
1	3.2	443	31	20	17	8	10	15	2.4	2.5	3.7	34	30.1	6	9.4	20	66.7
2	4.9	1065	7	12	22	12	15	32	3.3	4.7	5.6	33	55.9	6	27.3	22	78.6
3	5.4	1329	9	3	12	15	9	52	5.4	5.1	5.6	23	69.7	2	22.2	16	88.9
4	5.0	1226	11	8	17	18	13	33	3.3	4.6	5.7	50	59.5	16	44.4	22	75.9
Total	4.3	899	18	13	17	13	12	28	3.2	3.9	4.9	140	48.4	30	24.7	80	74.3
Referência:	3,2	250	39	24	17	9	5	5	2,6	2,5	3,0		20,0		12,0		50,0

Legenda: Péssimo Ruim Bom Muito bom Ótimo

Estágio de lactação: Início: < 46 dias
Meio: >= 46 dias e <= 180 dias
Fim: > 180 dias

Figura 2. Exemplo de distribuição do escore linear de CCS em função do número de lactações (NL) e estágio de lactação. (Fonte: adaptado da Clínica do Leite — Esalq-USP).

identificar a provável origem da mastite, as medidas de controle que devem ser empregadas e a eficácia geral do programa de controle. Os dados da CCS devem ser organizados de forma a possibilitar a identificação de variações sazonais e definir estratégias de controle para os períodos mais críticos do ano (Figura 2).

A CCS individual é também bastante útil na identificação das vacas que mais contribuem para o aumento da CCS total do tanque. Uma vez identificadas, essas vacas com alta CCS podem ser selecionadas para os seguintes procedimentos:

- Cultura microbiológica do leite: em virtude da principal razão para o aumento na CCS ser a ocorrência de uma infecção intramamária, é de fundamental importância conhecer o agente causador (contagioso ou ambiental). Devem ser selecionadas para coleta de amostras para a cultura microbiológica as vacas com CCS superior a 200.000 cels/mL. Para identificação do quarto afetado para a coleta de leite, recomenda-se realizar o CMT nos quatro quartos e identificar aquele com mastite, pois aumenta a chance de isolamento do agente.
- Secagem antecipada: vacas em estágio avançado de lactação e que apresentam altas CCS durante vários meses consecutivos podem ser selecionadas para a secagem antecipada, uma vez que, a taxa de cura pelo tratamento de vaca seca é bastante superior àquela observada durante a lactação.
- Descarte de vacas com mastite crônica: o descarte de vacas com mastite crônica é a forma mais rápida de reduzir o nível de infecção do rebanho. No entanto, essa decisão apresenta alto custo em virtude da necessidade de reposição. Quando associada com outros dados sobre nível de produção, eficiência reprodutiva e ocorrência de problemas de casco, tal prática pode ser utilizada para identificar animais para o descarte. Esses animais podem constituir fontes de infecção para os animais sadios do rebanho.
- Linha de ordenha: outra possibilidade de uso dos resultados da CCS é a ordenha dos animais com mastite clínica e subclínica após a ordenha de todos os animais sadios. Essa medida pode auxiliar na diminuição de novas infecções, pois reduz o risco de transmissão da mastite contagiosa durante a ordenha. No

entanto, pode ser de difícil implantação devido à constante necessidade de mudança de animais entre os diversos lotes.

Quando os resultados de CCS individual de dois meses consecutivos estão disponíveis para um determinado rebanho, pode-se criar um Gráfico de dispersão, distribuindo esses resultados de acordo com a Figura 3. As vacas com novas infecções são aquelas que apresentaram baixa CCS no mês anterior e que no mês seguinte têm elevada CCS (exemplo acima de 200.000 cels/ml). As vacas com mastite crônica são as que por dois meses consecutivos apresentaram CCS elevada (p.ex. EL > 4,5). A soma das novas infecções e das infecções crônicas representa o total de vacas com mastite subclínica do rebanho. Essa distribuição dos dados de CCS pode ser indicativa da predominância de agentes contagiosos ou ambientais. Por exemplo, em um rebanho com alta proporção de novas infecções e baixa de infecções crônicas é indicativo de mastite ambiental, geralmente causada por estreptococos ambientais e *Escherichia coli*. Por outro lado, rebanhos com predominância de mastite contagiosa apresentam elevada proporção de vacas com mastite crônica e baixa taxa de cura espontânea (Ruegg e Reinemann, 2002).

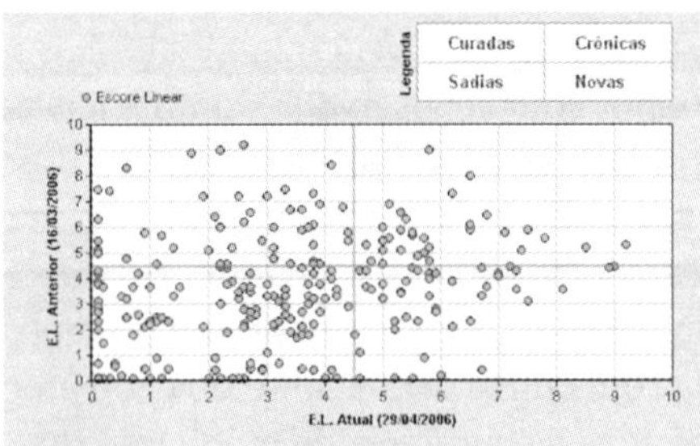

Figura 3. Distribuição do escore linear (EL) do mês anterior versus o EL do mês atual. (Fonte: adaptado da Clínica do Leite — Esalq-USP).

Como existe uma forte relação entre a CCS do tanque, o número de quartos infectados e as perdas de produção de leite causadas pela mastite subclínica, pode-se utilizar esses dados para calcular os prejuízos causados e, assim, justificar a necessidade de implantação de um programa de controle de mastite.

Ainda que as células somáticas presentes no leite não representem um fator de risco para a saúde humana, existe uma tendência mundial em adotar a CCS como critério geral para avaliar as condições higiênicas da produção de leite na fazenda. Portanto, a existência de barreiras não alfandegárias, como as normas sanitárias para o comércio internacional de produtos lácteos, é uma realidade e os países que não incluírem a CCS dentro dos critérios para avaliar a qualidade do leite produzido na fazenda correm o risco de ficar à margem do comércio internacional de produtos lácteos.

CCS e prevalência de mastite em nível de rebanho

A CCS do tanque (CCST) tem se tornado cada vez mais disponível aos produtores que fornecem leite para empresas que fazem o pagamento por qualidade. Geralmente, esse dado é enviado mensalmente e está diretamente relacionado com a qualidade do leite.

A CCST é uma medida indireta do percentual de quartos mamários infectados no rebanho e apresenta relação positiva com a prevalência da mastite no rebanho e com a gravidade dos casos de mastite, sendo que este último depende do tipo de agente causador. A predominância do tipo de agente causador de mastite (ambiental ou contagioso) tem efeito significativo sobre a CCST. Ainda que existam estimativas de pesquisa sobre a porcentagem de quartos infectados e a CCST, é muito difícil determinar, com precisão, a prevalência da mastite de um rebanho apenas com os resultados de CCST. Considerando que existe grande variabilidade da CCS individual das vacas, é necessário que os resultados de CCST sejam analisados ao longo do tempo, como indicativo da ocorrência de problemas de mastite subclínica. Em termos de metas para a saúde da glândula mamária, recomenda-se CCST < 250.000 cels/ml e 85% das vacas com CCS individual < 250.000 cels/ml (Tabela 4). Sendo assim, o objetivo de um programa de controle de mastite é o de reduzir a prevalência dessas vacas com alta CCS. Isso pode ser obtido pela redução da entrada desses animais no rebanho e pela diminuição da duração da mastite subclínica.

Segundo (Barkema *et al.*, 1998), quando se classifica a CCS dos rebanhos em baixa (<150.000 cels/ml), média (150.000 a 250.000

Tabela 4. Recomendações para metas da saúde da glândula mamária de rebanhos leiteiros.

Critério	Meta
CCS do tanque	<250.000 cel/mL
>85% das vacas em lactação	<200.000 cel/mL
>95% das vacas em lactação	<500.000 cel/mL
Taxa de novas infecções por mês	<5% das vacas

cels/ml) e alta (250.000 a 400.000 cels/ml), grande parte da variação da CCS do tanque entre rebanhos pode ser explicada pelo manejo adotado. As práticas de manejo que estão associadas com a baixa CCS do tanque em rebanhos leiteiros são: terapia da vaca seca, rotina de ordenha adequada, desinfecção dos tetos após a ordenha e tratamento dos casos de mastite clínica. Os rebanhos de baixa CCS apresentam melhores condições de higiene que os de alta CCS, o que reduz a exposição aos patógenos e reduz a sua transmissão durante a ordenha.

Em um estudo realizado em 175 rebanhos da Zona da Mata de Minas Gerais, foram identificados os fatores de risco associados com a ocorrência de alta CCS no tanque (Souza *et al.*, 2005). Foram identificados como fatores que não apresentam efeito sobre a CCST: o tipo de ordenha (manual, mecânica canalizada e balde-ao-pé), a idade média dos rebanhos, o local de ordenha e a realização de exames dos primeiros jatos de leite. A anti-sepsia antes e após a ordenha, a realização de linha de ordenha, o não fornecimento de alimento durante a ordenha foram identificados como procedimentos que contribuem para reduzir a CCST.

Considerando uma média de CCS do tanque ao longo do ano e calculando o desvio padrão (DP) desses dados, pode-se estabelecer uma faixa de variação (um DP acima e abaixo da média) o que representa um intervalo de confiança de 95%. As observações fora desse intervalo representam alterações reais da saúde da glândula mamária do rebanho e devem ser seguidas de medidas de controle (Schukken *et al.*, 2003). Por outro lado, o risco de ocorrência de mastite clínica aumenta em rebanhos com baixa CCST e com a elevada proporção de vacas com baixa CCS (Beaudeau *et al.*, 2002; Suriyasathaporn *et al.*, 2000).

Para rebanhos que apresentam alta CCS por prolongados períodos é de fundamental importância a realização da CCS individual das vacas e a cultura microbiológica para identificação dos agentes causadores de mastite clínica e subclínica. Com base nos resultados da CCS individual, pode-se implantar as seguintes estratégias (Nyschap, 2002):

a) Primeiramente, identificar se a alta CCST tem origem em um reduzido número de vacas com CCS muito alta (<5%) ou se um maior número de vacas contribui para a alta CCST. Se essa primeira opção acontecer, recomenda-se avaliar detalhadamente esses animais quanto ao padrão de CCS ao longo da lactação, cultura microbiológica para identificação de agentes causadores e com base nesses resultados, pode-se realizar o tratamento intramamário, a secagem antecipada, descarte ou segregação.

b) Quando mais de 5% das vacas contribui para a alta CCST, um próximo passo seria diferenciar se as infecções são predominantemente crônicas ou novas. Caso a ocorrência de novas infecções seja elevada (>5%), é recomendável uma completa verificação em todo o programa de controle preventivo de mastite, com especial atenção para: o manejo de ordenha, pré e pós-*dipping*, tratamento de vaca seca, introdução de animais no rebanho e segregação de vacas com mastite crônica. Por outro lado, quando a taxa de infecções crônicas é alta (>5%), recomenda-se identificar esses animais e com base no perfil de CCS ao longo da lactação e dos resultados de cultura microbiológica, proceder a uma das seguintes medidas: descarte, segregação ou tratamento (durante a lactação ou secagem antecipada).

Princípios Básicos para o Controle da Mastite

Os princípios básicos para o controle da mastite compreendem a eliminação de infecções existentes, a prevenção de novas infecções e o monitoramento da saúde da glândula mamária. O controle da mastite deve ter como meta à eliminação de infecções reduzindo sua duração por meio de medidas como o tratamento de vaca seca, o descarte de vacas com casos crônicos e o tratamento durante a lactação. Além disso, as medidas de um programa de controle de mastite devem enfocar a redução da taxa de novas infecções, o que pode ser obtido com o uso de medidas de higiene de ordenha (pré e pós-*dipping*), adequado funcionamento do sistema de ordenha, entre outras. Por fim, deve-se monitorar a saúde da glândula mamária individualmente e no rebanho para avaliar se as medidas adotadas apresentam sucesso ou não. O monitoramento da mastite permite avaliar se são necessárias medidas adicionais mais específicas.

1. Estabelecer os objetivos para a saúde da glândula mamária

Ao se iniciar um programa de controle de mastite é importante analisar a atual situação do rebanho e definir metas realistas para a CCS do tanque e de cada vaca individualmente, e para a taxa de mastite clínica. Entre os vários critérios de avaliação, pode-se utilizar a CCS do tanque, a porcentagem de vacas com alta CCS (mastite subclínica), a ocorrência de mastite clínica e a distribuição dos agentes causadores de mastite.

Tabela 4.1. Recomendações para metas da saúde da glândula mamária de rebanhos leiteiros.

Critério	Meta
CCS do tanque	<250.000 cels/mL
>85% das vacas em lactação	<200.000 cels/mL
>95% das vacas em lactação	<500.000 cels/mL
Taxa de novas infecções por mês	<5% das vacas
Incidência de mastite clínica (% vacas/mês)	<2%

2. Proporcionar um ambiente limpo e confortável

O ambiente no qual as vacas ficam alojadas deve ser bem dimensionado quanto ao tamanho e *design* de baias de rebanhos confinados. É fundamental a manutenção de baias limpas, secas e confortáveis, com especial destaque para o manejo das camas. Além disso, as áreas de descanso das vacas e os locais de parição devem ser prioritariamente manejados para evitar que o ambiente seja uma fonte de risco de novas infecções intramamárias.

3. O manejo de ordenha é fundamental para o controle de mastite

Um bom manejo de ordenha proporciona eficiência, rapidez, redução do risco de novas infecções e produção de leite de alta qualidade. Não existe uma seqüência única de procedimentos para a ordenha, no entanto, devem ser aplicados em todos os rebanhos os princípios de uma ordenha eficiente: tetos limpos e secos. Entre os procedimentos principais, destacam-se o teste da caneca de fundo preto para diagnóstico da mastite clínica, a desinfecção dos tetos antes de ordenha, a secagem com papel toalha descartável e a correta colocação de unidades de ordenha. Após o término do fluxo de leite, deve-se desligar o vácuo, retirar as teteiras e realizar a desinfecção dos tetos. Recomenda-se cobrir toda a superfície dos tetos com a solução desinfetante, cuja função é reduzir as novas infecções causadas por microrganismos contagiosos. Quando necessário, deve-se ordenhar as vacas com mastite por último.

4. Adequada manutenção e uso do equipamento de ordenha

O equipamento de ordenha deve passar por avaliação e manutenção periódicas para garantir a saúde da glândula mamária. É importante também garantir que o equipamento encontra-se dimensionado de forma correta e que as partes de borracha, em particular das teteiras, sejam trocadas de acordo com a recomendação do fabricante.

5. Tratamento da mastite clínica durante a lactação

Os casos clínicos durante a lactação devem ser tratados imediatamente para aumentar a probabilidade de cura e para o retorno imediato da produção normal de leite. A escolha dos medicamentos a serem usados deve ser feita juntamente com o veterinário responsável, levando-se em consideração o histórico do rebanho e as informações sobre os agentes causadores. Após o tratamento, deve-se descartar o leite durante o período de carência do produto.

6. Descarte e/ou segregação de vacas com mastite crônica

Vacas com mastite crônica devem ser segregadas durante a ordenha ou ser selecionadas para o descarte, uma vez que, são potenciais fontes de infecção. Exemplos de agentes causadores de mastite, cujos casos são de difícil controle pela terapia e podem ser considerados para o descarte são: *Staphylococcus aureus, Nocardia, Mycoplasma* e *Pseudomonas.*

7. Manejo de vacas secas

Ao final da lactação, todas as vacas devem ser submetidas à terapia da vaca seca e monitoradas visualmente durante as duas semanas após a secagem. É recomendável que todos os quartos sejam tratados, pois a terapia da vaca seca atua tanto na prevenção de casos novos como na eliminação de casos de mastite subclínica que ocorreram durante a lactação. Rebanhos com alta incidência de mastite ambiental causada por coliformes devem considerar o uso da vacina J5 como estratégia para reduzir a ocorrência e a gravidade desses casos.

8. Medidas de biosseguranca contra a mastite contagiosa

A aquisição de vacas de outros rebanhos deve ser seguida de medidas de biossegurança para evitar a introdução de agentes contagiosos causadores de mastite no rebanho. É recomendável obter informações sobre a saúde da glândula mamária da vaca a ser comprada, como a CCS. Antes de incorporar a vaca no rebanho, é recomendável coletar uma amostra de leite para cultura e identificação de agentes causadores de mastite, caso a vaca apresente alta CCS. As vacas com alta CCS ou com histórico de mastite causada por agentes contagiosos devem ser segregadas do restante do rebanho.

9. Coleta de dados e monitoramento da saúde da glândula mamária

Para o monitoramento do controle de mastite em um rebanho é necessária uma constante coleta de dados, como a CCS e a incidência de mastite clínica do rebanho. Além disso, recomenda-se coletar informações sobre os casos clínicos de mastite como o número da vaca, a data, a duração do caso, o medicamento utilizado e o quarto afetado. A CCS é uma importante ferramenta para monitoramento da saúde da glândula mamária e já se encontra disponível para muitos rebanhos leiteiros, porém não fornece informações sobre quais agentes causadores de mastite são mais importantes em cada caso e a sua relação com a ocorrência de mastite clínica. A identificação definitiva dos agentes causadores de mastite somente pode ser feita pela cultura microbiológica do leite.

10. Revisão periódica do programa de controle de mastite

Um programa de controle de mastite deve ter revisões periódicas para saber se as metas para a saúde da glândula mamária foram atingidas e se necessitam de ajustes. Medidas como o manejo de ordenha e o tratamento de casos de mastite necessitam de constante avaliação, devido à dinâmica dos agentes causadores, mudanças sazonais e disponibilidade de novas tecnologias.

Referências bibliográficas

Barkema, H. W., Schukken, Y. H., Lam, T., Beiboer, M. L., Benedictus, G. e Brand, A. Management practices associated with low, medium, and high somatic cell counts in bulk milk. **Journal of Dairy Science**, v.81, n.7 p.1917-1927. 1998.

Beaudeau, F., Fourichon, C., Seegers, H. e Bareille, N. Risk of clinical mastitis in dairy herds with a high proportion of low individual milk somatic-cell counts. **Preventive Veterinary Medicine**, v.53, n.1-2 p.43-54. 2002.

Djabri, B., Bareille, N., Beaudeau, F. e Seegers, H. Quarter milk somatic cell count in infected dairy cows: a meta-analysis. **Veterinary Research**, v.33, n.4 p.335-357. 2002.

Dohoo, I. R. **Setting SCC cutpoints for cow and herd interpretation**. National Mastitis Council Annual Meeting Proceedings: National Mastitis Council, 2001. 11-14 p.

Dohoo, I. R. e Leslie, K. E. Evaluation Of Changes In Somatic-Cell Counts As Indicators Of New Intramammary Infections. **Preventive Veterinary Medicine**, v.10, n.3 p.225-237. 1991.

Harmon, R. J. **Somatic cell counts: a primer**. National Mastitis Council Annual Meeting Proceedings: National Mastitis Council, 2001. 3-9 p.

Hillerton, J. E. Redefining mastitis based on somatic cell count. **IDF Bulletin**, v.345 p.4-6. 1999.

Laevens, H., Deluyker, H., Schukken, Y. H., De Meulemeester, L., Vandermeersch, R., De Muelenaere, E. e De Kruif, A. Influence of parity and stage of lactation on the somatic cell count in bacteriologically negative dairy cows. **Journal of Dairy Science**, v.80, n.12 p.3219-3226. 1997.

National Mastitis Council, N. **Current concepts of bovine mastitis**. Madison, WI: NMC. 1996. 64 p.

Nyschap. Udder Health Assessment. New York State Cattle Health Assurance Program. Ithaca, NY: (http://nyschap.vet.cornell.edu/module/mastitis/section2/Udder%20Health%20Assessment.pdf) 2002.

Pyorala, S. Indicators of inflammation in the diagnosis of mastitis. **Veterinary Research**, v.34, n.5 p.564-578. 2003.

Radostitis, O. M., Leslie, K. E. e Fetrow, J. **Herd health. Food Animal Production Medicine**. Philadelphia: Saunders. 1994. 229-276 p.

Rainard, P. e Riollet, C. Innate immunity of the bovine mammary gland. **Veterinary Research**, v.37 p.369-400. 2006.

Reneau, J. K. **Somatic cell counts: measures of farm manegement and milk quality**. National Mastitis Council Annual Meeting Proceedings: National Mastitis Council, 2001. 29-37 p.

Ruegg, P. L. **Relationship between bulk tank milk somatic cell count and antibiotic residues**. National Mastitis Council Annual Meeting Proceedings: National Mastitis Council, 2005. 28-35 p.

Ruegg, P. L. e Reinemann, D. J. Milk Quality and Mastitis Tests. University of Wisconsin. Madison, p.33. 2002

Schepers, A. J., Lam, T., Schukken, Y. H., Wilmink, J. B. M. e Hanekamp, W. J. A. Estimation of variance components for somatic cell counts to determine thresholds for uninfected quarters. **Journal of Dairy Science**, v.80, n.8 p.1833-1840. 1997.

Schukken, Y. H., Wilson, D. J., Welcome, F., Garrison-Tikofsky, L. e Gonzalez, R. N. Monitoring udder health and milk quality using somatic cell counts. **Veterinary Research**, v.34, n.5 p.579-596. 2003.

Sordillo, L. M., Shaferweaver, K. e Derosa, D. Immunobiology of the mammary gland. **Journal of Dairy Science**, v.80, n.8 p.1851-1865. 1997.

Souza, G. N., Brito, J. R. F., Moreira, E. C., Brito, M. A. V. P. e Bastos, R. R. Fatores de risco associados à alta contagem de células somáticas do leite do tanque em rebanhos leiteiros da Zona da Mata de Minas Gerais. **Arquivo Brasileiro de Medicina Veterinaria e Zootecnia**, v.57, n.Supl 2 p.251-260. 2005.

Suriyasathaporn, W., Schukken, Y. H., Nielen, M. e Brand, A. Low somatic cell count: a risk factor for subsequent clinical mastitis in a dairy herd. **Journal of Dairy Science**, v.83, n.6 p.1248-1255. 2000.

Wilson, D. J., Gonzalez, R. N. e Das, H. H. Bovine mastitis pathogens in New York and Pennsylvania: Prevalence and effects on somatic cell count and milk production. **Journal of Dairy Science**, v.80, n.10 p.2592-2598. 1997.

Cruzamento para produção de leite

Rui da Silva Verneque[1,2]
Maria Gabriela Campolina Diniz Peixoto[1]
Roberto Luiz Teodoro[2]
Marco Antonio Machado[1]

Introdução

No Brasil, em grande parte dos rebanhos de leite ou de corte prevalecem sistemas de criação extensivos ou semi-extensivos. A atividade leiteira é conduzida basicamente a pasto, com pouco uso de alimentos concentrados, e os rebanhos, em grande parte, são de pouca qualidade genética. Como conseqüência, a produtividade dos rebanhos não ultrapassa a média de 1.500 kg de leite/vaca/lactação. Apesar dessas condições, o Brasil é o sexto maior produtor de leite no mundo, com produção superior a 25 bilhões de litros por ano, para uma população de aproximadamente 18 milhões de vacas.

1 Pesquisador da Embrapa Gado de Leite – Rua Eugênio do Nascimento, 610 – 36038-330 – Juiz de Fora, MG. E-mail: rui@cnpgl.embrapa.br
2 Bolsista do CNPq.

Tem-se observado nos últimos anos, incremento significativo na produção de leite no país, conseqüência do incremento no uso de tecnologias, com significativas melhorias nas condições de manejo alimentar, reprodutivo e sanitário dos rebanhos, bem como da adequação do ambiente de produção para os animais. Existe no país cenário favorável ao aumento da produção, da produtividade e da melhoria da qualidade do leite e dos produtos lácteos. A procura por animais de genética superior, adaptados às condições de manejo e ao ambiente adverso, é crescente e, deste modo, é conveniente o estudo de métodos apropriados de melhoramento genético com vistas a atender a demanda crescente.

O cruzamento é um dos principais métodos de melhoramento genético em gado de leite. Usado há mais de 100 anos no mundo, sua utilização é muito comum nos sistemas de produção de leite no Brasil, cujo rebanho leiteiro é composto por mais de 70% de animais mestiços europeu-zebu. As principais funções do cruzamento são a de associar ou complementar as características desejáveis de diferentes raças, composições genéticas ou indivíduos e aproveitar da heterose ou vigor híbrido, obtendo-se animais mais adequados aos sistemas de produção. O cruzamento também pode ser usado com o propósito de controlar ou reduzir a endogamia em uma população.

A complementaridade é importante nos cruzamentos e é muito utilizada no Brasil, notadamente no acasalamento de animais de raças européias com raças zebuínas. A raça européia mais utilizada é a Holandesa, altamente produtiva ou especializada para produção de leite, mas pouco adaptada ao clima, aos endo e ectoparasitos e às condições de manejo prevalecentes no país. As raças zebuínas exploradas para leite no país, das quais a mais comum é Gir, seguida da Guzerá, são menos produtivas, mas altamente adaptadas a manejos menos sofisticados e condições de clima quente, com alta incidência de endo e ectoparasitos. Por vezes, se utiliza, também, o acasalamento entre animais de raças européias, como os da raça Holandesa com os da raça Jersey, procurando associar a alta produtividade da primeira, com a maior eficiência reprodutiva, menor exigência de mantença e maiores teores de sólidos no leite da segunda. Esta opção tem sido utilizada mais na região sul do Brasil e é amplamente utilizada, com sucesso, na Austrália e Nova Zelândia.

O cruzamento Holandês x Gir origina o produto denominado no mercado de Girolando, apesar de que esta denominação deva ser atribuída apenas aos animais bimestiços 5/8 Holandês e 3/8 Gir, que é reconhecido por órgão oficial como uma raça sintética. Ao acasalamento entre animais da raça Holandesa com os da Guzerá, denomina-se Guzolando. No Brasil, a contribuição das raças zebuínas, Gir e Guzerá, para este tipo de acasalamento têm-se aperfeiçoado em decorrência do intenso processo seletivo pelo qual têm passado estas raças.

A heterose ou vigor híbrido é o fenômeno pelo qual produtos de cruzamentos apresentam desempenhos superiores ao desempenho médio dos pais. Ela é mais intensa quanto mais distantes geneticamente forem as raças ou linhagens utilizadas, como, por exemplo, no cruzamento entre raças européias e zebuínas, com os animais ½ "sangue" ou F_1 apresentando maior heterozigose e, consequentemente, heterose máxima.

Em termos práticos, a heterose é explicada pelo aumento da heterozigose nos indivíduos resultantes dos cruzamentos e é devida a duas possíveis causas: a contribuição intra-locus (dominância) e entre locus (epistasia). Uma das teorias para explicação da heterose é que o aumento da heterozigose possibilita a produção de tipos diferentes de enzimas, garantindo ao híbrido maior "versatilidade bioquímica", o que o capacita a ajustar melhor os seus mecanismos fisiológicos e de desenvolvimento às circunstâncias de ambiente (Falconer, 1981).

A heterose para produção de leite é importante em cruzamentos de raças européias e zebuínas, apresentando valores médios que variam de 28% (Cunningham e Syrstad, 1987) a 17,3% (Rege, 1998). Embora em menor magnitude, a heterose é também importante para características reprodutivas e adaptativas, com impacto médio de 5,8% para duração da lactação, 11% para idade ao primeiro parto e 9% para intervalo de partos, entre outras características (Rege, 1998). A heterose para produção de leite entre raças européias é relativamente baixa e situa-se próxima aos 5% (Touchberry, 1992). Contudo, os valores de heterose obtidos em regiões tropicais podem ser subestimados devido à freqüente eliminação de dados "considerados anormais" nas análises, principalmente os de lactações curtas, procedimento este que reduz a variação genética entre os grupos de cruzamentos (Madalena et Al., 1992).

O cruzamento pode ser também utilizado com o propósito de reduzir a endogamia da população, cujos efeitos danosos, a depressão endogâmica, refletem principalmente na taxa de sobrevivência dos animais, redução da fertilidade e até mesmo redução na produção.

Neste trabalho, serão abordadas as principais alternativas de cruzamento em gado de leite no Brasil e alguns resultados de desempenho observado em diferentes tipos de cruzamentos utilizados no Brasil e em outros países.

Principais sistemas de cruzamentos usados no Brasil

As principais alternativas para manter os rebanhos com proporções de genes intermediários entre o europeu e o zebu (ou raças locais, crioulas nativas) são:

a) Produção de fêmeas F_1 provenientes do acasalamento entre raças européias e zebuínas;
b) Cruzamentos rotativos com a utilização alternada de touros de raças européias e zebus;
c) Formação de novas raças, ou populações sintéticas, por meio do cruzamento entre animais de origem européia com animais zebuínos.

Considerando-se que um modelo reunindo os efeitos aditivos e de dominância é apropriado para estimar o desempenho de qualquer grupo resultante de cruzamentos, apresenta-se na Figura 1 o desempenho esperado em sistemas de cruzamentos rotacionais (R), retrocruzamentos (B_1 e B_2), e o desenvolvimento de populações sintéticas (S), utilizando-se duas raças (P_1 e P_2). Observa-se que quando a heterose é importante, o desempenho esperado é maior entre os animais com 50% de genes de cada uma das raças.

Em algumas situações, o sistema de cruzamento é conduzido no sentido de promover a substituição dos genes da raça local pelos genes da raça exótica. A conveniência da execução dessa alternativa deve ser analisada considerando-se a relação benefício-custo. Na Figura 2 é apresentada a taxa de heterose retida e as porcentagens de genes da raça européia (E) quando se pratica acasalamento visando à absorção total da raça nativa local (L).

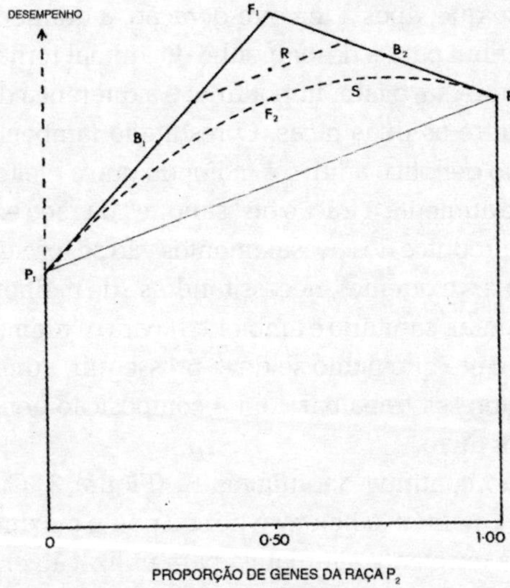

Figura 1. Desempenho esperado em sistema de cruzamento Rotacional (R) e Sintético (S). (Fonte: Cunningham & Syrstad, 1987).

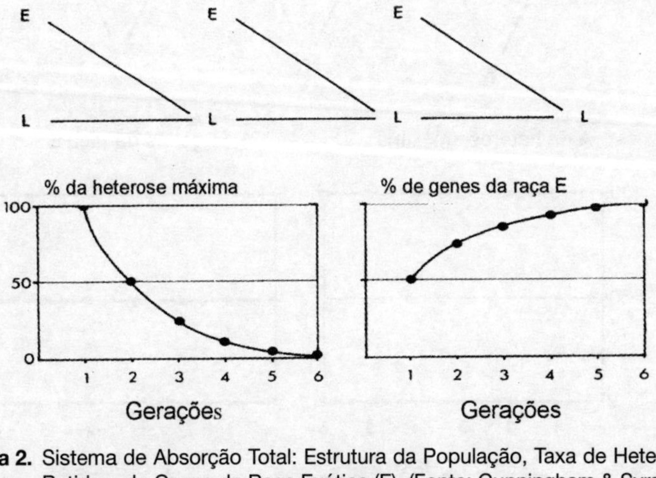

Figura 2. Sistema de Absorção Total: Estrutura da População, Taxa de Heterose Retida e de Genes da Raça Exótica (E). (Fonte: Cunningham & Syrstad, 1987).

Observa-se que, após a terceira geração, a quantidade de heterose que contribui para o desempenho do animal torna-se desprezível. Nesta estratégia, o fator importante é a diferença do valor genético aditivo entre as duas raças. O resultado também depende de quanto o efeito genético aditivo é maior do que o efeito da heterose. À medida que aumenta a fração de "sangue" da raça exótica, menos adaptada, os produtos dos acasalamentos vão se tornando mais susceptíveis ou mais exigentes, necessitando-se de melhorias de manejo geral (alimentar, sanitário e ambiental) para os animais. A questão fundamental é até que ponto se deve prosseguir, admitindo-se que o produtor interessa trabalhar com a composição genética que lhe propicie maior lucro.

A produção contínua de animais F_1 (Figura 3, Cunningham e Syrstad, 1987) mantém a heterose no seu ponto máximo, sendo este esquema uma excelente alternativa para utilização em sistemas de produção de leite no Brasil. A grande dificuldade dessa opção é manter uma grande população de vacas do tipo "local", ou zebuína, para serem acasaladas com os touros da raça exótica. Outra alternativa é a utilização de fêmeas de raças européias, não elites, com

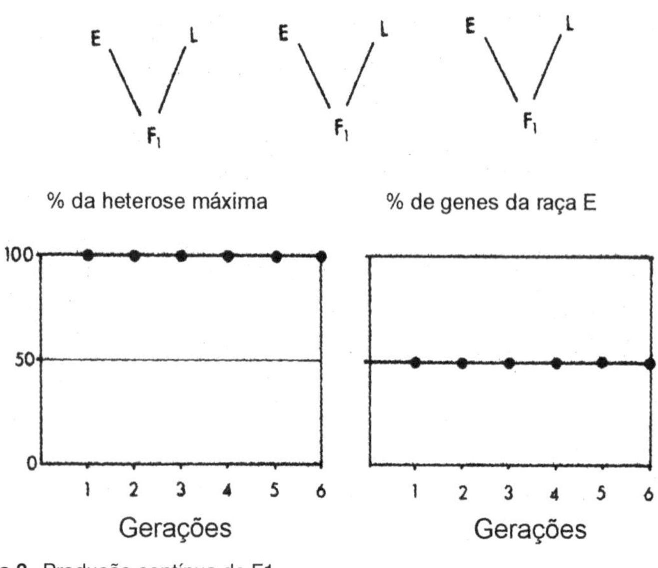

Figura 3. Produção contínua de F1.

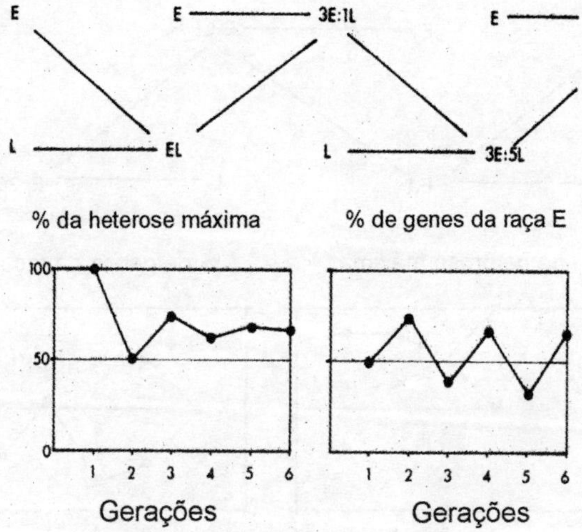

Figura 4. Sistema de cruzamento alternado com 2 raças

acasalamento com touros zebuínos provados ou em teste de progênie para leite.

Um sistema de cruzamento alternado de duas raças é ilustrado na Figura 4. Este sistema atinge 100% de heterozigose na primeira geração, 50 na segunda, 75 na terceira e se estabiliza em 67% após a quinta geração. Este sistema, como usa machos da raça pura, tem a vantagem de necessitar de uma população pequena de animais comerciais, podendo ser ainda menor se for adotada uma técnica reprodutiva (TE ou FIV) que acelere o processo de produção dos animais.

O sistema de cruzamento contínuo com três raças (Figura 5) é semelhante ao com duas. Cada uma das três raças é usada a cada vez como raça pura por meio dos touros. Assume-se que há uma raça "local" (L) e duas exóticas (E_1 e E_2).

Observa-se que este sistema mantém uma alta taxa de heterozigose. Contudo, se apenas a heterozigose entre E x L é importante, há uma grande variação na heterose de uma geração à outra e isto pode ser uma desvantagem. Este sistema tem também a desvantagem de ser operacionalmente complexo, requerendo registros das raças de cada vaca e previsão de touros de cada uma das raças puras. O

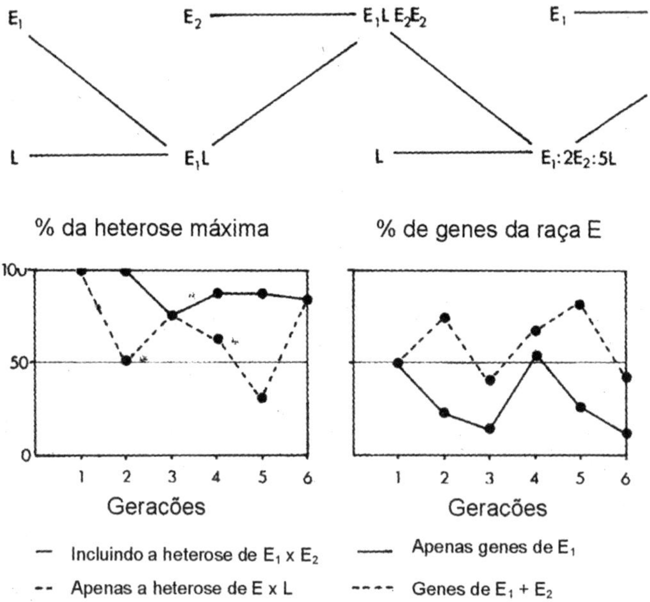

Figura 5. Sistema de cruzamento alternado com 3 raças.

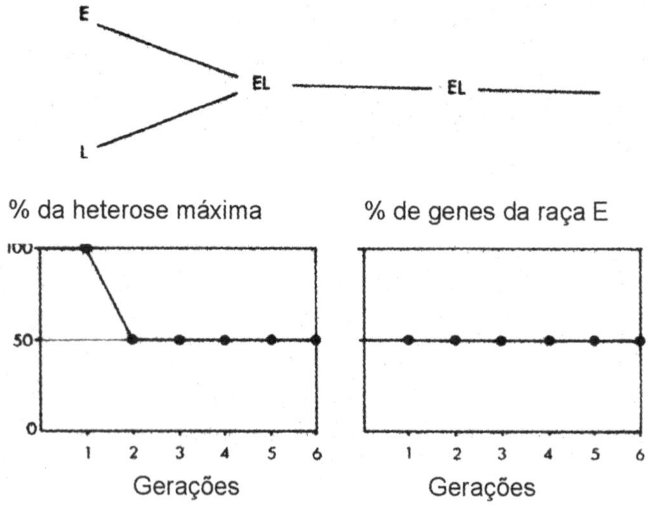

Figura 6. Formação de população sintética usando-se 2 raças.

desempenho esperado depende dos efeitos aditivos e da heterose, mas, em média, este sistema é um pouco inferior ao de duas raças (cerca de 17% do efeito de heterose).

Na formação de populações sintéticas há uma perda significativa da heterose, o que pode ser compensado por meio de processo eficaz de seleção. O esquema de formação de raça sintética, com duas raças, é mostrado na Figura 6. Este sistema tem uma grande vantagem, que é a simplicidade operacional em relação ao sistema rotacional. Após a produção dos animais F_1 na primeira geração, nas demais, os produtos são obtidos do acasalamento dos indivíduos selecionados na geração anterior.

Principais esquemas de cruzamentos utilizados em gado de leite no Brasil

Na maioria das fazendas de produção de leite do Brasil central predomina animais mestiços de raças européias, com predominância da raça Holandesa, e zebu, mais comum a Gir e em segundo lugar a Guzerá. Entretanto, os cruzamentos geralmente não são sistematizados, levando a uma grande diversidade de graus de sangue nos rebanhos, fenótipos e genótipos muito variáveis, o que dificulta a aplicação de práticas adequadas de manejo e de alimentação. De um modo geral, os criadores utilizam touro Holandês por um período e, quando surgem animais menos rústicos, retornam com touro zebu, geralmente da raça Gir ou Guzerá. Outros criadores mantêm o touro da raça Holandesa nas vacas em lactação e o zebu nas vacas secas e novilhas. Entretanto, são ainda constantes os questionamentos de técnicos e criadores sobre a maneira mais adequada de se utilizar os recursos genéticos existentes, sendo importante a avaliação dos cruzamentos e a definição de esquemas apropriados para cada nível de manejo.

Muitos rebanhos têm sido avaliados isoladamente e com resultados geralmente satisfatórios. Entretanto, uma recomendação generalizada baseada nestes resultados pode não ser o ideal, uma vez que estes resultados são específicos para uma situação e condição de manejo. São necessários experimentos especificamente delineados ou condições que permitam comparações de diferentes grupos genéticos ao mesmo tempo e se possível em variadas situações de manejo.

Poucos estudos têm sido feitos sobre o assunto, provavelmente porque este é um problema dos trópicos e não há um verdadeiro interesse dos países desenvolvidos em solucioná-lo. Além disso, o custo é muito elevado para execução de experimento delineado sobre o assunto. O Brasil tem sido o país onde mais se tem pesquisado sobre cruzamentos, apesar de muito pouco em relação à grande população e utilização de gado mestiço para a produção de leite. Entre as muitas opções de cruzamentos, as apresentadas abaixo são as mais comuns e viáveis de serem executadas:

1) absorção por uma raça européia especializada, no caso a preferida tem sido a Holandesa, consistindo na utilização contínua de touros da raça Holandesa até atingir o puro por cruza (PC);
2) cruzamento alternado simples, em que se alternam as raças paternas a cada geração, obtendo-se animais com aproximadamente 3/4 Holandês 1/4 Zebu e 3/4 Zebu:1/4 Holandês (HZ). Este é o sistema mais adotado no Brasil;
3) cruzamento alternado modificado, onde se repete uma raça por mais de uma geração, neste caso a Holandesa, e retorna com a outra, no caso a Zebu, obtendo-se animais com aproximadamente 7/8 Holandês 1/8 Zebu (HZ), podendo-se chegar ainda até 15/16 Holandês, se as condições de manejo e alimentação forem satisfatórias;
4) formação de uma nova raça sintética, ou seja, o acasalamento de touros e vacas mestiças, geralmente de um mesmo grau de sangue, por exemplo, como utilizado para o Girolando, o Pitangueiras, o Santa Gertrudis, etc;
5) utilização contínua de vacas 1/2 sangue Holandês-Zebu (F_1).
6) Utilização de uma segunda raça européia, geralmente Jersey, Pardo-Suíço, ou Simental, nos cruzamentos entre o Holandês e o Zebu, obtendo-se animais denominados "tricross".

a) Alguns resultados experimentais com cruzamentos no Brasil, utilizando duas ou três raças

Experimento delineado e executado pela Embrapa Gado de Leite, durante aproximadamente 20 anos, comparou cinco alternativas de cruzamentos em 60 fazendas colaboradoras, classificadas em dois níveis de manejo. Um comum, considerado de baixo nível de manejo tecnológico, cuja média de produção era inferior a 9 kg de leite/vaca/dia e outro melhorado, considerado de alto nível de manejo para gado mestiço (média acima de 9 kg de leite/vaca/dia), mas não o suficiente para uma exploração de animais da raça Holandesa pura.

Utilizaram-se 527 fêmeas de seis diferentes composições genéticas Holandês (H): Zebu (Z) para testar estas cinco alternativas. Estas composições foram: 1/4, 1/2, 5/8, 3/4, 7/8 e ≥ 31/32 H. A absorção por Holandês foi testada com os animais ≥ 31/32 H, a formação de nova raça com animais 5/8 bimestiços, o cruzamento alternado simples com animais 1/4 e 3/4 H, o cruzamento alternado com repetição do Holandês com animais 1/2, 3/4 e 7/8 H e a reposição contínua com F_1 ou 1/2 sangue.

Considerando a formação de uma nova raça mestiça, não existe informação segura de que o grau de sangue mais conveniente seja o 5/8, mas este foi usado porque já existiam as matrizes necessárias. Da mesma forma, a existência de matrizes mestiças, no início do experimento, determinou a escolha da variedade de Holandês e da raça zebu; não havendo, a princípio, qualquer preferência por Holandês Vermelho e Branco sobre o Preto e do Guzerá sobre o Gir. Desta forma os animais experimentais foram produzidos a partir de matrizes já existentes, sem qualquer seleção, nas quais foi utilizado o sêmen de touros das raças Holandesa e Guzerá, processado por centrais brasileiras, e de touros 5/8 oriundos do mesmo rebanho das matrizes, touros estes com valores genéticos médios ou mesmo desconhecidos, refletindo a situação real predominante no meio criatório da região.

A etapa de produção e cria dos animais ocorreu na Fazenda Santa Mônica, localizada no município de Valença, RJ. Com a idade aproximada de 22 meses, as novilhas foram distribuídas a 60 fazendas cooperadoras, de diferentes níveis de manejo, localizadas em bacias leiteiras de maior produção na Região Sudeste do Brasil. As fazendas receberam, no mínimo, um grupo com seis animais (um de cada grupamento genético). Os grupos eram contemporâneos entre si, ou seja, apresentavam idades aproximadas. Uma vez distribuídos, os animais eram manejados seguindo os critérios utilizados pelo fazendeiro. Todos os animais, assim como as contemporâneas de rebanho foram acompanhados zootecnicamente até o fim de sua vida útil.

Os resultados obtidos para a idade e peso à puberdade e idade a primeira concepção mostraram melhores desempenhos para os animais 1/2 sangue (Teodoro et al., 1984). Para o intervalo de partos, os animais 1/2 sangue foram superiores em fazendas de nível baixo de manejo e os 5/8 para as de nível alto (Lemos et al., 1992). Os animais 1/2 sangue (F_1) apresentaram maior heterose, traduzido em maior precocidade e peso ao início da função sexual (Madalena et al., 1990).

Estudaram-se também as infestações por bernes, carrapatos e endoparasitas intestinais, verificando-se maiores cargas para os animais com maior percentagem de genes de Holandês. A resistência conferida pelo zebu, aliada aos outros atributos relativos à adaptação ao ambiente tropical, constitui uma das justificativas para sua utilização em cruzamentos (Lemos et al., 1985).

Resultados de características da primeira lactação podem ser observados na Tabela 1. Nas fazendas de nível alto de manejo, os animais 1/2, 3/4, 7/8 e ≥ 31/32 H apresentaram produções aproximadas e foram os que tiveram melhor desempenho. As 1/2 sangue produziram mais gordura e proteína no leite. Nas fazendas de nível baixo, melhores resultados foram observados para os animais 1/2 sangue, seguidos dos 3/4 e 7/8, sendo que a expressão da heterose foi maior para este nível de manejo.

Tabela 1. Características de primeira lactação, em animais de seis graus de sangue Holandês-Zebu, em fazendas de dois níveis de manejo.

Grau de Sangue	Nível Alto				Nível Baixo			
	Duração da Lactação (dias)	Produção de Leite (kg)	Produção de Gordura (kg)	Produção de Proteína (kg)	Duração da Lactação (dias)	Produção de Leite (kg)	Produção de Gordura (kg)	Produção de Proteína (kg)
¼	211	1.396	55	48	268	1.180	54	40
½	305	2.953	132	100	375	2.636	114	83
5/8	191	1.401	46	43	283	1.423	59	45
¾	329	2.981	121	94	367	2.251	94	70
7/8	295	2.821	104	84	304	1.672	66	51
H	365	3.147	113	93	258	1.226	49	38

Fonte: MADALENA et al. (1990)

Para uma avaliação dos esquemas mais adequados de cruzamentos a serem recomendados, utilizaram-se dados de produção de leite, gordura e proteína, idade ao primeiro parto, mortalidade, consumo de concentrados, custo da novilha, etc., obtendo-se uma indicação mais segura do melhor esquema a ser utilizado, baseado na rentabilidade diária (Tabela 2).

Tabela 2. Produção média de leite e desempenho econômico na vida útil, nas diferentes alternativas de cruzamentos em 60 fazendas colaboradoras, na região Sudeste do Brasil.

Alternativa de cruzamento	Produção de leite (kg)[a]				Lucro líquido por kg de leite (R$)[b]	
	Manejo A		Manejo B		Manejo A	Manejo B
	n	média±erro-padrão	n	média±erro-padrão		
1. Meio-sangue (F_1)	21	2.953 ± 193	59	2.636 ± 107	0.04	0.14
2. Contínuo (Holandês PC)	15	3.147 ± 215	58	1.226 ± 137	0.03	-0.04
3. Alternado simples (HZ)	42	2.189 ± 194	118	1.716 ± 129	0.02	0.11
4. Alternado modificado (HHZ)	45	2.918 ± 193	113	2.186 ± 123	0.04	0.08
5. Nova raça ou bimestiçagem (5/8)	14	1.401 ± 205	58	1.423 ± 137	-0.01	0.06

[a] produção de leite na primeira lactação; [b] preço do leite a R$0,20/kg, considerando-se a receita com o descarte dos animais

manejo A = manejo "melhorado", caracterizado por média diária por vaca entre 9 e 14 kg de leite (6 fazendas);

manejo B = manejo "baixo ou comum", caracterizado por média diária por vaca abaixo de 9 kg de leite (54 fazendas).

Fonte: *MADALENA* et al. (1990)

Tabela 3. Médias e respectivos erros-padrão para desempenho produtivo e reprodutivo nas diferentes alternativas de cruzamentos, no sistema mestiço da Embrapa Gado de Leite[1], no período de 1989 a 1993.

Alternativa de cruzamento	n	Produção de leite por lactação (kg)	Intervalo médio de partos (dias)	Produção de leite por dia de intervalo de partos (kg)
1. Meio-sangue (F_1)	21	3.770 ± 292	403 ± 20	8,90 ± 0,7
2. Contínuo (Holandês PC)	59	2.755 ± 198	417 ± 14	6,99 ± 0,5
3. Alternado modificado (HHZ)	166	2.757 ± 159	394 ± 10	7,52 ± 0,3
4. Bimestiçagem (5/8 a 3/4)	50	2.636 ± 216	390 ± 15	7,18 ± 0,5

[1] Sistema caracterizado pelo uso de pastagens de brachiaria nas áreas montanhosas e capim-elefante e setária nas áreas de baixada. Fonte: LEMOS et al. (1997)

Estudo de desempenho de animais no sistema de gado mestiço, a pasto, na Embrapa Gado de Leite, mostrou também um bom desempenho para os animais F_1 e os do cruzamento alternado, conforme se observa na Tabela 3. Os resultados abrangem um número de reduzido de informações, para um único rebanho. Trata-se, no entanto, de rebanho com manejo padronizado dentro de cada período, e administrado dentro de estação experimental. Portanto, os resultados obtidos neste tipo de sistema podem servir de elemento de comparação entre os diversos tipos de cruzamentos.

Em análise de 9.817 lactações de animais mestiços Holandês x Gir, com composição genética das vacas oscilando de ½ a 31/32 HPB, Freitas et al. (2001) obteve os resultados apresentados na Tabela 4. O estudo envolveu informações de 122 rebanhos de Minas Gerais, com animais registrados na Associação dos Criadores de Girolando. Os animais eram alimentados com silagem de milho o ano todo e suplementados, de acordo com a produção de leite, com concentrado. Lembra-se que o trabalho contemplou apenas análises de dados de produção de leite, de gordura do leite e de duração da lactação. Não foram considerados aspectos econômicos. À medida que aumentou a composição genética da raça Holandesa, houve aumento da produção média de leite, tanto quando considerada apenas a produção ao primeiro parto, quanto as produções até o quinto parto. Animais 31/32 HPB produziram, em média, 16% a mais do que os ½ HPB ½ Gir. Deve-se lembrar de que o manejo dos rebanhos considerados na amostra favorece ao melhor desempenho produtivo da raça Holandesa, especializada para produção de leite, por se tratar de rebanhos registrados com boa suplementação alimentar de acordo com a produção de leite.

Tabela 4. Produções de leite (kg) e de gordura (kg) e duração da lactação (dias) na primeira lactação e nas primeiras cinco lactações em rebanhos leiteiros Holandês (H) x Gir (G) de Minas Gerais.

Composição genética	Primeiro parto (n = 3.012)			Até cinco partos (n = 9.817)		
	Produção de Leite (kg)	Produção de Gordura (kg)	Duração da lactação (dias)	Produção de Leite (kg)	Produção de Gordura (kg)	Duração da lactação (dias)
½ H ½ G	3664	127	283	3739	131	267
¾ H ¼ G	3930	137	286	3978	138	272
7/8 H 1/8 G	3948	137	297	4078	141	282
15/16 H 1/16G	3940	138	293	4113	143	281
31/32H 1/32 G	4224	146	301	4410	153	292

Fonte : Freitas et al. (2001)

No mesmo período do trabalho experimental em que se avaliaram as diferentes estratégias de cruzamento Holandês-zebu, foi implantado na Embrapa Gado de Leite um experimento para avaliar a viabilidade dos cruzamentos tríplices em gado de leite. O experimento foi delineado com o objetivo de comparar o desempenho de animais mestiços Holandês x Zebu com os oriundos da adição de uma segunda raça européia (Jersey ou Pardo-Suíço) ao esquema alternado de cruzamento Holandês x Zebu (Teodoro, 1991).

Compararam-se três grupos genéticos oriundos do acasalamento de fêmeas Holandês — Gir com touros da raça Holandesa, Jersey e Pardo-Suíço, sendo o primeiro grupo, cruza de duas raças (Holandês e Gir) e os outros dois grupos cruza de três raças, o chamado "tricross".

Observa-se na Tabela 5 que para as características associadas com a maturidade sexual, as "tricross" com Jersey foram mais precoces e mais leves e apresentaram menores intervalos de partos.

Na produção de leite à primeira lactação, não houve diferença significativa entre as mestiças de Holandês e as "tricross" Jersey, com o grupo Holandês sendo superior ao "tricross" Pardo-Suíço. Para a duração da lactação, produção de gordura e proteína não houve diferença significativa entre os três grupos estudados. As produções de leite, gordura e proteína por intervalo de partos, foram iguais para os grupos Jersey e Holandês e menores para o Pardo-Suíço.

Tabela 5. Características relacionadas com a primeira lactação em animais "Tricross", de acordo com a raça do pai.

Raça do Pai	IPUB (meses)	IDP (meses)	PAP (kg)	DL (dias)	PL (kg)	PG (kg)	PP (kg)	IP (meses)
Holandês	24,8	36,6	400	331	3.004	115	90	13,0
Jersey	21,5	32,1	359	290	2.633	108	78	12,3
Pardo-Suíço	26,2	37,9	407	298	2.480	104	83	12,5

IPUB = Idade à puberdade, IDP = Idade ao primeiro parto, PAP = peso ao parto, DL= duração da lactação, PL = produção de leite por lactação, PG = produção de gordura, PP = produção de proteína e IP = intervalo de partos.

Fonte: TEODORO (1991)

b) Alguns resultados de cruzamentos em outros países

Thorpe et al. (1993), no Quênia, observaram que no cruzamento envolvendo a raça zebuína Sahiwal e as raças européias Ayrshire e

Holandesa houve uma melhora significativa no desempenho dos animais cruzados, em relação aos puros, sob aquela condição de manejo. Para todas as características estudadas, produtivas e reprodutivas, exceto para intervalo de partos no retrocruzamento com a raça Sahiwal, os animais F_1 Holandês x Sahiwal e Ayrshire x Sahiwal apresentaram melhor desempenho do que os animais do retrocruzamento com Sahiwal ou Ayrshire, conforme apresentado na Tabela 6.

Tabela 6. Médias e respectivos erros-padrão em cinco grupos genéticos europeu x Sahiwal, no Quênia.

Grupo Genético	Características				
	IDP	**IP**	**DL**	**PL**	**PLA**
	(dias)	**(dias)**	**(dias)**	**(kg)**	**(kg)**
Sahiwal (S)	1106 ± 16	443 ± 12	271 ± 6	1154 ± 46	1091 ± 50
3/4 S : 1/4 A	1042 ± 15	416 ± 12	274 ± 6	1234 ± 46	1251 ± 51
F_1 A x S	979 ± 19	449 ± 13	284 ± 7	1537 ± 50	1458 ± 54
F_1 H x S	967 ± 24	441 ± 17	290 ± 10	1611 ± 69	1465 ± 72
3/4 A : 1/4 S	1005 ± 18	483 ± 12	299 ± 7	1638 ± 51	1423 ± 52
Geral	1020 ± 10	446 ± 7	283 ± 4	1435 ± 27	1338 ± 30

IDP = idade ao primeiro parto, IP = intervalo de partos, DL = duração da lactação, PL = produção de leite por lactação, PLA = Produção anualizada de leite, S = raça sahiwal, A = raça Ayrshire e H = raça Holandesa.

Fonte: THORPE et al. (1993).

Na Tabela 7 são apresentados os resultados obtidos por Rege (1998), resultantes da avaliação de 80 trabalhos de cruzamentos realizados em regiões tropicais, para mostrar a relação entre o desempenho produtivo e a proporção de genes das raças exóticas européias.

Tabela 7. Médias e respectivos erros-padrão para características produtivas e reprodutivas em diferentes grupos genéticos, estimadas de um total de 80 conjuntos de dados, em áreas tropicais.

Proporção de Genes da Raça Européia	PL	DL	IDP	IP	PLA
	(kg)	**(dias)**	**(meses)**	**(dias)**	**(kg)**
0	1322 ± 47	259 ± 6	42,6 ± 0,55	458 ± 5,8	1058 ± 57,2
1/8	1637 ± 154	289 ± 17	37,7 ± 2,02	430 ± 18,3	1 4 0 2 ± 181,5
¼	1709 ± 69	280 ± 8	36,5 ± 0,85	426 ± 8,8	1384 ± 87,2
3/8	1766 ± 99	294 ± 15	35,7 ± 0,96	419 ± 9,4	1544 ± 93,5
1/2 (F_1)	2195 ± 30	309 ± 4	33,7 ± 0,35	415 ± 3,6	1973 ± 35,5
5/8	2046 ± 79	289 ± 12	34,5 ± 0,86	423 ± 8,1	1790 ± 80,0

continua...

...continuação

Tabela 7. Médias e respectivos erros-padrão para características produtivas e reprodutivas em diferentes grupos genéticos, estimadas de um total de 80 conjuntos de dados, em áreas tropicais.

¾	2179 ± 44	317 ± 6	34,6 ± 0,45	445 ± 4,8	1828 ± 47,5
7/8	2243 ± 83	313 ± 12	35,5 ± 0,86	448 ± 8,5	1880 ± 84,4
1	2420 ± 59	325 ± 8	33,1 ± 0,68	456 ± 7,0	2031 ± 69,8
F_2	1725 ± 105	283 ± 10	37,1 ± 1,05	452 ± 9,9	1452 ± 98,8
F_3	1860 ± 177	309 ± 17	38,0 ± 2,99	441 ± 18,4	1 5 6 5 ± 182,6
F_4	2659 ± 358	353 ± 35	39,6 ± 2,99	-	-

PL = produção de leite por lactação, DL = duração da lactação, IDP = idade ao primeiro parto, IP = intervalo de partos e PLA = produção anualizada de leite.

Fonte: REGE (1998)

Verifica-se um consistente aumento na produção de leite e melhoria da eficiência nas demais características, à medida que se aumentava a proporção de genes de europeu até o 1/2 sangue. Grupos genéticos acima de 1/2 sangue não apresentaram desempenho muito pior do que as F_1, para todas as características estudadas, exceto para o intervalo de partos que foi mais longo quanto maior a proporção de genes de raças européias. Houve, também, ligeiro declínio no desempenho de animais F_2 e F_3 em relação aos F_1, entretanto não houve perdas significativas do F3 em relação ao F_2, e do F_4 em relação aos animais F_2 e F_3, sugerindo que o acasalamento *inter se*, combinado com seleção, pode ser usado para criar uma população sintética com herança intermediária, como ocorreu no desenvolvimento de várias raças sintéticas, como o "Australian Milking Zebu" (AMZ) e o Australian Friesian Sahiwal (AFS).

Nas Tabelas 8 e 9 são apresentados os resultados de vários outros estudos envolvendo cruzamentos Europeu - Zebu, em diferentes países tropicais. Observa-se pelos resultados uma mesma tendência daqueles obtidos no Brasil, ou seja, as estratégias que mantém o grau de sangue intermediário são as que apresentaram melhor desempenho produtivo e econômico (Teodoro et al. *1996)*.

Em países de clima mais ameno ou quando o manejo é melhorado, o cruzamento é utilizado mesmo entre raças de origem européia, visando melhorar a eficiência da raça pura, principalmente Holandesa. VanRaden e Sanders (2002) realizaram estudo pormenorizado envolvendo dados de produção de leite e seus constituintes de mais

Tabela 8. Desempenho produtivo e econômico médio, durante a vida útil, em diferentes alternativas de cruzamentos em vários países tropicais.

Característica	F_1	Alternativa de cruzamento				Raça sintética
		Alternado simples	Alternado modificado	Absorção zebu	Absorção europeu	
Produção anualizada de leite (kg)	1.775	1.565	1.647	851	1.748	1.282
Intervalo de partos (dias)	422	436	444	450	449	438
Idade ao 1º parto (meses)	32.2	33.6	31.7	43.6	30.8	35.4
Lucro por kg/leite (R$)[1]	0.10	0.08	0.09	0.00	0.08	0.07

Fonte: CUNNINGHAN & SYRSTAD (1987) e TEODORO et al. (1996) [1] Considerando o valor de descarte dos animais.

Tabela 9. Desempenho produtivo e econômico médio, durante a vida útil, em diferentes alternativas de cruzamentos na Índia.

Característica	F_1	Alternativa de cruzamento				Raça sintética
		Alternado simples	Alternado modificado	Absorção zebu	Absorção europeu	
Produção avaliada de leite (kg)	2.164	1.998	1.969	1.577	1.701	-
Idade ao 1º parto (meses)	33.0	40.0	43.0	51.0	45.0	-
Lucro por kg/leite (R$)[1]	0.14	0.13	0.14	0.08	0.13	-

Fonte: PATEL et al. (1976) e TEODORO et al. (1996). 1 Considerando o valor de descarte dos animais.

de 90.000 vacas de raças européias, com predominância da raça Holandesa e suas mestiças, pertencentes a 572 rebanhos. As informações incluíram 10.442 controles de produção de vacas mestiças e 140.421 de vacas puras, sendo 80% da raça Holandesa. Observou, entre as raças puras, mérito liquido superior para animais da raça Holandesa, em segundo lugar para a raça Jersey. A heterose foi de cerca de 4% e apresentou mérito liquido total de US$ 197. Para queijo, o mérito liquido foi de US$ 207 e de US$ 163 para o leite fluido. O mérito líquido foi positivo para vacas mestiças F_1 Holandês–Pardo-Suíço e Holandês–Jersey, com valores de US$ 18 e US$ 44, respectivamente, sendo este último o que resultou em maiores retornos econômicos para os produtores. Em ambos os casos, isto é, o cruzamento de animais da raça Holandesa com Pardo–Suíço ou Jersey resultou em retorno econômico favorável em relação ao uso da raça

Holandesa pura. Similarmente, Dechow et al. (2007) encontraram heterose positiva para animais cruzados Holandês-Pardo Suíço.

Considerações finais

- Os resultados de pesquisa têm apresentado resultados favoráveis à utilização de animais 1/2 (F_1). Para o Brasil, e para países com condições de clima e de manejo similares, a recomendação é a utilização de animais F_1 Holandês-Gir ou Holandês-Guzerá, utilizando-se, sempre que possível, a raça zebuína selecionada para leite. Se macho, utilização de sêmen de touro provado ou em teste de progênie. Em países desenvolvidos, a utilização do cruzamento de animais da raça Holandesa com a Jersey tem sido a mais favorável, seguido da Holandesa com Pardo-Suiço.
- No Brasil, verificou-se que para sistemas com bom nível de manejo, os quais propiciam produções entre 2.800 e 4.200 kg por lactação, as melhores estratégias além da produção de animais F_1 são a absorção por Holandês (H) e o cruzamento alternado com repetição do Holandês (H-H-Z). Entretanto, este último pode ser mais rentável se forem pagos maiores preços pela gordura e proteína do leite;
- Em sistemas de manejo que propiciem produções inferiores a 2.800 kg por lactação, além dos animais F_1, outra boa opção é a utilização do cruzamento alternado simples (H-Z), sempre que o produtor tenha condições de praticar monta controlada;
- É viável a alternativa de utilizar touros Jersey em cruzamentos tríplices com Holandês e Zebu, para as condições estudadas e principalmente se forem pagos maiores preços pela gordura e proteína do leite. Devido ao menor porte dos animais deste grupo genético, há de se considerar este inconveniente se o aproveitamento de machos é importante.
- Considerando os resultados observados no Brasil, conclui-se que para os níveis de manejo predominantes nos trópicos, que não comportam um sistema de produção com gado puro, a manutenção de rebanhos mestiços mediante reposição contínua com novilhas F_1 aparece como uma opção importante,

tanto pela sua maior lucratividade como pela sua relativa facilidade de aplicação. Esquemas práticos para a produção das novilhas de reposição podem ser observados em Madalena (*1993*).

- Se usado adequadamente, o cruzamento pode levar à ganhos econômicos por meio da heterose para produção e fertilidade.
- Bons programas de cruzamentos são baseados em duas ou três raças economicamente viáveis que possuam programas de seleção eficientes.
- Uso de cruzamento não resolve problemas de manejo.

Referências bibliográficas

BIJMA, P., VAN ARENDONK J.A.M.. Maximizing genetic gain using combined purebred crossbred selection. In: WORLD CONGRESS ON GENETICS APPLIED TO LIVESTOCK PRODUCTION, 6., 1998, Armidale. **Proceedings**... Armidale, 1998. v.25, p.463-466.

CANTET, R.J.C Prediction and estimation with additive animal models for crosses originated in two populations. In: WORLD CONGRESS ON GENETICS APPLIED TO LIVESTOCK PRODUCTION, 6., 1994, Guelph. **Proceedings**... Guelph, 1994. v.18, p.390-393.

COSTA, C.N.. Heterogeneidade de (co)variância entre rebanhos puros e mestiços da raça Gir para as produções de leite e de gordura. In: REUNIÃO ANUAL DA SOCIEDADE BRASILEIRA DE ZOOTECNIA, 36., 1999, Porto Alegre. Anais... Porto Alegre : SBZ, 1999. (no prelo).

CUNNINGHAM, E.P., SYRSTAD, O. **Crossbreding *Bos indicus* and *Bos taurus* for milk production in the tropics**. Rome: FAO, 1987. 90p.

DECHOW, C.D.; ROGERS, G.W.; COOPER, J.B.; PHELPS, M.I.; MOSHOLDER, A.L. **Milk, Fat, Protein, Somatic Cell Score, and Days Open Among Holstein, Brown Swiss, and Their Crosses**. *Journal of Dairy Science*, Champaign, v.90, p.3542-3549, 2007.

DIM, N.I. Progeny testing of dairy cattle on purebreds and crossbreds. In: WORLD CONGRESS ON GENETICS APPLIED TO LIVESTOCK PRODUCTION, 1., 1974, Madrid. **Proceedings**... Madrid, 1974. p.669-671.

FALCONER, D.S. **Introdução à genética quantitativa.** Viçosa: Imprensa Universitária, 1981. 279 p.

FREITAS, M.S.; DURAES, M.C.; FREITAS, A.F.; BARRA, R.V. Comparação da produção de leite e de gordura e da duração da lactação entre cinco "graus de sangue" originados de cruzamentos entre Holandês e Gir em Minas Gerais. *Arq. Bras. Med. Vet. Zootec.,v.53, n.6, p.708-713, 2001*

HENDERSON, C.R. **Application of linear models in animal breeding.** Ontário: University of Guelph, 1984. 462 p.

HENDERSON, C. Comparison of alternative sire evaluation methods. *Journal of Animal Science,* Champaign, v. 41, n. 3, p.760-770, 1975.

LEMOS, A.M.; TEODORO, R.L.; OLIVEIRA, G.P. et al. Comparative performance of six Holstein - Friesian x Guzerá grades in Brazil, 3. Burdens of *Boophilus microplus* under field conditions. *Animal Production*, Edinburgh, v. 41, n. 2, p. 187-191, 1985.

LEMOS, A.M., MADALENA, F.E., TEODORO, R.L. et al. Comparative performance of six Holstein - Friesian x Guzerá grades in Brazil, 5. Age at first calving. *Brazilian Journal of Genetics*, Ribeirão Preto, v. 15, n. 1, p. 73-83, 1992.

LEMOS, A.M., VERNEQUE, R.S., TEODORO, R.L. et al. Efeito da estratégia de cruzamentos sobre características produtivas e reprodutivas em vacas do sistema mestiço do CNPGL-EMBRAPA. *Revista Brasileira Zootecnia*, Viçosa. v.26, n. 4, p. 701-708, 1997.

MADALENA, F.E., TEODORO, R.L., LEMOS, A.M. et al. Evaluation of strategies for crossbreeding of dairy cattle in Brazil. *Journal of Dairy Science*, Champaign, v.73, p.1887-1901, 1990.

MADALENA, F.E., LEMOS, A.M., TEODORO, R.L. Consequences of removing the variation in lactation length on the evaluation of dairy cattle breeds and crosses. *Brazilian Journal of Genetics*, Ribeirão Preto, v. 15, n. 3, p. 585-593, 1992.

MADALENA, F.E. La utilización sostenible de hembras F_1 en la producción del ganado lechero tropical. In: ESTUDIO FAO PRODUCCIÓN Y SANIDAD ANIMAL. Roma: FAO, 1993. 98p.

MARTINEZ, M.L., VERNEQUE, R.S., TEODORO, R.L. et al. Relações entre as capacidades previstas de transmissão de touros Gir e a produção de leite de suas progênies puras e mestiças. In: REUNIÃO ANUAL DA SOCIEDADE BRASILEIRA DE ZOOTECNIA, 36., 1999, Porto Alegre. Anais... Porto Alegre : SBZ, 1999. (no prelo).

PATEL, R.K., KUMAR, P., GANGADHARAN, T.P. et al. Economics of crossbred cattle. Karnal: National Dairy Research Institute, 1976. 161 p.

QUAAS, R.L. Additive genetic model with groups and relationships. *Journal of Dairy Science,* Champaign, v. 71, n. 5, p. 1338-1345, 1988.

REGE, J. E. O. Utilization of exotic germplasm for milk production in the tropics. In: WORLD CONGRESS ON GENETICS APPLIED TO LIVESTOCK PRODUCTION, 6., 1998, Armidale. **Proceedings**... Armidale, v.25,1998. p.193-200.

RUVUNA, F., McDANIEL, B.T. Relationships of predicted differences of dairy bulls and the performance of their crossbred progeny. *Journal of Animal Science*, Champaign, v. 57, p. 1133-1137, 1983.

SILVESTRE, J.R.A., MADALENA, F.E., MADUREIRA, A.P. Fazendeiros de Minas Gerais fazem cruzamento "meio-sangue" F_1 para produção de leite. Cad. Téc. Esc. Vet. UFMG, Belo Horizonte, n. 18, p. 37-40, 1997.

TEODORO, R.L., LEMOS, A.M., BARBOSA, R.T. et al. Comparative performance of six Holstein-Friesian x Guzera grades in Brazil: 2 - Traits related to the onset of the sexual function. *Animal Production*, Edinburgh, v.38, n.2, p.165-170, Apr. 1984.

TEODORO, R.L. **Estudo comparativo do desempenho de vacas mestiças Holandês:** Gir e vacas do cruzamento tríplice Jersey ou Suíço x Holandês Gir. Viçosa, MG: UFV, 1991. 156 p. Tese Doutorado.

TEODORO, R.L., MADALENA, F.E., SMITH, C. The value of F_1 dairy taurus-indicus embryos for milk production in poor environments. *Journal of Animal Breeding Genetics*, Berlim, v.113, p. 471-481, 1996.

THORPE, W., KANG'ETHE, P., REGE, J.E.O. et al. Crossbreeding Ayrshire, Friesian and Sahiwal cattle for milk yield and preweaning traits of progeny in the semiarid tropics of Kenya. *Journal of Dairy Science,* Champaign, v.76, p.2001-2012, 1993.

TOUCHBERRY, R. W. Crossbreeding effects in dairy cattle: the Illinois experiment, 1949 to 1969. *Journal of Dairy Science*, Champaign, v.75, p.640-667, 1992.

UIMARI, P., GIBSON, J.. Combined crossbred and purebred selection vs pure-line selection for a sex limited trait in poultry. In: WORLD CONGRESS ON GENETICS APPLIED TO LIVESTOCK PRODUCTION, 6., 1998, Armidale. **Proceedings**... Armidale, 1998, v.18, 1998. p.455-458.

VAN DER WERF, J.H.J.; WEI, M.; BRASCAMP, E. W. Combined crossbred and purebred selection to maximize genetic response in crossbreds. In: WORLD GENETICS APPLIED TP LIVESTOCK PRODUCTION, 6., 1998, Armidale. **Proceedings**... Armidale, 1998. v.18, p.266-269.

VANRADEN, P.M.; SANDERS, H. Economic merit of crossbreed and purebred US dairy cattle. *Journal of Dairy Science,* Champaign, v. 86, p.1036-1044, 2003.

Melhoramento genético do gado de leite — Estado da arte e perspectivas

Maria Gabriela Campolina Diniz Peixoto[1]
Rui da Silva Verneque[1]
Maria de Fátima Ávila Pires[1]
Marco Antônio Machado[1]

Introdução

Melhorar um plantel, de qualquer espécie, significa implantar uma série de procedimentos/processos que possibilitem a obtenção de mudanças favoráveis em determinada(s) característica(s) conforme o interesse do criador, visando a um objetivo específico. O homem, desde a domesticação das espécies pecuárias, há cerca de 10.000 a.C., tem procedido à intervenções artificiais nas populações de animais domésticos, que até então se davam pela ação das forças

1 Pesquisador, Embrapa Gado de Leite, Juiz de Fora, MG — E-mail para correpondência: gaby@cnpgl.embrapa.br

evolutivas (e.g.: migração, seleção e mutação), de modo a obter mudanças em padrões específicos, sob diferentes aspectos.

As intervenções realizadas pelo homem para o melhoramento animal envolviam aspectos de meio, como nutrição, reprodução assistida, entre outros. As primeiras características de interesse estavam relacionadas ao tipo e morfologia animal, tendo em vista questões subjetivas, como a cor da pelagem, e coletivas, como a utilização de animais para o transporte, tração para a agricultura e provisão de carne; aspectos essenciais à sua sobrevivência naquele período. Posteriormente, o homem passou a ordenhar os animais e a característica produção de leite veio, então, a despertar seu interesse.

Até o século XVIII, a criação de gado prestava-se, principalmente, à produção de animais para tração e produção de estrume a ser utilizado na agricultura. Mediante o acasalamento entre os melhores animais, ou seja, entre animais superiores, procurava-se promover o melhoramento dos plantéis e obter a superioridade da descendência em relação à geração dos pais para uma dada característica. Na primeira metade do século XVIII, Robert Bakewell postulou a utilização dos acasalamentos consagüíneos, ou ainda a prática da endogamia, como procedimento para alcançar rapidamente as mudanças desejadas e padronizar uma espécie ou raça.

Por muitos anos, esta prática tornou-se uma das ferramentas mais comuns para melhorar uma população doméstica, apesar da percepção dos prejuízos à fertilidade e sobrevivência dos animais. As provas zootécnicas, como julgamento de tipo racial e os concursos leiteiros, constituíram-se instrumentos de avaliação do mérito dos animais a se reproduzirem por meio de acasalamentos dirigidos dentro dos rebanhos. Porém, além dos riscos da endogamia, decorrente do fenômeno conhecido por depressão endogâmica, ocorria interação genótipo-ambiente (GxA). Portanto, em características como a produção de leite, avaliar o fenótipo dos animais dentro dos rebanhos e utilizar famílias superiores nos acasalamentos não implicava em alcançar a superioridade desejada na descendência.

Além da GxA, nestas características, a herdabilidade, ou fração da variação observada (ou seja, do fenótipo) em uma característica na população que é devida à ação gênica aditiva, passível de ser transmitida ou herdada, não é alta o suficiente para que, baseado apenas na aferição de sua expressão, seja possível afirmar quem é o animal de maior mérito genético. O genótipo, portanto, não é o principal responsável pelo fenótipo dos animais. Os efeitos de ambiente exercem papel preponderante nestas características, além de interagir com o genótipo. A complexidade destas características, ditas quantitativas, devido à ação isolada e conjunta de diversos fatores de ambiente e genes, necessita, assim, de métodos mais sofisticados de avaliação dos animais.

No início do século XX, um conjunto de conhecimentos teóricos sobre a herança foi resgatado e desenvolvido. A partir deles, uma série de metodologias, usando-se a estatística como ferramenta, considerando os diferentes valores de herdabilidade nas diversas características, foram propostas para acessar o mérito ou valor genético dos animais, ou seja, a superioridade de um animal em uma característica capaz de ser transmitida à sua descendência. Alguns deles não puderam ser introduzidos em face das limitações tecnológicas existentes.

Com o desenvolvimento e difusão da tecnologia da inseminação artificial, viabilizou-se a execução de amplos testes de progênies, método que permitiu a produção de muitas filhas de um potencial reprodutor em diversos rebanhos. Método importante para a avaliação de características leiteiras, uma vez que estas não se expressam nos machos, principal responsável pela contribuição genética nos plantéis pecuários. Além do registro genealógico, as associações de raças deram início à aferição sistemática das características, mediante a prática de controle leiteiro, que gerou grandes bancos de informações zootécnicas. Informações que os avanços da informática possibilitaram ser utilizadas para a avaliação do valor genético dos animais pelas metodologias então disponíveis.

O melhoramento genético animal, em meados do século XX, teve grande impulso em todo o mundo e passou a constituir ferramenta relevante ao melhoramento animal. Vários programas baseados em seleção e cruzamento foram iniciados. Vamos nos ater aqui ao melhoramento genético por meio da seleção.

Melhoramento genético de gado de leite no último século

O último século visualizou a implantação, em todo o mundo, dos programas de melhoramento genético animal para as diferentes espécies de animais domésticos. Nos bovinos de leite, os criadores de raças européias, primeiramente, deram início a abrangentes programas de melhoramento genético para produção de leite, a partir das informações zootécnicas aferidas e, mais tarde, na execução dos testes de progênie. A raça Holandesa foi pioneira, seguida pela raça Jersey e outras. Na Tabela 1, são apresentados alguns resultados referentes às primeiras estimativas do ganho genético com a seleção para características leiteiras em diferentes plantéis e períodos, para as raças Holandesa e Jersey. Os resultados evidenciaram tendência positiva expressiva e bastante variável nos períodos estudados.

Tabela 1. Primeiras estimativas do ganho genético anual com a seleção para produção de leite em populações de diferentes raças.

Referências	Raças	Períodos	Estimativas		Fonte dos dados
			kg	%	
Arave et al., 1964	Jersey	1930-1960	53 - 145,0	0,70	Califórnia/USA
Batra et al., 1979	Holstein	1958-1975	38,2	0,59	Canadá
Batra et al., 1979	Jersey	1958-1975	21,0	0,48	Canadá
Burnside et al., 1992	Friesian	1972-1988	173,0	2,36	Itália
Deb et al., 1974	Jersey	1961-1969	18,0	0,45	Pensilvânia/USA
Hargrove e Legates, 1971	Holstein	1964-1968	53,0	0,84	Sudeste/USA
Hargrove e Legates, 1971	Jersey	1964-1968	25,0	0,63	Sudeste/USA
Harville e Henderson, 1967	Holstein	1956-1972	47,0	-	Nova York/USA
Van Tassel e Van Vleck, 1991	Holstein	1955-1981	34,9	-	Nordeste/USA
Verde et al., 1972	Jersey	1958-1967	22,0	0,69	Flórida/USA
Verde et al., 1972	Holstein	1958-1967	33,0	0,69	Flórida/USA

Adaptado de Roman et al. (1999).

Recentemente, novos estudos permitiram verificar que os programas de seleção na raça Holandesa alcançaram resultados expressivos sobre as médias de produção de leite e constituintes, decorrentes do ganho genético (Dillon et al., 2005). Alcançou-se, até então, uma média histórica de aproximadamente 7000 kg de leite/vaca/lactação. Como pode ser verificado na Figura 1, os Estados Unidos, Países Baixos, Irlanda e Nova Zelândia, obtiveram os ganhos de, respectivamente, 139, 131, 46 e 35 kg. Para os Estados Unidos e Países Baixos, as taxas de ganho atingiram a excelente marca de 2%, enquanto na Irlanda e Nova Zelândia, atingiu-se taxa de 1%. Se considerados apenas os últimos cinco anos, os resultados se invertem, e os ganhos para aqueles países foram de 72, 70, 136 e 142 kg, respectivamente.

Na Figura 2, pode-se verificar a tendência positiva estimada para a população da raça Holandesa em Israel, no período de 1985 a 2002. Quando avaliados os valores genéticos (BV) obtidos com dados de primeiras lactações neste período, estimou-se um ganho genético de

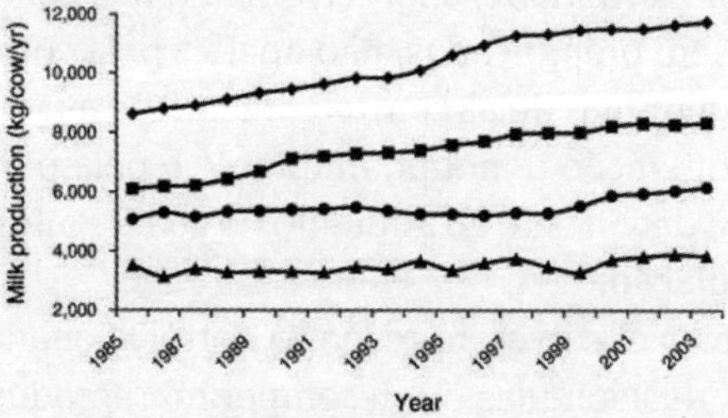

Figura 1. Tendência da produção de leite (milk production) em vacas da raça Holandesa nos Países Baixos, (■), Estados Unidos (♦), Nova Zelândia (▲) e Irlanda (•) de 1985 a 2003. (Fonte: Dillon et al. 2005).

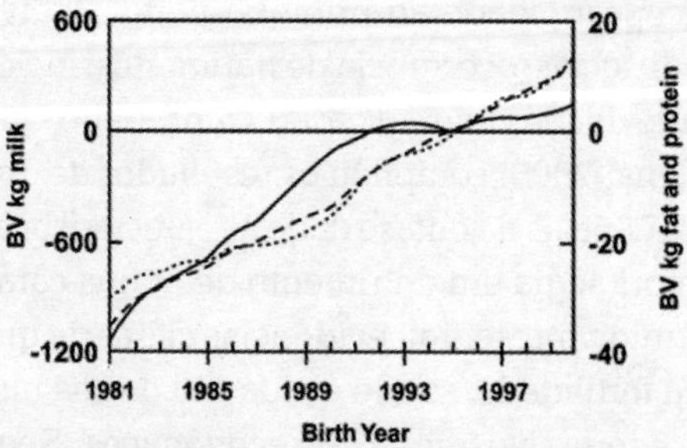

Figura 2. Valores genéticos (BV) médios de características produtivas obtido para vacas da raça Holandesa, considerando partos múltiplos, em função do ano de nascimento (— Leite; . . . . Gordura; – – proteína). (Fonte: Vanraden, 2006).

53,7; 2,00; 2,15 kg/ano para as produções de leite, gordura (G) e proteína (P), respectivamente, tendo sido positivo também para os percentuais de G e P, e de 0,013 (expresso como log) para contagem de células somáticas (CCS). Para essa característica, há controvérsias. Outros autores têm encontrado, porém, aumento expressivo na CCS com o aumento na produção de leite em vacas da raça Holandesa.

Estudo conduzido com dados sobre os índices de seleção na raça Holandesa em 15 países encontrou valores médios de 59,5; 28,0 e 12,5% para a ênfase dada, respectivamente, às características de produção, longevidade e saúde-reprodução (Miglior et al., 2005), que garantiu o aumento dos índices produtivos. Entretanto, a ênfase dada às características produtivas no século passado fez com que características de extrema importância para a eficiência do sistema produtivo, como fertilidade, sobrevivência e resistência às doenças (Figura 3), fossem prejudicadas, não apenas pela correlação genética negativa de algumas delas com as características produtivas, como também pela interação genótipo-ambiente e pela perda de variabilidade genética decorrente do aumento do coeficiente de endogamia médio da população.

Vários autores observaram resposta correlacionada negativa em características relacionadas ao desempenho reprodutivo e à saúde animal (Tabela 2 e Figura 3), ou seja, alguns dos genes que influenciam favoravelmente as características produtivas e de tipo influenciam desfavoravelmente as outras características. (Lucy, 2001, Weller et al., 2004). Dentre as características estudadas estão: número de serviços por concepção, idade ao primeiro parto, intervalo de partos, incidência de distocias, ocorrência de natimortos, incidência de mastite, CCS, longevidade, tolerância ao calor, entre outras. Recentemente, Madalena (2008) compilou os resultados de diversos estudos sobre as conseqüências da ênfase dada às características de produção de leite e de morfologia em detrimento de outras características em Bos taurus. O autor apresentou evidências claras de que houve grandes prejuízos à fertilidade, saúde e vida útil destas raças (Tabela 2), conduzindo a expressivos prejuízos econômicos. Segundo o autor, faz-se necessária a investigação destes aspectos para a raça holandesa no Brasil, principalmente quando considerada sua ampla contribuição genética para os rebanhos leiteiros puros e mestiços.

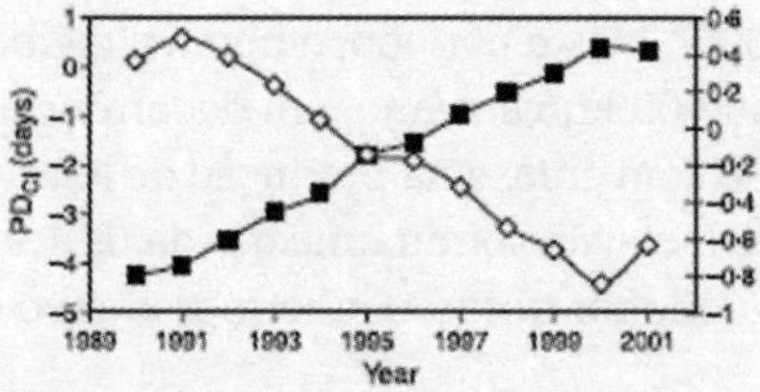

Figura 3. Tendência genética anual da PTA para intervalo de partos (PDCI em dias = ■) e taxa de sobrevivência (PDsurv em percentagem = ◊) obtidas para os touros pais de vacas controladas pelo Dairy Management Information System na Irlanda, no período de 1990 a 2001, após a introgressão de genes Holstein-Friesian. (Fonte: Evans et al. 2006).

Tabela 2. Taxas anuais de descarte e mortalidade em Holstein nos EUA (em %).

Região	Descarte	Descarte involuntário[1]	Mortalidade	Autor
Meio-oeste	38	-	-	Quaiffe (2002)
Idaho	38	-	-	Anônimo (2002)
Vários estados	34 a 36	84 a 88	6 a 8	Smith et al. (2000)
Vários estados	26	81	5	USDA (2002)
10 estados	32	80	11	Hadley et al. (2006)
Vários estados 1980-1981	-	-	<2	Dematawewa e Berger (1998)

[1]Percentual do total de descartes; descarte involuntário=descarte por causas outras que não a baixa produção.

Fonte: Madalena (2008)

Aos aumentos na produção de leite em regime de pastejo sazonal na Europa, atribuídos ao aumento na proporção de genes da raça Holandesa americana na população, corresponderam reduções ma fertilidade, bem-estar e sobrevivência dos animais (Veerkamp et al., 2002, Dillon et al., 2006). Os autores atribuíram as causas ao possível balanço energético negativo no início da lactação, utilização dos nutrientes adicionais para a produção de leite, incapacidade de se obter o consumo desejado de forrageira do pasto e à diminuição nas concentrações plasmáticas de glicose e fator-1 de crescimento semelhante à insulina, sugerindo também a ocorrência de interação genótipo-ambiente. Na Irlanda, verificou-se que a proporção de genes de Holandês norte-americano na população leiteira aumentou significativamente a uma taxa de 5,5% ao ano no período de 1990 a 2001

(Evans et al., 2006). Neste período, embora a média da produção de leite tenha subido 69 kg/vaca/ano, em decorrência da utilização de índice de seleção com ênfase na produção de leite, gordura e proteína, a duração da lactação sofreu uma queda de 1,9 dias/ano. Queda esta atribuída ao menor desempenho reprodutivo em condições de sazonalidade.

Aspecto relevante e preocupante, diz respeito ao aumento no coeficiente de endogamia (F), observado principalmente nas raças taurinas. Grande parte deste aumento decorreu-se da utilização de número, cada vez menor, de touros provados, originados de poucas linhagens nos plantéis mundiais (Goddard e Smith, 1990); como dito por Madalena (2008), conseqüências da endogamia globalizada. Os efeitos da prática da endogamia, verificados no período de 1970 a 1998, para a raça Holandesa, revelaram perdas de 35 kg e de 55 kg na produção de leite, para animais com, respectivamente, F>0,01 e F>0,07, a cada incremento de 1% na taxa de endogamia (Thompson et al., 2000). A sobrevivência, porém, foi a característica que sofreu maior impacto negativo. Segundo os autores, além dos prejuízos econômicos, os coeficientes de endogamia atingiram níveis que tornaram difícil aos produtores planejar acasalamentos que evitem a endogamia. Resultados semelhantes foram observados por Kearney et al. (2004) na população Holandesa no Reino Unido. Além do uso de touros aparentados, os autores, atribuíram o incremento da taxa de endogamia à utilização do modelo animal, que enfatiza a seleção de família.

Vários autores têm verificado em diversas raças leiteiras, em muitos países o crescente aumento em F. Para as raças Ayrshire, Holstein e Jersey no Canadá verificou-se efeito significativo do coeficiente de endogamia sobre a maioria das características analisadas. A depressão endogâmica global foi de 19,8; 0,96; e 0,69 kg para as respectivas produções de leite, gordura e proteína, e de 0,05 (expresso em log) para CCS, a cada 1% de aumento em F. O aumento de F teve repercussões negativas sobre a incidência de mastite e as características de desenvolvimento (Croquet et al., 2006). Resultado semelhante foi encontrado por Sorensen et al. (2006), que calculou aumento de 1500 cel/ml para a CCS e de 1,08; 0,55 e 0,98 na incidência de mastite nas respectivas três primeiras lactações de vacas Holandesas na Dinamarca. Ainda no rebanho leiteiro canadense,

Sewalem et al. (2006), verificaram que os maiores efeitos da endogamia se davam quando o F ultrapassava o valor de 12,5%. Em conseqüência, para F>12,5%, ocorria aumento nas taxas relativas de risco referentes à sobrevivência e descarte, calculadas em 1,19 (Jersey), 1,16 (Ayrshire) e 1,14 (Holstein). Na Irlanda, o efeito negativo do aumento de F sobre a produção de leite (61,8 kg), gordura (5,3%), proteína (1,2 kg), CCS (0,03 — expresso em log), distocia (2%), natimorto (1%), intervalo de partos (8,8 dias) e idade ao primeiro parto (2,5 dias) foi observado para vacas Holandesas e Frísias (MacParland et al., 2007). As vacas leiteiras espanholas apresentaram problemas de fertilidade e dificuldade de parto em decorrência do incremento de F (González-Recio et al., 2007). Verificou-se decréscimo de 1,68% na taxa de prenhez em vacas com F de 6,25 a 12,5%; efeitos mais pronunciados quando F > 12,5%.

Em estudo de diversidade genética, baseado na utilização de marcadores microssatélites, em sete raças leiteiras na França, foi verificado que as raças francesas, principalmente, as alpinas, com tamanho populacional bastante reduzido, apresentaram maior variabilidade genética do que a numerosa população da raça Holandesa, que representa atualmente em torno de 65% do rebanho leiteiro francês (Maudet et al., 2002). Segundo os autores, em rebanhos da raça Holandesa, que utilizam a inseminação artificial, foram obervados déficits significativos em heterozigosidade e afastamento das freqüências alélica e genotípicas do equilíbrio de Hardy-Weinberg, para os locos estudados. Kristensen e Sorensen (2005) ressaltaram que os prejuízos da depressão endogâmica sobre características de fertilidade e sobrevivência, e sobre a variabilidade genética nas populações, decorrentes do aumento em F, levam à necessidade premente de controle eficiente da endogamia para garantir a sustentabilidade dos programas de melhoramento em longo prazo.

Melhoramento genético de gado de Leite no Brasil

No Brasil, os programas de melhoramento genético têm até então enfatizado as características produtivas e mais recentemente, as características morfológicas. Como nos demais países, o peso dado a estas características decorre da crescente demanda por produtos de origem animal e da valorização do volume da produção pela indústria de laticínios, que só recentemente começou a bonificar o leite pela sua qualidade e teor de alguns constituintes.

Para as raças zebuínas, a Embrapa Gado de Leite executa, há 22 anos, em parceria com a Associação Brasileira dos Criadores de Gir Leiteiro e, há 13 anos, com o Centro Brasileiro de Melhoramento do Guzerá os Programas de Melhoramento das raças Gir e Guzerá para leite. Estes programas contam com participação logística e financeira das Centrais de Processamento de Sêmen, Empresas Estaduais de Pesquisa Agropecuária (Epamig, EBDA, EMEPA e EMPARN), Associação Brasileira de Criadores de Zebu (ABCZ), criadores de gado puro e rebanhos colaboradores.

Os programas baseiam-se no teste de touros avaliados pelo desempenho de filhas; o teste de progênie. Na raça Guzerá o teste é executado associado a um Núcleo MOET (múltipla ovulação e transferência de embriões). Na raça Gir, a transferência e a produção in vitro de embriões são técnicas reprodutivas amplamente utilizadas, mas de forma dispersa. Até então, foram publicados os resultados da avaliação genética de 167 reprodutores da raça Gir, sendo 96 positivos, e de 229 touros da raça Guzerá, sendo 203 positivos para leite. Os primeiros resultados da avaliação genética para o sistema linear, atualmente 16 características, e de manejo, duas, foram lançados em 2004. Em 2007, os programas passaram a oferecer, adicionalmente, dado de marcadores moleculares para características de importância econômica, como o genótipo para o gene da kappa-caseína, proteína associada ao maior rendimento industrial na produção de lácteos.

A execução destes trabalhos possibilitou a obtenção de ganho genético na produção de leite da ordem de 1 a 2% ao ano, com repercussão positiva sobre as médias de produção (Figuras 4, 5 e 6). Na raça Gir, a média de produção de leite de animais nascidos em 1985 (início do programa) era 2.232 kg/vaca/lactação. Em 2008 esta média foi 3.583 kg, crescimento de 60,5% neste período, atribuída, principalmente, ao ganho genético. Respostas correlacionadas também foram observadas para produção de gordura de proteína. A CCS do leite nos rebanhos Gir leiteiro avaliados, para animais nascidos em 2002, foi de 754.000/ml, média elevadas, embora aceitável considerando-se a Instrução Normativa 51. Na raça Guzerá, embora recente, o programa já demonstra alcançar resultados positivos. Quanto à duração da lactação na Raça Gir, verificou-se que vacas que pariram entre os anos de 1970 e 1998 apresentaram duração média da lactação ao redor de 270 dias, com pouca variação. Atualmente, a média da duração de lactação é de 289 dias. Para a raça, tem sido verificada tendência genética positiva (12,8 kg leite/ano de 2000 a 2007), que em breve terá repercussão sobre as médias de produção de leite dos rebanhos. Na raça Guzerá, ainda não foram observadas respostas na média da duração de lactação. Na raça, apesar das condições rústicas nas quais os animais são aferidos, a CCS média foi de 164 mil cel/ml. Os baixos valores para a CCS podem ser indicadores da grande rusticidade da mesma e de sua resistência natural à mastite.

Para as características reprodutivas, em geral, foram observadas reduções nas médias. O intervalo médio de partos na raça Gir reduziu de 517 para 466 dias de 1970 a 2002, com redução de 51 dias em 32 anos. Apesar da redução, o intervalo médio ao parto ainda é elevado, aproximadamente 15,5 meses, devendo ser reduzido ao nível desejável de 12 meses. A idade média ao primeiro parto (IPP) apresentou redução ao longo dos últimos 32 anos de, aproximadamente, quatro dias por ano. No valor genético da mesma característica, a redução foi de 1,5 dias por ano. Na raça Guzerá, a IPP apresentou redução anual de aproximadamente 45 dias no período de 1994 a 2006. Possivelmente, a incorporação de dados de rebanhos recém-engajados no programa, com menor experiência no manejo e nos cuidados sanitários, é responsável pela não observância de mudanças nas médias das características duração da lactação e intervalo de partos, características bastante dependentes dos aspectos de meio. Em ambas as raças as estimativas da IPP tem variado de 30 a 35 meses, valores ainda elevados e que reduzem a vida útil do animal.

Os resultados alcançados levaram ao crescimento da demanda interna e externa por sêmen, embriões e animais de raças zebuínas leiteiras. No início do programa, eram comercializadas cerca de 105.000 doses de sêmen de touros Gir e Guzerá. Em 2007 foram comercializadas mais de 700.000 doses de sêmen destas raças.

O coeficiente médio de endogamia nestas raças também aumentou. Na raça Gir Leiteiro, F médio para a população foi de 2,8% e,

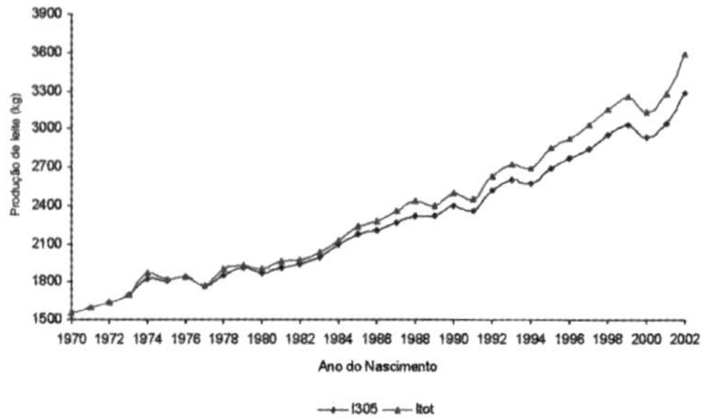

Figura 4. Evolução da produção de leite (kg) em 305 dias (l305) e total (ltot) na lactação por ano de nascimento das vacas. (Fonte: Verneque et al. 2008).

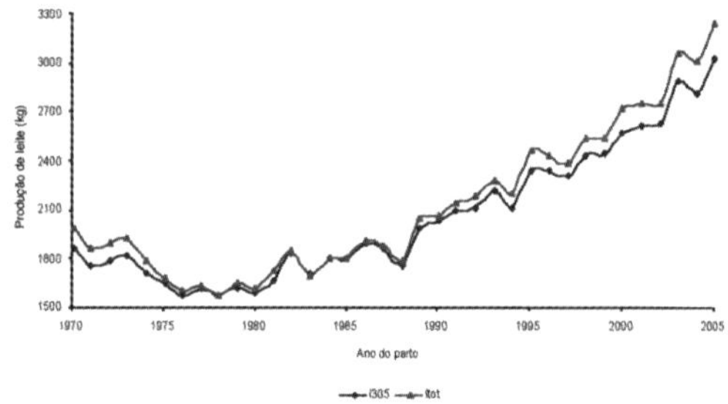

Figura 5. Evolução da produção de leite (kg) em 305 dias (l305) e total (ltot) na lactação por ano de parto das vacas. (Fonte: Verneque et al. 2008).

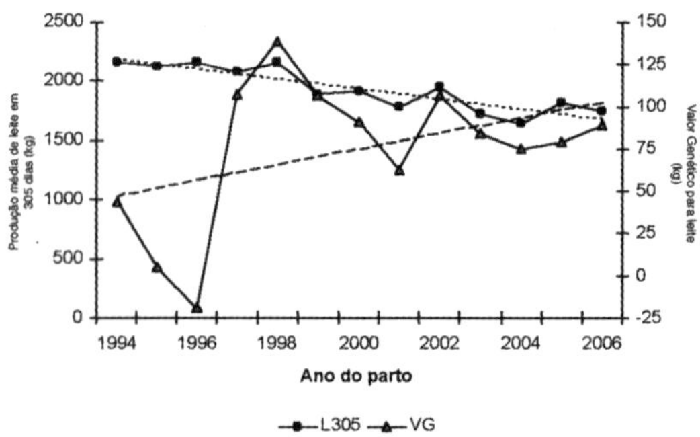

Figura 6. Médias da produção de leite em 305 dias de lactação (L305) e do valor genético para leite (VG), em função do ano de parto - tendências linear de L305 (-----) e de VG (_ _). (Fonte: Peixoto et al. 2008).

para os animais endogâmicos, de 4,7% (Reis Filho et al., 2006). Encontrou-se efeito prejudicial deste aumento sobre as características produtivas e reprodutivas. Ocorreram reduções significativas nas médias da produção de leite, de gordura, de proteína, de sólidos e DLAC quando F estava acima de 10%. Para a IPP, verificou-se aumento de 5,5 dias a cada 1% de aumento na média do coeficiente de endogamia. Na raça Guzerá, estes valores médios de F para a população e os animais endogâmicos foram de, respectivamente, 2,5% e 4,2% (Teodoro et al., 2007). Quando avaliada a tendência das médias de F por ano, a raça Guzerá apresentou redução nos valores de F após o início do programa, atribuída à disponibilização de novas linhagens e ao planejamento dos acasalamentos evitando-se endogamia (Peixoto et al., 2008). Ainda não foram observados efeitos prejudiciais sobre as características produtivas, porém, para a IPP observou-se acréscimo de 4,4 dias a cada unidade percentual de aumento em F.

A raça Holandesa é a mais numerosa entre as raças européias no Brasil e também conta com programa de melhoramento para características relacionadas à produção de leite (Costa et al., 2007). O programa é resultado de uma parceria da Associação Brasileira de Criadores de Bovinos da Raça Holandesa com a Embrapa Gado de Leite. Na Tabela 3, são apresentadas as médias de produção de leite gordura e proteína obtidas nos rebanhos do programa de melhoramento da raça. Médias elevadas e em consonância com aquelas observadas para estas características em rebanhos de países temperados. Para IPP, a média está em 28,5 ± 4,4 meses de idade.

Tabela 3. Média, respectivo desvio-padrão (DP), e números (N) de animais e rebanhos nas bases de dados da avaliação genética da raça Holandesa no Brasil.

Produção	Médias ± DP	Touros (N)	Vacas (N)	Rebanhos (N)
Leite	6.210,0 ± 1728,0	1990	104.138	1889
Proteína	204,6 ± 59,1	1983	103.538	1883
Gordura	211,8 ± 49,0	1016	43.572	770

Fonte: Costa et al. (2007)

Em estudo de tendência genética da produção de leite e de gordura nos rebanhos da raça Holandesa no estado do Rio Grande do

Sul, foram observadas médias de 6.862,8; 228,6 e 78,0 kg/vaca para as produções de leite e gordura, e a percentagem gordura (Boligon et al., 2005). Quando avaliada a tendência genética para estas características, foram encontrados os valores de 9,51 kg; 0,11 kg e -0,07% por ano. No estado de Minas Gerais, a tendência genética geral da produção de leite nesta raça, no período de 1980 a 2002, foi de 6,71 kg/ano, o que representa uma taxa em torno de 0,1% da média (Ferreira et al., 2006). O maior ganho genético (57,7 kg/ano) foi observado na via pais de touros (Figura 7), seguido da via mãe de touros (16,9 kg/ano). Os autores concluíram que os valores são ainda baixos diante dos potencialmente possíveis de serem alcançados.

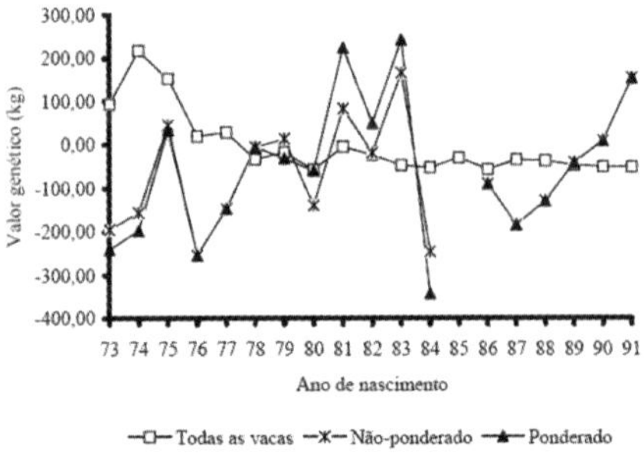

Figura 7. Médias dos valores genéticos para produção de leite em 305 dias de lactação dos touros pais de touros, ponderadas e não-ponderadas pelo número de filhos, e das vacas nascidas no mesmo ano, de acordo com o ano de nascimento dos touros.

Os desafios futuros

Esta pergunta vem sendo feita há alguns anos e tem levado a uma série de polêmicas. O que se espera, afinal, do melhoramento genético para o gado leiteiro nos próximos anos? Qual(is) será(ão) o(s) foco(s) dos programas em andamento? Haverá mudanças de paradigmas? A resposta é também complexa e só o tempo, com a consolidação dos novos conhecimentos e disponibilização de novas tecnologias será capaz de ir aos poucos respondendo a cada um destes questionamentos. É importante que todo este processo se dê desta forma, gradual, para que as soluções e a transição para os novos modelos sejam bem aceitas, efetivas e duradouras, frutos do amadurecimento técnico-científico.

Os desafios são inúmeros e decorrentes, principalmente, do crescimento exacerbado da população humana, em um mundo desigual, com grande percentual de fome nos países em desenvolvimento e queda geral no poder aquisitivo. Segundo a ONU, até 2050 a população mundial crescerá numa escala sem precedentes. A explosão populacional acarretará enormes dificuldades ao homem, poluindo o ar e a água, degradando o solo, acelerando as mudanças climáticas e, desta forma, destruindo o meio-ambiente (Pollock, 2008). Como conseqüência, o esgotamento dos recursos naturais incorrerá na falta de alimentos para atender à demanda mundial. Aliado a isso, estima-se que o processo de urbanização implicará, em média, na migração de 63% dos indivíduos de áreas rurais para os centros urbanos, diminuindo a mão-de-obra no campo. Diante destes entraves, como ficarão a produção e os custos dos alimentos?

O aumento da demanda por produtos animais esbarrará nestas dificuldades. A título de ilustração, em países desenvolvidos, aproximadamente 75% da proteína da dieta humana são de origem animal. A sustentabilidade do sistema produtivo passou, portanto, a ser um ponto crítico na produção de alimentos de origem animal. Os países terão que adotar modelos capazes de suportar as mudanças freqüentes e drásticas de cenário e assegurar a competitividade na venda de seus produtos em um mundo globalizado, ou seja, de mercados abertos, organizados e cada vez mais exigentes. Aspectos relativos à saúde pública, qualidade alimentar e bem-estar animal já têm sido contemplados dentro das novas exigências do mercado e devem merecer atenção especial dos programas de melhoramento.

Quanto à qualidade alimentar e biossegurança, o surgimento de um consumidor cada vez mais esclarecido tem resultado no desenvolvimento de inovações que permitam não apenas rastrear o produto desde sua origem até o acesso ao consumidor, como também de tecnologias para a produção de alimentos isentos de resíduos de qualquer natureza, químicos ou biológicos. Alimentos orgânicos, de composição detalhada, certificados e rotulados são cada vez mais procurados nas prateleiras dos supermercados. Alimentos modificados, capazes de oferecer proteínas bio-ativas, produtos farmacêuticos e dietéticos, por outro lado, têm também conquistado seu espaço. No futuro, espera-se por produtos livres ou com baixos níveis de colesterol e ácidos graxos saturados. A detecção de marcadores moleculares na molécula de DNA poderá contribuir para estes avanços.

Outro aspecto relevante, diz respeito à eficiência alimentar. Estima-se que 2/3 da produção de cereais sejam destinados à produção animal. Cereais, pelos quais passam a competir agora um setor ávido, o dos bio-combustíves, com forte apelo econômico e ambiental. Portanto, características como conversão alimentar merecerão o foco das pesquisas em busca de diminuição da fração não-utilizável dos alimentos e do aumento da eficiência animal em converter alimentos em produtos. A necessidade de ênfase nestes temas torna-se ainda mais evidente quando a produção de resíduos animais, gases e excrementos, agentes poluidores do meio-ambiente, é considerada.

Neste sentido, olhar atento se volta para as mudanças climáticas globais. A produção de animais contribui com as emissões de gases em aproximadamente 9% do dióxido de carbono (CO_2), 37% de metano (CH_4) e 65% do óxido nitroso (N_2O) (Steinfeld e Hoffmann, 2008). Números alarmantes para um setor produtivo básico, relacionado à sobrevivência do homem no planeta. Aspecto preocupante quando se avalia concomitantemente o percentual de áreas degradadas pela agricultura e pecuária, a expansão da agropecuária para novas fronteiras, em sua maioria áreas de floresta, e o aumento da escassez de água no planeta, sob a ótica do aumento da demanda de alimentos de origem animal. No que diz respeito à saúde-sobrevivência animal, o aumento dos riscos de endemias e de migração de doenças para regiões isentas vai de encontro à baixa resistência das espécies bovinas especializadas, aspecto que merecerá especial atenção.

Para tanto, a pesquisa terá que desenvolver conhecimento e tecnologias eficientes e seguras para garantir a oferta de produtos de origem animal a um consumidor que foca sua preocupação, cada dia mais, na individualidade/integridade animal, e na qualidade e custos mais baixos dos produtos, com implicações sobre a aceitabilidade dos mesmos (Figura 7). Consumidor que se preocupa com a preservação da biodiversidade das espécies e as condições de vida no planeta. Desta forma, os avanços tecnológicos que começam a ser utilizados para auxiliar ao melhoramento animal, tais como fertilização in vitro, clonagem, transgenia, hormônios recombinantes, imunomodelação, marcadores moleculares e produtos animais modificados, terão que se inserir neste contexto, sob pena de serem banidos do ferramental disponível aceito.

Amiga do ambiente
Tecnicamente apropriada
Procurar o bem-estar animal
Economicamente viável
Socialmente aceitável
Preservar a saúde Humana
Saber comercializar

PRODUÇÃO ANIMAL

Figura 7. Exigências para todos os sistemas da produção animal.

Considerações finais

A ênfase dada ao melhoramento das características produtivas no século passado, resultou em um efetivo bovino especializado em produção de leite com baixa eficiência alimentar, reprodutiva e pouco resistente à doenças, sejam essas infecciosas ou parasitárias, ou melhor menos rústicas. Estas características passarão agora a constituir alvo dos programas de melhoramento animal, mediante as ferramentas da genética quantitativa ou pelas mudanças nas práticas de manejo e nutrição animais. Faz-se imprescindível o monitoramento da diversidade genética e endogamia para garantia da resposta dos programas em longo prazo e para enfrentamento dos desafios futuros. Os programas terão de se preocupar com o melhoramento global, dentro de perspectivas econômicas e conciliado a práticas de conservação de recursos genéticos.

O melhoramento das espécies com certeza passará por mudanças de paradigmas sob os aspectos intrínsecos e extrínsecos à sua execução. O que se vislumbra em médio prazo é que o ferramental molecular desenvolvido seja disponibilizado comercialmente ano após ano, permitindo a seleção assistida por marcadores e monitoramento da diversidade genética. Consequentemente, o melhoramento passará gradualmente de modelo animal, baseado em dados de desempenho fenotípico, para modelos que incluirão também, e cada vez mais, informações moleculares, baseados na avaliação do valor genético individual, com base nas variantes moleculares existentes no DNA. A genômica permitirá a identificação concomitante de todos os genótipos no material genético de um indivíduo, sem perder de vista a manutenção da variabilidade genética.

Denominar-se-á melhoramento genético sustentável.

Referências Bibliográficas

COSTA, C.N., FREITAS, A.F., COBUCI, J.A. et al. Sumário Nacional de Touros da Raça Holandesa — 2007. Juiz de Fora : Embrapa Gado de Leite, 2007. 66p.

CROQUET, C., MAYERES, P., GILLON, A. et al. Inbreeding depression for global and partial economic indexes, production, type and functional traits. J. Dairy Sci., v89, p.2257-2267, 2006.

DILLON, P., BERRY, D.P., EVANS, R.D. et al. Consequences of Genetic Selection for increased milk production in European seasonal pasture. Livest. Sci., v.49, p.141-158, 2006.

EVANS, R.D., DILLON, P., BUCKLEY, F. et al. Trends in milk production, calving rate and survival of cows in 14 Irish dairy herds as a result of the introgression of Holstein-Friesian genes. Anim. Sci., v.82, p.423-433, 2006.

GODDARD, M.E., SMITH, C. Optimum number of bull sires in dairy cattle breeding. J. Dairy Sci., v.73, p.1113-1122, 1990.

GONZÁLEZ-RECIO, O., MATURANA, E.L., GUTIERREZ, J.P. Inbreeding depression on female fertility and calving ease in Spanish dairy cattle. J. Dairy Sci., v.90, p.5744-5752, 2007.

LUCY, M. C. Reproductive loss in high producing dairy cattle: Where will it end? J. Dairy Sci., v.84, p.1277-1293, 2001.

KEARNEY, J.F., WALL, E., VILLANUEVA, B. et al. Inbreeding trends and application of optimized selection in the UK Holstein population. J. Dairy Sci., v.87, p.3503-3509, 2004.

KRISTENSEN, T.N., SORENSEN, A.C. Inbreeding lessons from animal breeding evolutionary biology and conservation genetics. Anim. Sci., v.80, p.121-133, 2005.

MACPARLAND, S., KEARNEY, J.F., RATH, M. et al. Inbreeding effects on milk production calving performance, fertility and conformation in Irish Holstein-Friesian. J. Dairy Sci., v.90, p.4411-4419, 2007.

MADALENA, F.E. A esquecida metade Bos Taurus do F1. In: ENCONTRO DE PRODUTORES DE GADO LEITEIRO F1, 6, 2008, Belo Horizonte. Anais... Belo Horizonte : Puc Minas, 2008. 225p.

MAUDET, C., LUIKART, G., TABERLET, P. Genetic diversity and assignment tests among seven French breeds on microsatelyte DNA analysis. J. Anim. Sci., v.80, p.4942-2950, 2002.

MIGLIOR, F., MUIR, B.L., VAN DOORMAAL, B.J. Selection indices in Holstein cattle of various countries. J. Dairy Sci., v.88, p.1255-1263, 2005.

PEIXOTO, M.G.C.D., PENNA, V.M., TEODORO, R.L. et al. Progresso genético no Guzerá leiteiro. In: ENCONTRO DE PRODUTORES DE GADO LEITEIRO F1, 6, 2008, Belo Horizonte. Anais... Belo Horizonte : Puc Minas, 2008. 225p.

POLLOCK, C.J. Impacts on livestock agriculture of competition for resources. In: Livestock and Global Climate Change, 2008, Hammamet. Proceedings... Hammamet : BSAS, 2008.216p.

REIS FILHO, J.C., VERNEQUE, R.S., MARTINEZ, M.L. et al. Population genetic structure of Brazilian Gyr dairy cattle. In: World Congress on Genetics Applied to Livestock Production, 8, Belo Horizonte, 2006. Proceedings... Belo Horizonte : WCGALP, 2006. CD ROM.

ROMAN, R.M., WILCOX, C.J., LITTLE, R.C. Genetic trends for milk yield of Jerseys and correlated changes in productive and reproductive performance. J. Dairy Sci., v.82, p.196-204, 1999.

SEWALEN, A., KISTEMAKER, G.J, MIGLIOR, F. et al. Analysis of inbreeding and its relationship with functional longevity in Canadian dairy cattle. J. Dairy Sci., v.89, p.2210-2216, 2006.

SORENSEN, A.C., MADSEN, P., SORENSEN, M.K. et al. Udder health shows inbreeding depression in Danish Holstein, v.89, p.4077-4082, 2006.

STEINFELD, H., HOFFMANN, I. Livestock, greenhouse gases and global climate change. In: Livestock and Global Climate Change, 2008, Hammamet. Proceedings...Hammamet : BSAS, 2008.216p.

TEODORO, R.L., POGGIAN, C.F., VERNEQUE, R.S. et al. Estrutura genética da raça Guzerá (Bos indicus) seleccionada para leite no Brasil. In: REUNION ASOCIACION LATINOAMERICANA DE PRODUCCION ANIMAL, 20, Cuzco, 2007. Annales... Cuzco : ALPA, 2007. CD ROM

THOMPSON, J.R., EVERETT, R.W., HAMMERSCHMIDT, N.C. Effects of inbreeding on production and survival in Holsteins. J. Dairy Sci., v.83, p.1856-1864, 2000.

VEERKAMP, R.F., DILLON, E., KELLY, A.R. et al. Dairy cattle breeding objectives combining yield survival and calving interval for pasture-based systems in Ireland under different milk quota scenarios. Livest. Prod. Sci., v.76, p.137-151, 2002.

VERNEQUE, R.S., PEIXOTO, M.G.C.D., TEODORO, R.L. et al. Evolução nos índices produtivo, reprodutivo e genético de rebanhos Gir leiteiro sob seleção. Inf. Agropec., s.v., s.p., 2008. (no prelo)

WELLER, J.I., EZRA, E. Genetic analysis of the Israeli Holstein dairy cattle for production and no production traits with a multivariate animal model. J. Dairy Sci., v.87, p.1519-1527, 2004.

Comportamento de Bovinos em Pastejo[1]

Sila Carneiro da Silva[2]

1. Introdução

Durante a última década têm ocorrido mudanças significativas na maneira segundo a qual a produção animal em pastagens é discutida, planejada e conduzida no país. Originalmente as pesquisas e as propostas de exploração desse recurso forrageiro eram caracterizadas por uma busca quase que incessante por produtividades máximas à custa de pesados investimentos em, por exemplo, adubação e irrigação, até então considerados por muitos uma "heresia" em termos de uso de recursos financeiros na agropecuária. Nesse contexto, aspectos relacionados com o entendimento das relações

1 Texto elaborado com base no manuscrito preparado para o 23º Simpósio de Manejo da Pastagem da Esalq.

2 Professor Associado do Departamento de Zootecnia da Escola Superior de Agricultura "Luiz de Queiroz", da Universidade de São Paulo, e pesquisador do CNPq (scdsilva@esalq.usp.br).

planta-animal na pastagem e sua importância na determinação das respostas medidas e almejadas eram considerados de importância secundária. Essa filosofia, estritamente pragmática e imediatista de produção, compreensível e até justificável pela necessidade de aumentar a produção de alimentos e criar competitividade da exploração pecuária em relação a outras modalidades de exploração econômica da terra (Corsi *et al.*, 2001), tinha como meta assegurar o atendimento das necessidades de uma população crescente e viabilizar retornos financeiros atrativos para o capital investido (Balsalobre *et al.*, 2002). Sem dúvida alguma a produção animal no país cresceu, muitos avanços foram obtidos com a tecnologia disponibilizada e a obtenção de altas produtividades e rentabilidades se tornou uma possibilidade real. O sucesso foi tão grande que com o passar dos anos o conceito de "produção intensiva" em pastagens passou a ser sinônimo de utilização de pastos formados por cultivares de *Panicum*, *Pennisetum* ou *Brachiaria* recebendo altas doses de fertilizantes, especialmente nitrogenados, manejados de forma rotacionada e, na condição "mais intensiva", com o uso de irrigação. Essa concepção de "intensificação", pela forma como foi e ainda vem sendo interpretada, fez parecer simples um processo extremamente complexo e dinâmico, altamente dependente da compreensão e entendimento da interação das respostas de plantas e animais no ecossistema pastagem (Carvalho, 2005). Ironicamente, o mesmo fator responsável por propiciar as elevadas produtividades se tornou a causa da maioria dos "problemas" enfrentados na implementação, adoção e utilização dessa estratégia de "intensificação", uma vez que o manejo do pasto e do pastejo não foram ajustados de maneira a tornarem-se compatíveis com a maior velocidade de crescimento das plantas e a maior taxa de acúmulo de matéria seca, premissas básicas da maior produção de forragem sob aquelas circunstâncias. Isso gerou como resultado pastos com altura e massa de forragem muito elevadas, caracterizadas por acúmulo excessivo de colmos e de material morto e grande dificuldade de rebaixamento durante o pastejo (Da Silva & Corsi, 2003). Esses fatores foram determinantes de inconsistências nas taxas de lotação empregadas e baixos níveis de desempenho animal obtidos em relação às expectativas almejadas para uma pastagem manejada no limite superior da "escala de intensificação".

Como conseqüência, frustrações e questionamentos têm surgido, catalisando um processo de reconhecimento da necessidade de se entender melhor o processo de produção e aceitar o fato de que existem interações complexas entre plantas e animais que não podem ser negligenciadas (Da Silva, 2004; Carvalho, 2005). Assim, o ecossistema pastagem precisa ser mais bem estudado, e uma visão mais ecológica, sustentável e sistêmica assumida sem, contudo, negar a necessidade de gerar produção de alimentos com retorno econômico (Da Silva & Carvalho, 2005). Nesse contexto, o conceito de intensificação dos sistemas de produção precisa estar mais associado ao nível de utilização e abrangência dos conhecimentos aplicados em seu gerenciamento que ao nível de investimento financeiro ou uso de insumos e recursos externos, sendo a colheita eficiente da forragem produzida um processo-chave a ser devidamente manipulado e ajustado (Da Silva & Corsi, 2003; Carvalho, 2005; Da Silva & Nascimento Jr., 2006).

Atualmente, a exploração de pastagens com a preocupação de preservar e conservar o ambiente, a necessidade de produzir alimentos de qualidade e com segurança alimentar, observando princípios éticos de criação e manejo dos animais e o uso da paisagem rural para fins outros que não apenas atender a demanda por alimentos e gerar retorno financeiro *per se* (e.g. preservação de recursos naturais, habitação, recreação e lazer) tem ganhado importância cada vez maior (Lemaire *et al.*, 2005). Isso tem forçado uma revisão de paradigmas e uma reformulação de conceitos relativos ao planejamento e condução de sistemas de produção animal em pastagens, ganhando força e sustentação a idéia de que o manejo da pastagem deve ser encarado como a ação de criar ambientes pastoris adequados, que otimizem o consumo de nutrientes pelos animais em pastejo (Carvalho *et al.*, 1999a; Carvalho, 2005; Carvalho & Moraes, 2005; Carvalho *et al.*, 2005; Da Silva & Carvalho, 2005). Para isso é fundamental conhecer o animal, suas necessidades, como ele busca e colhe seu alimento no pasto. O comportamento dos animais em pastejo, dentre uma série de outras respostas, é seguramente uma porção importante do conhecimento para o entendimento das relações planta-animal no ecossistema pastagem. O presente texto tem por objetivo discuti-lo e integrá-lo ao processo de produção como forma de fornecer subsídios para o planejamento e uso de soluções técnicas que visem otimizar o consumo de forragem, o desempenho e a produção animal respeitando os requerimentos de plantas e animais e a harmonia do ecossistema pastagem.

2. O ambiente pastagem e os animais em pastejo

A pastagem é um ambiente caracterizado por uma grande heterogeneidade espacial e temporal na distribuição da quantidade e qualidade da forragem disponível em que a composição botânica e morfológica da massa de forragem varia com a época do ano e com o estádio fenológico das plantas (variação temporal) e com o arranjo ou arquitetura do dossel forrageiro tanto na direção vertical como na horizontal (variação espacial) (O'Reagain & Schwartz, 1995). A essa distribuição espaço-temporal da parte aérea da comunidade de plantas (espécies e, ou, componentes morfológicos) denomina-se estrutura do dossel (Laca & Lemaire, 2000), e esta tem papel determinante sobre o tipo e a ordem de grandeza das respostas produtivas de plantas e animais na pastagem (Hodgson, 1985), uma vez que diz respeito ao tamanho, qualidade e eficiência do aparato fotossintético da comunidade de plantas, fatores esses determinantes da produtividade primária do sistema, e à forma como a forragem é apresentada ao animal em pastejo, sua apreensibilidade, facilidade de colheita e consumo, fatores esses determinantes da produtividade secundária do sistema (Briske & Heitschmidt, 1991). É nesse ambiente que o animal é obrigado a buscar e colher os nutrientes necessários para satisfazer suas necessidades e, para tanto, precisa procurar, identificar e selecionar os locais ou estações de pastejo e, nestes, os bocados a serem realizados. Ao remover os primeiros bocados, a estrutura remanescente do dossel é modificada e a competição entre plantas e o ambiente do futuro bocado são alterados, gerando um ciclo dinâmico de interações que determinam e interferem na produção e produtividade do sistema pastoril (Carvalho, 2005).

O processo de pastejo adquire um caráter ainda mais complexo se for levado em consideração que os animais possuem preferências que se manifestam em função das restrições de acesso e oferta de forragem existentes (e.g. pastejo seletivo) e que também são dotados de uma capacidade inata de aprendizado baseada em um mecanismo hedônico, o que favorece o desenvolvimento de uma memória de referência (Bailey *et al.*, 1996), com duração de cerca de 20 dias, e uma capacidade de associar sensações de bem e de mal-estar a um determinado tipo de forragem consumido em um período de até oito horas (Provenza, 1995; Launchbaugh, 1996), a memória de trabalho (Roguet *et al.*, 1998), alterando sua preferência e, portanto, sua capacidade de escolha e seleção de novos sítios e estações de pastejo. Esta escolha também é afetada pela topografia, proximidade e facilidade de acesso a locais de água e sombra (Stuth, 1991), com distâncias da água superiores a 3,2 km e inclinações do terreno superiores a 60% caracterizando áreas virtualmente inacessíveis (Bailey, 2005). Adicionalmente, o tempo gasto na atividade de pastejo é influenciado pelo tamanho do grupo de animais, geralmente com redução do período de pastejo para grupos pequenos (e.g. menos que 3 animais em ovinos; Penning *et al.*, 1993), e pela existência e, ou, proximidade de animais dominantes no grupo, situação em que ocorre uma redução na taxa de bocados de apreensão (Thouless, 1990), indicando a importância do ambiente social no processo de pastejo (Carvalho *et al.*, 1999a). Esse fato sugere a necessidade de se conhecer não apenas os requerimentos mas também os padrões de comportamento animal para que práticas de manejo eficientes e eficazes possam ser idealizadas.

O animal em pastejo é obrigado a tomar uma série de decisões para colher de forma eficiente os nutrientes necessários para atender suas necessidades nutricionais, decisões essas que resultam em ações, determinando padrões de comportamento que, em conjunto, são conhecidos como estratégia de alimentação ou de forrageamento (Gordon & Illius, 1992). A compreensão das estratégias de forrageamento de animais em pastejo tem sido objeto de estudo há tempo, mas foi apenas nos últimos 20 anos que avanços significativos foram verificados, particularmente a partir da integração de esforços entre as áreas de Ecologia Animal e Agronomia de Pastagens na busca pelo entendimento das relações planta-herbívoro e sua influência sobre a sustentabilidade e equilíbrio do ecossistema pastagem (Milne & Gordon, 2003). De uma maneira geral, as decisões tomadas durante o processo de pastejo envolvem um "julgamento" entre o custo para a aquisição de forragem (e.g. energia) e o benefício em obtê-la como forma de gerar um balanço ótimo para o esforço realizado pelo animal (Laca & Demment, 1996). Segundo Prache *et al.* (1998), esse processo de otimização e a forma como ocorre poderia ser explicado, em princípio, de duas maneiras: (1) uma abordagem determinista, em que o animal toma decisões que têm por objetivo maximizar a probabilidade de sucesso na perpetuação e assegurar o sucesso evolutivo da espécie (e.g. sobrevivência, reprodução e dispersão de genes na natureza); e (2) uma abordagem analítica, em que o comportamento animal em pastejo seria explicado por meio de relações de causa-efeito entre condições de meio e resposta animal, uma vez que ao consumir e digerir a forragem os animais simultaneamente têm um impacto sobre a comunidade de plantas e aprendem sobre o seu valor nutritivo e localização. Aparentemente o consenso atual é de que essas duas abordagens seriam complementares e não mutuamente exclusivas (Laca & Demment, 1996), e o objetivo único seria assegurar a colheita dos nutrientes necessários da maneira mais eficiente possível (Carvalho *et al.*, 1999a).

Segundo Senft *et al.* (1987), os herbívoros interagem com o ambiente pastagem em níveis variáveis de resolução ou escala espacial caracterizados pela natureza, tipo e freqüência das atividades de comportamento animal realizadas. Segundo uma ordem decrescente de dimensão e complexidade da área física explorada os níveis dessa escala espacial seriam região de pastejo, campo de pastejo, sítio de pastejo, *patch*, estação alimentar e bocado (Laca & Ortega, 1995; Bailey *et al.*, 1996). A menor escala de decisão do animal é o bocado, ou seja, a ação ou ato de apreender a forragem com os dentes (Gibb, 1998). A estação alimentar corresponde a um semicírculo hipotético localizado à frente do animal que seria alcançado sem que houvesse a necessidade de movimentar as patas dianteiras (Ruyle & Dwyer, 1985) (Figura 1). Ao conjunto de estações alimentares separado de um outro conjunto por uma parada na seqüência de pastejo em que o animal normalmente se reorienta para um novo local corresponde a um *patch* (Bailey *et al.*, 1996) ou micro-sítio de pastejo. Já o sítio de pastejo corresponde a um agregado de *patches* ou microsítios de pastejo em uma área contígua onde os animais pastejariam

Figura 1. Representação esquemática de um animal explorando uma estação alimentar (Stuth, 1991).

durante uma refeição, esta definida como sendo um período ou ciclo de pastejo interrompido para fins de descanso e ruminação, por exemplo. O campo de pastejo corresponde a um conjunto de sítios de pastejo com uma área comum onde os animais buscam água, descanso ou sombra. O nível regional de pastejo é definido como sendo um agregado de campos de pastejo, normalmente definido por barreiras naturais, cercas etc.. Descrição e considerações acerca de cada um desses níveis hierárquicos de tomada de decisão pelo animal em pastejo e suas implicações foram devidamente apresentadas por Carvalho *et al.* (1999a) e Carvalho & Moraes (2005). Na grande maioria das situações de manejo normalmente encontradas em pastagens cultivadas, particularmente monoespecíficas de gramíneas, as respostas passíveis de manejo seriam aquelas realizadas em nível de campo de pastejo até bocado, ou seja, aquelas relacionadas com o tamanho, número e distribuição das refeições e a seleção, apreensão, mastigação e deglutição de bocados, sendo o nível de região de pastejo mais pertinente para situações de pastagens naturais como as áreas de campo nativo do Rio Grande do Sul e da região do Pantanal, por exemplo, em que atividades relacionadas com socialização, reprodução, termorregulação, competição e predação adquirem importância relativa maior. Por essa razão, a discussão a seguir tratará das relações planta-animal nas escalas inferiores de decisão.

3. Comportamento animal

Bovinos e ovinos normalmente dividem o seu dia de trabalho em períodos alternados de pastejo, ruminação e descanso (ócio), destinando, em média, cerca de um terço do dia ou 8 horas para cada atividade. Geralmente existem de 3 a 5 períodos de pastejo durante o dia, o maior e mais intenso sendo realizado depois do amanhecer e antes do entardecer. A maior parte da atividade de pastejo ocorre durante o dia, embora sejam comuns períodos curtos de pastejo noturno. Normalmente existe um período de ruminação após cada período de pastejo, mas a maior parte da ruminação ocorre durante a noite (Figura 2). Este padrão característico pode ser alterado por atividades de rotina como ordenha, mudança de piquetes em situações de pastejo rotacionado e, excepcionalmente, por condições extremas de clima (e.g. chuva muito intensa e, ou, ventos fortes), muito embora seja bastante estável na maioria das situações e todos os animais do grupo ou rebanho tendam a seguir o mesmo padrão (Hodgson, 1990).

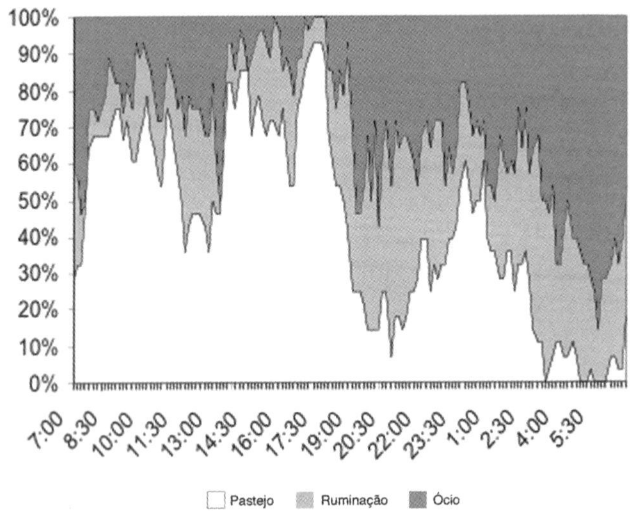

Figura 2. Proporção de animais realizando as atividades de pastejo, ruminação e ócio ao longo de 24 horas em pastos de capim-marandu (*Brachiaria brizantha* cv. Marandu) submetidos a lotação contínua por bovinos de corte (Sarmento, 2003).

Em pastejo, durante o processo de procura por sítios e estações alimentares, os animais demonstram preferência normalmente por locais de massa de forragem e altura elevadas, com maior concentração de nutrientes (áreas mais escuras, de verde mais intenso) (Basely, 1990), como forma de otimizar a taxa de consumo de forragem e ingestão de nutrientes (Laca *et al.*, 1993; Prache *et al.*, 1998), a menos que maior altura e massa de forragem estejam associadas a desenvolvimento reprodutivo e forragem de menor valor nutritivo (Griffith *et al.*, 2003a,b), situação em que a preferência muda por locais de menor massa de forragem e altura. Esses locais de taxa elevada de ingestão de nutrientes são memorizados para que sejam utilizados frequentemente (Bailey *et al.*, 1996; Launchbaugh & Howery, 2005), o que faz com que o pastejo seja realizado consistentemente em locais onde a qualidade da forragem em oferta seja superior à qualidade média da forragem disponível em área total (Carvalho *et al.*, 1999a). Laca & Demment (1991) demonstraram esse padrão de resposta para bovinos, relacionando-o com a heterogeneidade natural dos pastos e com o pastejo seletivo dos animais sob diferentes taxas de lotação (Figura 3). De uma maneira geral, quanto maior a massa de forragem no sítio de pastejo maior a massa do bocado realizado (Figura 3a), indicando maior consumo de forragem uma vez que a massa do bocado é um dos principais determinantes no nível de ingestão dos animais em pastejo (Stobbs, 1973a,b; Hodgson *et al.*, 1994; Da Silva & Carvalho, 2005). Adicionalmente, em situações de valores intermediários de massa de forragem, os animais normalmente pastejam sítios onde a massa de forragem é maior que aquela existente como média na pastagem (diferença de cerca de 1000 kg/ha de MS ou 65%) (Figura 3b). Em situações de valores baixos de massa de forragem na pastagem (cerca de 700 kg/ha de MS) não existe diferença entre a massa de forragem média da pastagem e aquela dos sítios de pastejo, indicando restrição severa ao processo de seleção pelos animais. Por outro lado, em situações de valores elevados de massa de forragem caracterizados por alta proporção de colmos e de material morto e, ou, desenvolvimento reprodutivo (baixo valor nutritivo), os animais passam a explorar sítios de pastejo com massa de forragem menor que a massa média da pastagem, assegurando a ingestão de forragem de melhor valor nutritivo. Nesse processo, as áreas de menor atratividade são menos exploradas e uma condição de mosaico heterogêneo formado por regiões com forragem alta e forragem baixa se estabelece, fato esse normalmente relacionado com perdas de forragem na pastagem (Carvalho *et al.*, 2004).

Uma vez escolhido o sítio de pastejo, adquire importância o número e a duração das refeições que os animais realizam ao longo do tempo. A atividade de pastejo envolve turnos, dentro dos quais são realizadas seqüências de pastejo interrompidas por intervalos de tempo variados destinados a outras atividades como caminhar e descansar (Mayes & Duncan, 1986), por exemplo, caracterizando

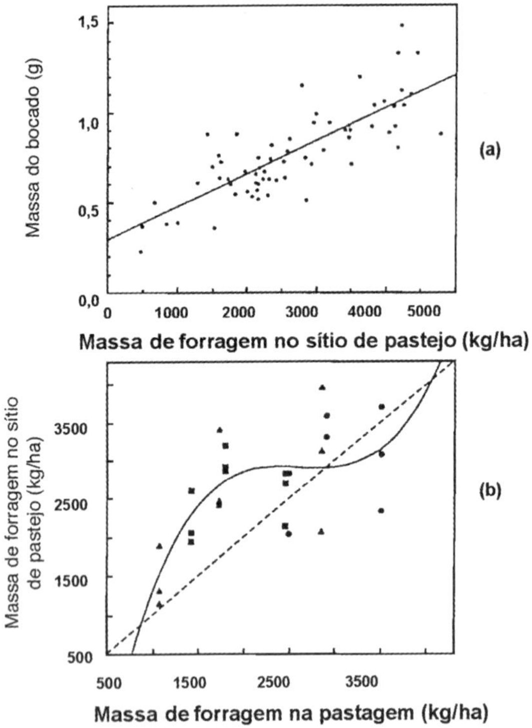

Figura 3. Relação entre a massa de forragem no sítio de pastejo e: (a) a massa do bocado de novilhos fistulados no esôfago; e (b) a massa de forragem na pastagem. Os animais exploram a heterogeneidade da pastagem (Laca & Demment, 1991).

assim os ciclos de pastejo ou refeições. Segundo Carvalho *et al.* (2005), o número de refeições parece ser um indicador de qualidade do ambiente pastoril, uma vez que em situações de massa de forragem elevada e, ou, oferta generosa de forragem, os animais realizam um número grande de refeições pequenas, de curta duração, caracterizadas por altas taxas de ingestão, que resultam em enchimento rápido do rúmen. Como o pastejo nessa condição é eficiente e existe seletividade, ocorre rápida ingestão de forragem de alto valor nutritivo, resultando em ciclos curtos de saciedade caracterizados por refeições que, em ovinos, podem ser em número de 6 a 8 ao longo do dia e durar cerca de apenas 40 minutos (Silveira, 2001). Em situações de massa de forragem baixa, restritivas ao pastejo, o número de refeições diminui (4 a 5) e o tempo por refeição aumenta (em torno de 120 minutos), indicando uma taxa de ingestão limitada pela estrutura do pasto e um ambiente estressante para a colheita da forragem (Figura 4). O número total de refeições, combinado às suas respectivas durações, determina o tempo diário de pastejo, uma variável de comportamento importante e indicadora das condições do pasto (Hodgson, 1990). Segundo Carvalho *et al.* (1999a), o tempo diário de pastejo é raramente inferior a 6 e superior a 12 horas, sendo normalmente concentrado no final da tarde (Figura 2). Por se tratar de uma variável inversamente relacionada ao consumo, quanto maior a abundância de forragem (e.g. massa ou oferta de forragem), menor o tempo total de pastejo e maior o número de refeições curtas realizadas de forma intercalada com intervalos longos entre refeições.

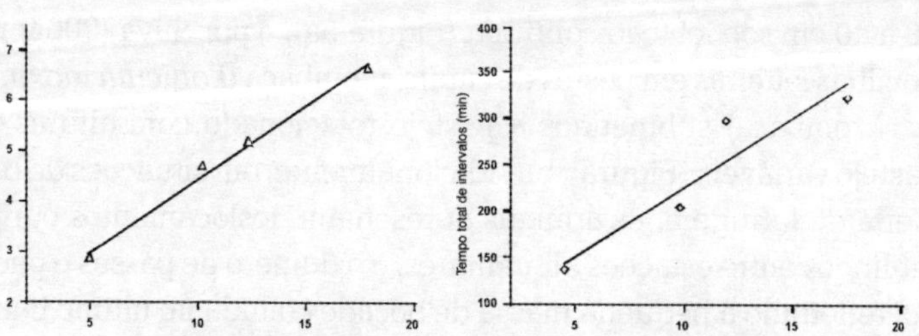

Figura 4. Características das refeições de cordeiros em pastos de azevém anual (*Lolium multiflorum*) submetidos a intensidades de pastejo por meio de lotação contínua (alturas nominais de pasto de 4,6; 9,6; 11,6 e 16;9 cm) (Silveira, 2001).

Cada seqüência de pastejo ou refeição é realizada à medida que o animal percorre um deslocamento ao longo de uma série de estações alimentares (Figura 1), normalmente segundo uma direção e orientação (ângulo) que favoreça o aumento da taxa de encontro com estações de massa de forragem alta (Carvalho, 2005; Carvalho & Moraes, 2005), revelando a importância das memórias de referência e de trabalho e das habilidades cognitivas dos animais (Carvalho *et al.*, 1999a). Em cada estação alimentar o animal depara com a necessidade de decidir que plantas ou partes de planta colher, ou seja, definir e realizar o bocado. A forma com que os animais exploram as estações alimentares determina seu nível de consumo, uma vez que as regras de escolha e de abandono das mesmas afetam a quantidade de forragem ingerida e a eficiência do processo de pastejo (Carvalho & Moraes, 2005). Segundo Carvalho *et al.* (1999a), o tempo de permanência na estação alimentar está relacionado com a abundância de forragem, ou seja, quanto maior a massa ou oferta de forragem maior será o tempo de permanência até que seja atingido o ponto de abandono, situação em que a relação custo-benefício da exploração da estação alimentar deixa de ser favorável. O número de estações alimentares exploradas por unidade de tempo aumenta à medida que a altura e, ou, a massa de forragem do pasto diminui, conseqüência do menor tempo de permanência por estação alimentar, o inverso acontecendo em pastos mais altos e, ou, de massa de forragem elevada, onde a oferta de forragem é maior. Esse padrão de comportamento foi reportado por Castro (2002) para cordeiros em pastos de milheto (*Pennisetum americanum*) mantidos em alturas variando de 10 a 40 cm sob lotação contínua (Figura 5a), e por Silva (2004) para novilhas leiteiras em pastos de capim-mombaça (*Panicum maximum* cv. Mombaça) submetidos a pastejo rotacionado com alturas pré-pastejo variáveis (Figura 5b). Adicionalmente, em situações de baixa oferta de forragem, os animais apresentam deslocamentos curtos e retilíneos entre estações alimentares, e o número de passos é pequeno, refletindo a pequena massa de bocado colhida no último bocado da estação anterior. Em situações de elevada oferta ou abundância de forragem, o número de passos entre estações alimentares é maior (Figura 6), uma vez que o animal realiza bocados grandes e, por isso, pode deslocar-se de uma estação a outra por mais tempo enquanto

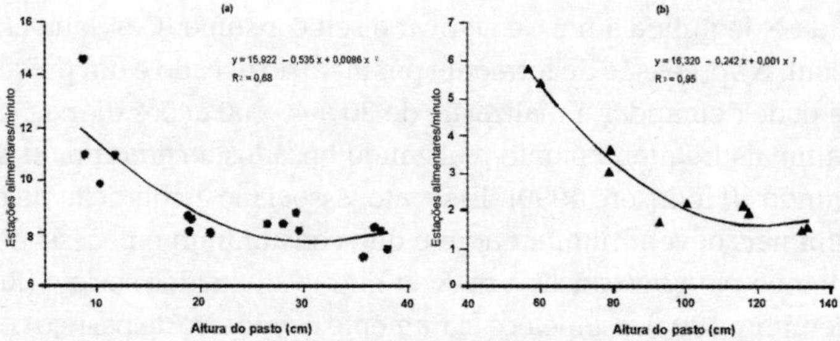

Figura 5. Número de estações alimentares por minuto utilizadas por: (a) cordeiros em pastos de milheto (*Pennisetum americanum*) mantidos a 10, 20, 30 e 40 cm de altura por meio de lotação contínua (Castro, 2002); e (b) novilhas leiteiras em pastos de capim-mombaça (*Panicum maximum* cv. Mombaça) submetidos a pastejo rotacionado com alturas pré-pastejo variadas (Silva, 2004).

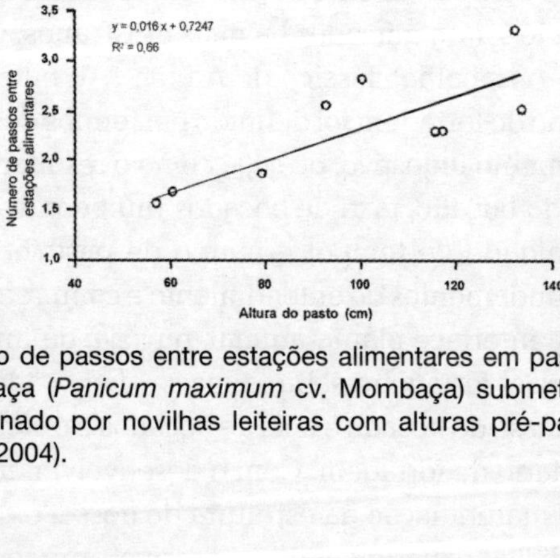

Figura 6. Número de passos entre estações alimentares em pastos de capim-mombaça (*Panicum maximum* cv. Mombaça) submetidos a pastejo rotacionado por novilhas leiteiras com alturas pré-pastejo variadas (Silva, 2004).

mastiga o último bocado, fato esse que permite maior seletividade sem reduzir a eficiência de uso do tempo de pastejo em função da maior quantidade de tempo gasta com deslocamento (Carvalho *et al.*, 1999a).

Nas estações de pastejo os animais manipulam a forragem disponível por meio de movimentos de cabeça, da mandíbula e da língua, no caso de bovinos, e dos lábios, no caso de ovinos, com o objetivo de apreender a forragem pela boca e, finalmente, realizar o bocado. Neste processo a forragem colhida ainda necessita ser mastigada e deglutida a fim de efetivar o seu consumo (Carvalho *et al.*, 1999a). A apreensão de forragem por meio do bocado é um processo que pode demandar a realização de 20 a 40.000 ações diárias, com os animais frequentemente realizando bocados a cada um ou dois segundos (Hodgson, 1990). Esse fato, associado à condição de que os animais devem ruminar aquilo que consumiram e necessitarem de tempo para descansar e realizar outras atividades sociais (Rook & Penning, 1991), estabelece claramente o processo de pastejo como um processo tempo-dependente em que as diferentes atividades e requerimentos dos animais seriam competidores entre si e, portanto, qualquer procedimento de manejo que viesse a facilitar o processo de aquisição de forragem e acelerar a taxa de ingestão, otimizando o uso do tempo gasto com a atividade de pastejo, seria de grande importância (Carvalho *et al.*, 2001).

Estudos de comportamento ingestivo e consumo de forragem em nível de bocado foram iniciados há mais de 30 anos. Como exemplo pode-se citar o trabalho clássico de Allden & Whittaker (1970) em que o consumo de forragem foi definido em termos dos componentes de comportamento ingestivo, ou seja, como o resultado da interação entre massa do bocado, taxa de bocados (número de bocados realizados por unidade de tempo) e tempo de pastejo. Esse trabalho forneceu os fundamentos do entendimento e compreensão de aspectos relativos à interface planta-animal, ou seja, da influência da estrutura do dossel forrageiro sobre a massa do bocado, a relação inversa entre massa do bocado e taxa de bocados e o efeito destes sobre o consumo diário de forragem. Com o desenvolvimento de técnicas de controle e manipulação da estrutura do dossel e dos animais, ou seja, das condições experimentais, foi possível aprimorar e incrementar substancialmente essa base de conhecimento (Hodgson *et al.*, 1994; Hodgson *et al.*, 1997), e o consumo diário de forragem passou a ser interpretado como o resultado líquido da integração de uma série de variáveis comportamentais que, por sua vez, são influenciadas pela condição e estrutura do dossel forrageiro (Figura 7).

Na medida em que o consumo diário de forragem corresponde ao somatório de cada ação de captura de forragem pelo bocado (Figura 7), a maximização do consumo e, consequentemente, do desempenho animal, é obtida através da maximização de cada bocado

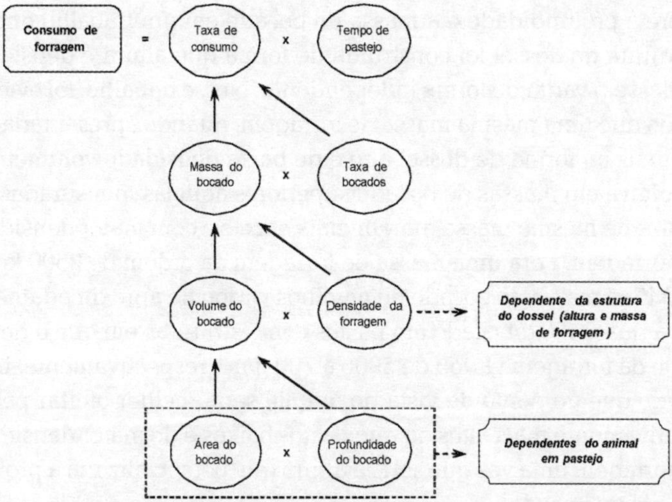

Figura 7. Consumo diário de forragem de animais em pastejo como uma função de variáveis comportamentais e de estrutura do dossel forrageiro (Adaptado de Carvalho et al., 2001).

desferido (Carvalho & Moraes, 2005). Nesse contexto, a massa do bocado é a principal variável determinante do consumo diário de forragem (Stobbs, 1973a,b; Hodgson *et al.*, 1994; Illius, 1997) e é fortemente influenciada pela profundidade do bocado (distância vertical entre a altura das plantas e a desfolhação mais profunda realizada pelo animal; Carvalho, 1997), uma vez que a área do bocado (superfície horizontal da pastagem abrangida por um bocado; Gibb, 1988) é menos sensível a variações em massa de forragem e, ou, altura do dossel. Variações em densidade volumétrica da forragem (quociente entre a massa de forragem e a altura do dossel, normalmente expressa em kg MS/ha.cm ou g MS/m^3) podem contribuir de forma independente para variações em massa do bocado (Hodgson *et al.*, 1994), muito embora variações em altura sejam mais contundentes e gerem uma amplitude maior de variação em massa do bocado (Mitchell *et al.*, 1991), indicando a importância da altura do dossel como uma referência de manejo e controle do processo de pastejo. Isso foi comprovado por Demment & Laca (1993), que estudaram a importância relativa da altura e da densidade da forragem sobre a profundidade e a massa do bocado em um trabalho onde a estrutura do dossel foi construída de forma que altura e densidade pudessem variar de forma independente. Nesse trabalho, foi evidenciado que uma mesma massa de forragem, quando apresentada aos animais na forma de dossel alto e de baixa densidade volumétrica, resultava em massas de bocado superiores àquelas mensuradas em pastos de mesma massa, porém mais baixos e com maior densidade de forragem. Para uma massa de forragem da ordem de 2500 kg/ha de MS, a massa do bocado de novilhos variou de aproximadamente 0,5 a quase 3,0 g/bocado em pastos com estruturas em que a densidade da forragem variou de 5900 a 700 g/m^3, respectivamente, indicando que do ponto de vista do animal seria melhor ofertar pastos relativamente mais altos do que pastos baixos e de maior densidade de forragem uma vez que seria a altura que potencializaria a profundidade do bocado.

Vários estudos conduzidos nas mais diversas condições experimentais demonstraram que a profundidade do bocado possui uma correlação positiva com a altura do dossel e negativa com a densidade da forragem (Gordon & Lascano, 1993). Em geral, quanto maior a altura do dossel maior a profundidade do bocado (Black & Kenney, 1984; Gordon *et al.*, 1996; Burlinson *et al.*, 1991; Wade, 1991; Edwards *et al.*, 1995) para diferentes espécies de animais como ovinos (Carvalho *et al.*, 1999b), bovinos (Mursan *et al.*, 1989; Carvalho *et al.*, 1999c), caprinos (Betteridge *et al.*, 1994) e eqüinos (Hughes & Gallagher, 1993; Dittrich *et al.*, 1999a), fato esse que ocorre independentemente do método de pastejo utilizado (Wade, 1991) e para espécies forrageiras de morfologias contrastantes (Edwards *et al.*, 1995). Adicionalmente, a profundidade do bocado ou de pastejo corresponde a um valor relativamente constante da altura de perfilhos estendidos (em torno de 50%) ou da altura do dossel intacto (em torno de 35%), fenômeno esse conhecido como "proporcionalidade da remoção de forragem" (Hodgson *et al.*, 1994). Trabalho recente com o capim-marandu (*Brachiaria brizantha* cv. Marandu) em que os pastos foram mantidos a 10, 20, 30 e 40 cm de altura por meio lotação contínua com bovinos de corte demonstrou que cerca de 50% da altura, correspondente à porção superior do dossel, é composta quase que exclusivamente de lâminas foliares (Molan, 2004) (Figura 8) e que estas, quando desfolhadas pelo animal, têm cerca de 2/3 de seu comprimento removido (Gonçalves, 2002) (Figura 9), o que corresponderia a aproximadamente 33% da porção superior do dossel independentemente da altura em que os pastos são mantidos, ou seja, 3,3; 6,6; 9,9 e 13,2 cm para as alturas de 10, 20, 30 e 40 cm, respectivamente, valor esse muito próximo dos 35% relatado na literatura internacional para pastagens de clima temperado (Wade, 1991; Mazzanti & Lemaire, 1994). Segundo Hodgson (1990), profundidades de pastejo inferiores a 10 cm para bovinos podem resultar em restrições severas ao consumo de forragem por resultarem em massas de bocado reduzidas, causando redução em desempenho animal. De fato, no trabalho citado sobre o capim-marandu, o consumo diário (Sarmento, 2003) e o ganho de peso dos animais (Andrade, 2003)

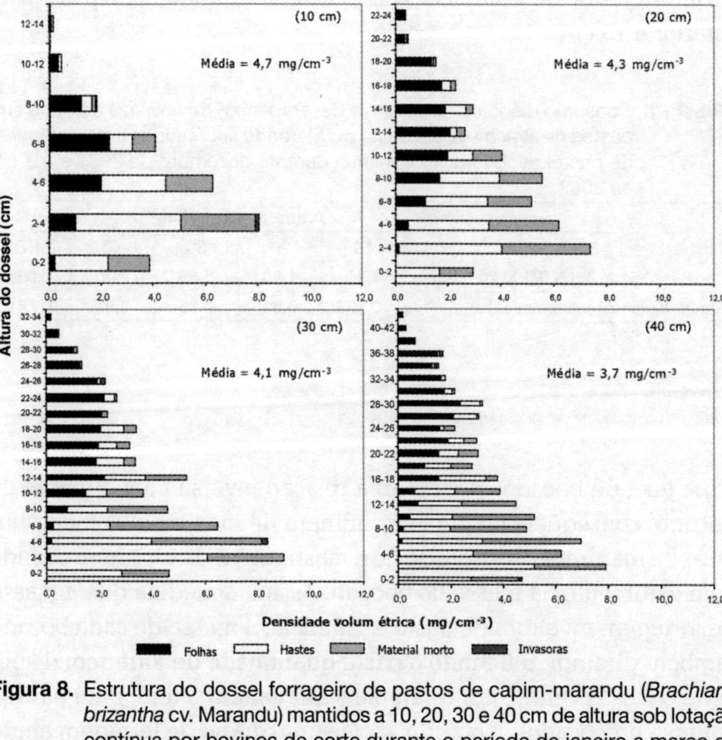

Figura 8. Estrutura do dossel forrageiro de pastos de capim-marandu (*Brachiaria brizantha* cv. Marandu) mantidos a 10, 20, 30 e 40 cm de altura sob lotação contínua por bovinos de corte durante o período de janeiro a março de 2002 (Molan, 2004).

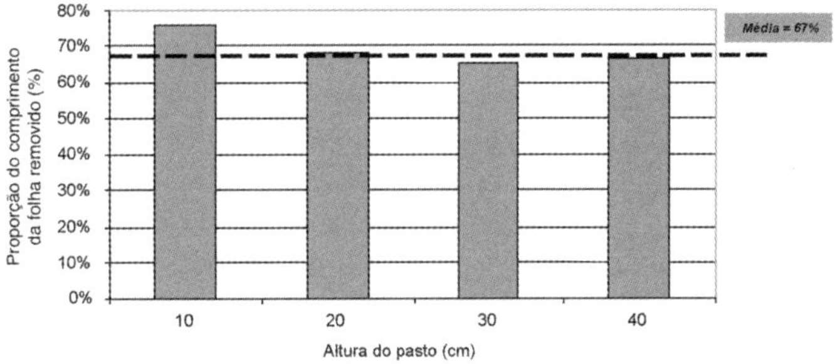

Figura 9. Intensidade de desfolhação em pastos de capim-manrandu (*Brachiaria brizantha* cv. Marandu) mantidos a 10, 20, 30 e 40 cm de altura sob lotação contínua por bovinos de corte (Gonçalves, 2002).

foram sensivelmente reduzidos nos pastos mantidos abaixo de 30 cm de altura (Tabela 1), situações em que a profundidade de pastejo foi inferior a 10 cm.

Tabela 1. Consumo diário de forragem[1] e desempenho[2] de novilhas de corte em pastos de *Brachiaria brizantha* cv. Marandu submetidos a intensidades de pastejo sob lotação contínua durante dezembro de 2001 a março de 2002.

	Altura do pasto (cm)				
Variável	10	20	30	40	E.P.D.[3]
Consumo diário (kg MS/100 kg peso)	1,35	1,80	1,85	2,00	0,098
Ganho de peso[4] (kg/cabeça.dia)	0,19	0,51	0,75	0,93	0,141

[1] Sarmento (2003)

[2] Andrade (2003)

[3] Erro padrão da diferença

[4] Animais com peso médio de 280 kg

A taxa de bocados possui uma relação inversa com a massa do bocado, conseqüência do maior número de movimentos mandibulares de manipulação (apreensão e mastigação) da forragem colhida com o aumento da massa do bocado. Assim, à medida que a massa de forragem ou altura do pasto é reduzida, a massa de cada bocado também diminui, refletindo a baixa quantidade de forragem disponível. Nessas condições, os animais aumentam o tempo de pastejo e a taxa de bocados. Contudo, o consumo diário de forragem ainda diminui, uma vez que o aumento na taxa de bocados não consegue compensar a diminuição na massa do bocado (Penning, 1986). Mais recentemente, com a distinção dos diferentes tipos de movimentos mandibulares em movimentos de apreensão e de mastigação (Penning *et al.*, 1994), foi possível demonstrar que o número total de movimentos mandibulares realizados diariamente permanece praticamente inalterado, mas o número de movimentos mandibulares de apreensão aumenta e o de mastigação diminui quando ocorre uma diminuição na disponibilidade de forragem. Em situações de massa de forragem baixa, portanto restritivas ao pastejo, a taxa de bocados pode atingir 65 bocados/minuto para ovinos, 70 bocados/minuto para bovinos em crescimento e 60 bocados/minuto para bovinos adultos (Delagarde *et al.*, 2001). Já em situações de massa de forragem elevada, os animais pastejam em ritmos próximos à metade dos valores citados, indicando uma condição de maior conforto ou um ambiente menos estressante.

A grande maioria das informações disponíveis sobre comportamento animal e consumo de forragem sob condições de pastejo é proveniente de estudos realizados em países de clima temperado, particularmente em pastagens de azevém perene consorciado ou não com trevo branco. Estudos dessa natureza começaram a ser desenvolvidos apenas recentemente no Brasil (e.g. Silveira, 2001; Castro, 2002; Sarmento, 2003; Silva, 2004; Difante, 2005), e vêm demonstrando que os mesmos conceitos e princípios descritos e intensivamente utilizados no manejo de pastagens de clima temperado também se aplicam às pastagens de clima tropical em um nível de aproximação surpreendente (Da Silva & Carvalho, 2005), tanto para aquelas de hábito de crescimento mais prostrado como o capim-marandu (Figura 10) como aquelas de crescimento mais ereto e cespitoso como o capim-mombaça (Figura 11).

Apesar da associação negativa entre taxa de bocados e massa do bocado, a taxa de ingestão aumenta de maneira decrescente com o aumento em massa do bocado ou em altura do dossel até atingir um valor máximo, após o qual aumentos adicionais em massa do bocado ou altura do dossel resultam em redução na taxa de consumo que, para um mesmo tempo total de pastejo, pode significar menor consumo diário de forragem (Figuras 10 e 11). No caso dos pastos de capim-marandu e mombaça dos exemplos apresentados essas altu-

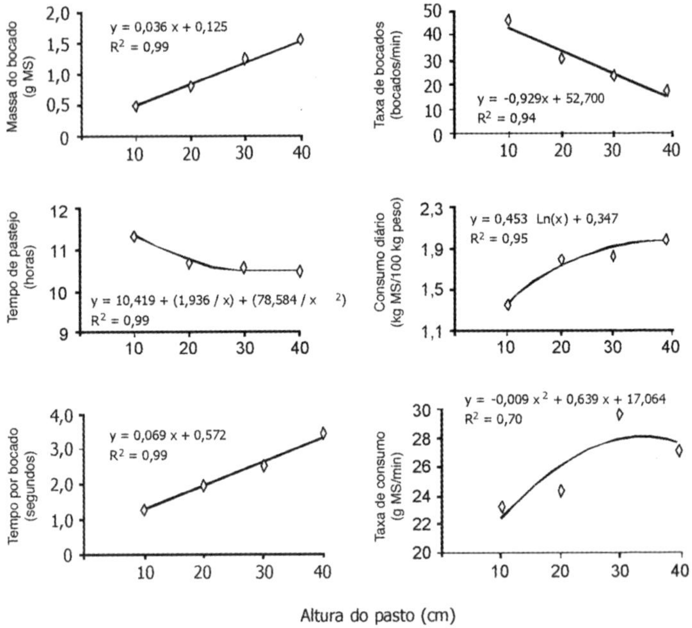

Figura 10. Comportamento ingestivo de novilhas de corte das raças Canchim e Nelore em pastos de capim-marandu (*Brachiaria brizantha* cv. Marandu) sob lotação contínua (Adaptado de Sarmento, 2003).

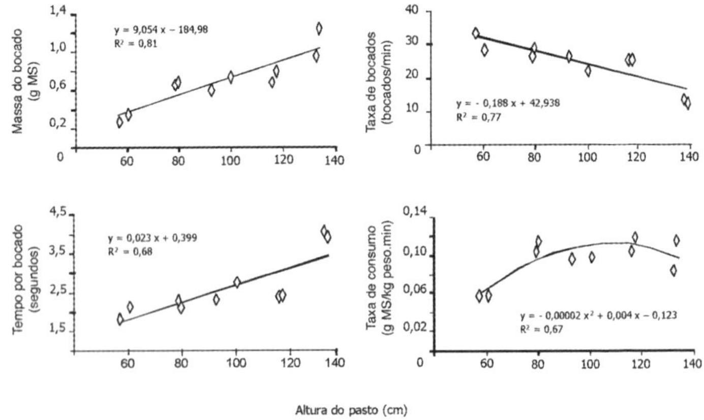

Figura 11. Comportamento ingestivo de novilhas leiteiras da raça Holandês Preto e Branco em pastos de capim-mombaça (*Panicum maximum* cv. Mombaça) sob pastejo rotacionado (Adaptado de Silva, 2004).

ras seriam 30 e 90 cm, respectivamente. A taxa de consumo pode variar de 2 a 3 vezes dependendo da estrutura dos pastos em que os animais realizam o pastejo (Carvalho & Moraes, 2005), com valores da ordem de 2 a 6, 10 a 25 e 20 a 40 g/min de MS para ovelhas, bovinos em crescimento e bovinos adultos, respectivamente (Delagarde *et al*., 2001).

Com base no exposto, fica claro que para toda planta forrageira, existe uma condição de estrutura ideal que favorece a velocidade de colheita de forragem pelo animal em pastejo, sugerindo a necessidade de se conhecer a influência da forma como a forragem é apresentada no pasto sobre o consumo do animal em pastejo para que estratégias de manejo eficientes possam ser idealizadas (Carvalho & Moraes, 2005). Nesse contexto, a qualidade do ambiente pastoril poderia ser avaliada por meio de alguns indicadores indiretos relacionados com o comportamento dos animais em pastejo. Assim, segundo Carvalho & Moraes (2005), em situações onde não há escassez de forragem, seria esperado que os animais utilizassem um número reduzido de estações alimentares, nas quais permaneceriam por longos períodos de tempo. No processo de mudança de uma estação alimentar para outra, o deslocamento seria mais longo, mas a quantidade total de deslocamento ao final do dia de pastejo seria menor comparativamente a situações onde a oferta de forragem fosse pequena. O número de refeições realizadas diariamente seria maior, porém estas seriam de curta duração, conseqüência da maior velocidade de ingestão e dos maiores intervalos entre refeições. Nesse caso, o tempo total de pastejo seria menor e os animais evitariam o pastejo noturno e durante as horas mais quentes do dia. Um número menor de bocados grandes seria realizado por unidade de tempo, demandando número elevado de movimentos mandibulares de manipulação e de mastigação da forragem consumida. Enfim, um pasto com uma massa de forragem adequadamente dimensionada, com alta proporção de folhas jovens e com uma certa proporção destas com lâminas expandidas intactas (nos casos de lotação contínua) e, ou, uma massa de forragem residual pós-pastejo com elevada proporção de folhas (nos casos de pastejo rotacionado) completariam o cenário de um ambiente confortável e adequado do ponto de vista alimentar para os animais em pastejo (Carvalho & Moraes, 2005).

4. Considerações finais

Idealmente, o manejo do pastejo deve buscar o melhor equilíbrio possível entre as eficiências de crescimento, utilização e conversão da forragem produzida, sendo que ações de manejo realizadas na fase de utilização seriam mais efetivas que aquelas realizadas nas fases de crescimento e conversão. Assim, o conhecimento das necessidades e do comportamento dos animais em pastejo e de aspectos relativos à interface planta-animal é de grande importância, uma vez que permite que ajustes efetivos sejam feitos no processo de colheita da forragem de forma a otimizar sua eficiência e assegurar produção animal sustentável e em harmonia com o meio ambiente. Por se tratar de processo tempo-dependente, o consumo de forragem em pastagens requer que o ambiente de pastejo seja o mais propício possível para o animal executar suas refeições e exercer sua capacidade inata de colher seu alimento e compor sua dieta da maneira mais eficiente no tempo disponível. Assim, fornecer as condições necessárias para que isso ocorra deveria tornar-se a meta a ser buscada quando da idealização de práticas e estratégias de manejo do pastejo. Basicamente, isso pode ser feito por meio de manipulação da estrutura do dossel forrageiro, especificamente através de ajustes em massa de forragem e, ou, altura do pasto. Nesse contexto, variáveis como taxa de lotação, oferta de forragem, método de pastejo, uso de fertilizantes, insumos e irrigação, conservação de forragem e suplementação seriam utilizadas como meios para se atingir e, ou, manter metas pré-determinadas de massa de forragem e, ou, altura do dossel necessárias para que metas específicas de desempenho animal pudessem ser atingidas para diferentes espécies forrageiras, assegurando um ambiente de pastejo adequado e propiciando colheita eficiente de nutrientes pelos animais, respeitando os limites de tolerância e resistência das plantas forrageiras e a qualidade do meio ambiente. A consistência no padrão de resposta e de comportamento dos animais a variações em estrutura do pasto permite, inclusive, que a qualidade do ambiente de pastejo seja monitorada por alterações em padrões de comportamento, fato esse que, em associação com a necessidade de monitorar e controlar a estrutura do pasto de forma freqüente, corresponde a uma mudança radical na forma de conduzir e gerenciar a produção animal em pasto, indicando a importância de investir tempo na observação e acompanhamento do processo de pastejo como premissa básica de um sistema intensivo e eficiente de produção animal. Isso requer uma revisão de postura, conceitos e de atitude com relação a todo o processo produtivo em sistemas pastoris, e deverá resultar em aumentos significativos de desempenho e produtividade animal.

5. Bibliografia consultada

ALLDEN, W.G.; WHITTAKER, I.A. The determinants of herbage intake by sheep: the interrelationship of factors influencing herbage intake and availability. *Australian Journal of Agricultural Research*, 21, p. 755-766, 1970.

ANDRADE, F.M.E. Valor nutritivo da forragem e desempenho de bovinos de corte em pastos de *Brachiaria brizantha* cv Marandu submetidos a regimes de lotação contínua. Piracicaba, 2003. Dissertação (Mestrado) – Escola Superior de Agricultura "Luiz de Queiroz". Orientador: Prof. Sila Carneiro da Silva.

BALSALOBRE, M.A.A.; SANTOS, P.M.; BARROS, A.L.M. Inovações tecnológicas, investimentos financeiros e gestão de produção animal em pastagens. In: Simpósio sobre Manejo da Pastagem, 19., Piracicaba, 2002. **Anais**. Piracicaba: FEALQ, 2002. p. 01-30.

BAILEY, D.W. Identification and creation of optimum habitat conditions for livestock. *Rangeland Ecology and Management*, 58, p. 109-118, 2005.

BAILEY, D.W.; GROSS, J.E.; LACA, E.A.; RITTENHOUSE, L.R.; COUGHENOUR, M.B.; SWIFT, D.M.; SIMS, P.L. Mechanisms that result in large herbivore grazing distribution patterns. *Journal of Range Management*, 49, p. 386-400, 1996.

BAZELY, D.R. Rules and cues used by sheep foraging in monocultures. In: Hughes, R.N. Ed. **Behavioral mechanisms of food selection**. Berlin: NATO ASI Series, 1990. p. 343-366.

BETTERIDGE, K. *et al*. Rate of removal of grass from mixed pastures by cattle, sheep and goat grazing. In: New Zealand Grassland Association, 56., 1994, **Proceedings**. 1994. p. 61-65.

BLACK, J.L.; KENNEY, P.A. Factors affecting diet selection by sheep. II. Height and density of pasture. *Australian Journal of Agricultural Research*, 35, p. 565-578, 1984.

BRISKE, D.D.; HEITSCHMIDT, R.K. An ecological perspective. In: Heitschmidt, R.K; Stuth, J.W. Eds. **Grazing management: an ecological perspective**. Oregon: Timber Press, 1991. p. 11-26.

BURLINSON, A.J.; HODGSON, J.; ILLIUS, A.W. Sward canopy structure and the bite dimensions and bite weight of grazing sheep. *Grass and Forage Science*, 46, p. 29-38, 1991.

CARVALHO, P.C. de F. A estrutura da pastagem e o comportamento ingestivo de ruminantes em pastejo. In: Simpósio sobre Avaliação de Pastagens com Animais, 1., Maringá, 1997. **Anais**. Maringá: UEM, 1997. p. 25-52.

CARVALHO, P.C. de F. O manejo da pastagem como gerador de ambientes pastoris adequados à produção animal. In: Simpósio sobre Manejo da Pastagem, 22., Piracicaba, 2005. **Anais**. Piracicaba: FEALQ, 2005. p. 07-31.

CARVALHO, P.C. de F.; CANTO, M.W.; MORAES, A. Fontes de perdas de forragem sob pastejo: forragem se perde? In: Simpósio sobre Manejo Estratégico da Pastagem, Viçosa, 2004. **Anais**. Viçosa: UFV, 2004. p. 387-341.

CARVALHO, P.C. de F.; Genro, T.C.M.; GONÇALVES, E.N.; BAUMONT, R. A estrutura do pasto como conceito de manejo: reflexos sobre o consumo e a produtividade. In: Simpósio sobre Volumosos na Produção de Ruminantes, Jaboticabal, 2005. **Anais**. Jaboticabal: UNESP, 2005. p. 107-124.

Carvalho, P.C. de F.; Moraes, A. Comportamento ingestivo de ruminantes: bases para o manejo sustentável do pasto. In: Simpósio sobre Manejo Sustentável das Pastagens, 2005, Maringá. **Anais.** Maringá: UEM, 2005. CD-ROM.

CARVALHO, P.C. de F.; PRACHE, S.; DAMASCENO, J.C. O processo de pastejo: desafios da procura e apreensão da forragem pelo herbívoro. In: Reunião Anual da Sociedade Brasileira de Zootecnia, 36., Porto Alegre, 1999. **Anais**. Porto Alegre: SBZ, 1999a. p. 253-268.

CARVALHO, P.C. de F.; Prache, S.; Roguet, C. *et al*. Defoliation process by ewes of reproductive compared to vegetative swards. In: International Symposium on the Nutrition of Herbivores, San Antonio, 1999. **Proceedings**. San Antonio, 1999b.

CARVALHO, P.C. de F.; LESAMA, M.F.; MORAES, A. *et al*. Estrutura da pastagem e profundidade de bocado de vacas leiteiras: efeito da espécie forrageira e da aplicação de nitrogênio. In: Reunião Anual da Sociedade Brasileira de Zootecnia, 36., Porto Alegre, 1999. **Anais**. Porto Alegre: SBZ, 1999c.

CARVALHO, P.C. de F.; RIBEIRO Filho, H.M.N.; POLI, C.H.E.C.; MOARES, A.; DELAGARDE, R. Importância da estrutura da pastagem na ingestão e seleção de dietas pelo animal em pastejo. In: Mattos, W.R.S. *et al*. (Eds) **A produção animal na visão dos brasileiros**. Reunião Anual da Sociedade Brasileira de Zootecnia. Piracicaba, p.853-871. 2001.

CASTRO, C.R.C. Relações planta-animal em pastagem de milheto (*Pennisetum purpureum* (L.) Leeke.) manejada em diferentes alturas com ovinos. Porto Alegre, 2002. Dissertação (Mestrado em Zootecnia) – Universidade Federal do Rio Grande do Sul. Orientador: Prof. Paulo César de Faccio Carvalho.

CORSI, M.; MARTHA Jr., G.B.; BALSALOBRE, M.A.A.; PENATI, M.A.; PAGOTTO, D.S.; SANTOS, P.M.; BARIONI, L.G. Tendências e perspectivas da produção de bovinos sob pastejo. In: Simpósio sobre Manejo da Pastagem, 18., Piracicaba, 2001. **Anais**. Piracicaba: FEALQ, 2001. p. 03-69.

DA SILVA, S.C. Understanding the dynamics of herbage accumulation in tropical grass species: the basis for planning efficient grazing management practices. In: Grassland Ecophysiology and Grazing Ecology, 2., 2004, Curitiba. **Anais.** Curitiba: UFPR, 2004. CD-ROM.

DA SILVA, S.C.; CARVALHO, P.C. de F. Foraging behaviour and herbage intake in the favourable tropics/sub-tropics. In: McGilloway, D.A. (Ed.) **Grassland: a global resource**. XX International Grassland Congress. Dublin, Ireland., p.81-95. 2005.

DA SILVA, S.C.; CORSI, M. Manejo do pastejo. In: Simpósio sobre Manejo da Pastagem, 20., Piracicaba, 2003. **Anais**. Piracicaba: FEALQ, 2003. p. 155-185.

DA SILVA, S.C.; NASCIMENTO Jr., D. Sistema intensivo de produção de pastagens. In: Congresso Latino Americano de Nutrição Animal - Simpósio sobre Manejo e Nutrição de Ruminantes, 2., 2006, São Paulo. **Anais.** São Paulo: CLANA, 2006. CD-ROM.

DELAGARDE, R.; PRACHE, S.; DÍHOUR, P. *et al*. Ingestion de líherbe par les ruminants au pâturage. In : Noveaux regards sur le pâturage. Association Française pour la Porduction Fourragère. **Proceedings**. p. 53-68, 2001.

DEMMENT, M.W.; LACA, E.A. The grazing ruminant: models and experimental techniques to relate sward structure and intake. In: World Conference on Animal Production, 7., Edmonton, 1993. **Proceedings**. Edmonton, 1993. p. 439-460.

DIFANTE, G.S. Desempenho de novilhos, comportamento ingestivo e consumo voluntário em pastagem de *Panicum maximum* Jacq. cv. Tanzânia. Voçosa, 2005. Tese (Doutorado) – Universidade Federal de Viçosa. Orientador: Prof. Domicio do Nascimento Jr.

DITTRICH, J.R.; CARVALHO, P.C. de F.; MORAES, A. *et al*. Preferência e profundidade do bocado de eqüinos em diferentes gramíneas do gênero *Cynodon*. In: Reunião Anual da Sociedade Brasileira de Zootecnia, 36., Porto Alegre, 1999. **Anais**. Porto Alegre: SBZ, 1999.

EDWARDS, G.R.; PARSONS, A.J.; PENNING, P.D.; NEWMAN, J.A. Relationship between vegetation state and bite dimensions of sheep grazing contrasting plant species and its implications for intake rate and diet selection. *Grass and Forage Science*, 50, p. 378-388, 1995.

GIBB, M. Animal grazing/intake terminology and definitions. In: Pasture Ecology and Animal Intake, 3., Dublin, 1996. **Proceedings**. Dublin, 1998. p. 21-37.

GONÇALVES, A.C. Características morfogênicas e padrões de desfolhação em pastos de capim-Marandu submetidos a regimes de lotação contínua. Piracicaba, 2002. Dissertação (Mestrado) – Universidade de São Paulo: Escola Superior de Agricultura "Luiz de Queiroz". Orientador: Prof. Sila Carneiro da Silva.

GORDON, I.J.; ILLIUS, A.W. Foraging strategy: from monoculture to mosaics. In: Speedy, A.W. Ed. **Progress in sheep and goat research**. Wallingford: CABI Publ., 1992. p. 153-178.

GORDON, I.J.; ILLIUS, A.W.; MILNE, J.D. Sources of variation in the foraging efficiency of grazing ruminants. *Functional Ecology*, 10, p. 219-226, 1996.

GORDON, I.J.; LASCANO, C. Foraging strategies of ruminant livestock on intensively managed grasslands: potentials and constraints. In: International Grassland Congress, Palmerston North, 1993, **Proceedings**. Palmerston North, 1993. p. 681-689.

GRIFFITHS, W.M.; HODGSON, J.; ARNOLD, G.C. The influence of sward canopy structure on foraging decisions by grazing cattle. I. Patch selection. *Grass and Forage Science*, 58, p. 112-124, 2003a.

GRIFFITHS, W.M.; HODGSON, J.; ARNOLD, G.C. The influence of sward canopy structure on foraging decisions by grazing cattle. II. Regulation of bite depth. *Grass and Forage Science*, 58, p. 125-137, 2003b.

HODGSON, J. The significance of sward characteristics in the management of temperate sown pastures. In: International Grassland Congress, 15., Kyoto, 1985. **Proceedings**. Nishi-Nasuno, Tochigiken: Japanese Society of Grassland Science, 1985. p. 63-67.

HODGSON, J. **Grazing management – science into practice**. New York: John Wiley & Sons, Inc., Longman Scientific & Technical. 1990. 203p.

HODGSON, J., CLARK, D.A.; MITCHELL, R.J. Foraging behaviour in grazing animals and its impact on plant communities. In: G.C. Fahey (ed.) **Forage quality, evaluation and utilization**. *American Society of Agronomy, Crop Science Society of America, Soil Science of America*, p. 796-827, 1994.

HODGSON, J., COSGROVE, G.P; WOODWARD, S.J.R. Research on foraging behaviour: progress and priorities. In: International Grassland Congress, 18., Winnipeg, 1997, **Proceedings**. Winnipeg, 1997. p. 109-118.

HUGHES, T.P.; GALLAGHER, J.R. Influence of sward height on the mechanics of grazing and intake rate by race horses. In: International Grassland Congress, Palmerston North, 1993, **Proceedings**. Palmerston North, 1993. p. 1325-1326.

ILLIUS, A.W. Advances and retreats in specifying the constraints on intake in grazing ruminants. In: International Grassland Congress, 18., Winnipeg, 1997, Canada, **Proceedings**. Winnipeg, 1997. p. 39-44.

LACA, E.A.; DEMMENT, M.W. Herbivory: the dilemma of foraging in a spatially heterogeneous food environment. In: Palo, R.T.; Robbins, C.T. Eds. **Plant defenses against mammalian herbivory**. CRC, Boca Raton, 1991. p. 29-44.

LACA, E.A.; DEMMENT, M.W. Foraging strategies of grazing animals. In: Hodgson, J.; Illius, A.W. Eds. **The ecology and management of grazing systems**. Wallingford: CABI Publ., 1996. p. 137-158.

LACA, E.A.; DISTEL, R.A.; GRIGGS, T.C.; DEO, G.; DEMMENT, M.W. Field test of optimal foraging with cattle: the marginal value theorem successfully predicts patch selection and utilisation. In: International Grassland Congress, 17., Palmerston North, 1993. **Proceedings**. Palmerston North, 1993. p. 709-710.

LACA, E.A.; LEMAIRE, G. Measuring sward structure. In: Mannetje, L.; Jones, R.M. Eds. **Field and laboratory methods for grassland and animal production research**. Wallingford: CABI Publ., 2000. p. 103-121.

LACA, E.A.; ORTEGA, I.M. Integrating foraging mechanisms across spatial and temporal scales. In: International Rangeland Congress, 5., Salt Lake City, 1995. **Proceedings**. Salt Lake City, 1995. p. 129-132.

LAUNCHBAUGH, K.L. Biochemical aspects of grazing behaviour. In: Hodgson, J.; Illius, A.W. Eds. **The ecology and management of grazing systems**. Wallingford: CABI Publ., 1996. p. 159-184.

LAUNCHBAUGH, K.L.; HOWERY, L.D. Understanding landscape use patterns of livestock as a consequence of foraging behavior. *Rangeland Ecology and Management*, 58, p. 99-108, 2005.

LEMAIRE, G.; WILKINS, R.; HODGSON, J. Challenges for grassland science: managing research priorities. *Agriculture, Systems and Environment*, 108, p. 99-108, 2005.

MAZZANTI, A.; LEMAIRE, G. Effect of nitrogen fertilization upon herbage production of tall fescue swards continuously grazed by sheep. 2. Consumption and efficiency of herbage utilisation. *Grass and Forage Science*, 49, p. 352-359, 1994.

MAYES, E.; DUNCAN, P. Temporal patterns of feeding behaviour in free-ranging horses. *Behaviour*, 96, p. 105-129, 1986.

MILNE, J.A.; GORDON, I.J. New directions in grazing ecology research – a synthesis. Workshop on New Direction in Research in Grazing Ecology, Macaulay Institute, 2003 (**http://www.mluri.sari.ac.uk/workshop/grazingworkship2003/**).

MITCHELL, R.J.; HODGSON, J.; CLARK, D.A. The effect of varying leafy sward height and bulk density on the ingestive behaviour of young deer and sheep. In: A. Tarry (Ed.) *Proceedings of the New Zealand Society of Animal Production*, 51, p. 159-166, 1991.

MOLAN, L.K. Estrutura do dossel, interceptação luminosa e acúmulo de forragem em pastos de capim-marandu submetidos a alturas de pastejo por meio de lotação contínua. Piracicaba, 2004. Dissertação (Mestrado) - Universidade de São Paulo: Escola Superior de Agricultura "Luiz de Queiroz". Orientador: Prof. Sila Carneiro da Silva.

MURSAN, A.; HUGHES, T.P.; NICOL, A.M.; SUGIURA, T. The influence of sward height on the mechanics of grazing in steers and bulls. In: New Zealand Society of Animal Production, 49., 1989, **Proceedings**. 1989. p. 233-236.

O'REAGAIN, P.J.; SCHWARTZ, J. Dietary selection and foraging strategies of animals on rangeland. Coping with spatial and temporal variability. In: Recent Developments in the Nutrition of Herbivores, International Symposium on the Nutrition of Herbivores, 4., Clermont-Ferrand, 1995. **Proceedings**. Clermont-Ferrand, 1995. p. 419-424.

PENNING, P.D. Some effects of sward conditions on grazing behaviour and intake by sheep. In: Gudmundsson, O. (Ed.) *Grazing Research at Northern Latitudes*, 1., Hvanneyri, 1985, **Workshop**. Hvanneyri, 1986. p. 219-226.

PENNING, P.D.; PARSONS, A.J.; NEWMAN, J.A.; ORR, R.J.; HARVEY, A. The effects of group size on grazing time in sheep. *Applied Animal Behaviour Science*, 37, p. 101-109, 1993.

PENNING, P.D.; PARSONS, A.J.; NEWMAN, J.A.; ORR, R.J.; HARVEY, A. Intake and behaviour responses by sheep to changes in sward characteristics under rotational grazing. *Grass and Forage Science*, 49, p. 476-486, 1994.

PRACHE, S.; GORDON, I.J.; ROOK, A.J. Foraging behaviour and diet selection in domestic herbivores. *Annales de Zootechnie*, 47, p. 335-345, 1998.

PROVENZA, F.D. Postingestive feedback as an elementary determinant of food preference and intake in ruminants. *Journal of Range Management*, 48, p. 02-17, 1995.

ROGUET, C.; DUMONT, B.; PRACHE, S. Selection and use of feeding sites and feeding stations by herbivores: a review. *Annales de Zootechnie*, 47, p. 225-244, 1998.

ROOK, A.J.; PENNING, P.D. Synchronisation of eating, ruminating and idling activity of grazing sheep. *Applied Animal Behavior Science*, 32, p. 157-166, 1991.

RUYLE, G.B.; DWYER, D.D. Feeding stations of sheep as an indicator of diminished forage supply. *Journal of Animal Science*, 61, p. 349-353, 1985.

SARMENTO, D.O.L. Comportamento ingestivo de bovinos em pastos de capim-marandu submetidos a regimes de lotação contínua. Piracicaba, 2003. Dissertação (Mestrado) - Universidade de São Paulo: Escola Superior de Agricultura "Luiz de Queiroz". Orientador: Prof. Sila Carneiro da Silva.

SENFT, R.L. Large herbivore foraging and ecological hierarchies. *BioScience*, 37, p. 789-799, 1997.

SILVA, A.L.P. Estrutura do dossel e o comportamento ingestivo de novilhas leiteiras em pastos de capim Mombaça. Curitiva, 2004. Tese (Doutorado) – Universidade Federal do Paraná, Setor de Ciências Agrárias. Orientador: Prof. Paulo César de Faccio Carvalho.

SILVEIRA, E.O. Produção e comportamento ingestivo de cordeiros em pastagem de azevém anual (*Lolium multiflorum* Lam) manejado a diferentes alturas. Porto Alegre, 2001. Dissertação (Mestrado em Zootecnia) – Universidade Federal do Rio Grande do Sul. Orientador: Prof. Paulo César de Faccio Carvalho.

STOBBS, T.H. The effect of plant structure on the intake of tropical pastures. I. Variation in the bite size of grazing cattle. *Australian Journal of Agricultural Research*, 24, p. 809-819, 1973a.

STOBBS, T.H. The effect of plant structure on the intake of tropical pastures. II. Differences in sward structure, nutritive value, and bite size of animals grazing *Setaria anceps* and *Chloris gayana* at various stages of growth. *Australian Journal of Agricultural Research*, 24, p. 821-829, 1973b.

STUTH, J.W. Foraging behaviour. In: Heitschmidt, R.K; Stuth, J.W. Eds. **Grazing management: an ecological perspective**. Oregon: Timber Press, 1991. p. 85-108.

THOULESS, C.R. Feeding competition between grazing red deer hinds. *Animal Behavior*, 40, p. 105-111, 1990.

WADE, M.H. Factors affecting the availability of vegetative *Lolium perenne* to grazing dairy cows with special reference to sward characteristics, stocking rate and grazing method. Rennes, 1991. Thése (Docteur em Sciences Biologiques) – U. F. R. Sciences de l avie et de lienvironment, Université de Rennes.

Suplementação de vacas leiteiras em pastagem manejada intensivamente

Ronaldo Braga Reis[1]
Breno Mourão de Sousa[2]

1. Introdução

Os últimos anos da pecuária leiteira nacional vêm mostrando profunda mudança de paradigmas. Os antigos sistemas extensivos e tradicionais de produção de leite em subsistência estão sendo gradativamente substituídos por sistemas mais bem geridos, visando a melhor remuneração do empresário rural. Logo, reduzir custos e aumentar a lucratividade na atividade passou a ser objetivos mínimos para este novo tipo de empresário.

1 Ph.D. e professor associado do Departamento de Zootecnia da Universidade Federal de Minas Gerais/UFMG. E-mail: rbreis@vet.ufmg.br

2 Doutor em Ciência Animal, professor adjunto da FEAD/MG. E-mail: breno.sousa@fead.br

Aumentar a lucratividade significa aumentar a eficiência produtiva dos animais criados em propriedades leiteiras. O sistema de confinamento onera os custos de produção, seja na nutrição sena no investimento em instalações. Além disso, é pouco flexível para enfrentar altos custos de insumos. Neste cenário, a produção intensiva de leite em pasto está sendo reconhecida não mais como sistema alternativo para produção de leite, mas como solução para propriedades leiteiras.

Uma série de fatores condiciona a produção de leite em pastagens manejadas intensivamente: aptidão leiteira da vaca, a qualidade do pasto, a disponibilidade de pasto (pressão de pastejo), o rendimento forrageiro da pastagem (capacidade suporte), o sistema de pastejo e a suplementação da pastagem (Gomide, 1993). Neste ínterim, a estimativa de consumo de nutrientes por vacas a pasto é difícil devida às interações animal vs planta e fatores ambientais. Por isso, a suplementação de vacas de alta produção em pastagens manejadas intensivamente é complexa. O desafio para a utilização eficiente da pastagem é o ajuste entre o programa de suplementação da pastagem e a disponibilidade da gramínea pastejada (Hoffman et al., 1993; Santos et al, 2007).

O Brasil é um país com grande potencial para produção de leite com vacas a pasto. No ano de 2007, o país ocupava a sexta posição entre os países maiores produtores de leite, com 20,5 milhões de vacas ordenhadas e produção de 25 bilhões de litros de leite por ano. Grande parte desta produção é oriunda de sistemas de produção baseados em pastagens, uma vez que 80% do território nacional encontra-se na faixa tropical.

No planeta, as forrageiras tropicais ocupam 29% a mais de área de terra em relação às de clima temperado. Entretanto, as regiões de clima quente produzem apenas 36 e 19% da carne e do leite, respectivamente, em virtude da baixa produtividade dos rebanhos nos trópicos. No ambiente tropical, a utilização dos componentes lignocelulósicos das forrageiras é bastante peculiar, uma vez que os acentuados gradientes térmicos e pluviométricos determinam diversas modificações químicas e físicas nas forragens que vão condicionar o consumo voluntário, a taxa de degradação e inúmeros outros parâmetros relacionados com o eficiente aproveitamento dessa importante biomassa (Van Soest, 1994).

É justamente por este motivo haver necessidade de suplementar a pastagem. O fornecimento de suplemento concentrado na dieta de vacas em lactação assume maior ou menor importância em razão do potencial de produção de leite do animal e do estádio da lactação. Aparentemente, o limite para produção de leite de vacas em pastagens tropicais não ultrapassa 4.500 kg/vaca/lactação, sendo esse limite determinado pelo alto conteúdo de fibra e pela baixa digestibilidade da mesma. Em sistemas de produtividade superior, torna-se fundamental a suplementação com alimentos concentrados (Alvim *et al.*, 1999).

2. Consumo voluntário de matéria seca de pastagens manejadas de maneira intensiva

2.1. Estimativa do consumo voluntário de matéria seca

A baixa produção dos bovinos leiteiros nos trópicos deve-se ao consumo deficiente de matéria seca (MS) digestível, limitando-se ao valor máximo de 2,0% em relação ao peso vivo. Conseqüentemente, há grande interesse em novas técnicas que maximizem a produção de leite de vacas manejadas em pastagens de clima tropical ou temperado, aumentando o consumo voluntário de forragem (Detmann *et al.*, 2001; Vasquez, 2002).

No Brasil, a pesquisa referente à estimativa do consumo voluntário de matéria seca (CVMS) de pasto para vacas em lactação é antiga, com inúmeros trabalhos sendo publicados desde a década de 90 passada. Para este fim, são utilizadas vacas mestiças (Holandês x Zebu) ou puras (Holandês) e gramíneas variadas, sendo as mais citadas os trabalhos nacionais: *Brachiaria* sp., *Cynodon dactylon*, *Pennisetum purpureum* e *Panicum maximum* (Sousa, 2006).

Variada também é o objetivo das pesquisas que resultaram as estimativas de CVMS: estratégia de fornecimento de alimento concentrado (Alvim *et al.*, 1999); comparação entre cultivares e espécies de gramíneas (Benedetti, 1994; Euclides *et al.*, 1999); adubação nitrogenada da pastagem (Soares *et al.*, 1999; Alvim e Botrel, 2001); disponibilidades de forragem e pressão de pastejo (Gomide et al.,

1994; Silva *et al.*, 1994; Gomide *et al.*, 2001); metodologia de utilização de indicador externo de digestibilidade (Soares *et al.*, 2001b; Soares *et al.*, 2004); validação de equações para predição indireta de consumo (Soares *et al.*, 2001a; Lopes *et al.*, 2005); concentração de nutrientes no suplemento (Pereira, 2005); período de ocupação e de descanso (Aroeira *et al.*, 1999; Lopes, 2002; Lopes *et al.*, 2004); quantidade de alimento concentrado fornecido (Benedetti, 1994; Lima *et al.*, 2001; Lopes, 2002; Vasquez, 2002; Sousa, 2006; Vilela et al., 2006; Ribeiro Filho et al., 2007) e 9) valor nutricional de pastagens (Benedetti, 1994; Leopoldino, 2000).

Tabela 1. Consumos médios de matéria seca em relação ao peso vivo (% MS/PV) e de fibra em detergente neutro (% FDN/PV) de gramíneas em experimentos nacionais com vacas em lactação e novilhas leiteiras[1].

Gramíneas	Consumo		Autor
	% MS/PV	% FDN/PV	
B. decumbens, *P. purpureum* e *P. maximum*	2,84	2,39	Benedetti (1994)
Cynodon dactylon cv. "Coast Cross"	2,36	1,54	Alvim *et al.* (1999)
Pennisetum purpureum	3,35	2,47	Aroeira *et al.* (1999)
Panicum maximum	2,28	1,68	Euclides *et al.* (1999)
Pennisetum purpureum	1,25	s.d.*	Soares *et al.* (1999)
Brachiaria decumbens	3,70	2,56	Leopoldino (2000)
Cynodon dactylon cv. "Coast Cross"	2,00	s.d.*	Alvim e Botrel (2001)
Brachiria decumbens	2,40	1,39	Comide *et al.* (2001)
Panicum maximum	2,00	1,56	Lima *et al.* (2001)
Panicum maximum	2,03	s.d.*	Soares *et al.* (2001a)
Pennisetum purpureum	1,65	1,15	Soares *et al.* (2001b)
Pennisetum purpureum	2,90	1,90	Lopes *et al.* (2004)
Panicum maximum	2,04	1,29	Vasquez (2002)**
Pennisetum purpureum picado	2,03	1,20	Soares *et al.* (2004)
Pennisetum purpureum	3,05	2,01	Pereira (2005)
Brachiaria sp.	1,88	1,08	Sousa (2006)***
Brachiaria sp.	2,11	1,28	Sousa (2006)****
Cynodon dactylon cv. "Coast Cross"	2,90	1,90	Vilela *et al.* (2006)
Pennisetum purpureum	1,73	1,41	Garcia (2007)
Lolium multiflorum	2,55	1,48	Ribeiro Filho *et al.* (2007)

1 — Dados médios. * - s.d.: sem dados. ** - Dados de novilhas mestiças Holandês x Zebu. *** - Vacas em manejo de desponta. **** - Vacas em manejo de repasse.

A Tabela 1 compila os resultados experimentais de experimentos nacionais que estimaram o consumo de matéria seca em bovinos leiteiros em regime de pastejo de gramíneas tropicais.

Pode ser observada grande variação dos resultados para a estimativa do consumo de MS para vacas a pasto na pesquisa nacional. Em média, o consumo de MS e de FDN, expressos em porcentagem do peso vivo (%PV) foram 2,35 $\pm$ 0,61 (CV = 25,6%) e 1,67 $\pm$ 0,48 (CV = 28,5%), respectivamente. Esta grande variação nos resultados pode ser função dos diferentes tipos de gramíneas utilizadas, presença ou ausência de suplementação, metodologia utilizada para amostragem de gramíneas ou para estimar o consumo; condições experimentais.

Na pesquisa estrangeira, o consumo de MS e de FDN foi de 2,37 e 1,29%/PV (Berzaghi et al., 1996; Jones-Endsley et al., 1997; Robaina et al., 1998; Soriano et al., 2000; Vazquez e Smith, 2000; Bargo et al., 2003; Pulido e Leaver, 2003). São resultados merecem comparações com aqueles da pesquisa brasileira. As vacas criadas a pasto no Brasil consumiram MS semelhantemente àquelas criadas em clima temperado (2,35 vs 2,37%/PV). No entanto, o consumo de FDN foi 30% maior em vacas criadas em pastagens de clima temperado (1,67 vs 1,29%/PV). Esse tipo de comparação reforça o baixo consumo de energia fermentável (energia metabolizável) à que vacas de clima tropical são submetidas.

2.2. Efeito da suplementação no consumo de matéria seca de pasto

O objetivo primário da suplementação de vacas em lactação sob pastejo com alimento concentrado é aumentar o consumo de matéria seca total e, por conseguinte, o consumo de energia. Outros objetivos também merecem destaque: aumento da produção de leite por vaca; aumento da taxa de lotação e da produção de leite por hectare; melhora do ganho de peso e da recuperação do escore da condição corporal no pós-parto, a fim de melhorar o desempenho reprodutivo; aumento da persistência da lactação e aumento na concentração de proteína no leite (Gomide, 1993; Reis e Combs, 2000; Bargo *et al.*, 2003a).

No entanto, a suplementação concentrada pode muitas vezes ocasionar redução do consumo de matéria seca de pasto. A pesquisa estrangeira, ao estudar o efeito da quantidade de suplemento concentrado no consumo de matéria seca total e de pasto, tem mostrado que com o aumento da suplementação o consumo total de matéria seca aumentou, mas o consumo de pasto reduziu (Berzaghi *et al.*, 1996; Holter *et al.*, 1997; Reis, 1998; Reis e Combs, 2000b; Vazquez e Smith, 2000; Bargo *et al.*, 2002; Bargo *et al.*, 2003a; Pulido e Leaver, 2003).

Para Bargo *et al.* (2003a), a taxa de substituição (kg MS de pasto/ kg MS suplemento) será influenciada por fatores ligados à pastagem (disponibilidade, altura, espécie e qualidade da pastagem), ao suplemento (quantidade e tipo de suplemento) e ao animal (mérito leiteiro, potencial produtivo e estádio da lactação).

O mecanismo fisiológico para explicar a substituição do consumo de MS da forragem por MS do alimento concentrado foi abordado por inúmeros pesquisadores. Foram mencionados pela literatura estrangeira, quatro fatores que explicam o porquê do efeito substitutivo do alimento concentrado sobre o alimento volumoso pastejado.

Há efeito associativo negativo da redução do pH retículo-ruminal (menor que 6,5), induzido pelo aumento na concentração total de ácidos graxos voláteis resultante da fermentação de carboidratos facilmente fermentáveis (amido, substâncias pécticas, sacarose, frutanas entre outras) sobre a atividade da microbiota retículo-ruminal celulolítica (*Ruminococcus bovis*, *Ruminococcus flavefaciens* e *Fibrobacter succinogenes*) (Grant e Mertens, 1992; Bargo *et al.*, 2003a).

No entanto, alguns autores corrigiram o pH retículo-ruminal aumentando o fornecimento de substâncias tamponantes, e mesmo assim a taxa de substituição ainda persistiu. Neste caso, onde o pH não é definitivo para explicar a taxa de substituição, o efeito associativo negativo foi explicado pela competição por substrato fermentável, quando os microrganismos do retículo-rúmen preferiram degradar o carboidrato facilmente fermentável no suplemento aos constituintes fibrosos da parede celular vegetal do alimento volumoso pastejado. Por conseguinte, a fase "lag" da colonização microbiana aumentou enquanto que a taxa de degradação da matéria seca e o potencial de degradação da FDN do alimento volumoso diminuíram, aumentando o tempo de residência no retículo-rúmen e, logo, reduzindo o consumo da pastagem (Mould *et al.*, 1983/4; Grant e Mertens, 1992; Bargo *et al.*, 2003a).

Outra explicação para a taxa de substituição do alimento forrageiro pastejado pelo suplemento concentrado é o consumo de energia. Para vacas lactantes mantidas exclusivamente a pasto, o consumo de energia é insuficiente para manutenção de grandes produções leiteiras. Mas, se a oferta de concentrado for acompanhada de aumento no consumo total de matéria seca e de redução no consumo de matéria seca da pastagem, pode-se concluir que a vaca leiteira está fazendo uma simples substituição de fonte energética, ou seja, reduzindo o consumo do alimento de menor conteúdo de energia (pastagem) pelo alimento com maior conteúdo da mesma (concentrado). Em outras palavras, a simples taxa de substituição da forragem pelo concentrado, acompanhada por aumento do consumo de matéria seca total, denota que o animal está em déficit energético, uma vez que ele não consegue consumir suficiente quantidade de energia para satisfazer suas necessidades energéticas diárias, a partir da pastagem (Bargo *et al.*, 2002; Bargo *et al.*, 2003a).

A última explicação fisiológica para a taxa de substituição é o efeito do suplemento no tempo de pastejo diário. Aparentemente, sugere-se que o fornecimento de alimento concentrado para vaca leiteiras em pastejo reduz o tempo de pastejo destes animais, o que reduziria o consumo de matéria seca da pastagem, sem afetar o consumo total de MS diário (Bargo *et al.*, 2003a; Pulido e Leaver, 2003).

Segundo Forbes (1995), Bargo *et al.* (2002) e Bargo *et al.* (2003a), a taxa de substituição está positivamente correlacionada com a disponibilidade da forragem e conteúdo de energia consumido da forragem em relação à demanda total diária de energia. Os principais valores de referência para a taxa de substituição encontrados pelos pesquisadores foram: 0,50 (Berzaghi *et al.*, 1996), 0,24 a 0,41 (Reis, 1998; Reis e Combs, 2000b), 0,25 a 0,55 (Bargo *et al.*, 2002), 0,18 a 0,66 (Fike *et al.*, 2003) e 0,63 (Pulido e Leaver, 2003).

Mas os resultados da pesquisa no Brasil, ou em países de clima tropical, foram curiosos. Dos 10 (dez) trabalhos avaliados, somente um deles observou efeito substitutivo no consumo de matéria seca do pasto (Cambellas, 1979). Nos outros trabalhos, o resultado foi aditivo, ou seja, aumentando o consumo de pasto (Aroeira et al., 1999; Lopes, 2002; Lopes et al., 2004; Sousa, 2006), ou nulo (Combellas e

Martínez, 1979; Lima *et al.*, 2001, Vasquez, 2002; Vilela *et al.*, 2006, Ribeiro Filho *et al.*, 2007).

Segundo Soriano (1998), para animais consumindo pasto (principalmente de clima tropical), é improvável que a regulação do consumo voluntário de matéria seca seja feita por estímulos metabólico-hormonais, pois as forragens tropicais são, em relação às de clima temperado, ricas em parede celular (FDN) e com digestibilidade da MS raramente superior a 66,7%, momento da alteração do tipo de regulação do consumo. Segundo Sousa (2006), a ausência de efeito substitutivo do suplemento ou presença de efeito aditivo pode ser explicada pela natureza energético-protéica dos suplementos utilizados. O aumento no consumo de suplemento é acompanhado de aumentando na concentração de N-NH_3 no retículo-rúmen, o que estimularia a taxa fracional de degradação da FDN. Logo, foi criado um ambiente retículo-ruminal mais propício para o desenvolvimento de uma população potencialmente celulolítica.

3. Efeito da suplementação sobre a produção de leite

Para Santos et al. (2007), a limitação nutritiva das gramíneas de clima tropical não é uma realidade. Quando trabalhadas intensivamente, as gramíneas tropicais mostraram alto valor nutricional, quer em proteína bruta (PB) ou em energia (nutrientes digestíveis totais – NDT). Os autores mostraram valores de PB variando entre 12,6 até 22,1%, enquanto o NDT variou entre 60,2 até 64,9%. Logo, o ajuste da carga animal na pastagem (taxa de lotação e pressão de pastejo), aliada a adubação nitrogenada intensiva da pastagem, elevou o potencial nutritivo dessas gramíneas, para valores próximos daquelas de clima temperado. Mas, a concentração de parede celular de baixa degradabilidade ainda continua como limitante para o consumo de matéria seca ou de energia metabolizável.

Por isso, a produção de leite de vacas a pasto está na ordem de 7 a 15 kg/dia, não ultrapassando os 4.500 kg/vaca/ano (Alvim et al., 1999; Santos et al., 2007). Portanto, quando o potencial máximo de produção de leite exclusiva em pastagem é atingido, a suplementação com concentrado torna-se ferramenta para aumentar a produção de leite por vaca (Santos et al., 2007).

A Tabela 2 compila 10 recentes trabalhos nacionais, onde a produção e a composição do leite foram avaliadas.

Como observado, o aumento na quantidade de suplemento é acompanhado de aumento na produção de leite. Pela análise de regressão da Figura 1, para cada 1,0 kg/dia de suplemento, a produção de leite aumentou em 1,2 kg/dia, ao passo que vacas em pastejo e não suplementadas, a produção foi de 10 kg/dia. No entanto, o nível de suplementação responde por 40% da variação na produção de leite. Os outros 60% devem estar relacionados às outras variáveis ambientais e mérito genético. No entanto, a eficiência da resposta (MR) tende a ser descendente. Nos trabalhos estrangeiros, a eficiência de resposta à suplementação variou entre 0,06 até 1,36. Nos dados expostos na Tabela 2, a variação foi entre 0,20 até 1,78. Segundo Santos et al. (2007), a resposta é maior em pastagens de clima tropical em relação àquelas temperadas, devido ao menor valor nutritivo e menor efeito de substituição.

Segundo Bargo et al. (2003), existe uma relação inversa (Figura 2) entre a taxa de substituição (kg MS pasto/kg MS suplemento) com a eficiência de resposta (kg leite/kg suplemento), sendo esta relação a principal causadora da redução na resposta à suplementação (Santos et al., 2007).

Para Bargo et al. (2003), a taxa de substituição e a eficiência de resposta variam em função de fatores ligados à pastagem, ao suplemento e ao animal. Para a pastagem, os autores verificaram maior taxa de substituição quanto maior a disponibilidade da forragem (0,20 para baixa disponibilidade e 0,62 para alta disponibilidade), o que reduziu a eficiência de resposta à suplementação para pastagens de alta disponibilidade. Para a variável animal, a eficiência de resposta é maior no início da lactação, para menores quantidades de concentrado e em vacas de maior mérito genético para a produção de leite.

Deresz (2001) mencionou que a suplementação concentrada não influenciou a produção de vacas em lactação em pastos manejados intensivamente de *Pennisetum purpureum* (capim-elefante), pelo menos 15 kg/dia de leite e taxa de lotação de 4,5 vacas/ha. No entanto, Hoffman et al. (1993), trabalhando com vacas holandesas com 82 dias de lactação e pasto de gramíneas de clima temperado (*Dac-*

Tabela 2. Resultados experimentais de trabalhos nacionais sobre a suplementação concentrada de pastagens de vacas em lactação[1,2].

Autor	CVMS pasto, kg	Propriedades do suplemento				Desempenho animal						Gramínea
		PB, %	NDT, %	Tipo[3]	Qtde, kg/dia	PL, kg/dia	EA[4]	%P	%G	NUL, mg/dl	MR	
Benedetti (1994)	14,66	20,83	-	M/A	3,5	14,3b	0,79	2,49	4,18	-	-	*Brachiaria decumbens*
	15,28	20,83	-	M/A	3,5	16,1a	0,86	2,44	3,90	-	-	*Panicum maximum*
	14,06	20,83	-	M/A	3,5	15,5a	0,88	2,44	4,00	-	-	*Pennisetum purpureum*
Alvim et al. (1999)	12,70	23,50	80,0	M/S/T	6,6,6	18,5a	0,99	-	-	-	-	*Cynodon dactylon*
	13,30	23,50	80,0	M/S/T	9,6,3	19,8a	1,03	-	-	-	1,33	
Deresz (2001)	-	-	-	-	0,0	11,4b	-	3,00a	3,86	-	-	*Pennisetum purpureum*
	-	20,00	75,0	M/A/T	2,0	12,6a	-	3,20b	3,70	-	0,60	
Deresz et al. (2003)	-	-	-	-	0,0	11,6a	-	-	-	-	-	*Pennisetum purpureum*
	-	20,60	-	M/A/T	2,0	12,5b	6,25	-	-	-	0,45	
Pereira (2005)	16,10	15,20	-	S/PC	6,0	16,1	0,73	2,86	3,44	14,1	-	*Pennisetum purpureum*
	16,30	18,20	-	S/PC	6,0	15,8	0,71	2,87	3,46	14,6	-	
	15,50	21,00	-	S/PC	6,0	16,4	0,76	2,92	3,53	15,8	-	
Vilela et al. (2007)	15,96	19,50	86,0	M/S	3,0	15,5a	0,82	-	3,61	-	-	*Cynodon dactylon*
	15,96	19,50	86,0	M/S	6,0	19,2b	0,87	-	3,54	-	1,20	
Ribeiro Filho et al. (2007)	14,60	-	-	M	2,0	19,7	1,19	2,82	3,21	-	-	*Lolium perene*
	14,40	-	-	M	4,0	20,1	1,09	2,88	3,26	-	0,20	
Garcia (2007)	7,20c	20,40	-	M	7,7	22,40	1,50a	2,96a	3,34b	16,3	-	*Pennisetum purpureum*
	8,80b	21,80	-	M/PC	7,7	21,00	1,27c	2,96	3,49	17,2	-	
	8,60b	21,30	-	PC	7,4	21,60	1,35b	2,88b	3,59a	16,7	-	
	9,70a	19,60	-	SGU	7,4	22,50	1,32b	2,95	3,33	15,3	-	
Campos et al. (2008)	9,25a	19,76	-	M/S	3,4	14,4	1,14	3,32	3,87	-	-	*Brachiaria* sp.*
	9,42a	19,76	-	M/S	5,3	14,8	1,01	3,23	3,79	-	0,21	
	9,82a	19,76	-	M/S	6,8	16,5	0,99	3,39	3,96	-	1,13	
Silva et al. (2008)	9,88a	19,76	-	M/S	0,9	5,8	0,54	3,46	4,04	-	-	*Brachiaria* sp.**
	10,16a	19,76	-	M/S	1,8	7,4	0,62	3,64	4,17	-	1,78	
	12,06b	19,76	-	M/S	3,5	8,4	0,54	3,66	4,13	-	0,59	

1 – CVMS: consumo voluntário de matéria seca do pasto; PB: proteína bruta; NDT: nutrientes digestíveis totais; Qtde: quantidade de suplemento ofertado; PL: produção de leite; %P: teor de proteína no leite; %G: teor de gordura no leite; NUL: nitrogênio uréico no leite; MR: reposta à suplementação, ou seja, kg leite/kg concentrado. 2 – Letras minúsculas na coluna, para o mesmo autor, diferem ($P<0,05$). 3 – M: fubá de milho; A: farelo de algodão; PC: polpa cítrica; S: farelo de soja; SGU: silagem grão úmido; T: farelo de trigo. 4 – EA: eficiência alimentar (produção de leite/consumo matéria seca total). *Vacas em desponta; **Vacas em repasse.

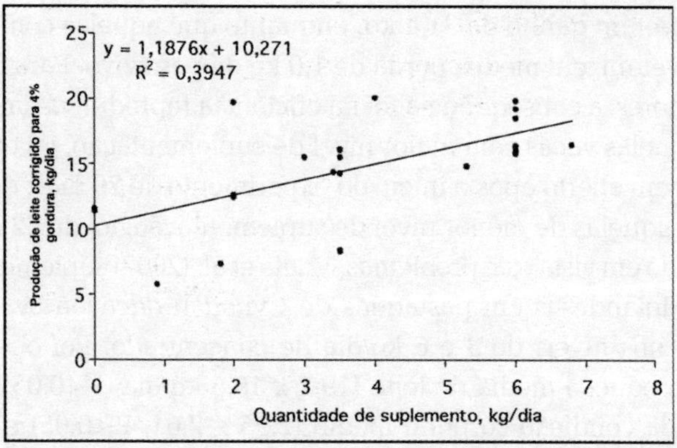

Figura 1. Efeito da quantidade de suplemento concentrado oferecido (kg/dia) sobre a produção total diária de leite (kg/dia). (Fonte: Dados compilados da Tabela 1).

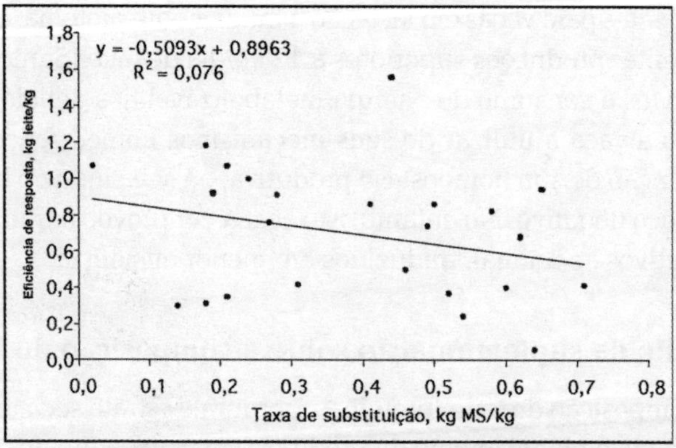

Figura 2. Relação entre taxa de substituição (kg MS pasto/kg MS suplemento) e eficiência de resposta (kg leite/kg concentrado). (Fonte: Bargo et al. 2003).

tylis glomerate + *Bromus inermis*) e suplementadas com 1 kg de concentrado (MN) para cada 3 ou 5 litros de leite, observaram maior produção de leite ($P<0,05$) para vacas com maior consumo de suplemento no início da lactação (30,0 x 28,6 kg/dia), mas não para todo o período de estudo (25,3 x 24,8 kg/dia). Mas, houve diferença ($P<0,05$) para a mudança em peso vivo. Vacas com maior nível de suplementação tiveram ganho de 31,4 kg, enquanto que aquelas com menor nível tiveram, em média, perda de 1,0 kg de peso vivo. Para os mesmos autores, a conseqüência foi na eficiência reprodutiva das vacas. Para aquelas vacas com maior nível de suplementação, foi observado dias em aberto após o início do experimento de 29 dias, enquanto para aquelas de menor nível de suplementação, foi de 62 dias.

Tendo em vista este problemas, Vilela et al. (2007) suplementaram vacas Holandesas em pastagens de *Cynodon dactylon* cv. "Coast Cross", nos níveis de 3 e 6 kg/dia de concentrado. Foi observada maior produção média de leite (19,1 x 15,5 kg/dia, $P<0,05$), maior escore da condição corporal médio (2,95 x 2,61, $P<0,05$) e menor intervalo parto-primeiro estro (73 x 100 dias, $P<0,05$) para o grupo com 6 kg/dia de suplemento.

Estes resultados mostram que as gramíneas de clima tropical, quando trabalhadas intensivamente, fornecem grandes quantidades de nutrientes para vacas em lactação, notadamente proteína, capazes de sustentar produções superiores a 12 kg/dia de leite (Santos et al., 2007). Mas o consumo de energia metabolizável fica deficiente, induzindo a vaca a utilizar de seus mecanismos homeorréticos para manutenção de sua homeostase produtiva, ou seja, induz o balanço energético negativo. No entanto, isto acaba por provocar transtornos reprodutivos ao animal, traduzidos em menor eficiência.

4. Efeito da suplementação sobre a composição do leite

A composição do leite (proteínas, gordura e estrato seco total) faz parte do novo planejamento do produtor brasileiro, a fim de garantir um produto de qualidade (química e microbiológica) para o consumo humano e maior remuneração por litro de leite (Santos et al., 2007).

A Tabela 2 mostra os resultados da pesquisa nacional para a composição do leite em função do tipo de suplementação (quantidade ou composição do suplemento).

Segundo Bargo et al. (2003), há uma correlação negativa entre quantidade de suplemento ofertado e concentração de gordura no leite. Segundo os autores, foi observado um valor médio de gordura no leite de 4,04% para vacas mantidas exclusivamente a pasto e de 3,80% para aquelas suplementadas ($P<0,01$). Nos trabalhos nacionais, não foi observado efeito significativo do nível de suplementação sobre o teor de gordura do leite, como observado na Figura 3 (Deresz, 2001; Vilela et al., 2007; Ribeiro Filho et al., 2007; Silva et al., 2008). A equação linear de regressão entre quantidade de suplemento (kg/dia) e teor de gordura no leite (%) mostra grande dispersão dos dados e baixo coeficiente de determinação ($R^2 = 0,015$), mostrando a baixa dependência do teor de gordura do leite com a quantidade de suplemento. Talvez isso possa ser explicado pela capacidade teórica das pastagens de clima tropical serem excelentes fontes de precursores para a gordura do leite (Santos et al., 2007).

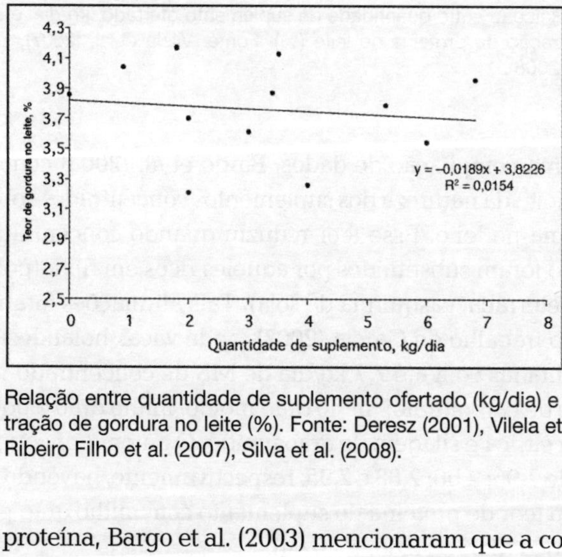

Figura 3. Relação entre quantidade de suplemento ofertado (kg/dia) e a concentração de gordura no leite (%). Fonte: Deresz (2001), Vilela et al. (2007), Ribeiro Filho et al. (2007), Silva et al. (2008).

Para proteína, Bargo et al. (2003) mencionaram que a concentração protéica do leite aumenta com a suplementação. Segundo os autores, o teor de proteína aumenta em 0,13 pontos percentuais para cada quilograma de suplemento concentrado (variação entre 0,01 a 0,25%, P<0,01). Corroborando com estas afirmativas, Deresz (2001) suplementou pastagens de *Pennisetum purpureum* (capim-elefante) com níveis de 0 e 2 kg/dia. O autor observou aumento (P<0,05) no teor de proteína do leite, sendo 3,0% aquelas vacas não suplementadas e 3,20% para aquelas suplementadas. Outras pesquisas nacionais não verificaram efeito significativo (P>0,05) e de dependência entre a quantidade do suplemento e o teor de proteína do leite (Figura 4).

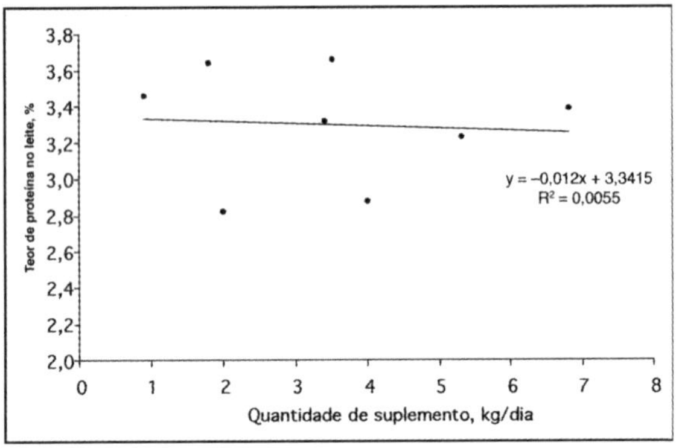

Figura 4. Relação entre quantidade de suplemento ofertado (kg/dia) e a concentração de proteína no leite (%). Fonte: Vilela et al. (2007), Silva et al. (2008).

Em uma compilação de dados, Bargo et al. (2003) comentaram sobre o efeito da natureza dos suplementos concentrados sobre o teor de proteína no leite. Esse teor reduziu quando concentrados ricos em amido foram substituídos por aqueles ricos em fibra (polpa cítrica e de beterraba, casquinha de soja). Tais afirmações foram confirmadas no trabalho de Garcia (2007), onde vacas holandesas foram suplementadas com até 7,7 kg/dia de MS de concentrado variando sua fonte de carboidrato: milho grão moído, milho grão e polpa cítrica, polpa cítrica e silagem de grão úmido. O autor verificou proteína no leite de 2,96; 2,96; 2,88 e 2,95, respectivamente, havendo diferença entre o teor de proteína do suplemento com milho grão para o de polpa cítrica (2,96 vs 2,88, P=0,04).

5. Suplementação protéica

Como mencionado, pastagens de clima tropical intensamente adubadas com nitrogênio apresentam alto valor nutritivo quando comparada aquelas não manejadas intensivamente. É comum as plantas forrageiras de clima tropical apresentar entre 56 a 65% de fibra em detergente neutro (FDN), 13 a 22% de PB, 2% de extrato etéreo e 8% de cinzas. Por substituição simples, isso reduz a concentração de carboidrato não fibroso (CNF = 100 – [%PB + %FDN +

%Extrato Etéreo + %Cinzas) no alimento para 3 a 21%. São valores baixos de CNF, o que limita a utilização do nitrogênio da forragem para a síntese de proteínas microbiana, o que poderia reduzir o fluxo da mesma para o duodeno de vacas de alta produção, a pasto (Santos et al., 2007). Mas este cenário é ainda pior se considerar a natureza do nitrogênio da gramínea intensivamente adubada com nitrogênio (Tabela 3).

Através dos dados da Tabela, pode-se observar a alta concentração de proteína degradada no rúmen (PDR) de gramíneas utilizadas

Tabela 3. Perfil da fração nitrogenada de forrageiras de clima tropical e utilizada no pastejo intensivo[1].

Gramínea	PB, %	A, %	B, %	DP, %	Kd, %/h	AUTOR
Brachiaria brizantha cv Marandu	11,04	60,71	22,44	83,15	2,43	Valadares Filho et al. (2006)
Brachiaria decumbens	11,86	14,88	62,62	77,50	3,00	Benedetti (1994)
Brachiaria decumbens	12,32	45,52	36,97	82,49	5,82	Valadares Filho et al. (2006)
Brachiaria sp.*	12,27	50,98	41,32	92,30	4,91	Sousa et al. (2008)
Brachiaria sp.**	10,80	52,27	37,99	90,26	2,40	Sousa et al. (2008)
MÉDIA	11,66	44,87	40,27	85,14	3,71	
Cynodon dactylon cv. "Coast Cross"	16,87	64,30	19,52	83,82	2,34	Valadares Filho et al. (2006)
Cynodon dactylon cv. "Tifton 85"	17,16	41,53	34,29	75,82	9,37	Valadares Filho et al. (2006)
MÉDIA	17,02	52,92	26,91	79,82	5,86	
Panicum maximum	14,10	8,81	70,84	79,65	2,60	Benedetti (1994)
Panicum maximum	13,48	20,81	65,63	86,44	2,30	Vasquez (2002)
Panicum maximum	14,89	16,28	76,04	92,32	4,20	Valadares Filho et al. (2006)
MÉDIA	14,16	15,30	70,84	86,14	3,03	
Pennisetum purpureum	15,42	15,30	62,04	77,34	4,20	Benedetti (1994)
Pennisetum purpureum	11,70	15,30	62,04	77,34	4,20	Lopes (2002)
Pennisetum purpureum	14,34	60,75	29,25	90,00	3,56	Valadares Filho et al. (2006)
MÉDIA	13,82	30,45	51,11	81,56	3,99	

1 – PB: proteína bruta; A: fração solúvel no tempo zero; B: fração insolúvel no tempo zero, mas potencialmente degradável no retículo-rúmen; DP: degradabilidade retículo-ruminal potencial (A + B); Kd: taxa fracional de degradação de B;

* - Dados obtidos de amostras de pastejo simulado de animais desponta;

** - Dados obtidos de amostras de pastejo simulado de animais repasse.

no pastejo intensivo no Brasil. As degradabilidades efetivas da PB das principais gramíneas nacionais são, para uma taxa fracional de passagem de 5%/h: 62% (gênero *Brachiaria*); 67% (*Cynodon dactylon*); 42% (*Panicum maximum*); 53% (*Pennisetum purpureum*). Portanto, são valores que falam por si, ou seja, as gramíneas de clima tropical mais utilizada no país apresentam altos valores de PDR, além de um valor médio de proteína solúvel de 35,9%, mais de 50% do total da PDR.

Na dinâmica retículo-ruminal de degradação dos compostos nitrogenados, a proteína é degradada até amônia (NH_3), sendo posteriormente fixada na forma de proteína microbiana na presença de energia (ATP proveniente da fermentação dos CNF) e esqueletos de carbonos (cetoácidos) (Van Soest, 1994). Mas, a alta fração solúvel e prontamente degradável do nitrogênio das forrageiras brasileiras, aliadas ao baixo conteúdo de CNF fermentável, reduz a eficiência de síntese de proteína microbiana, reduzindo o fluxo total de nitrogênio protéico para o duodeno da vaca em lactação, comprometendo sua produção. Ao mesmo tempo, o excesso de NH_3 liberada e não fixada é absorvido pelas paredes retículo-ruminais é conduzido para o fígado (sistema Porta-Hepático), onde, ao custo de energia do animal, é neutralizado na forma de uréia ($H_2N\text{-}CO\text{-}NH_2$) (Van Soest, 1994; Vasquez, 2002).

Para resolver este grave problema metabólico, a utilização de fontes de proteína de baixa degradabilidade retículo-ruminal (proteína não degradada no rúmen — PNDR), principalmente no início da lactação, faz-se necessária (Vilela et al., 2003; Bargo et al., 2003; Santos et al., 2007). Segundo Bargo et al. (2003), a utilização de suplementos concentrados ricos em PNDR não exercer afetou ($P>0,05$) a produção e a composição do leite em vacas de alta produção e em pastagens manejadas de forma intensiva.

No entanto, Vilela et al. (2003) suplementaram vacas holandesas com 4,5 kg/dia de concentrado, sendo um controle (a base de milho e farelo de soja) e um rico em PNDR (a base de milho e soja integral tostada). Os suplementos controle e teste possuíam teores de PNDR de 35 e 52%, respectivamente. Houve diferença ($P<0,05$) para a produção de leite, tendo as vacas suplementadas com PNDR produzido 23,6 kg/dia contra 19,7 kg/dia com suplemento controle. Além do mais, o teor de gordura foi, respectivamente, 4,16 vs 3,49% (P=0,06). Um benefício indireto da suplementação com PNDR nesse experimento foi o aumento na persistência da lactação (-0,038 vs 0,062 kg/dia, P=0,05).

Aquelas vacas em lactação que não responderam ao suplemento com PNDR (Bargo et al., 2003) podem estar com consumo deficiente de energia metabolizável proveniente do pasto. Como visto, não é o consumo de proteína o limitante para a produção de leite a pasto, mas o de energia (Vilela et al., 2003; Santos et al., 2007).

Mas, quantidades excessivas de PNDR levaram ao aumento na disponibilidade de aminoácidos acima dos requisitos do animal. No fígado, esse excesso de aminoácidos foi deaminadado, sendo o grupo amino convertido em uréia ($H_2N\text{-}CO\text{-}NH_2$) e o cetoácido oxidado ou convertido à glicose. Oldham (1984) e Ferguson e Chalupa (1989) citaram que esses excessos de PNDR produziram efeito direto no balanço energético e na partição de nutrientes, aumentando o balanço energético negativo em vacas no pós-parto, reduzindo a disponibilidade/eficiência de utilização da energia metabolizável para as funções reprodutivas, prejudicando os índices reprodutivos em rebanhos leiteiros.

Com o objetivo de chamar a atenção para a concentração ou para a natureza da proteína dietética suplementada, Butler (2004) postulou que o aumento na concentração protéica (% PB) ou na de proteína degradável (%PDR/PB) ou solúvel (%SolP/PB) no rúmen provocaria efeitos prejudiciais aos índices reprodutivos de rebanhos compostos por vacas leiteiras de alta produção. Segundo o autor, as taxas de prenhes caíram aproximadamente 20%, quando a concentração de uréia no leite (NUL) ultrapassou 19 mg/dL. Ao citar outros trabalhos, o mesmo autor sugere valor de 15,4 mg/dL de leite.

Houve trabalhos nacionais que mensuraram o teor de NUL. Pereira (2005) suplementou vacas holandesas com 6,0 kg/dia de concentrado com concentrações crescentes de PB: 15,2; 18,2 e 21,1%. O autor observou NUL de 14,1; 14,6 e 15,8 mg/dL, respectivamente para os suplementos testados, não sendo observado efeito (P>0,05) do teor nem do consumo diário de PB sobre o NUL. Garcia (2007) suplementou (entre 7 a 8 kg/dia MS) vacas de mesma raça com concentrado de 21% PB (média), variando a fonte de carboidrato:

milho grão moído (MG); milho grão moído e polpa cítrica (MG+PC); polpa cítrica (PC) e silagem de grão úmido de milho (SGU). Os resultados foram, respectivamente, 16,3; 17,2; 16,7 e 15,3 mg/dL (P>0,05). Todos esses resultados anteriores estão abaixo do limite crítico mencionado por Butler (2004), de 19 mg/dL.

6. Ambiente retículo-ruminal de vacas em pasto com suplementação

O ambiente ruminal representa a relação entre o valor do pH, da concentração de nitrogênio-amoniacal (N-NH_3, mg/dl), da concentração total de ácidos graxos voláteis (mM AGV's) e da relação molar entre acetato e propionato (A:P) no fluído retículo-ruminal (Van Soest, 1994).

O pH do retículo-rúmen é influenciado pela concentração total de ácidos graxos voláteis (mM AGV's), que por sua vez é influenciado pelo consumo de matéria orgânica fermentável, pela taxa fracional (K_d) e extensão (%) de degradação retículo-ruminal desta matéria orgânica, pela taxa de desaparecimento/absorção dos AGV's no ambiente retículo-ruminal e pela produção de saliva (Kolver e de Veth, 2002; Vasquez, 2002).

Modelos de predição do pH retículo-ruminal já foram desenvolvidos para animais sob pastejo e recebendo alimento concentrado, mas ainda não estão totalmente acurados, haja vista o número de variáveis que influenciam tal parâmetro. Mas, valores conhecidos ou preditos de pH para determinadas dietas são importantes para maximizar a digestão retículo-ruminal e o suprimento de nutrientes para a vaca leiteira (Kolver e de Veth, 2002).

Para sistemas de produção de leite com vacas em lactação tendo como base pastagem, é comum a preocupação da manutenção do pH em valores considerados ideais para a microbiota celulolítica: *Ruminococcus albus*, *Ruminococcus flavefaciens* e *Fibrobacter succinogenes*. Aparentemente, cada um dos complexos enzimáticos destes microrganismos (*Celulases*, *Hemicelulases* e *Pectinases*) tem faixas ótimas de pH para máxima atividade fibrolítica, tanto sobre a celulose quanto sobre a hemicelulose. As *Celulases* bacterianas são mais sensíveis ao baixo pH do que as próprias bactérias "*per se*". As

Celulases de *R. albus* têm atividade ótima em pH variando entre 6,0 a 6,8. Para as enzimas fibrolíticas do *R. flavefaciens*, o pH teve menor amplitude, entre 6,4 a 6,6 (Chesson e Forsberg, 1988).

No entanto, a própria literatura nacional e estrangeira apresenta valores bem mais rígidos de pH, ao estabelecer valores críticos deste parâmetro que influenciariam a degradabilidade ruminal dos constituintes da parede celular vegetal. Mould *et al.* (1983/1984) mencionaram que o pH crítico para a microbiota celulolítica foi entre 6,0 a 6,1, sendo que abaixo destes valores a degradação da celulose no retículo-rúmen de carneiros foi reduzida.

Para Grant e Mertens (1992), o pH ótimo para a microbiota celulolítica varia entre 6,5 a 6,8. Abaixo destes valores, a degradação retículo-ruminal da fibra ficou deprimida. De fato, objetivando estudar o efeito o pH e da adição de amido na dinâmica de digestão da fração fibrosa de alimentos volumosos (feno de alfafa e silagem de milho), estes mesmos autores conduziram um ensaio "*in vitro*" com diferentes tempos de incubação e diferentes valores de pH tamponado (5,8, 6,2 e 6,8). Ao concluírem, os autores observaram que, com o declínio do pH de 6,2 para 5,8 pela adição de amido no meio, ocorreu aumento no tempo de colonização (de 3,31 para 7,47 horas, $P<0,05$) e redução na taxa de degradação da FDN das amostras incubadas (de 7,4 para 4,9%/h, $P<0,05$). Ao mesmo tempo, a simples adição de amido no meio, fazendo a manutenção do pH com soluções tampões, fez com que o tempo de colonização encurtasse (valor médio de de 5,55 para 4,16 horas, $P<0,05$) e a taxa de degradação da FDN diminuísse (valor médio de 7,6 para 6,4%/h, $P<0,05$) das forragens incubadas (*Medicago sativa* e *Bromus inermis*).

Toda esta redução na degradabilidade e na dinâmica retículo-ruminal da FDN dos alimentos forrageiros poderia ocasionar redução no consumo de matéria seca por vacas leiteiras sob regime de pastejo e suplementadas com alimentos concentrados.

No entanto, Kolver e de Veth (2002) conduziram experimento com o objetivo de estabelecer a relação entre o pH do fluido retículo-ruminal e a resposta animal, com ou sem suplementação concentrada, sob pastejo. Os autores relataram que os melhores desempenhos de vacas lactantes sob pastejo ocorreram quando o pH retículo-ruminal variou entre 5,8 a 6,2, situação na qual houve suplementação com concentrados, o que aumentou o teor de carboidratos não fibrosos na dieta. Foi nesta faixa de pH que se observaram maiores fluxos de nitrogênio de origem microbiana para o duodeno, maiores produções leiteiras e maior concentração de ácidos graxos voláteis no retículo-rúmen. Segundo os autores, somente o baixo pH não significa haver efeito negativo nos parâmetros de degradação da FDN ou da MS no retículo-rúmen, culminando com a redução no consumo de matéria seca. Forragens frescas e verdes apresentaram parede celular (FDN) rápida e extensamente degradada, conduzindo para altas produções de AGV's e conseqüente redução no pH. Os autores propuseram três explicações para as altas taxas de degradação da FDN da pastagem quando da suplementação e do pH baixo: a degradabilidade retículo-ruminal dos alimentos de alta qualidade é menos comprometida pelo baixo pH que aqueles alimentos de baixa qualidade; baixo pH encontrado em vacas sob pastejo está mais relacionado à produção intensiva de AGV's do que para a produção de ácido lático, que seleciona negativamente a microbiota celulolítica; a preferência microbiana por substrato facilmente degradado no retículo-rúmen quando da suplementação com concentrado é amenizada em forragens de alta qualidade.

Mas, para estes mesmos autores (Kolver e de Veth, 2002), mais importante que o pH final para influenciar a degradabilidade retículo-ruminal dos constituintes da parede celular vegetal e reduzir o consumo voluntário de matéria seca em vacas sob pastejo está a concentração de ácido lático e o tempo que o pH fica abaixo de 5,8. Como mencionado anteriormente, estes autores sugeriram a necessidade de suplementação com alimento concentrado para maximizar a fermentação microbiana no retículo-rúmen.

Não há consenso na literatura consultada para pH crítico capaz de interferir na degradação retículo-ruminal da FDN e interferir no consumo de matéria seca, pois autores indicaram variações de 5,8 a 6,8 como valores críticos, o que é, pelo menos em termos de ambiente para a microbiota retículo-ruminal, uma amplitude excessiva e que requer cuidados para interpretá-la.

A mais importante fonte de nitrogênio (N) para a microbiota retículo-ruminal é a proteína dietética e o nitrogênio não protéico (NNP). Esta microbiota apresenta altíssima atividade proteolítica, assegurando que a maioria da proteína que entra no retículo-rúmen seja degradada a peptídeos curtos (di e tripeptídeos) e aminoácidos, os quais podem ser extensivamente deaminados, liberando a amônia (NH_3) (Ørskov, 1992; Santos, 1994) ou assimilados integralmente pelos microrganismos, de acordo com a disponibilidade de matéria orgânica fermentada no rúmen (Russel *et al.*, 1992).

A degradação retículo-ruminal de proteínas de origem dietética é um dos mais importantes fatores que influenciariam o suprimento de aminoácidos para vacas em lactação. A proteólise determina a disponibilidade de nitrogênio amoniacal (N-NH_3), aminoácidos, peptídeos e ácidos graxos de cadeia ramificada (AGCR), os quais influenciam as taxas de crescimento microbiano no rúmen, principalmente para a microbiota celulolítica. A taxa e a extensão da proteólise retículo-ruminal não afeta somente a síntese de proteína microbiana, mas também a quantidade e a qualidade da proteína dietética não degradada que alcança o duodeno (Russel, *et al.*, 1992; Stern *et al.*, 1994). A partir destes substratos nitrogenados (N-NH_3, peptídeos curtos e aminoácidos) e juntamente com a presença de carboidratos prontamente fermentáveis fornecendo energia (ATP) e carbono (AGCR e cetoácidos), os microrganismos do retículo-rúmen sintetizam proteína de origem microbiana (Franco *et al.*, 2002).

A concentração do nitrogênio amoniacal no retículo-rúmen (mg/dL de N-NH_3) é função do equilíbrio entre as taxas de produção e de desaparecimento (utilização/absorção). A produção de N-NH_3 no retículo-rúmen advém da degradação do nitrogênio protéico dietético, não protéico dietético e da reciclagem (via saliva ou por difusão a partir da parede retículo-ruminal). Por sua vez, o desaparecimento deste N-NH_3 ocorre pela sua incorporação ao nitrogênio microbiano (proteína microbiana) e pela absorção pela parede do retículo-rúmen ou do trato digestório posterior (Van Soest, 1994). A absorção deste N-NH_3 varia em função da sua concentração no fluido retículo-ruminal, sendo que quanto mais elevado for o valor do pH (próximo ou maior que 7,0) maior será sua absorção, uma vez que ele encontrar-se-á na forma dissociada ($NH_4^+ \rightarrow NH_3 + H^+$), de mais fácil difusão no meio (Reis, 1998).

Um importante fator que irá influenciar a concentração de N-NH_3 no retículo-rúmen é a atividade deaminolítica das bactérias retículo-ruminais (*Prevotella ruminocola, Ruminobacter amylophilus*) em função da disponibilidade de matéria orgânica fermentável no retículo-rúmen, principalmente em se tratando de carboidratos não estruturais (CNE) fácil e rapidamente degradados (amido, sacarose, frutanas). A atividade de deaminação (*Deaminases* bacterianas: Aminoácidos + $H_2O \rightarrow NH_3$ + cetoácido) baseia-se na necessidade de energia das bactérias retículo-ruminais. Quando a disponibilidade destes CNE for baixa, os microrganismos extraem mais energia da matéria orgânica fermentável remanescente, deaminando os aminoácidos. Por sua vez, menor grau de deaminação será observado quando do fornecimento de fluxo satisfatório de CNE para o retículo-rúmen, fazendo que a microbiota incorpore mais nitrogênio em sua proteína na forma de peptídeos e aminoácidos que na de NH_3 (Russel *et al.*, 1992). Conclui-se que quanto maior for a quantidade de suplemento concentrado (rico em CNE) ofertado para a vaca leiteira a pasto, menor será a concentração de NH_3 no retículo-rúmen.

Muitos autores mencionaram que a suplementação com concentrado para animais sob pastejo (principalmente de gramíneas tropicais) pode melhorar a eficiência de síntese de proteína microbiana, o que aumentaria o fluxo desta proteína para o duodeno, melhorando o desempenho produtivo animal (Reis, 1998; Soriano, 1998; Vasquez, 2002). Aumento na concentração de N-NH_3 no fluído retículo-ruminal também pode aumentar a degradabilidade ruminal da FDN (Franco *et al.*, 2002), o que pode ocasionar um aumento no consumo voluntário de matéria seca da forragem pastejada (Oba e Allen, 1999; Lopes, 2002).

As concentrações de N-NH_3 no retículo-rúmen são importantes na síntese de proteína microbiana. A concentração mínima de N-NH_3 deve ser da ordem de 5 mg de N-NH_3/dL de líquido ruminal para que a mesma não limite a fermentação microbiana, enquanto que para se atingir o máximo de síntese microbiana, a concentração deve ser de até 23 mg de N-NH_3/dL. Por outro lado, bovinos consumindo forragem de baixa qualidade, a concentração de amônia que propicia a maximização da degradação da fibra, parece ser menor que aquela que maximiza a síntese de proteína microbiana e a ingestão de alimentos (Franco *et al.*, 2002).

Vacas lactantes sob pastejo de gramíneas de clima temperado ou tropical possuem altas concentrações de N-NH_3 no retículo-rúmen, principalmente quando as pastagens são ricamente fertilizadas, haja vista a alta concentração de nitrogênio no alimento volumoso e as altas taxas e extensos valores de degradação desta fração no retículo-rúmen (Reis, 1998; Bargo *et al.*, 2003a). Infelizmente, esta alta concentração de N-NH_3 não é positivamente correlacionada com o fluxo de proteína microbiana para o duodeno. Devido às suas propriedades cinéticas, a proteína bruta de pastagens fertilizadas é rápida e extensamente degradada no retículo-rúmen, liberando quantidade excessiva de NH_3 no ambiente do órgão, incompatível com a disponibilização de energia (ATP) para a síntese de proteína microbiana. Logo, boa parte desta NH_3 é perdida ao ser absorvida pelas paredes dos pré-estômagos do animal hospedeiro, sendo posteriormente detoxicada pelo fígado em uréia (NH_2-CO-NH_2) à custa de energia (12 Kcal/g N eliminado como uréia) (Van Soest, 1994).

Dentro da dinâmica da concentração de N-NH_3 (mg/dL) no retículo-rúmen, esta concentração irá variar com o momento da oferta de alimento volumoso e/ou concentrado, quantidade de alimento consumido e a concentração total de proteína bruta (PB) e proteína degradada no rúmen (PDR). Quando o fornecimento de nitrogênio foi na forma de uréia, as concentrações máximas de N-NH_3 ocorreram em 1 e 2 horas após seu fornecimento, enquanto que rações ricas em proteína vegetal propiciaram pico em 3 e 4 horas após o consumo (Franco *et al.*, 2002).

Conforme mencionado por Vasquez (2002), a maior parte dos carboidratos são fermentados pela microbiota retículo-ruminal, produzindo os AGV's (acetato, propionato e butirato), dióxido de carbono, metano, água e calor de fermentação. A energia presente nos AGV's representa cerca de 75% da energia original dos carboidratos dietéticos, 52 a 55% da energia digestível do alimento e 50 a 86% da energia metabolizável consumida pelo animal ruminante. Para animais sob pastejo, os AGV's representam quase 70% da necessidade diária de energia.

A composição típica dos AGV's no fluído retículo-ruminal, em termos de proporção molar, é: 60 a 70% de acetato, 17 a 20% de propionato e 7 a 12% de butirato. Com o aumento progressivo de suplemento concentrado facilmente degradado, observa-se redução na proporção molar de acetato e aumento na de propionato, fazendo que a relação molar entre acetato e propionato (A:P), de 3:1 até 4:1, reduza para 2,5 ou 2:1 (Reis, 1998). No entanto, segundo Hungate (1966), à medida que a proporção de propionato aumenta sobre a de acetato (reduzindo a relação A:P), dentro de valores considerados normais, a eficiência da fermentação retículo-ruminal aumenta, acessada pelo balanço estequiométrico da fermentação.

A literatura estrangeira abordou bem os efeitos da quantidade de alimento concentrado suplementado sobre os parâmetros retículo-ruminais (pH, $N\text{-}NH_3$, AGV's, A:P). No entanto, há poucos dados na literatura nacional para o efeito da suplementação concentrada (de natureza energética, protéica ou ambos) no ambiente retículo-ruminal de vacas em lactação em regime de pastejo. Nesta revisão, somente quatro autores fizeram este tipo de abordagem: Benedetti (1994), Vasquez (2002), Sousa (2006) e Garcia (2007), estando os dados compilados na Tabela 4.

Tabela 4. Ambiente retículo-ruminal de vacas em pastejo intensivo suplementadas com diferentes quantidades e qualidades de alimento concentrado[1].

Autor	$CVMS_{pasto}$, kg/dia	Gramínea[2]	Tipo de $suplemento_3$	Qtde, kg/dia MS	Ambiente retículo-ruminal			
					pH	$N\text{-}NH_3$, mg/dL	AGV_{total}, mM	A:P
Benedetti (1994)	20,83	P.p.	M/A	3,5	6,2	28,5	-	2,6
	20,83	B.d.	M/A	3,5	6,3	26,4	-	2,6
	20,83	P.m	M/A	3,5	6,2	28,1	-	2,9
Vazquez (2002)	-	P.m.	M/S	0,0	6,4	18,9	95,2	3,5
	-	P.m.	M/S	0,3	6,4	17,9	101,6	3,4
	-	P.m.	M/S	0,9	6,3	17,0	101,4	3,1
Sousa (2006)	9,25	B.	M/S	3,4	6,7a	11,1b	95,3	3,3
	9,42	B.	M/S	5,3	6,6b	12,3ab	96,4	3,2
	9,82	B.	M/S	6,8	6,4c	15,0a	102,6	2,9
Garcia (2007)	7,20	P.p.	M	7,7	6,4a	20,8a	149,9b	2,9a
	8,80	P.p.	M/PC	7,7	6,2c	18,6b	169,9a	2,9a

continua...

...continuação

Tabela 4. Ambiente retículo-ruminal de vacas em pastejo intensivo suplementadas com diferentes quantidades e qualidades de alimento concentrado[1].

	8,60	P.p.	PC	7,4	6,3b	16,9c	131,0c	3,1a
	9,70	P.p.	SGU	7,4	6,2c	17,1c	155,8b	2,6b
Valores médios					6,4	19,1	112,0	3,0
Desvio padrão					0,2	5,5	29,0	0,3
CV (%)					2,5	28,9	24,2	10,0

1 – CVMS: consumo voluntário de matéria seca; MS: matéria seca; N-NH_3: nitrogênio amoniacal; AGV: ácidos graxos voláteis; A:P: relação molar acetato:propionato. 2 – P.p: *Pennisetum purpureum*; P.m.: *Panicum maximum*; B.: gênero *Brachiaria*. 3 – M: fubá de milho; A: farelo de algodão; PC: polpa cítrica; S: farelo de soja; SGU: silagem grão úmido.

Sousa (2006) utilizou vacas mestiças em lactação e suplementadas com 4, 6 e 8 kg/dia de um concentrado protéico-energético (a base de milho e farelo de soja), divididos em duas partes iguais durante cada uma das duas ordenhas. O aumento na quantidade de suplemento reduziu o pH (6,7; 6,6; 6,4 – $P<0,05$), aumentou o N-NH_3 (11,1; 12,3; 15,0 mg/dL – $P<0,05$) e manteve a relação acetato:propionato (3,3; 3,2; 2,9 – $P>0,05$). Diferente da literatura mencionada, neste trabalho, o autor observou aumento na concentração de N-NH_3 com a suplementação, explicado pelo aumento no consumo de proteína bruta total (1,8; 2,2; 2,5 kg/dia de PB – $P<0,05$).

Bargo *et al.* (2003a) realizaram extensa revisão dos efeitos da suplementação concentrada (tipo e quantidade) sobre os parâmetros retículo-ruminais, que podem ser observadas na Tabela 5.

Tabela 5. Valores médios de pH e concentração média de nitrogênio amoniacal (N-NH_3, mg/dL) e de ácidos graxos voláteis (AGV's, mM) de vacas leiteiras suplementadas ou não com alimento concentrado[1].

Suplementação	pH	N-NH_3 (mg/dL)	AGV's (mM)
Não suplementado (0 kg)	6,27 (6,00 a 6,57)	24,7 (12,8 a 39,1)	125,2 (96,7 a 150,0)
Suplementado (1,1 até 10 kg MS)	6,10 (5,75 a 6,29)	18,3 (8,7 a 32,2)	120,0 (90,3 a 151,4)

Fonte: Bargo et al. (2003a).

1 – Entre parênteses, amplitude de resultados.

Bargo *et al.* (2003a) concluíram que, comparado a dietas exclusiva de pasto, o fornecimento de quantidades crescentes de alimento concentrado reduziu o pH em 0,08 e o N-NH_3 em 6,59 mg/dL. A utilização de suplementos energéticos (silagem de grão úmido de milho, milho floculado ou outro cereal processado ou fonte de carboidrato não fibroso) não influenciou o pH nem a concentração de AGV's, apesar de ter reduzido a concentração de N-NH_3 em 4,36 mg/dL. Estes mesmos autores mencionaram que a influência do alimento concentrado no ambiente retículo-ruminal é muito mais decisiva quando foi trabalhada a quantidade de alimento suplementado que a simples composição do mesmo.

7. Considerações finais

- Em sistemas intensivos de pastejo, vacas leiteiras de alta produção e criadas em clima tropical necessitam de suplementação concentrada para satisfazer suas exigências energéticas diárias. Ao fazer isto, pode-se computar aumento na produção de leite com uma resposta na ordem de 1,2 kg/dia de leite para cada 1,0 kg/dia de suplemento, em média.
- Além de aumentar a produção de leite, o suplemento, nas condições de clima tropical, pareceu não influenciar na composição do leite de forma significativa, salvo em situações onde os concentrados ricos em fibra degradável substituiram o grande proporção do amido da dieta.
- Diferente do observado em clima temperado, a suplementação concentrada exerceu pequeno efeito substitutivo no consumo de matéria seca de pasto.
- O consumo de FDN expresso como porcentagem do peso vivo, tem sido maior comparado aos obtidos com forrageiras temperadas.

8. Referências bibliográficas

ALLEN, M.S. Physical constraints on voluntary intake of forages by ruminants. *Journal of Animal Science*. v.74, p.3063-3075, 1996.

ALVIM, M.J., VERNEQUE, R.S., VILELA, D. et al. Estratégia de fornecimento de concentrado para vacas da raça holandesa em pastagens de coast-cross. *Pesquisa Agropecuária Brasileira*. v.34, n.9, p.1711-1720, 1999.

ALVIM, M.J., BOTREL, M.A. Efeitos de doses de nitrogênio na produção de leite de vacas em pastagens de coast-cross. *Pesquisa Agropecuária Brasileira*. v.36, n.3, p.577-583, 2001.

AROEIRA, L.J.M. *Estimativas de consumo de gramíneas tropicais*. In: TEIXEIRA, J.C. Simpósio Internacional de Digestibilidade em Ruminantes. Lavras: UFLA - FAEPE, 1997, p.127-163.

AROEIRA, L.J.M., LOPES, F.C.F., DERESZ, F. et al. Pasture availability and dry matter intake of lactating crossbred cows grazing elephant grass (*Pennisetum purpureum*, Schum). *Animal Feed Science and Technology*. v.79, p.313-324, 1999.

BARGO, F., MULLER, L.D., DELAHOY, J.E. et al. Milk response to concentrate supplementation of high producing dairy cows grazing at two pasture allowance. *Journal of Dairy Science*. v.85, n.7, p.1777-1792, 2002.

BARGO, F., MULLER, L.D., KOLVER, E.S. et al. Invited review: Production and digestion supplemented dairy cows on pasture. *Journal of Dairy Science*. v.86, n.1, p.1-42, 2003.

BENEDETTI, E. *Atributos de três gramíneas tropicais, parâmetros ruminais e produção de leite em vacas mestiças mantidas à pasto*. Belo Horizonte: Escola de Veterinária da UFMG, 1994, 173p. (Tese. Doutorado em Ciência Animal).

BERZAGHI, P., HERBEIN, J.H., POLAN, C.E. Intake, site, and extent of nutrient digestion of lactating cows grazing pasture. *Journal of Dairy Science*. v.79, n.9, p.1581-1589, 1996.

BUTLER, W.R. Relação entre a concentração de proteína da dieta, ambiente uterino e concepção em vacas leiteiras. In.: NOVOS ENFOQUES NA PRODUÇÃO E REPRODUÇÃO DE BOVINOS. *Anais*... Uberlândia, 2004, p.101-109.

CAMPOS M.M., SOUSA, B.M., BORGES, A.L.C.C. et al. Produção e composição de leite em vacas em lactação Holandês x Zebu em pastagem de *Brachiaria* submetidas ao manejo de desponta. CONGRESSO INTERNACIONAL DE ZOOTECNIA, X. *Anais*... João Pessoa/PB, 2008.

CHESSON, A., FORSBERG, C.W. *Polysaccharide degradation by rumen microorganism*. In: HOBSON, P.N., The rumen microbial ecosystem. 1988, Elsevier Applied Science: London, p.251-284.

COMBELLAS, J. Efecto de la suplementacion com concentrado sobre el consumo y la produccion de vacas en lactancia media II. Estacion lluviosa. *Agronomia Tropical*. v.29, n.6, p.517-526, 1979.

COMBELLAS, J., MARTINEZ, N. Efecto de la suplementacion com concentrado al inicio de la lactancia sobre el consumo y la produccion de leche em pastoreo durante la estacion lluviosa. *Agronomia Tropical*. v.29, n.6, p.463-475, 1979.

DERESZ, F. Produção de leite de vacas mestiças Holandês x Zebu em pastagens de capim-elefante, manejada em sistema rotativo com e sem suplementação durante a época das chuvas. *Revista Brasileira de Zootecnia*. v.30, n.1, p.197-204, 2001.

DERESZ, F., MATOS, L.L., MOZZER, O.L. et al. Produção de leite de vacas mestiças Holandês x Zebu em pastagem de capim-elefante, com ou sem suplementação de concentrado durante a época das chuvas. *Arquivo Brasileiro de Medicina Veterinária e Zootecnia*, v.55, n.3, 2003.

DETMANN, E., PAULINO, M.F., ZERVOUDAKIS, J.T. et al. Cromo e indicadores internos na determinação do consumo de novilhos mestiços, suplementados, a pasto. *Revista Brasileira de Zootecnia*. v.30, n.5, p.1600-1609, 2001.

EUCLIDES, V.P.B., THIAGO, L.R.L.S., MACEDO, M.C.M. et al. Consumo voluntário de forragens de três cultivares de *Panicum maximum* sob pastejo. *Revista Brasileira de Zootecnia*. v.28, n.6, p.1177-1185, 1999.

FERGUSON, F.D., CHALUPA, W. Impact of protein nutrition on reproduction in dairy cows. *Journal of Dairy Science*. v.72, n.3, p.746-766, 1989.

FIKE, J.H., STAPLES, C.R., SOLLENBERGER, L.E. et al. Pasture forages, supplementation rate, and stocking rate effects on dairy cow performance. *Journal of Dairy Science*. v.86, n.4, p.1268-1281, 2003.

FRANCO, G.L., ANDRADE, P., BRUNO FILHO, J.R. et al. Parâmetros ruminais e desaparecimento da FDN da forragem em bovinos suplementados em pastagens na estação das águas. *Revista Brasileira de Zootecnia*. v.31, n.6, p.2340-2349, 2002.

FORBES, J.M. *Voluntary food intake and diet selection in farm animals*. CAB Internacional 1995, 532p.

FORBES, J.M. Integration of regulatory signals controlling forage intake in ruminants. *Journal of Animal Science*. v.74, p.3029-3035, 1996.

FORBES, J.M. The multifactorial nature of food intake control. *Journal of Animal Science*. n.81, (E. Suppl. 2), E139-E144, 2003.

GARCÍA, G.A.G. Desempenho de vacas leiteiras em pastagem de capim elefante (*Pennisetum purpureum Schum.*) suplementado com diferentes fontes de carboidratos. Dissertação, Escola de Veterinária, UFMG, 2007.

GRANT, R.J., MERTENS, D.R. Influence of buffer pH and raw corn starch addition on in vitro fiber digestion kinetics. *Journal of Dairy Science*. v.75, n.10, p.2762-2768, 1992.

GOMIDE, J.A. Produção de leite em regime de pasto. *Revista da Sociedade Brasileira de Zootecnia*. v.22, n.4, p.591-613, 1993.

GOMIDE, J.A., WENDLING, I.J., BRAS, S.P. et al. Consumo e produção de leite de vacas mestiças em pastagens de *Brachiaria decumbens* manejada sob duas ofertas diárias de forragem. *Revista Brasileira de Zootecnia*. v.30, n.4, p.1194-1199, 2001.

HOFFMAN, K., MULLER, L.D., FALES, S.L. et al. Quality evaluation and concentrate supplementation of rotational pasture grazed by lactating cows. *Journal of Dairy Science*. v.76, n.9, p.2651-2663, 1993.

HOLTER, J.B., WEST, J.W., McGILLIARD, M.L. Predicting ad libitum dry matter intake and yield of Holstein cows. *Journal of Dairy Science*. v.80, n.9, p.2188-2199, 1997.

HUNGATE, R.E. *The rumen and its microbes*. London: Academic Press Inc. 1966, 533p.

KOLVER, E.S., DE VETH, M.J. Prediction of ruminal pH from pasture-based diets. *Journal of Dairy Science*. v.85, n.5, p.1255-1266, 2002.

LIMA, M.L.P., BERCHIELLI, T.T., NOGUEIRA, J.R. et al. Estimativa do consumo voluntário do capim-tanzânia (Panicum maximum, Jacq.cv. Tanzânia) por vacas em lactação sob pastejo rotacionado. *Revista Brasileira de Zootecnia*, v.30, n.6, p.1919-1924, 2001.

LOPES, F.C.F. *Taxa de passagem, digestibilidade in situ, consumo, composição química e disponibilidade de capim-elefante (Pennisetum purpureum, Schumack) pastejado por vacas mestiças Holandês x Zebu em lactação*. Belo Horizonte: Escola de Veterinária da UFMG, 2002, 223p. (Tese. Doutorado em Ciência Animal).

LOPES, F.C.F., AROEIRA, L.J.M., RODRIGUEZ, N.M. et al. Degradação ruminal in situ do capim-elefante (*Pennisetum purpureum*, Schumack) consumido sob pastejo por vacas mestiças Holandês x Zebu em lactação. *Arquivo Brasileiro de Medicina Veterinária e Zootecnia*. v.55, n.6, p.694-701, 2003.

LOPES, F.C.F., AROEIRA, L.J.M., RODRIGUEZ, N.M. et al. Efeito da suplementação e do intervalo de pastejo sobre a qualidade da forragem e consume voluntário de vacas Holandês x Zebu em lactação em pastagem de capim-elefante. *Arquivo Brasileiro de Medicina Veterinária e Zootecnia*. v.56, n.3, p.355-362, 2004.

LOPES, F.C.F., AROEIRA, L.J.M., RODRIGUEZ, N.M. et al. Predição do consumo de pasto de capim-elefante (*Pennisetum purpureum*, Schumack) por vacas mestiças Holandês x Zebu em lactação. *Revista Brasileira de Zootecnia*. v.34, n.3, p.1017-1028, 2005.

MERTENS, D.R. *Regulation of forage intake*. In: FAHEY, Jr, G.C. Forage quality, evaluation, and utilization. 1994, University of Nebraska, p. 450-493.

MOULD, F.L., ØRSKOV, E.R., MANN, S.O. Associative effects of mixed feeds. I. Effects of type and level of supplementation and the influence of the rumen fluid pH on cellulolysis in vivo and dry matter digestion of various roughages. *Animal Feed Science and Technology*. v.10, p.15-30, 1983/1984.

NATIONAL Research Council. *Nutrient requirements of dairy cattle*. 6 ed. (rev.). Washington: National Academy Press, 1989. 157p.

NATIONAL Research Council. *Nutrient requirements of beef cattle*. 7th ed. (rev.). Washington: National Academy Sciences. 2000. Cap. 7: Feed Intake, p. 85-96.

NATIONAL Research Council. *Nutrient requirements of dairy cattle*. 7th Ed. (rev.). Washington: National Academy Press, 2001. 381p.

OBA, M., ALLEN, M.S. Evaluation of the importance of the digestibility of neutral detergent fiber from forage: effects on dry matter intake and milk yield of dairy cows. *Journal of Dairy Science*. v.82, n.3, p.589-596, 1999.

OLDHAM, J.D. Protein-energy interrelationship in dairy cows. *Journal of Dairy Science*. v.67, v.5, p.1090-1114, 1984.

ØRSKOV, E.R., McDONALD, I. The estimation of protein degradability in the rumen from incubation measurements weighted according to rate of passage. *Journal of Agriculture Science*, Cambridge. v.92, p.499-503, 1979.

ØRSKOV, E.R., HOVELL, F.D.D., MOULD, F. Uso de la técnica de la bolsa de nylon para la valuación de los alimentos. *Producción Animal Tropical*. v.5, p.213-233, 1980.

ØRSKOV, E.R. *Protein nutrition in ruminants*. 2ª ed. London: Academic Press, 1992. 175p. Cap.3: Dynamic of nitrogen in the rumen, p.43-93.

PEREIRA, F.R. *Teores de proteína bruta para vacas leiteiras lactantes em pastejo de capim elefante (Pennisetum purpureum Schum.)*. Belo Horizonte: Escola de Veterinária da UFMG, 2005, 60p. (Dissertação. Mestrado em Produção Animal).

PULIDO, R.G., LEAVER, J.D. Continuous and rotational grazing of dairy cows – the interaction of grazing system with level of milk yield, sward height and concentrate level. Grass and Forage Science. n.58, p.265-275, 2003.

REIS, R.B. *Grain supplementation for grazing dairy cows*. Madison: University of Wisconsin, 1998. 257p. (Thesis, Doctor of Philosophy, Dairy Science).

REIS, R.B., COMBS, D.K. Effects of corn processing and supplemental hay on rumen environment and lactation performance of dairy cows grazing grass-legume pasture. *Journal of Dairy Science*. v.83, n.11, p.2529-2538, 2000a.

REIS, R.B., COMBS, D.K. Effects of increasing level of grain supplementation on rumen environment and lactation performance of dairy cows grazing grass-legume pasture. *Journal of Dairy Science*. v.83, n.12, p.2888-2898, 2000b.

RIBEIRO FILHO, H.M.N., SEMMELMANN, C.E.N. HEYDT, M.S. et al. Suplementação energética para vacas leiteiras pastejando azevém com alta oferta de forragem. *Revista Brasileira de Zootecnia*, v.36, n.6, p.2152-2158, 2007 (supl.).

ROBAINA, A.C., GRAINGER, C., MOATE, P. et al. Response to grain feeding by grazing dairy cows. *Australian Journal of Experimental Agriculture*. v.38, p.541-549, 1998.

RUSSEL, J.B., OíCONNOR, J.D., FOX, D.G. et al. A net carbohydrate and protein system for evaluation cattle diets: I. Ruminal Fermentation. *Journal of Animal Science*. v.70, n.11, p.3551-3561, 1992.

SANTOS, R.M. *Cinética da digestão ruminal de alguns alimentos concentrados e volumosos para vacas das raças Holandesa e Jersey*. Lavras: ESAL, 1994. 56p. (Dissertação, Mestrado em Zootecnia, Nutrição de Ruminantes).

SANTOS, A.L., LIMA, M.L.P., BERCHIELLI, T.T. et al. Efeito do dia de ocupação sobre a produção leiteira de vacas mestiças em pastejo rotacionado de forrageiras tropicais. *Revista Brasileira de Zootecnia*. v.34, n.3, p.1051-1059, 2005.

SANTOS, F.A.P., MARTINEZ, J.C., GRECO, L.F. et al. Nutrição das vacas em lactação, no período chuvoso, para produção intensiva de leite em pasto. In. SIMPÓSIO DE NUTRIÇÃO E PRODUÇÃO DE GADO DE LEITE; PRODUÇÃO DE LEITE EM PASTO, III. *Anais*... Belo Horizonte, 2007. p.1-27.

SILVA, D.S., GOMIDE, J.A., QUEIROZ, A.C. Pressão de pastejo em pastagem de capim-elefante anão (Pennisetum purpureum, Schum cv. Mott): 2 Efeito sobre o valor nutritivo, consumo de pasto e produção de leite. *Revista da Sociedade Brasileira de Zootecnia*, v.23, n.3, p.453-464, 1994.

SILVA, R.R., SOUSA, B.M., SATURNINO, H.M. et al. Produção e composição de leite em vacas em lactação Holandês x Zebu em pastagem de *Brachiaria* submetidas ao manejo de repasse. CONGRESSO INTERNACIONAL DE ZOOTECNIA, X. *Anais*... João Pessoa/PB, 2008.

SOARES, J.P.G., AROEIRA, L.J.M., PEREIRA, O.G. et al. Capim-elefante (*Pennisetum purpureum* Schum.), sob duas doses de nitrogênio. Consumo e produção de leite. *Revista Brasileira de Zootecnia*. v.28, n.4, p.889-897, 1999.

SOARES, J.P.G, SALMAN, A.K.D., BERCHIELLI, T.T. et al. Predição do consumo voluntário do capim-tanzânia (*Panicum maximum*, J. cv. Tanzânia), sob pastejo, por vacas em lactação, a partir das características de degradação. *Revista Brasileira de Zootecnia*. v.30, n.6S, p.2176-2182, 2001a.

SOARES, J.P.G., AROEIRA, L.J.M., VERNEQUE, R.S. et al. Estimativa do consumo e da taxa de passagem do capim-elefante (*Pennisetum purpureum* Schum.) sob pastejo de vacas em lactação. *Revista Brasileira de Zootecnia*. v.30, n.6S, p.2183-2191, 2001b.

SOARES, J.P.G., BERCHIELLI, T.T., AROEIRA, L.J.M. et al. Estimativa de consumo do capim-elefante (*Pennisetum purpureum* Schum), fornecido picado para vacas lactantes utilizando a técnica do óxido crômico. *Revista Brasileira de Zootecnia*. v.33, n.3, p.811-820, 2004.

SORIANO, F.D. *Grazing and feeding management of lactation dairy cows*. Virginia: Virginia Polytechnic Institute and State University, 1998, 157p. (Dissertação. Mestrado em Ciências Leiteiras).

SORIANO, F.D., POLAN, C.E., MILLER, C.N. Milk production and composition, rumen fermentation parameters, and grazing behavior of dairy cows supplemented with different forms and amounts of corn grain. *Journal of Dairy Science*. v.83, n.7, p.1520-1529, 2000.

SOUSA, B.M. *Consumo e ambiente ruminal de vacas Holandês-Zebu em lactação sob pastejo de Brachiaria spp. suplementadas com diferentes quantidades de concentrado*. Belo Horizonte: Escola de Veterinária da UFMG, 2006, 77p. (Tese. Doutorado em Ciência Animal).

STERN, M.D., VARGA, G.A., CLARK. J.H. et al. Evaluation of chemical and physical properties of feeds that affect protein metabolism in the rumen. *Journal of Dairy Science*. v.77, n.9, p.2762-2786, 1994.

VALADARES FILHO, S.C., MAGALHÃES, K.A., ROCHA JR., V.R. et al. *Tabelas brasileiras de composição de alimentos para bovinos*. 2. ed. Viçosa: UFV, DZO, 2006, 329p.

VAN SOEST, P. J. *Nutritional ecology of the ruminant*. 2. ed. Ithaca: Cornell University Press, 1994. 476p.

VASQUEZ, E.F.A. *Suplementação com carboidratos não estruturais para novilhas mestiças Holandês x Zebu em pastagem de Panicum maximum cv. Mombaça*. Belo Horizonte: Escola de Veterinária da UFMG, 2002, 113p. (Tese. Doutorado em Ciência Animal).

VAZQUEZ, O.P., SMITH, T.R. Factors affecting pasture intake and total dry matter intake in grazing dairy cows. *Journal of Dairy Science*. v.83, n.10, p.2301-2309, 2000.

VILELA, D., MATOS, L.L., ALVIM, M.J. et al. Utilização de soja integral tostada na dieta de vacas em lactação, em pastagens de Coastcross (*Cynodon dactylon*, L. Pers.). *Revista Brasileira de Zootecnia*, v.32, n.5, p.1243-1249, 2003.

VILELA, D., LIMA, J.A., RESENDE, J.C. et al. Desempenho de vacas da raça Holandesa em pastagem de coastcross. *Revista Brasileira de Zootecnia*, v.35, n.2, p.555-561, 2006.

VILELA, D., FERREIRA, A.M., RESENDE, J.C. et al. Efeito do concentrado no desempenho produtivo, reprodutivo e econômico de vacas da raça Holandesa em pastagem de coast-cross. Arquivo Brasileiro de Medicina Veterinária e Zootecnia, v.59, n.2, p.443-450, 2007.

ESTRATÉGIAS PARA REDUÇÃO DOS CUSTOS DA SUPLEMENTAÇÃO COM CONCENTRADOS

ALEXANDRE MENDONÇA PEDROSO[1]
MARINA DE ARRUDA CAMARGO DANÉS[1]

1. Introdução

O cenário da pecuária leiteira nacional vem melhorando bastante nos últimos anos, tendo se consolidado definitivamente como favorável em 2007. Segundo Nogueira (2008), no ano passado, os produtores chegaram a receber R$ 0,80/litro em algumas regiões do país. A média nacional de 2007 foi a maior dos últimos 10 anos, atingindo R$ 0,648/litro. Em outro estudo para determinar a rentabilidade financeira de diversas atividades no ano de 2007, comparando o lucro operacional com o capital investido (incluindo a terra),

1 Esalq/USP — Departamento de Zootecnia.

o autor mostrou que a produção intensiva de leite (25 mil litros/ha/ano) foi a atividade agropecuária mais rentável, dentre as pesquisadas, gerando uma rentabilidade de 11,90%, ou R$ 3,8 mil/ha/ano (Nogueira, 2008). Dentre todas as aplicações financeiras que participaram do estudo, a atividade leiteira ficou atrás apenas dos investimentos em fundos de ações.

A melhoria do setor se estende para além das fronteiras nacionais, e o leite brasileiro vem ganhando espaço no mercado mundial. Segundo o Ministério de Desenvolvimento da Indústria e do Comércio Exterior (MDIC), de janeiro a dezembro de 2007, as exportações de produtos lácteos totalizaram 96,6 mil toneladas e US$ 273,3 milhões, o que significou um aumento de 8,5% em volume e 97,3% em valor frente ao total exportado em 2006.

Nos últimos sete anos, as exportações passaram de 8,9 mil toneladas em 2000 para 96,6 mil toneladas em 2007, ou seja, um crescimento de 985%, enquanto o volume importado de lácteos reduziu 79,3%, passando de 307,1 para 63,6 mil toneladas. O superávit alcançado de US$ 122,4 milhões em 2007 foi recorde. Até então, o saldo da balança comercial de lácteos havia sido positivo apenas em 2004, com US$ 11,5 milhões e em 2005, com US$ 8,9 milhões (MDIC, 2008).

Por outro lado, apesar dessa nova realidade, o setor agropecuário enfrenta alta nos preços dos alimentos, com destaques para milho e soja, principais grãos utilizados nas rações de vacas leiteiras. Segundo dados do Centro de Estudos Avançados em Economia Aplicada — CEPEA (Ozaki e Alves, 2008), o preço do milho vem aumentando desde julho de 2007 e em março de 2008, a saca de 60 kg do produto atingiu média mensal de R$ 26,77, em Campinas (SP), valor 35% superior ao do mesmo período do ano anterior. Na região de Cascavel (PR), a média mensal foi de R$ 19,70/sc, 24% superior à de março de 2007.

Já o farelo de soja, negociado na Praça de Campinas (SP) em março de 2008, atingiu o valor de R$ 691,00/t - 44% maior que o do mesmo período de 2007. Na região oeste do PR, o valor médio do farelo foi de R$ 620,00/t, 34% maior que o do mesmo período do ano 2007.

A influência do preço dos grãos na rentabilidade da produção leiteira pode ser mais bem entendida analisando-se a relação de troca entre litros de leite e sacas de milho, ou toneladas de farelo de soja, conforme mostra a Figura 1.

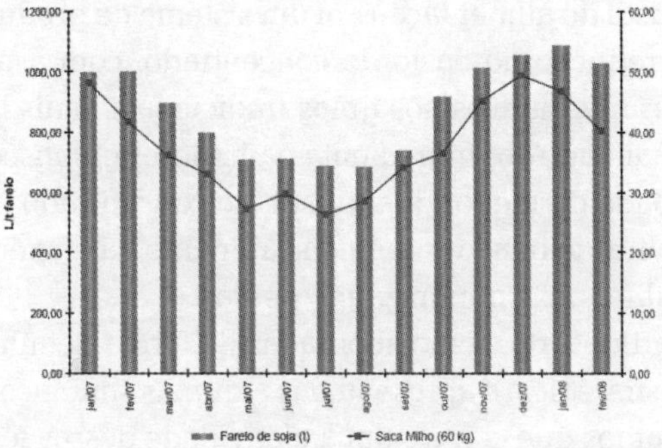

Figura 1. Litros de leite necessários para adquirir uma tonelada de farelo de soja ou uma saca de milho. Fonte: CEPEA — Esalq/USP.

Nota-se que os meses de melhor relação de troca, do ponto de vista do produtor de leite (maio a setembro), ocorrem justamente no período de entressafra do leite e escoamento de safra de grãos. Nesse período há um aumento no preço do leite e os grãos situam-se em valores mais baixos. Por outro lado, o período correspondente a safra do leite (outubro a fevereiro), quando os preços diminuem, coincide com a entressafra de grãos, piorando a relação de troca e reduzindo o poder de compra do produtor.

A atividade leiteira tem grande potencial de crescimento sustentável dentro e fora do país. A competitividade do setor depende, no entanto, da sua capacidade de obter ganhos quando a situação está favorável e evitar perdas quando esta se torna negativa. Nesse contexto, a redução nos custos de produção torna-se ferramenta fundamental para garantir a lucratividade da operação.

Em sistemas intensivos de produção de leite, o fator de maior impacto no custo de produção é a alimentação, que representa de 40 a 60% do custo total e pode, portanto, condicionar o sucesso ou fracasso da atividade. Em qualquer sistema de alimentação, seja confinamento ou suplementação em pastagens, a dieta se baseia em ingredientes volumosos (silagem, feno, pasto) e concentrados (milho, farelo de soja, etc), sendo estes últimos os responsáveis pela maior porção do custo das rações.

Dessa forma, algumas estratégias podem ser adotadas visando reduzir o custo de alimentação em um sistema de produção de leite, tais como: redução do custo do concentrado, com a utilização de ingredientes alternativos aos grãos tradicionais, mais baratos; melhoria da qualidade dos ingredientes volumosos e, conseqüentemente, necessidade de menor quantidade de concentrado para atender a exigência nutricional dos animais; aumento na eficiência de utilização dos alimentos, minimizando perdas.

Neste artigotexto, serão abordadas de forma detalhada as duas primeiras estratégias, e apresentadas algumas simulações e resultados de trabalhos que confirmam a efetividade dessas ferramentas.

2. Importância da qualidade dos alimentos volumosos

O investimento na qualidade dos ingredientes volumosos aparece como opção interessante para a redução dos custos de alimentação, pois além de interferir diretamente na quantidade de concentrado necessária para atender às exigências dos animais, na maior parte das vezes não exige investimentos financeiros, dependendo apenas de práticas de manejo (Da Silva e Nascimento Jr, 2007).

Os parâmetros que melhor caracterizam a qualidade de um ingrediente utilizado na alimentação animal são seus teores de proteína (na análise do alimento encontrada como proteína bruta — PB) (Owens & Zinn, 1988) e energia (representada pelos nutrientes digestíveis totais — NDT) (Ferrell, 1988). Para alimentos volumosos, o teor de fibra (representada pela fibra em detergente neutro — FDN) também é determinante, uma vez que, além de afetar o teor energético do alimento, interfere diretamente na capacidade máxima de ingestão pelos animais (Oba e Allen, 1999). Para ruminantes, a fibra é especialmente importante por estimular mastigação e ruminação e com isso proporcionar a manutenção do ambiente ruminal favorável aos microorganismos (Allen, 1997). Rações para vacas leiteiras necessitam de um teor mínimo de FDN ao redor de 25% para maximizar o funcionamento ruminal e conseqüentemente a produção de leite (NRC, 1989).

Paralelamente ao teor de fibra contido em um alimento, a composição desta fibra determina sua digestibilidade e, com isso, sua contribuição para o valor energético desse alimento. A fibra em detergente neutro (FDN) é a fração do alimento que engloba celulose, hemicelulose e lignina (Van Soest, 1994). Quanto maior o teor de lignina na FDN, menor é sua digestibilidade, e a fibra indigestível pode ocupar bastante espaço no trato digestivo, limitando a capacidade do rúmen e, conseqüentemente, reduzindo o consumo de MS (Thiago & Gill, 1990). Grant et al. (1995) e Dado & Allen (1996) compararam a utilização de silagens com teores de FDN e PB semelhantes, mas com diferentes digestibilidades do FDN para alimentação de vacas em lactação e encontraram aumentos significativos no consumo de matéria seca e na produção de leite de acordo com o aumento da digestibilidade.

Kuoppala et al. (2008), trabalhando com silagem de pastagens consorciadas de capim Timóteo com Festuca, avaliaram o efeito da época de corte na qualidade da forragem, no consumo de vacas leiteiras e na produção de leite. Os autores observaram teores de FDN de 49,8 e 59,4% nas silagens produzidas com materiais cortados precoce (46 dias de crescimento) e tardiamente (58 dias de crescimento), respectivamente. A época de corte também afetou o teor de FDN indigestível, que foi de 5% no corte precoce contra 9,7% no corte tardio. Essas diferenças provocaram alterações significativas no consumo de MS de silagem e na produção de leite das vacas, sob mesmas doses de concentrado. As vacas recebendo silagem do corte precoce ingeriram 17,4 kg MS/dia e produziram 32,2 L leite/dia, enquanto as que comeram silagem do corte tardio consumiram 13,8 kg MS/dia e produziram 28,9 L/dia.

Os parâmetros de qualidade de uma forragem variam de acordo com a espécie de planta utilizada, entretanto alterações significativas podem ser observadas entre plantas da mesma espécie, de acordo com o manejo empregado na cultura. Os teores de PB das plantas forrageiras, por exemplo, são altamente influenciados pelas doses de nitrogênio aplicadas após cada corte ou pastejo. Os teores de PB (%MS) da gramínea Tifton 85 cortada a 5 cm do nível do solo a cada

28 dias, foram de 9,81%, 10,84%, 13,81%, 15,75% e 18,12% para as doses de 0kg, 39kg, 78kg, 118kg e 157kg de N. ha^{-1} por corte (Johnson et al., 2001).

A idade da planta também afeta seus teores PB, FDN e NDT. No início de seu desenvolvimento, a planta forrageira possui FDN predominantemente composta por celulose e hemicelulose. No decorrer de seu desenvolvimento, a planta precisa acumular mais lignina para garantir a sustentação de seus tecidos, e por isso o teor de FDN aumenta e sua composição "piora" com a idade da planta (Van Soest, 1996).

Lobo (2006), estudando o efeito da idade de corte sobre a composição bromatológica do capim-elefante (*Pennisetum purpureum*), constatou aumento no teor de FDN e reduções nos teores de PB e digestibilidade com o aumento da idade de corte, como mostra a Tabela 1.

Tabela 1. Efeito da idade de corte sobre os teores de PB, FDN, lignina e digestibilidade in vitro da matéria seca (DivMS) em capim-elefante.

Idade de corte	PB (%)	FDN(%)	Liginina(%)	DivMS (%)
40	11,63	67,50	3,51	65,86
60	10,67	67,66	3,36	61,83
80	9,02	70,72	4,87	57,31
100	8,01	73,51	5,61	50,13
120	8,07	72,12	6,06	48,05

Fonte: Lobo (2006).

Da mesma forma, Mari, 2003, trabalhando com diferentes intervalos entre cortes em capim marandu (*Brachiaria brizantha* cv. Marandu), encontrou valores de PB variando de 13,3 a 8,9% e FDN de 66,8 a 70,4% para o intervalo entre cortes variando de 15 a 90 dias.

O incremento na qualidade da forragem pode gerar resultados financeiros significativos em um sistema de produção. A simulação a seguir demonstra duas situações em que volumosos de baixa e alta qualidade foram utilizados na dieta de um rebanho de 100 vacas em lactação, criadas a pasto, produzindo em média 25 L/dia. O resultado da simulação é avaliado de acordo com a receita menos custo com alimentação (RMCA) proporcionada por cada dieta e visa relatar a influência da qualidade do volumoso no lucro da atividade.

A Tabela 2 mostra a formulação das duas dietas, para as quais se preparou um concentrado específico para complementar as características de cada forragem a fim de se atingir o nível de produção estabelecido. Considerou-se um preço de R$ 0,71 por litro de leite (dados do CEPEA — Esalq/USP, como média brasileira em maio de 2008). Os preços considerados para os alimentos concentrados (dados do CEPEA e FNP, maio de 2008) foram: milho moído = R$ 446,00; caroço de algodão = R$ 400,00; farelo de algodão = R$ 410,00; farelo de soja = R$ 691,00; polpa cítrica = R$ 350,00; uréia = R$ 1500,00; núcleo mineral = R$ 1.200,00; bicarbonato de sódio = R$ 1.390,00 — valores em R$ por tonelada.

Tabela 2. Receita menos o custo de alimentação (RMCA) para rebanho com 100 vacas em lactação, produzindo em média 20kg leite/vaca/dia, considerando pastagens de qualidade diferentes.

Ingrediente	Pasto Bom[1]	Pasto Ruim[1]
Milho moído, kg MO	1,14	1,59
Caroço de algodão, kg MO	0,78	1,11
Farelo de algodão, kg MO	2,98	3,20
Farelo de soja, kg MO	0,00	0,56
Polpa cítrica, kg MO	2,10	2,10
Núcleo mineral, kg MO	0,45	0,45
kg MO de concentrado	7,45	9,01
Custo por vaca/dia, R$[2]	4,86	5,50
Custo por kg de leite, R$	0,24	0,27
kg leite/kg concentrado	2,68	2,22
RMCA por vaca, R$	9,34	8,70
Economia por ano, R$		**23.208,89**

[1] Pasto bom = 59,5% NDT, 50% FDN, 12% PB; Pasto ruim = 55% NDT, 65% FDN, 9% PB;

[2] Os preços dos concentrados e do leite foram levantados no mercado do estado de São Paulo; em maio de 2008. O custo da pastagem foi fixado em R$ 25,00/tonelada.

Nota-se que com o pasto de melhor qualidade economiza-se 1,56 kg de concentrado por vaca/dia. Isso é possível pois, pois essa forragem pode ser consumida em maior quantidade, principalmente em função de seu menor teor de FDN, o que provoca menor efeito de enchimento nos animais. Além disso, o concentrado utilizado com o pasto de melhor qualidade tem menor custo, devido ao teor de PB de 22%, contra 23,2% do concentrado formulado para o pasto de valor nutritivo mais baixo. Sendo assim, como mostra a última linha da Tabela 2, é possível obter uma economia de mais de R$ 23.200,00 ao ano para esse rebanho, por meio da melhoria da qualidade do pasto. Vale ressaltar que são níveis passíveis de serem atingidos apenas com alterações de manejo.

O pasto de pior qualidade, além de exigir um concentrado com maior teor de PB, impõe a necessidade da utilização de farelo de soja para suprir as exigências dos microrganismos ruminais por proteína degradável no rumem (PDR). Isso é imprescindível para que a síntese de proteína microbiana (PMic), principal fonte de aminoácidos para as vacas, seja maximizada (Owens & Zinn, 1988). Com a forragem de melhor qualidade foi possível formular o concentrado somente com o farelo de algodão, fonte de proteína menos degradável, e normalmente mais barata que a soja.

Quando se trabalha com rebanhos mantidos em pastagens, a qualidade da forragem não é suficiente para garantir bom desempenho. Para que as vacas possam expressar todo o seu potencial, é preciso que a oferta de forragem (OF) seja suficiente (Peyraud et al, 1996). O aumento na OF propicia aumento no consumo de matéria seca (CMS) da forragem e evidencia uma característica de consumo muito importante, que é a capacidade do animal em selecionar materiais de melhor qualidade em relação à média da pastagem. Estudos de morfologia da planta no pré e pós pastejo demonstraram que os animais apresentam uma clara preferência por folhas verdes em detrimento de talos e/ou material já senescente (Martinez, 2004; Voltolini, 2006; Carareto, 2007).

Nesse contexto é importante enfatizar que as características estruturais do pasto têm efeito direto sobre o CMS, uma vez que afetam a facilidade de colheita da forragem pelo animal. A altura, densidade de folhas, relação folha/caule, proporção de material morto, interferem com o consumo, pois alteraram o tamanho dos bocados, a taxa de bocados e o tempo de pastejo (Sarmento, 2003). Sendo assim, o manejo do pastejo, com base em metas de pasto, como altura, índice de área foliar e interpretação luminosa, é uma ferramenta fundamental para o máximo aproveitamento da forragem produzida (Da Silva & Nascimento Jr, 2007).

A qualidade da forragem é igualmente importante quando se trabalha com volumosos conservados. A Tabela 3 mostra simulação semelhante à discutida anteriormente, utilizando agora silagem de milho como volumoso. As premissas são parecidas, um rebanho com 100 vacas em lactação com média de produção de 30 kg de leite/vaca/dia. Considerou-se uma silagem de boa qualidade e outra de qualidade inferior, variando os teores de NDT, FDN e PB. Os preços dos alimentos concentrados são os mesmos adotados para os cálculos da Tabela 2.

Tabela 3. Receita menos o custo de alimentação (RMCA) para rebanho com 100 vacas em lactação, considerando silagens de milho de qualidade diferentes.

Ingrediente	Silagem Boa[1]	Silagem Ruim[1]
Silagem de milho, kg MO	41,06	35,20
Caroço de algodão, kg MO	1,55	1,55
Farelo de algodão, kg MO	2,43	2,98
Farelo de soja, kg MO	0,84	0,89
Polpa cítrica, kg MO	2,58	4,42
Uréia, kg MO	0,07	0,05
Núcleo mineral, kg MO	0,45	0,45
Bicarbonato de sódio, kg MO	0,15	0,15
kg MO de concentrado	8,07	10,49
Custo por vaca/dia, R$[2]	6,42	6,94
Custo por kg de leite, R$	0,21	0,23
kg leite/kg concentrado	3,72	2,86
RMCA por vaca, R$	14,88	14,36
Economia por ano, R$		**19.069,43**

[1] Silagem boa = 68,8% NDT, 45% FDN, 9% PB; Silagem ruim = 60,7% NDT, 65% FDN, 8% PB;

[2] Os preços dos concentrados e do leite foram levantados no mercado do estado de São Paulo em maio de 2008. O custo da silagem de milho foi fixado em R$ 60,00/tonelada.

Como ocorreu na simulação anterior, a silagem de melhor qualidade também exigiu menor quantidade de concentrado, nesse caso da ordem de 2,42 kg vaca/dia. Isso resulta em um custo de alimentação diário por vaca R$ 0,52 mais baixo, o que se reflete numa economia anual de mais de R$ 19.000,00 com a silagem de melhor qualidade. Da mesma forma, a melhoria da qualidade da silagem depende principalmente de ferramentas de manejo, como ponto correto da colheita que possibilite boa fermentação e perdas reduzidas no silo; manutenção das facas das colhedoras sempre bem afiadas, permitindo o tamanho de partícula mais adequado para boa compactação e posterior ingestão pelos animais; bom manejo da retirada da silagem de forma a minimizar perdas; e manutenção da correta vedação do silo (Ruppel et al, 1995; Muck & Holmes, 2000).

Os resultados das simulações apresentadas evidenciam o papel fundamental da qualidade da forragem na lucratividade de qualquer sistema de produção de leite. O investimento na produção de volumosos se mostra cada vez mais interessante e é uma preocupação global, tanto para contornar a alta dos preços de grãos, inflacionados mundialmente pela bioenergia, quanto para atender exigências cada vez mais presentes do desenvolvimento sustentável.

3. Utilização estratégica de co-produtos da agroindústria na suplementação de vacas leiteiras

Como já comentado anteriormente, o mundo passa hoje por um momento de alta no preço dos alimentos, devido não só ao crescente interesse pela produção de biocombustíveis, mas também ao acelerado aumento da população, que não é acompanhado de forma proporcional pela produção de alimentos. Essa realidade torna questionável o benefício da suplementação de animais criados em pastagens, uma vez que a utilização do concentrado aumenta consideravelmente o custo da alimentação, principalmente com os preços atuais dos grãos de cereais.

No entanto, o objetivo principal de um sistema sustentável de produção de leite deve ser maximizar a receita menos o custo de alimentação (RMCA). Sabendo-se que a alimentação representa grande parte dos custos de produção, este parâmetro é sinônimo de eficiência econômica. É possível obter rentabilidade mais elevada produzindo a custo maior, desde que este aumento nos custos resulte em maior rentabilidade do sistema. Esse é o conceito que sustenta a viabilidade da suplementação com concentrados.

Na Tabela 4 estão apresentados os custos de produção, receita total e retorno sobre o custo de alimentação de um lote de 100 vacas, comparando o sistema com e sem suplementação.

A suplementação proporcionou aumento de 8 kg leite/vaca/dia, e mesmo com aumento de 110% no custo de alimentação das vacas, gerou incremento de 52% no RMCA, permitindo a obtenção de um

Tabela 4. Receita menos custo de alimentação (RMCA) para lote com 100 vacas em lactação, com e sem suplementação com concentrado.

Ingrediente	Sem suplemento	Com suplemento
Produção, kg leite/vaca/dia	12	20
Pasto[1], kg MO/vaca/dia	68,16	49,75
Milho moído, kg MO/vaca/dia		3,75
Farelo de soja, kg MO/vaca/dia		1,68
Núcleo mineral, kg MO/vaca/dia	0,38	0,38
kg MO concentrado/vaca/dia	0,38	5,81
Receita bruta, R$/vaca/dia	8,53	14,22
Custo por vaca/dia, R$[2]	2,16	4,55
Custo por kg de leite, R$	0,180	0,227
RMCA por vaca, R$	6,37	9,67
Ganho por vaca/dia, R$		**3,30**
Ganho por ano, R$		**120.445,26**

[1] Pasto = 61% NDT, 50% FDN, 14% PB.

[2] Os preços dos concentrados e do leite foram levantados no mercado do estado de São Paulo; em maio de 2008.

saldo adicional de mais de R$ 120.000,00 em um ano, com um lote de 100 vacas. Adicione-se a essa vantagem a possibilidade de aumento na taxa de lotação dos pastos, uma vez que a suplementação ocasionou uma redução de 27% no consumo de forragem. Essa simulação mostra que mesmo com os altos valores dos grãos de cereais, a suplementação de vacas leiteiras mantidas em pastagem ainda é vantajosa.

Outra ferramenta importante a ser utilizada na redução do custo de alimentação, e conseqüente maximização do RMCA, é a substituição dos ingredientes tradicionais do concentrado (grãos de cereais) por produtos alternativos, oriundos do processamento industrial de produtos agrícolas. Por serem resíduos da agroindústria, os co-produtos apresentam, de um modo geral, preços inferiores aos dos ingredientes tradicionais, nas regiões onde são gerados.

Há inúmeros co-produtos disponíveis em todo o Brasil, com variações regionais decorrentes das aptidões agrícolas das diferentes regiões do país. A disponibilidade e o preço em relação aos ingredientes tradicionais são os principais fatores a serem observados na tomada de decisão pela sua inclusão nas rações, além de suas características nutritivas. A Tabela 5 mostra uma comparação do uso do concentrado tradicional, apresentado na Tabela 4, a base de milho e farelo de soja, em relação a um concentrado utilizando ingredientes alternativos, como polpa cítrica, farelo de glúten de milho e farelo de algodão.

Tabela 5. Receita menos custo de alimentação (RMCA) para lote com 100 vacas em lactação, suplementadas com concentrados diferentes.

Ingrediente	Concentrado tradicional	Concentrado alternativo
Produção, kg leite/vaca/dia	20	20
Pasto[1], kg MO/vaca/dia	49,75	49,75
Milho moído, kg MO/vaca/dia	3,75	
Farelo de soja, kg MO/vaca/dia	1,68	
Polpa cítrica, kg MO/vaca/dia		3,15
FGM — 21, kg MO/vaca/dia		1,12
Farelo de algodão, kg MO/vaca/dia		1,99
Núcleo mineral, kg MO	0,38	0,38
kg MO concentrado/vaca/dia	5,81	6,64
Receita bruta, R$/vaca/dia	14,22	14,22
Custo por vaca/dia, R$[2]	4,55	4,06
Custo por kg de leite, R$	0,227	0,203
RMCA por vaca, R$	9,67	10,16
Economia por vaca/dia, R$		**0,49**
Economia por ano, R$		**17.755,79**

[1] Pasto = 61% NDT, 50% FDN, 14% PB.

[2] Os preços dos concentrados e do leite foram levantados no mercado do estado de São Paulo; em março de 2008.

A utilização dos co-produtos, apesar de elevar o consumo de concentrado em 14%, reduziu em 11% o custo da alimentação, o que se reflete numa economia anual de mais de R$ 17.700,00 para um lote de 100 vacas.

O principal fator considerado na avaliação da viabilidade do uso de co-produtos é a possibilidade de vantagem econômica, seja por redução direta no custo da alimentação, ou por melhor desempenho animal, resultante de melhoria na eficiência alimentar. Entretanto, vários componentes devem ser considerados na formação do preço de um co-produto como: logística, transporte, descarga e armazenamento; perdas na armazenagem; fluxo de caixa da propriedade; teor de matéria seca (MS) do material (principalmente no caso de produtos úmidos); e composição nutricional.

Além do benefício econômico, o uso de co-produtos permite maior flexibilidade na formulação dos concentrados, em função da maior diversidade de alimentos. Alguns produtos alternativos contêm ingredientes especiais ou complementares aos já existentes, que proporcionam um "ajuste fino" da dieta, possibilitando melhor desempenho dos animais. Como exemplo, poderíamos citar o resíduo de cervejaria, que possui alto teor de proteína não degradável no rúmen (PNDR) (Imaizumi, 2005), além de aminoácidos normalmente limitantes em dietas baseadas em milho e soja (Imaizumi, 2005), podendo auxiliar no balanceamento de dietas de vacas leiteiras de produção mais elevada. Outro exemplo seria a fibra de alta digestibilidade da polpa cítrica e da casca de soja (Orskov, 1987; Ipharraguerre & Clark, 2003), dois alimentos energéticos que normalmente têm efeito associativo positivo quando utilizados em substituição a parte do milho, em dietas com alta inclusão de concentrados, trazendo benefício tanto à saúde quanto à produtividade animal.

Paralelamente a um correto balanceamento, a constância da formulação também representa uma vantagem, especialmente quando se fala em nutrição de ruminantes. A população de microrganismos do rúmen passa por uma readaptação toda vez que a dieta é alterada. Isto leva algum tempo e, na prática, representa queda temporária de desempenho (Yokoyama & Johnson, 1988). A aquisição de fórmulas prontas que, com raras exceções, são formulações de custo mínimo, e, portanto, apresentam alterações freqüentes em seus ingredientes, pode gerar desempenho inconstante. Quando se formula o concentrado na fazenda, os resultados podem ser mais bem monitorados, o que a médio/longo prazos, pode auxiliar nas decisões de quais ingredientes utilizar e em quais ocasiões e proporções.

Outra vantagem refere-se ao processamento. A maioria dos co-produtos dispensa qualquer tipo de processamento (como a moagem), pois são comercializados em forma adequada ao uso (farelados ou peletizados). Isto também representa economia de mão-de-obra e energia, e se faz mais evidente nas situações em que se trabalha com vagões de ração completa, que dispensam inclusive a pré mistura (batida) dos ingredientes, que muitas vezes são pesados no próprio vagão. Em alguns casos, as características de armazenagem e conservação também são favoráveis. Como exemplo, podemos citar novamente a polpa cítrica (Carvalho, 1998) e a casca de soja que, diferente do milho que normalmente substituem, não exigem cuidados especiais no que se refere ao controle de insetos e roedores, que podem promover perdas consideráveis se não expurgados periodicamente. Em pequenas propriedades, onde a mão-de-obra é limitada e o consumo é pequeno, a carga de um caminhão pode levar meses para ser consumida. Nesta situação, estas vantagens de armazenamento têm grande valia.

Estudos que avaliam o efeito da substituição de ingredientes tradicionais por co-produtos no desempenho de vacas leiteiras têm sido freqüentes nos últimos anos na comunidade científica (Martinez, 2008). Para cada co-produto avaliado, busca-se atingir seu nível ótimo de utilização em determinada situação. Os resultados têm se mostrado bastante interessantes e oferecem novas ferramentas para os nutricionistas e produtores flexibilizarem cada vez mais o componente mais oneroso do sistema de produção: a alimentação do rebanho.

Serão apresentados a seguir alguns dos co-produtos mais estudados, suas principais características, bem como resultados de trabalhos que mostrem o desempenho animal decorrente de sua utilização.

3.1. Polpa Cítrica

3.1.1. Origem do produto

A polpa cítrica é um subproduto da fabricação de suco concentrado, principalmente de laranja e em menor escala de limão, obtido após duas prensagens dos frutos, que reduzem a umidade a 65-75%. Posteriormente o material é seco a 100-116°C, até que se atinja um teor de MS ao redor de 88-90% e então é peletizado. O resultado final é um co-produto constituído de cascas, sementes, bagaço e frutas descartadas. A secagem e peletização se fazem necessárias, pois a polpa cítrica úmida contém apenas 17 a 27% de MS. Este alto teor de umidade aliado ao seu alto teor em açúcares dificulta sua comercialização devido ao custo do frete, dificulta sua conservação na forma de silagem, assim como propicia rápida deterioração aeróbica quando estocada ao ar livre (Carvalho, 1998).

A polpa cítrica é rica em pectina, um carboidrato de alto valor nutricional, porém com alta capacidade de reter água, o que dificulta o processo de secagem da polpa. Para facilitar a secagem, adiciona-se 0,3 a 0,6% de hidróxido ou óxido de cálcio antes da prensagem. Dessa forma, o produto final é rico em cálcio e pobre em fósforo, o que requer cuidados especiais na formulação da dieta, quando este subproduto é usado em substituição aos grãos de cereais, como milho e sorgo, pobres em cálcio e adequados em fósforo (Carvalho 1998).

Em média, para cada 100 kg de frutas frescas, são obtidos 7,3 kg de polpa cítrica sem melaço e 11,1 kg da polpa cítrica com melaço. Normalmente, o melaço é adicionado de volta nas indústrias nacionais, gerando produto com alto teor de açúcares solúveis (Carvalho 1998).

Apesar de o Brasil ser o principal produtor mundial, até meados de 1993 o produto era quase desconhecido para a pecuária nacional. A principal razão residia no fato de que a polpa cítrica peletizada, desde o início da década de 70 era exportada quase que integralmente para a Europa (95-97% da produção), sendo empregada como ingrediente de ração para bovinos. No entanto, em meados de 1993, o produto sofreu uma queda nas cotações internacionais em virtude de menor demanda, o que obrigou as indústrias esmagadoras a direcionarem parte da produção para o mercado interno (Carvalho, 1995).

Apesar da importância recente, a polpa de citros peletizada consolidou-se e vem conquistando cada vez mais seu espaço no mercado interno, não só pelo trabalho de divulgação exercido por técnicos e revistas especializadas, como também pelas qualidades nutricionais deste alimento (Carvalho, 1995) e seu custo competitivo com o milho (Santos et al., 2004). Adiciona-se a isso o fato de que a sua época de produção é extremamente favorável, com a safra sendo iniciada em maio e terminando em janeiro, coincidindo com a entressafra de grãos, como milho e sorgo. Desta forma, os produtores de leite contam com um importante suplemento energético exatamente nos meses em que o milho atinge cotação máxima.

3.1.2. Valor nutricional da polpa cítrica

Com base nos dados de composição bromatológica (Tabela 6), atribui-se à polpa de citros peletizada um valor energético ao redor de 85-90% do valor do milho, assim como um menor teor em proteína bruta (NRC, 1989; Stern & Ziemer, 1993). A polpa cítrica peletizada deve ser considerada um alimento concentrado energético (FDN entre 20 e 25% da MS), entretanto apresenta características particulares, sob o aspecto da fermentação ruminal, que a colocam como um produto intermediário entre volumosos e concentrados (Lanza, 1995).

Quando comparada ao milho, a polpa cítrica é um material com teor muito baixo de amido, com valores entre 0,1 e 0,14% (Deaville et al., 1994) e alto teor de FDN, com 24,2% da MS (NRC, 2001). Entretanto, a fração fibrosa da polpa cítrica tem apenas 1% de lignina e é quase totalmente degradada no rúmen (Orskov, 1987). Outra característica importante a ser mencionada é o seu alto teor de carboidratos solúveis, ao redor de 25% da matéria seca (Waiman & Dewey, 1988), enquanto valores de até 35% foram relatados por Faria et al. (1972).

Além de possuir alto teor de carboidratos solúveis e parede celular altamente digestível, a polpa cítrica é rica em pectina (25% da MS), carboidrato constituído por polímeros de ácido galacturônico e que fazem parte da estrutura da parede celular dos vegetais. A pectina é um carboidrato estrutural com elevado potencial de degradação ruminal (90-100%) (Nocek & Tamminga, 1991; Stern & Ziemer, 1993), sendo invariavelmente o carboidrato complexo de mais rápida taxa de degradação ruminal (Van Soest et al., 1991). Taxas de degradação ruminal entre 30 a 50%/h foram relatadas na literatura para a pectina (Sniffen, 1988).

Tabela 6. Composição nutricional da polpa cítrica peletizada.

Composição	Concentração (%)	Referência
Proteína	6,9	NRC (2001)
	6,7	NRC (1996)
	6,1	MACHADO (2001)
N-FDN	53,0 da proteína	NRC (1996)
N-FDA	11,0 da proteína	NRC (1996)
FDN	23,0	NRC (1996)
	24,2	NRC (2001)
	23,6	MACHADO (2001)
	24,07	CARVALHO et al.(1998)

continua...

...continuação

Tabela 6. Composição nutricional da polpa cítrica peletizada.

FDA	24,9	NRC (1996)
	19,47	CARVALHO et al.(1998)
Lignina	0,9	NRC (2001)
Extrato etéreo	3,7	NRC (1996)
	4,9	NRC (2001)
	3,2	MACHADO (2001)
Cinzas	6,6	NRC (1996)
	7,2	NRC(2001)
Ca	1,92	NRC (2001)
P	0,12	NRC (2001)
NDT	80,0	NRC (2001)
NDT	82,0	NRC (1996)

A fermentação da pectina é peculiar, gerando grande quantidade de energia por unidade de tempo, como ocorre com o amido e açúcares, porém com padrão de fermentação mais acético, típico de digestão de celulose e hemicelulose, reduzindo os riscos de acidose. Em comparação com o amido, a pectina possui menor propensão em causar queda de pH ruminal, pois sua fermentação ruminal favorece a produção de acetato e não lactato e propionato como a fermentação amilolítica (Van Soest, 1987; Van Soest, 1994).

Em dietas para vacas leiteiras de alta produção, na qual a inclusão de alimentos concentrados é elevada, pode haver deficiência de fibra ou excesso de carboidratos não fibrosos com efeitos negativos sobre a motilidade ruminal e estímulo à ruminação (Menezes Jr., 1999). Dietas contendo silagem e grãos de milho ou sorgo podem conter teores de amido entre 25 a 33%. Estes teores podem resultar em produção de leite com baixos teores de gordura. A substituição parcial dos grãos de cereais por polpa cítrica peletizada na dieta eleva o teor de fibra, reduz o teor de amido e ainda mantém adequada disponibilidade de carboidratos degradáveis no rúmen (Santos et al., 2001). Esta prática pode gerar um efeito desejável em dietas de vacas em lactação. Isto ocorre basicamente pela redução na queda do pH ruminal devido à fermentação acética em substituição à fermentação láctica e pela capacidade de tamponamento ruminal da pectina (Van Soest, 1987).

A maior disponibilidade de ácido acético (precursor da gordura do leite) e melhor ambiente ruminal propiciam condições para a elevação do teor de gordura do leite quando a polpa cítrica é introduzida na dieta em substituição parcial aos grãos de cereais ricos em amido (Lucci et al., 1975; Van Horn, 1975; Sutton et al., 1987, citados por Rocha Filho, 1998; Belibasakis et al., 1996; Menezes Jr., 1999).

Quando a polpa cítrica é incluída na dieta, há necessidade de se utilizar suplementos minerais distintos dos tradicionalmente usados em dietas à base de milho e sorgo, em função do alto teor de cálcio e baixo de fósforo deste co-produto. A não adequação dos teores de fósforo na dieta poderá resultar em baixo desempenho tanto de vacas leiteiras como de animais em crescimento. Outro problema que pode ocorrer é a redução na absorção de microminerais como zinco, devido ao alto teor de cálcio na dieta. A suplementação com doses mais altas de zinco, cobre e selênio é recomendada quando a polpa cítrica é usada em doses elevadas na dieta (Santos et al, 2004).

Com relação à secagem da polpa, quando excessiva, resulta em material com aspecto queimado ou escurecido. Isto reduz a digestibilidade da proteína e pode ser checada com a análise de N retido na fração FDA (N-FDA). Valores acima de 12% do N total como N-FDA indicam secagem excessiva do material. Outro efeito negativo da secagem excessiva é a redução no consumo da dieta e na digestibilidade da MS. Os dados de Bruno e Moreno (2000) com bovinos machos castrados confirmam o acima exposto. A polpa normal apresentou NDT de 84,20% contra 71,90% para a polpa queimada.

Outra particularidade importante é que quando do envio da polpa para análise laboratorial, deve-se requisitar a análise seqüencial de FDN e FDA. A solução de detergente ácido não consegue solubilizar totalmente a pectina da polpa, resultando em valores de FDA superiores aos de FDN. O problema é solucionado com a análise seqüencial, utilizando a solução de detergente ácido no resíduo da FDN.

3.1.3. Desempenho de vacas leiteiras alimentadas com polpa cítrica

Nas Tabelas 7, 8 e 9 são sumarizados alguns trabalhos realizados recentemente no Brasil, para avaliar a substituição parcial do milho

(50%) por polpa cítrica peletizada na dieta de vacas leiteiras mantidas em confinamento com silagem de milho ou em pastagens tropicais.

Tabela 7. Efeito da substituição parcial do milho por polpa cítrica na produção de leite (kg/animal/dia).

50% milho:50% polpa	100% milho	Autor
21,98	21,28	Santos et al. (2001)
28,32b	28,81a	Andrade (2002)
19,16ª	16,74b	Nussio et al. (2002)*
18,60	18,75	Carmo et al. (2003 a)
29,59b	30,67a	Carmo et al. (2003 b)
18,75	18,22	Martinez et al. (2003 a)
13,93	13,71	Martinez et al. (2003 b)
17,27	17,43	Scoton (2003)
20,46	20,72	Moreira et al. (2004)
20,89	20,70	

*Leite corrigido para teor de gordura igual a 3,5%; Letras diferentes na mesma linha referem-se a médias que diferem significativamente entre si.

Com base nos dados apresentados na Tabela 7, podemos concluir que para vacas com produção entre 13 a 22 kg de leite/dia, a substituição parcial do milho (50%) por polpa cítrica peletizada não afetou a produção de leite. Para vacas com produções desta ordem o NRC parece subestimar o valor energético da polpa cítrica em relação ao milho. Neste caso estes alimentos têm valor energético similar.

Tabela 8. Efeito da substituição parcial do milho por polpa cítrica nos teores de gordura do leite (%).

50% milho:50% polpa	100% milho	Autor
3,59a	3,19b	Santos et al. (2001)
3,62	3,37	Andrade (2002)
3,94	4,05	Nussio et al. (2002)
3,55	3,64	Carmo et al. (2003 a)
3,45	3,45	Carmo et al. (2003 b)
3,54	3,53	Martinez et al. (2003 a)
3,86	3,71	Martinez et al. (2003 b)
3,32	3,43	Scoton (2003)
4,02	4,34	Moreira et al. (2004)
3,65	3,63	

Tabela 9. Efeito da substituição parcial do milho por polpa cítrica nos teores de proteína do leite (%).

50% milho:50% polpa	100% milho	Autor
3,07	3,17	Santos et al. (2001)
3,01	3,10	Andrade (2002)
3,47	3,61	Nussio et al. (2002)
3,49	3,51	Carmo et al. (2003 a)
3,02	3,05	Carmo et al. (2003 b)
3,06	3,06	Martinez et al. (2003 a)
3,37	3,35	Martinez et al. (2003 b)
3,49	3,45	Scoton (2003)
3,36b	3,55a	Moreira et al. (2004)
3,26	3,32	

No trabalho de Carmo (2003b), com vacas produzindo ao redor de 30 kg de leite/dia, houve redução na produção quando a polpa substituiu 50% do milho na dieta. Entretanto, quando a polpa substituiu 33% do milho, a produção foi numericamente superior à dieta sem o co-produto. Os teores de gordura podem ser aumentados com a inclusão de polpa, quando estes se apresentam baixos nas dietas com milho.

Assis et al (2004) avaliaram a substituição parcial e total do milho pela polpa cítrica, com doses de inclusão de 0, 33, 66 e 100% de polpa, e não encontraram diferenças na produção e composição de leite de vacas alimentadas com silagem de milho. Eifert et al (2006) avaliaram, em experimento conduzido no Departamento de Zootecnia da UFV, a substituição total do milho por polpa cítrica em dietas de vacas leiteiras mestiças (Holandês x Gir) confinadas. O consumo de MS (18,4 kg/vaca.dia) e a produção de leite (23,5 kg/dia) não diferiram entre as dietas com milho ou polpa cítrica.

3.2. Casca de Soja

3.2.1. Origem do produto

A produção nacional de soja vem crescendo de forma expressiva nos últimos anos, com safra recorde de 59,5 milhões de toneladas em 2007/2008 (CONAB, 2008).

O processamento da soja com o objetivo de se extrair o óleo gera dois subprodutos de grande importância na alimentação de bovinos, o farelo de soja e a casca de soja. O processamento da soja através da extração do óleo por solvente consiste de três fases: a) preparo da soja; b) extração do óleo e c) formulação do farelo de soja. Durante o preparo da soja, os grãos são limpos e passados através de rolos conjugados. A quebra dos grãos facilita a remoção da casca por aspiração. A casca passa então por um processo de tostagem para inativar a enzima urease e posterior moagem para aumentar a densidade do material. Parte da casca é adicionada de volta ao farelo de soja, para ajustar a sua composição. Cada tonelada de soja moída para a extração do óleo gera em média 183 kg de óleo, 733 kg de farelo 48% e 50 kg de casca (Blasi et al., 2000).

No Brasil, se produz principalmente o farelo de soja com 45% PB e não o com 48% PB, o que resulta em maior adição de casca ao farelo e menor disponibilidade de casca no mercado. Mesmo assim, a estimativa atual é que a disponibilidade de casca no mercado gire em torno de 2,9 milhões de toneladas, o que coloca este subproduto como uma importante opção aos produtores de leite.

3.2.2. Valor nutricional da casca de soja

A casca de soja é composta principalmente de fibra, que tem pouco valor para alimentação humana e uso industrial. No entanto, suas características fisico-químicas, a facilidade de aquisição em algumas regiões e seu preço competitivo fazem da casca de soja um alimento interessante para o bovinos leiteiros. Além do potencial para ser uma alternativa econômica, a substituição de grãos de cereais por casca de soja em dietas para vacas leiteiras pode contribuir para um ambiente ruminal mais favorável para a digestão de fibra e menor risco de acidose. Alternativamente, a casca de soja pode ser usada como uma fonte de fibra em substituição parcial ao volumoso.

O valor nutricional da casca de soja para ruminantes é determinado em parte pela natureza química da casca. Como para muitos outros subprodutos, a composição química da casca de soja varia muito entre as indústrias processadoras (Belyea et al., 1989; DePeters et al., 1997).

Segundo Miron et al. (2001), os carboidratos, predominantemente polímeros de glicose, perfazem aproximadamente 80% da matéria seca da casca de soja e muitos destes carboidratos (~75%) são derivados de polissacarídeos recuperados na fração FDN. De acordo com o NRC (2001), a casca de soja contém 60,3% de FDN e 44,6% de FDA na matéria seca. A fração fibrosa da casca de soja, que contém relativamente grande quantidade de celulose (~43% da MS da casca) e hemicelulose (~18% da MS) é muito pouco lignificada. O teor de lignina da casca de soja está em torno de 1,4% a 3,9% quando medido como lignina em detergente ácido e 4,3% quando medido como lignina em permanganato. O teor de amido tem variado de 0 a 9,4% com valores médios de 3,6% e os teores médios de pectina têm se situado em torno de 12,8% da MS. A Tabela 10 apresenta dados médios de composição da casca de soja.

O valor nutricional da casca de soja é afetado pela taxa com que é digerida no rúmen e pela taxa com que ela passa para os outros compartimentos do trato gastrointestinal (Firkins, 1997; Grant, 1997). Dados de experimentos *in situ* e *in vitro* mostram que os microrganismos ruminais são capazes de fermentar extensivamente a casca de soja. Em recente revisão de Ipharraguerre e Clark (2003), em cinco de sete estudos a fração FDN da casca de soja foi fermentada a uma taxa média de 5,6%/h e, em quatro estudos, o desaparecimento de FDN foi em torno de 90% após 96 horas de incubação.

Tabela 10. Composição bromatológica da casca de soja.

Nutriente	Concentração (%MS)	
	NRC (2001)[1]	Ipharraguerre & Clark[2]
Matéria Seca	90,9	---
Proteína Bruta	13,9	11,8
Extrato Etéreo	2,7	2,7
Matéria Mineral	4,8	---
FDN	60,3	65,6
FDA	44,6	47,7
Carboidratos não estruturais[6]	5,3	7,9
NDT[7]	67,3	---
Energia Líquida de Lactação[8]	1,46	---
Energia Líquida de Manutenção	1,58	---
Energia Líquida de Ganho	0,98	---
Lignina	2,5	---
Açúcares[9]	3,98	---
Amido[9]	3,98	2,9

continua...

...continuação

Tabela 10. Composição bromatológica da casca de soja.

Pectina[9]	8,8	---
Proteína não degradável (% PB)	39,9	---
Proteína solúvel (% PB)	22,5	---
Ca	0,63	---
P	0,17	---
Mg	0,25	---
K	1,51	---
Cl	0,05	---
Na	0,01	---
S	0,12	---
Co	0,12	---
Cu	10	---
Fe	604	---
Mn	26	---
Zn	35	---

[1] NRC (2001);

[2] Ipharraguerre & Clark (2003).

3.2.3. Desempenho de vacas leiteiras alimentadas com casca de soja

Ipharraguerre & Clark (2003) compilaram diversos trabalhos que avaliaram a relação entre o desempenho de vacas leiteiras e a substituição do milho pela casca de soja. Em 13 de 15 estudos não houve diferença na ingestão de matéria seca de animais alimentados com dietas controle, comparados com aqueles que receberam casca de soja. A correlação entre produção de leite e a porcentagem de casca de soja na dieta em 10 estudos foi baixa e não significativa. O teor de gordura do leite não se correlacionou com a concentração de casca de soja na dieta, ou com o teor de FDN provindo da casca de soja, em 10 dos estudos revisados.

A substituição de grão de cereais por casca de soja significativamente (Firkins & Eastridge, 1992, Sarwar et al., 1992; Pantoja et al., 1994) ou numericamente (Conrad & Hibbs, 1961; Ipharraguerre et al., 2002a) diminuiu o teor de proteína do leite. Esta resposta pode parcialmente ser explicada pelo baixo teor de carboidratos não estruturais em dietas que contêm altos níveis de casca de soja, podendo limitar a síntese de proteína microbiana no rúmen (Sarwar et al., 1992).

Dois estudos (Pedroso et al., 2007; Carmo et al., 2003) foram conduzidos no Departamento de Zootecnia da Esalq/USP para estudar a substituição do milho e da polpa cítrica por casca de soja, para vacas alimentadas com silagem de milho, produzindo ao redor de 25 a 29 kg de leite/dia.

No estudo de Pedroso et al. (2007) as dietas continham milho e polpa cítrica em partes iguais na dieta (M). O milho foi substituído por casca de soja em 50% (M+CS) ou 100% (CS) na dieta (Tabela 11).

Tabela 11. Substituição de milho por casca de soja.

	M	M+CS	CS	Linear	Desvio
CMS (kg/d)	23,53	21,76	23,22	NS	NS
Leite (kg/d)	28,21	28,28	28,51	NS	NS
LCG 3,5% (kg/d)	28,20	28,40	28,85	NS	NS
Gordura (%)	3,53	3,51	3,57	NS	NS
Proteína (%)	3,09	3,09	3,07	NS	NS
Lactose (%)	4,32	4,33	4,33	NS	NS
LCG 3,5%/CMS	1,19	1,30	1,24	**	**

M= milho; M+CS = milho + casca de soja; CS = casca de soja.

Fonte: Pedroso et al. (2007).

A substituição parcial (50%) ou total do milho moído por casca de soja não afetou o CMS, a produção, nem a composição do leite. Entretanto, a eficiência alimentar (LCG 3,5%/CMS) foi maior nas dietas contendo casca de soja. Esses dados mostram a possibilidade de redução nos custos de alimentação de vacas de bom potencial de produção, com a substituição parcial ou total do milho por casca de soja em dietas contendo silagem de milho como volumoso e polpa cítrica como parte do concentrado energético.

No trabalho de Carmo et al. (2004), a polpa cítrica foi substituída por casca de soja, também em dietas contendo silagem de milho como volumoso, em combinação com milho moído fino ou grosso (Tabela 12).

Com base nos dados, pode-se concluir que não houve efeito do grau de moagem do milho no desempenho das vacas e que a casca de soja apresentou valor nutricional similar ao da polpa cítrica.

Em estudo visando avaliar a substituição de milho por casca de soja em dieta de vacas leiteiras mantidas em pastagens, Martinez

Tabela 12. Graus de moagem do milho e fonte de subproduto para vacas leiteiras.

	Tratamentos					P=F		
	MFPC	MGPC	MFCS	MGCS	EPM	GR	FN	GRxFN
Leite (kg/d)	24,61	24,62	25,45	24,89	0,40	0,91	0,98	0,42
LCG 3,5 (kg/d)	24,22	25,32	25,82	24,91	0,60	0,57	0,77	0,28
IMS (kg/an./d)	19,14	18,40	18,16	19,71	0,70	0,57	0,82	0,43
Composição do Leite								
Gordura (%)	3,42	3,62	3,61	3,55	0,10	0,35	0,21	0,55
Gordura (kg/d)	0,84	0,90	0,91	0,87	0,03	0,51	0,67	0,33
Proteína (%)	3,00	3,02	3,06	3,00	0,02	0,49	0,31	0,33
Proteína (kg/d)	0,73	0,74	0,76	0,73	0,74	0,95	0,82	0,24
Lactose (%)	4,45	4,46	4,46	4,46	0,04	0,75	0,36	0,99
Lactose (kg/d)	1,09	1,11	1,14	1,11	0,02	0,81	0,83	0,51
Sólidos totais (%)	11,80	12,04	12,06	11,94	0,13	0,43	0,44	0,49
Sólidos totais (kg/d)	2,88	2,98	3,05	2,94	0,05	0,70	0,91	0,24
NUL (mg/dL)	17,24	15,96	16,93	16,41	0,41	0,11	0,67	0,14
Parâmetros sangüíneos								
NUP (mg/dL)	16,70	16,01	16,17	16,64	0,72	0,87	0,94	0,86
Glicose (mg/dL)	53,40	53,82	53,40	53,50	0,66	0,79	0,77	0,01

MFPC= milho moído fino + polpa cítrica; MGPC= milho moído grosso + polpa cítrica; MFCS= milho moído fino + casca de soja; MGCS= milho moído grosso + casca de soja; P=F= probabilidade de haver efeito significativo entre os tratamentos; EPM= erro padrão da média; GR= efeito de granulometria (milho moído fino vs. moído grosso); FN= efeito de fonte (polpa cítrica vs. casca de soja); GRxFN= efeito da interação granulometria x fonte; LCG 3,5= leite corrigido para teor de gordura igual a 3,5%; IMS= ingestão de matéria seca; NUL= nitrogênio uréico no leite; NUP= nitrogênio uréico no plasma.

Fonte: Carmo et al, 2004.

Tabela 13. Efeito da substituição do milho por casca de soja em dieta de vacas leiteiras mantidas em pastagens.

Variáveis	Tratamentos				Média	EPM[2]	P[3]
	T0	T25	T50	T75			
Leite, (kg vaca^{-1}dia^{-1})	17,83	17,75	17,43	17,26	17,70	0,310	0,501
LCG, 3,5%[1]	16,46	16,78	16,57	16,33	16,48	0,478	0,924
Gordura, %	3,06	3,21	3,22	3,20	3,14	0,130	0,797
Gordura, kg	0,540	0,560	0,557	0,547	0,546	0,025	0,934
Proteína, %	2,81	2,92	2,78	2,78	2,82	0,095	0,703
Proteína, kg	0,500	0,517	0,485	0,479	0,496	0,020	0,544
Lactose, %	3,95	4,02	3,97	3,82	3,91	0,132	0,735
Lactose, kg	0,709	0,718	0,693	0,665	0,693	0,028	0,554
Sólidos totais, %	9,71	10,06	9,90	9,70	9,77	0,230	0653
Sólidos totais, kg	1,730	1,777	1,733	1,684	1,722	0,047	0,592
Gordura/Proteína	1,09	1,09	1,16	1,15	1,11	0,025	0,102
Uréia, mg dL^{-1}	15,71	15,94	14,95	14,54	15,78	0,540	0,235

Fonte: Martinez, 2008.

(2008) utilizou quatro doses de substituição do cereal pelo co-produto (0, 25, 50 e 75% da MS da dieta). A inclusão de casca de soja não afetou a produção e composição do leite, em nenhuma dose, como pode ser visto na Tabela 13.

3.3. Farelo de Glúten de Milho-21 (Refinazil ou Promill)

3.3.1. Origem do produto

O FGM-21 é um co-produto da indústria de produtos à base de milho, basicamente amido e adoçantes, conhecido pelos nomes comerciais de Refinazil® ou Promill®. O FGM-21 é obtido pela separação e secagem das fibras dos grãos de milho durante o processo de moagem úmida do cereal. Tecnicamente, é o que sobra do grão de milho após a extração da maior parte do amido, glúten e germe, pelos processos de moagem e separação empregados na produção de amido e xarope de milho, sendo 2/3 de conteúdo fibroso e 1/3 de licor concentrado de maceração. O rendimento na produção de FGM-21 é estimado em 11% do material original que chega à indústria.

Nos EUA e Europa, o FGM-21 é comercializado na forma úmida, apresentando cerca de 42% de matéria seca (MS), ou na forma seca, com 90-92% de MS. O FGM-21 úmido tem sua utilização restrita às proximidades das fontes produtoras, uma vez que em função do seu teor de umidade, os custos do transporte são inviáveis para localidades distantes. No Brasil comercializa-se principalmente o FGM-21 na forma seca, entretanto, este co-produto passou a ser comercializado também na forma úmida recentemente.

3.3.2. Valor nutricional do FGM-21

A Tabela 14 apresenta uma comparação entre as composições nutricionais do milho com o FGM-21, úmido e seco. A composição final do produto pode variar em função das condições de cada indústria, de forma que sempre se recomenda a análise dos teores nutricionais do FGM-21 antes de sua utilização.

O teor energético de uma mesma partida de FGM-21 varia em função de diversos fatores: a) as proporções relativas de fração fibrosa, licor e germe desengordurado (quando adicionado) misturadas para compor o FGM-21 (Herold et al., 1998, 1999); b) a forma física (seco ou úmido) do produto (Green et al., 1987; Ham et al., 1995); c) o teor de forragem da dieta (Berger & Willms, 1992; Ham et al., 1995; Hussein & Berger, 1995; Whitham et al., 1999; Sindt et al., 2003); d) o estágio fisiológico do animal (McCoy et al., 1998).

O FGM-21 pode ser utilizado tanto como fonte de energia como de proteína. Normalmente, quando incluído na dieta de vacas leiteiras, o FGM-21 substitui parte do cereal, na maior parte dos casos o milho, e também permite reduzir a dose de suplementos protéicos como farelo de soja, farelo de algodão e uréia. A proteína do FGM-21 é bastante degradável no rúmen (NRC, 1996; Hopkins & Whitlow, 2002). A fração de proteína não degradável no rúmen é pequena e deficiente em lisina (NRC, 1996).

O valor energético superior do FGM-21 úmido em comparação com o seco, para bovinos de corte em terminação, tem sido explicado em função do maior tamanho de partícula do primeiro, uma vez que o material seco sofre moagem para ser comercializado. O maior tamanho de partículas teoricamente reduz a taxa de passagem do material úmido, possibilitando maior digestão ruminal da fração fibrosa (Santos et al., 2004).

Tabela 14. Comparação nutricional entre milho e co-produtos da indústria de amido.

Nutriente	Milho	FGM úmido*	FGM seco*	NRC(1996)**
MS, %	88	42 - 44	90 – 92	90
Proteína Bruta (PB), %	10,1	14 - 22	21 – 22	23,8
EL_M, Mcal/kg	2,25	2,11 - 2,18	1,92	1,94
EL_G, Mcal/kg	1,54	1,43	1,25	1,30
NDT, %	90	90	78	80
Gordura, %	4,2	3 - 5	2 - 3,3	3,91
FDN, %	10,8			36,2
Amido, %	72	26	18	----
Cinzas, %	1,4	7,2 - 9	7 – 7,2	6,9
Cálcio, %	0,02	0,10	0,10 – 0,20	0,07
Fósforo, %	0,35	0,45 – 1	0,80 – 1	0,95
Potássio, %	0,37	0,90 – 1,60	1,30 – 1,50	1,40
Magnésio, %	0,13	0,15 – 0,50	0,42 – 050	0,40
Sódio, %	0,02	0,20	0,12	0,26
Enxofre, %	0,14	0,35 – 0,40	0,16 – 0,30	0,47
Cobalto, ppm	0,04	-----	0,09	-----

continua...

...continuação

Tabela 14. Comparação nutricional entre milho e co-produtos da indústria de amido.

Cobre, ppm	4	6	6 – 9,9	6,98
Ferro, ppm	26	41 - 165	165 – 304	226
Manganês, ppm	6	12 - 26	22 – 26	22
Molibdênio, ppm	-----	-----	-----	-----
Selênio, ppm	-----	-----	-----	-----
Zinco, ppm	16	45 - 114	88 -114	73,30

Fonte: *Blasi, et al. (2001); **NRC (1996).

Em função de suas características — pobre em gordura e amido, e bastante rico em fibra altamente digestível — o FGM-21 constitui-se numa ótima alternativa para inclusão em dietas baseadas em grãos e silagem de milho (Fellner & Belya, 1991). Segundo os autores, por apresentar concentrações mais elevadas de FDA e FDN do que os grãos de cereais, a utilização do FGM pode levantar questões sobre a concentração energética e limitações ao consumo das dietas, mas os teores reduzidos de amido e elevados de fibra digestível podem ajudar a manter o pH ruminal em patamares mais desejáveis, otimizando a digestão da fibra, o que pode compensar possíveis diferenças na digestibilidade total das dietas.

3.3.3. Desempenho de vacas leiteiras alimentadas com FGM-21

Blasi et al. (2001) compilaram cinco estudos onde o FGM-21 substituiu o concentrado e seis estudos onde o FGM-21 substituiu parte do concentrado e parte da forragem da dieta. As dietas continham silagem de milho, feno de alfafa, silagem de alfafa, silagem de gramíneas ou combinações dessas forragens.

Nos cinco estudos onde o FGM-21 (úmido ou seco) substituiu apenas o concentrado, ele foi incluído nas doses entre 10 a 40% da MS das dietas. O CMS não foi afetado em três estudos, foi aumentado em um e reduzido em um pelo FGM-21. A produção de leite corrigido para gordura não foi alterada em dois, aumentou em dois e diminuiu em um estudo. O estudo onde houve efeito negativo na produção de leite, este ocorreu apenas na comparação onde o FGM-21 foi incluído em dose alta na dieta (40% da MS). Neste caso também houve redução no CMS.

Nos seis estudos onde o FGM-21 substituiu parte do volumoso e parte do concentrado, não houve efeito em CMS e produção de leite corrigido para gordura em cinco estudos. Em apenas um estudo houve aumento em CMS e produção de leite corrigido para gordura.

Segundo Blasi et al. (2001), o FGM-21 tanto na forma úmida como seca, quando utilizados em substituição parcial ao concentrado ou ao concentrado e volumoso, não tem grande efeito no desempenho de vacas leiteiras e pode se constituir em uma alternativa de custo vantajoso em relação à mistura milho + farelo de soja.

Dois trabalhos conduzidos no Departamento de Zootecnia da Esalq com vacas alimentadas com silagem de milho (Pedroso, 2006 — Tabela 15) ou mantidas em pastagens de capim elefante manejadas intensivamente (Martinez, 2008 — Tabela 16) resultaram em dados concordantes com os de Blasi et al. (2001).

No trabalho de Pedroso (2006) as dietas continham silagem de milho como volumoso e partes iguais de polpa cítrica e milho como concentrados energéticos. O milho foi substituído em 50% (FGM10) ou 100% (FGM20) pelo FGM-21. O teor de polpa cítrica foi mantido constante nas dietas. Na Tabela 15 são apresentados os dados de produção e composição do leite, e ingestão de matéria seca.

Tabela 15. Efeito da substituição do milho por FGM-21 em dietas para vacas leiteiras.

	Tratamentos				Pr>F	
	FGM0	**FGM10**	**FGM20**	**EPM**	**linear**	**desvio**
CMS (kg/d)	21.03	22.32	20.22	0.820	0.558	0.2336
Leite (kg/d)	25.17	24.91	24.55	0.030	0.149	0.8900
LCG 3,5 (kg/d)	25.23	25.31	25.47	0.410	0.668	0.9430
Composição do Leite						
Gordura (%)	3.52	3.60	3.74	0.076	0.074	0.6780
Gordura (kg/d)	0.88	0.88	0.91	0.022	0.486	0.4490
Proteína (%)	3.05	2.99	3.00	0,012	0,004	0,0170
Proteína (kg/d)	0.76	0.73	0.73	0,008	0,026	0,2030
Lactose (%)	4.40	4.34	4.35	0,011	0,002	0,0190
Lactose (kg/d)	1.11	1.09	1.08	0.014	0.225	0.6200
Sólidos totais (%)	11.85	11.82	11.92	0.075	0.704	0.4430
Sólidos totais (kg/d)	2.98	2.94	2.92	0.040	0.328	0.8410

Fonte: Pedroso (2006).

Com base nos dados da Tabela 15 podemos concluir que vacas leiteiras com produção ao redor de 25 kg de leite/d, quando alimentadas com silagem de milho, podem receber concentrado contendo polpa cítrica e FGM-21 em partes iguais e sem milho, sem que haja queda no CMS e na produção de leite. Esta prática permite reduzir os custos de alimentação das vacas, especialmente durante a entressafra do milho, quando o custo do grão é elevado e dos subprodutos é baixo.

3.4. Farelo de Trigo

3.4.1. Origem do produto

Da produção da farinha de trigo para consumo humano resultam vários subprodutos, dentre eles o farelo, o gérmen e frações de aleurona do grão. Todos estes subprodutos são adequados para a alimentação animal, porém apenas o farelo de trigo tem importância comercial no Brasil (Prates, 1995). De cada tonelada de trigo processado, 70 a 75% é convertida em farinha e o restante, 25 a 30% é transformada em subproduto com uso potencial na alimentação animal (Blasi et al, 1998).

Segundo a CONAB, a produção de trigo na atual safra é de 3,82 milhões de toneladas, superior à safra anterior, em 71,2% (1.590,3 mil toneladas). O referido incremento deve-se à recuperação da produtividade, já que na safra anterior essa cultura foi bastante castigada com a estiagem, geadas e o com excesso de chuva na colheita. Considerando a importação anual de 6,5 milhões de toneladas e o rendimento da produção do farelo de trigo, pode-se calcular que a disponibilidade anual desse co-produto gira em torno de 2,8 milhões de toneladas.

3.4.2. Valor nutricional do farelo de trigo

De acordo com a Tabela 17, o farelo de trigo contém normalmente 17 a 18% de proteína bruta (PB), 35 a 43% de FDN, 23 a 25% de amido e 70 a 80% de NDT (NRC,1996; Fox et al., 1992; Blasi et al., 1998). Sua proteína apresenta alta degradabilidade, e o alimento como um todo apresenta alta degradabilidade inicial quando comparado com outros subprodutos (Machado, 2001). Sua fibra apresenta efetividade mediana quando comparada com as forragens, porém mais alta que a maioria das fibras dos alimentos concentrados (NRC, 1996). Segundo Dhuyvetter et al. (1999), o farelo de trigo é um alimento muito palatável e pode ser incorporado facilmente nas dietas de ruminantes, desde que seja viável economicamente, porém quando utilizado em grandes quantidades na dieta pode reduzir o desempenho dos animais.

Como o objetivo do processamento industrial é obter a farinha, esta basicamente constituída por amido, o farelo de trigo concentra quase a totalidade dos minerais e vitaminas dos grãos, com teores relativamente constantes.

Tabela 17. Composição bromatológica média do farelo de trigo.

Nutriente	NRC (2001)	Blasi et al (1998)
Matéria Seca	89,3	88,3
Proteína Bruta	18,5	18,13
Proteína não degradável (% PB)	20,7	---
Proteína degradável (% PB)	79,3	---
Proteína solúvel (% PB)	---	---
Extrato Etéreo	4,5	3,7
FDN	36,7	39,7
FDA	12,1	13,54
Celulose (FDA — Lignina)	7,9	---
Hemicelulose (FDN — FDA)	24,6	---
Lignina	4,2	---
Carboidratos não estruturais[5]	35,6	---
Açúcares	---	---
Amido	---	25,65
NDT[6]	73,3	73,0
Energia Líquida de Lactação[7]	1,67	---
Energia Líquida de Manutenção	1,80	---
Energia Líquida de Ganho	1,18	---
Matéria Mineral	5,0	5,18
Ca	0,16	0,131
P	1,02	1,07
Mg	0,42	0,50
K	1,38	1,34
Cl	0,10	---
Na	0,03	0,035
S	0,18	0,21
Cu (mg/kg)	10	12,95

continua...

...continuação

Tabela 17. Composição bromatológica média do farelo de trigo.

Fe (mg/kg)	158	140
Mn (mg/kg)	125	158
Se (mg/kg)	0,46	9
Zn (mg/kg)	91	83

3.4.3. Desempenho de vacas leiteiras alimentadas com farelo de trigo

A literatura é carente em dados de comparação do farelo de trigo com outras fontes energéticas, especialmente o milho. Acedo et al. (1987) formularam concentrados com 0; 20 e 40% e 0; 40 e 60% de FT em dois experimentos. A produção de leite das vacas que receberam 20 ou 40% de FT foi semelhante à das vacas controle, mas a produção das que receberam 60% de FT no concentrado diminuiu. O teor de gordura no leite foi semelhante em todos os grupos.

Depies & Armentano (1995) estudaram 17,0% de inclusão de farelo de trigo em substituição parcial ao milho moído fino e silagem de alfafa e observaram que a produção e composição do leite não foram afetadas pelos tratamentos. Em estudo semelhante, Pereira et al. (1999) estudaram a inclusão de 15,5% de farelo de trigo na presença e ausência de bicarbonato de sódio em substituição parcial ao milho e ao farelo de soja, em rações com silagem de alfafa, silagem de milho, milho grão e farelo de soja. Somente foi observado efeito para o bicarbonato.

Em estudo realizado no Brasil, Soares et al. (2004) substituíram 0, 33, 67 e 100% do milho grão e parte do farelo de soja por farelo de trigo no concentrado de vacas em lactação com proporção de 70% de silagem de milho e 30% de concentrado e relataram que a produção e a composição do leite não foram afetadas.

Pedroso (2006) conduziu recente experimento no Departamento de Zootecnia da Esalq/USP, com o objetivo de avaliar a substituição do parcial ou total do milho por farelo de trigo, em dietas de vacas leiteiras contendo silagem de milho e polpa cítrica e os resultados podem ser vistos na Tabela 18.

O trabalho mostrou que a substituição do milho por farelo de trigo (FT) causou redução linear ($P<0,05$) no consumo (CMS). A

Tabela 18. Efeito da substituição do milho por farelo de trigo em dieta de vacas leiteiras confinadas.

Variável [1]	Tratamentos [2]			EPM [3]	P [4]	
	FT 0	FT 10	FT 20		L	Q
Leite (kg/d)	31,88	32,19	30,87	0,262	0,009	0,015
LCG 3,5 (kg/d)	27,91	27,89	26,52	0,402	0,019	NS
CMS (kg MS/an./d)	23,56	22,25	20,79	0,285	0,020	NS
Gordura (%)	2,70	2,75	2,60	0,041	0,091	0,066
Gordura (kg/d)	0,86	0,88	0,81	0,018	0,046	0,045
Proteína (%)	3,07	3,09	3,06	0,020	NS	NS
Proteína (kg/d)	0,98	0,97	0,94	0,011	0,013	NS
Relação gord/prot	0,89	0,92	0,86	0,017	NS	0,033
Lactose (%)	4,47	4,45	4,44	0,015	NS	NS
Lactose (kg/d)	1,43	1,44	1,37	0,014	0,006	0,043
Sólidos totais (%)	11,21	11,24	11,10	0,073	NS	NS
Sólidos totais (kg/d)	3,60	3,58	3,42	0,044	0,005	NS

[1]LCG 3,5 = produção de leite corrigida para 3,5% de gordura; ECC = escore de condição corporal; NUL = nitrogênio uréico no leite; GP = glicose plasmática.

[2]FT 0 = sem inclusão de FT e 20% de milho na MS da ração completa; FT 10 = 10% de FT e 10% de milho moído na MS da ração completa; FT 20 = 20% de FT na MS da ração completa e sem milho moído;

[3] EPM = Erro padrão da média.

[4] Probabilidade dos contrastes para (L) efeito linear e (Q) efeito quadrático (desvio da linearidade) para os teores de farelo de trigo testados; NS = não significativo.

Fonte: Pedroso, 2006.

ração com maior inclusão de FT resultou na menor produção de leite, mas a ração intermediária, com inclusão de 10% de FT na MS total, apresentou o valor mais elevado para esse parâmetro, mesmo apresentando CMS significativamente menor ($P<0,05$) que a ração controle.

É interessante observar que mesmo com teor baixo de amido (15,78% da MS) na ração FT20, a produção média das vacas foi elevada nesse tratamento (30,87 kg/dia), o que evidencia o bom potencial de utilização de subprodutos fibrosos em rações de vacas leiteiras.

A redução no CMS pode ter sido ocasionada pelo o maior teor de FDN das rações contendo o FT, associado ao baixo teor de amido, que ficou em torno de 15% da MS para a ração com mais FT. No tratamento em que o milho foi totalmente substituído por FT, a relação FDN:amido foi de 2,76, muito superior aos 1,39 propostos por Grant (2005) para maximizar o desempenho de vacas leiteiras de alta produção.

Em outro experimento recém-conduzido no Departamento de Zootecnia da ESAL/USP, Martinez (2008) avaliou a substituição do milho por doses crescentes de farelo de trigo (0, 25, 50 e 75% da MS da dieta) no concentrado de vacas leiteiras mantidas em pastagens de capim elefante. A substituição de até 50% do milho por FT não afetou a produção e a composição do leite. No entanto, quando o FT substituiu 75% do milho, a produção de leite (P=0,053) e a de proteína do leite (P=0,096) foram menores e o teor de N-uréico foi maior relativamente às outras dietas (Tabela 19).

Tabela 19. Efeito da substituição de milho por farelo de trigo em dietas de vacas leiteiras mantidas em pastagens de capim elefante.

Variáveis	Tratamentos				Média	EPM[1]	P[2]
	Milho	FT25	FT50	FT75			
Produção de leite (kg)	19,57	19,70	19,63	18,61	19,4	0,301	0,053
Prod. leite 3,5% (kg)	19,05	19,50	19,40	18,53	19,1	0,382	0,293
Gordura (%)	3,35	3,46	3,45	3,52	3,44	0,064	0,336
Gordura (kg)	0,653	0,676	0,673	0,646	0,662	0,017	0,552
Proteína (%)	2,96	3,04	3,00	3,02	3,00	0,039	0,505
Proteína (kg)	0,576	0,594	0,586	0,558	0,579	0,010	0,096
Lactose (%)	4,19	4,24	4,20	4,23	4,22	0,030	0,528
Lactose (kg)	0,821	0,837	0,827	0,792	0,820	0,014	0,168
Sólidos totais (%)	10,50	10,64	10,74	10,71	10,65	0,167	0,729
Sólidos totais (kg)	2,05	2,09	2,10	1,98	2,059	0,047	0,281
Relação gordura/proteína	1,14	1,14	1,15	1,17	1,15	0,021	0,707
Uréia mg/dL	13,75b	14,31b	14,61b	15,90a	14,64	0,303	0,004

Fonte: Martinez, 2008.

Eifert et al (2006) avaliaram a substituição total do milho por farelo de trigo em dietas de vacas leiteiras mestiças (Holandês x Gir) confinadas. O consumo de MS (18,4 kg/vaca.dia) e a produção de leite (23,5 kg/dia) não diferiram entre as dietas com milho ou farelo de trigo.

3.5. Resíduo de Cervejaria

3.5.1. Origem do produto

O resíduo úmido de cervejaria (RUC) é o subproduto gerado pela indústria após o amido dos grãos de cereais ser removido para a produção de álcool (DePeters et al., 1997). Na fabricação de cerveja, os grãos de cevada sofrem germinação para converter amido em dextrina e açúcar, processo este que é interrompido, através de aquecimento, no ponto máximo de conversão, resultando no produto denominado "malte de cevada" (Clark et al., 1987). O malte de cevada é moído e pode ser misturado com milho, arroz, ou outros cereais, processo após o qual é feito o cozimento e separação das frações sólidas e líquidas. A fração líquida é fermentada para produzir cerveja, enquanto que a parte sólida é o resíduo de cervejaria. Antes da comercialização o RUC pode ser prensado para remover parte da água, resultando num produto que contém de 25 a 30% de matéria seca, ou pode ser secado até 8 a 12% de umidade, resultando então no resíduo seco de cervejaria (RSC). Os teores de proteína e de nutrientes (excluindo o amido) são concentrados no resíduo, em comparação com o cereal do qual se originou.

O RUC é um subproduto disponível em grandes quantidades nas indústrias cervejeiras no mundo todo. Existem estimativas de que para cada 1000 litros de cerveja são produzidos 350 kg de RUC (13% MS). Considerando no Brasil a produção de 8,9 bilhões de litros de cerveja anualmente (dados de 2005, do Sindicato Nacional da Indústria de Cerveja), e utilizando a estimativa anterior, calcula-se uma disponibilidade em torno de 3 milhões de toneladas/ano, destacando o grande potencial de utilização do produto na alimentação animal. A utilização normalmente é limitada às proximidades das fábricas, em função da alta umidade e, com isto, do alto custo do transporte à medida que o produto é vendido para áreas mais distantes.

3.5.2. Valor nutricional do resíduo de cervejaria

A proporção de malte de cevada, utilizada com arroz ou milho, varia entre as indústrias, e a proporção exata faz parte do segredo industrial (DePeters et al., 1997). Esta variação na proporção de grãos resulta nas diferentes composições nutricionais observadas neste subproduto. A composição bromatológica da matéria-prima e de diversos resíduos úmidos de cervejaria pode ser observada na Tabela 20.

Tabela 20. Composição do resíduo úmido de cervejaria (valores expressos em % matéria seca).

Composição	Matéria Prima[1]	Brahma[1]	Kaiser[1]	Schincariol[1]	Skol[1]	Valor Tabela[2]	Média EUA[3]
% Mat. seca	91,3	15,6	9,2	12,3	14,7	21,8	22,2
% Prot. Bruta	9,9	31,8	26,0	27,6	31,7	28,4	26,9
% Fibra bruta	3,9	15,8	18,9	14,1	14,9	14,9	14,7
% E.N.N.	83,1	41,1	43,5	49,0	43,5	--	50,3
% Ext. Etéreo	1,5	6,9	7,8	5,7	6,6	5,2	3,78
% F.D.A.	--	21,3	26,5	20,9	25,9	23,1	--
% F.D.N.	--	43,8	54,0	44,5	47,8	47,1	--
% C.N.E.	--	13,1	7,4	18,6	10,6	--	--
N-FDA(%PB)	--	8,8	13,3	14,1	17,0	--	--
% Lignina	--	3,5	4,8	4,5	5,3	4,7	--
% N.D.T.	84,0	74,0	69,4	70,6	68,9	71,6	67,0
ELl (Mcal/kg)	--	1,69	1,58	1,61	1,56	1,71	--
% Cálcio	--	--	--	--	--	0,35	0,37
% Fósforo	--	--	--	--	--	0,59	0,66
% Magnésio	--	--	--	--	--	0,21	0,26
% Sódio	--	--	--	--	--	0,01	0,02
% Potássio	--	--	--	--	--	0,47	0,09
% Enxofre	--	--	--	--	--	0,33	0,23
ppm Ferro	--	--	--	--	--	247	148
ppm Cobre	--	--	--	--	--	9	22
ppm Manganês	--	--	--	--	--	49	45
ppm Zinco	--	--	--	--	--	91	88
ppm Selênio	--	--	--	--	--	1,06	--
pH						--	4,41

[1] Fonte: Adaptado de Lima (1993).

[2] Fonte: Valores do NRC (2001).

[3] Fonte: Adaptado de Chandler (1987).

3.5.3. Desempenho de vacas leiteiras alimentadas com RUC

Santos et al. (1998) compilaram sete estudos comparando o RUC com a combinação de uma fonte energética (principalmente milho) e uma fonte protéica (farelo de soja). O consumo de MS não foi afetado pelo fornecimento de RUC. A produção de leite não foi alterada em seis e foi aumentada em apenas um estudo com o fornecimento de

RUC. O teor de gordura do leite permaneceu inalterado em seis e foi reduzido em um estudo, enquanto o teor de proteína bruta do leite não foi alterado em nenhum estudo pelo fornecimento de RUC.

Um estudo conduzido no Departamento de Zootecnia da Esalq\USP (Imaizumi, et al., 2002), avaliou a inclusão de 10% de RUC na MS da dieta, em substituição, na mesma proporção, a mistura de milho, polpa cítrica e farelo de soja e também a inclusão de 20% de RUC em substituição à silagem de milho (10% da MS da dieta) e a mistura de concentrado (10% da MS da dieta) (Tabela 21).

Tabela 21. Efeito de teores crescentes de RUC na dieta de vacas leiteiras.

	Tratamentos			EPM	Contrastes ortogonais[1]		
	RUC-0	RUC-10	RUC-20		1	2	3
CMS (kg/d)	21,01	20,61	21,18	0,484	ns	ns	ns
Leite (kg/d)	29,82	29,90	30,89	0,354	<0,05	ns	<0,01
Gordura (%)	3,23	3,28	3,14	0,038	<0,15	<0,05	ns
Proteína (%)	3,16	3,16	3,20	0,013	<0,05	<0,015	<0,15

[1] Probabilidade de haver (1) efeito linear entre os tratamentos 0, 10 e 20; (2) efeito de desvio da linearidade entre os tratamentos 0, 10 e 20; (3) efeito do contraste entre as médias dos tratamentos 0 e U. NS = não significativo (P>0,15)

Fonte: Imaizumi, et al., 2002.

Os dados de Imaizumi et al. (2002) corroboram a revisão de Santos et al. (1998), e confirmam que quando o RUC é incluído na dieta em substituição a uma combinação de fonte energética (milho principalmente) e protéica (farelo de soja), mantendo as dietas com mesmo teor de volumoso e de proteína bruta, a produção e composição do leite não são afetados. Entretanto, quando parte do volumoso é substituído pelo RUC, a produção de leite e o teor de proteína do leite são aumentados, enquanto o teor de gordura é reduzido.

3.6. Caroço de Algodão

3.6.1. Origem do produto

O caroço de algodão é um co-produto do beneficiamento do algodão em caroço para extração do óleo e da fibra de algodão. Este subproduto é disputado pela indústria moageira para a extração de óleo e produção de farelo e por pecuaristas para o fornecimento aos animais na forma integral. Os dados da Conab (2008) indicam que a área plantada com algodão na safra 2007/2008 deve fechar em 1,09 milhão de hectares. As condições climáticas estão favorecendo as lavouras e a estimativa atual indica uma produção de 3,99 milhões de toneladas de algodão em caroço, sendo 2,1% (80,3 mil toneladas) maior do que a safra 2006/07. Desse total, 1,56 milhão de toneladas correspondem a algodão em pluma e 2,43 milhões de toneladas a caroço de algodão.

3.6.2. Valor nutricional do caroço de algodão

O caroço de algodão (CA) é um alimento com características particulares, pois contém alto teor energético característico de alimentos concentrados ao mesmo tempo em que é rico em fibra efetiva, comum aos alimentos volumosos (NRC, 2001). Além desses nutrientes o caroço é boa fonte de proteína e rico em óleo e fósforo (Tabela 22).

O alto teor de óleo do caroço, ao mesmo tempo em que confere a este subproduto alto valor energético, impõe limites à sua inclusão na dieta, uma vez que a fermentação ruminal e o crescimento microbiano podem ser afetados negativamente por teores elevados de gordura insaturada no rúmen.

Tabela 22. Composição do caroço de algodão.

Nutriente	NRC (2001)
Matéria Seca	90,1
Proteína Bruta	23,5
Proteína não degradável (% PB)	20,3
Proteína degradável (% PB)	79,7
Proteína solúvel (% PB)	45,4
Extrato Etéreo	19,3
FDN	50,3
FDA	40,1
Celulose (FDA - Lignina)	27,2
Hemicelulose (FDN — FDA)	10,2
Lignina	12,9
Carboidratos não estruturais[5]	2,7
NDT[6]	77,2
Energia Líquida de Lactação[7]	1,94
Energia Líquida de Manutenção	1,96
Energia Líquida de Ganho	1,31

continua...

...continuação

Tabela 22. Composição do caroço de algodão.

Matéria Mineral	4,2
Ca	0,17
P	0,60
Mg	0,37
K	1,13
Cl	0,06
Na	0,02
S	0,23
Co (mg/kg)	---
Cu (mg/kg)	7
Fe (mg/kg)	94
Mn (mg/kg)	18
Zn (mg/kg)	37

Fonte: NRC, 2001

Outro fator importante a se considerar é a presença de gossipol no caroço e farelo de algodão. O gossipol é um composto fenólico, tóxico para animais monogástricos. Atua reduzindo a capacidade de transporte de oxigênio do sangue, resultando em respiração mais curta e edema dos pulmões. Além disso, o gossipol causa problemas de infertilidade em machos, de forma que seu fornecimento para machos pode ser um problema considerável.

No algodão, o gossipol encontra-se em pequenas glândulas de pigmento amarelo, encontradas por toda a planta, mas encontram-se especialmente concentradas no caroço (Blasi & Droulliard, 2002). Quando o caroço é floculado e aquecido como parte do processo de extração do óleo, estas glândulas se rompem liberando o gossipol que pode se ligar a outros componentes do caroço. No CA não processado o gossipol encontra-se principalmente na forma livre. Durante o processamento, o gossipol livre pode se ligar à proteína, indisponibilizando tanto o gossipol quanto parte dos aminoácidos. A lisina parece ser o principal aminoácido envolvido no processo. Na forma "ligada" o gossipol não oferece risco aos ruminantes, pois não pode ser absorvido pelo trato digestivo (Mena, et al., 2004).

Embora os ruminantes possam ser intoxicados pelo gossipol administrado por via intravenosa, ele não parece ser problema quando ingerido através dos subprodutos do algodão, desde que utilizados nos níveis recomendados. Isto ocorre por que os microorganismos do rúmen parecem atuar anulando seu efeito tóxico. Estudos com carneiros com rúmen completamente desenvolvido (Martin, 1990, citado por Harris, 1994), demonstraram que o efeito tóxico do gossipol foi mínimo quando o teor de gossipol na dieta foi de 0,08% da matéria seca. Mena, et al. (2004) observaram elevação na concentração plasmática de gossipol em vacas leiteiras recebendo CA ou FA, sendo que o CA causou elevação maior.

O teor de gossipol livre no caroço de algodão parece estar entre 0,47 e 0,63% (média 0,55%) e no farelo de algodão de 0,079 a 0,298% na matéria original. Usando estes valores como exemplo, se o CA tiver 0,55% de gossipol livre e for fornecido na proporção de 15% da matéria seca da dieta, a concentração segura seria obtida (0,15 x 0,55 = 0,08% de gossipol livre). Com base nos valores mencionados para o farelo, a quantidade segura seria ainda maior. Sendo assim, a menos que se tenha caroço com concentração muito superior, é pouco provável uma intoxicação.

Segundo Machado (2004), os níveis tóxicos de gossipol dificilmente serão atingidos, pois o CA contém apenas 6 g de gossipol por kg. Já o FA tem conteúdo variável dependendo do processamento, podendo variar de 0,7 a 3 g/kg, níveis muito baixos independente do método de extração de óleo empregado.

O autor afirma que resultados de diversas pesquisas provaram que uma vaca adulta pode ser alimentada com até 24 g de gossipol por dia não apresentando problemas. Em touros o limite máximo ficou estabelecido em 30 mg gossipol total por kg de peso vivo, o que significa que deve-se estabelecer um limite máximo de fornecimento, em função do PV do animal.

3.6.3. Desempenho de vacas leiteiras alimentadas com CA

Os ácidos graxos contidos no caroço do algodão, quando em doses altas no rúmen, prejudicam a atividade fermentativa de bactérias celulolíticas e fungos. Climaco (1992) constatou que a concentração máxima calculada para a população de bactérias totais foi alcançada com 22% de caroço de algodão na dieta (base seca), observando-se prejuízos a partir de 23%. Segundo o mesmo autor, os fungos apresentam maior sensibilidade do que as bactérias, uma vez que a população máxima calculada foi alcançada com 12% de caroço de algodão na dieta, com posteriores decréscimos. Entretanto, Martinez (2008) não observou efeito negativo da inclusão na dieta de 34% de caroço de algodão sobre o teor de gordura do leite. Isto sugere que não houve efeito tóxico acentuado do alto teor de gordura na dieta com 34% de caroço na digestão de fibra, corroborando com os dados de Coppock et al. (1987), que concluíram que o fornecimento de caroço de algodão em até 30% da MS da dieta não reduz a digestibilidade da dieta; ao contrário do que ocorre quando se fornece igual quantidade de lipídios na forma livre.

Nos trabalhos de Coppock et al. (1985), Hawkins et al. (1985), Fernandes (2000) e Martinez (2008), houve redução no consumo de MS com inclusão de caroço de algodão nas doses de 12 a 34% da MS da dieta em comparação com a dieta sem caroço. Apesar desta redução no consumo de MS, o consumo de energia não foi reduzido, em função do maior teor energético do caroço. Em contrapartida, Smith et al. (1981) e Villela (1995) não encontraram efeito no consumo de MS de vacas em lactação quando incluíram caroço de algodão na dieta em teores de 0 a 30% da MS da dieta.

Doses intermediárias de caroço de algodão não afetaram a produção de leite (Villela 1995; Smith et al., 1981; Smith e Harris 1992 e Smith et al., 1993), ao passo que em alguns estudos, doses elevadas (acima de 25% da MS) reduziram a produção (Staples et al., 1998; Smith et al., 1981; Hawkins et al., 1985). Alguns estudos mostraram maior produção de leite corrigida para 4% (Anderson et al., 1979; Smith et al., 1981; De Peters et al., 1985; e Horner et al., 1986) e para 3,5% de gordura (Wilks et al., 1991) com o fornecimento de CA.

Na maioria dos trabalhos revisados por Coppock et al. (1987), houve aumento na produção de leite corrigido para 4% de gordura com a inclusão de caroço de algodão nas dietas. Em grande parte dos trabalhos observou-se queda na porcentagem de proteína do leite, mas devido ao pequeno aumento da produção de leite, houve pouca diminuição na produção total de proteína. Por outro lado, Villela (1995), Fernandes (2000) e Martinez (2008), não relataram variações significativas nos teores de proteína do leite com o fornecimento de caroço de algodão. A revisão de Wu & Huber (1994) mostra de forma clara o efeito negativo consistente da suplementação com fontes de gordura no teor de proteína do leite. Isto se deve segundo os autores, ao aumento na produção de leite e menor fluxo de aminoácidos essenciais para a glândula mamária.

Os resultados encontrados na literatura em relação aos efeitos do CA sobre o teor de gordura do leite são controvertidos. De acordo com a revisão de Coppock et al. (1987), a inclusão de 100 a 300 g/kg de caroço de algodão na dieta aumentou a percentagem de gordura no leite em oito dentre treze experimentos; entretanto somente em quatro o aumento foi significativo em relação à dieta controle.

Henderson et al. (1985), Horner et al. (1986), Mohamed et al. (1988), Kajikawa et al. (1991), Adams et al. (1995), Dhiman e Satter (1995), Wilks et al. (1991), Smith et al. (1993), e Bitman et al. (1996) não observaram resposta em produção e percentagem de gordura do leite com suplementação de caroço de algodão. Lubis et al. (1990), Staples et al. (1998) e Smith e Harris (1992) observaram decréscimo nos teores de gordura, enquanto Fernandes (2000) relatou aumento no teor de gordura e Villela (1995) relatou efeito quadrático com doses crescentes de caroço de algodão na dieta. Em outros estudos, Sklan et al. (1992), Smith e Vosloo (1994), Belibasakis e Tsirgogianni, (1995), Harrison et al. (1995) relataram aumento de produção e de percentagem de gordura no leite.

Outro aspecto que pode afetar as respostas à suplementação lipídica é o tipo de volumoso utilizado. Segundo Smith et al. (1993), citando vários autores, em dietas com silagem de milho a suplementação com lipídios ativos no rúmen é questionável, pois muitos experimentos não têm obtido resultados favoráveis. Em alguns trabalhos ocorreu aumento na produção de leite, mas queda na percentagem de gordura do leite com a inclusão de CA (Staples et al., 1998 sumarizando cinco experimentos), ou manutenção da produção de leite e decréscimo na percentagem de gordura, também em trabalhos com CA (Smith e Harris 1992, sumarizando nove experimentos). Por outro lado, quando o caroço de algodão foi incluído em dietas à base de feno de alfafa, houve aumento na percentagem de gordura do leite e na produção de leite (DePeters et al., 1985; Smith et al., 1981).

Três trabalhos conduzidos no Brasil avaliaram a adição de CA em teores crescentes para vacas leiteiras. Martinez & Thomazin (1998) compararam dietas com zero; 5,7; 11,0; 16,9 e 24,8% de caroço de algodão (Tabela 23). O CMS foi reduzido com o aumento nos teores de CA na dieta. A produção de leite e o teor de gordura do leite não foram afetados pelos tratamentos.

Fernandes et al. (2000), testaram teores crescentes de caroço de algodão (0; 6; 12; 18 e 24% da matéria seca da dieta) para vacas alimentadas com silagem de milho como volumoso. As produções de leite foram máximas com as doses intermediárias de CA. A inclusão de 24% de CA na dieta reduziu o CMS e a produção de leite das vacas (Tabela 24).

Tabela 23. Efeito de teores crescentes de CA em dietas para vacas leiteiras.

Tratamentos	Consumo de MS	Produção de Leite (kg/dia)		% de gordura
		Sem Correção	Corrigido a 4%	
Sem caroço	16,01[a]	19,69[a]	18,95[a]	3,75[a]
5,7% de caroço	15,00[b]	19,55[a]	18,52[a]	3,65[a]
11,0% de caroço	15,52[ab]	19,20[a]	18,45[a]	3,74[a]
16,9% de caroço	15,17[b]	18,46[a]	18,10[a]	3,87[a]
24,8% de caroço	13,81[c]	18,24[a]	18,90[a]	4,24[a]

Médias na mesma coluna, seguidas de letras diferentes diferem pelo teste de Tuckey ($P<0,05$)

Fonte: Martinez & Thomazin (1998).

Tabela 24. Efeito do caroço de algodão no desempenho de vacas leiteiras.

Parâmetro	Níveis de Caroço de algodão (% da MS)					PM[1]	Efeito Linear
	0	6	12	18	24		
Consumo de MS (kg/dia)	16,91	17,13	16,98	16,06	15,34	0,67	0,078
Prod. De Leite (kg/dia)	16,64	17,61	17,12	16,90	14,66	0,74	0,070
LCG 3,5% (kg/dia)	16,41	17,12	17,28	17,59	15,59	0,79	0,651
Gordura (%)	3,45	3,31	3,55	3,81	4,03	0,10	0,0002
Proteína (%)	3,20	3,34	3,20	3,12	3,24	0,08	0,60

Fonte: Fernandes et al., (2000).

Em recente estudo conduzido no Departamento de Zootecnia da Esalq/USP, Martinez (2008) avaliou a inclusão de doses crescentes de CA para vacas alimentadas com cana-de-açúcar (0, 17 e 34% da MS da dieta). A inclusão de 34% de caroço de algodão na dieta com cana-de-açúcar resultou em menores produções de leite, gordura, proteína, lactose e sólidos totais, bem como menores teores de lactose. Quando se adicionou 17% de caroço, a produção e a composição do leite não diferiram da dieta controle. O teor de nitrogênio uréico do leite foi maior na dieta com 34%, intermediária nas dietas com 17%, e menor nas dietas sem caroço de algodão (Tabela 25).

Tabela 25. Produção e composição do leite de vacas alimentadas com cana e caroço de algodão.

Variáveis	Tratamentos				Média	EPM[4]	P > F[5]
	S/ Caroço	17%18L[2]	17%21L[3]	34%			
Produção de leite[1]	15,85[A]	15,30[A]	15,78[A]	13,01[B]	14,99	0,580	0,003
Gordura (%)	3,34	3,54	3,41	3,53	3,45	0,069	0,152
Gordura (kg/dia)	0,530[A]	0,542[A]	0,538[A]	0,459[B]	0,517	0,021	0,011
Proteína (%)	2,94	2,91	2,91	2,90	2,91	0,027	0,77
Proteína (kg/dia)	0,466[A]	0,445[A]	0,461[A]	0,376[B]	0,437	0,016	0,003
Lactose (%)	4,39[AB]	4,45[A]	4,45[A]	4,29[B]	4,40	0,029	0,001
Lactose (kg/dia)	0,696[A]	0,681[A]	0,702[A]	0,558[B]	0,659	0,043	0,006
Sólidos totais (%)	11,81	11,94	11,83	11,83	11,85	0,079	0,686
Sól. totais (kg/dia)	1,872[A]	1,826[A]	1,867[A]	1,540[B]	1,776	0,070	0,001
Uréia (%)	10,95[C]	12,64[B]	13,48[B]	17,58[A]	13,65	0,043	0,001
CCS (x10.000)	8,97	12,06	11,85	17,33	12,55	2,17	0,067

Valores seguidos de mesma letra na linha não diferem entre si pelo teste de Tukey a 0,05.

[1] Produção de leite (3,5% de gordura) = 0,4324*PL(kg)+16,216*gord(kg) (Tyrrel & Reid, 1965).

[2] Concentrado com 17% de caroço de algodão com energia para produzir 18 litros de leite.

[3] Concentrado com 17% de caroço de algodão com energia para produzir 21 litros de leite.

[4] Erro padrão da média.

[5] Probabilidade.

Fonte: Martinez, 2008.

Em outro estudo recente, Martinez (2008) avaliou o efeito da substituição do milho por doses crescentes de caroço de algodão (0, 7, 14, e 21% da MS da dieta) na produção de vacas mantidas em pastagens de capim elefante. A inclusão de caroço de algodão no concentrado buscando atingir 21% do co-produto na dieta reduziu a produção de leite, a produção de leite corrigida para gordura, a produção de proteína, sólidos totais e lactose do leite. O autor atribuiu essa redução ao efeito negativo desse tratamento no consumo de matéria seca. Independente do nível, a inclusão de caroço de algodão diminuiu ($P=0,062$) os teores de PB e aumentou ($P<0,001$) os teores de uréia no leite. Os resultados desse trabalho estão apresentados na Tabela 26.

Tabela 26. Efeito da substituição do milho por caroço de algodão na produção e composição do leite de vacas mantidas em pastagens de capim elefante.

Item	Tratamentos				Média	EPM[2]	Pr>t
	Milho	7%CA	14%CA	21%CA			
Produção de leite, kg/dia	17,66a	17,41a	16,90a	15,30b	16,80	0,307	0,001
Prod. de leite, kg/dia[1]	17,80a	17,80a	17,80a	16,20b	17,41	0,380	0,011
Gordura, %	3,55	3,65	3,80	3,80	3,68	0,107	0,270
Gordura, kg/dia	0,627	0,635	0,648	0,593	0,625	0,017	0,180
Proteína, %	2,90	2,84	2,80	2,83	2,83	0,025	0,062
Proteína, kg/dia	0,512a	0,494a	0,470a	0,426b	0,476	0,008	0,001
Lactose, %	4,23	4,20	4,17	4,00	4,15	0,069	0,058
Lactose, kg/dia	0,751a	0,736a	0,711a	0,632b	0,707	0,013	0,001
Sólidos Totais, %	11,60	11,60	11,70	11,50	11,60	0,161	0,806
Sólidos Totais, kg/dia	2,056a	2,031a	2,000a	1,800b	1,970	0,038	0,002
Uréia, mg/dL	13,40b	15,00a	15,90a	15,80a	15,05	0,462	0,002

Dados seguidos de mesma letra na linha não diferem entre si pelo teste de Tukey a 0,05.

[1] Produção de leite corrigida para 3,5% de gordura; PL(3,5%) = 0,4324*PL(kg)+16,216*gord(kg) (Tyrrel & Reid, 1965).

[2] Erro Padrão da Média.

Fonte: Martinez, 2008.

3.7. Raspa e Farelo de Mandioca

3.7.1. Origem do produto

Além dos cereais, algumas raízes e tubérculos também são ricos em amido (Zeoula, 1999). Um desses tubérculos é a mandioca. O Brasil é o maior produtor mundial de mandioca, com cerca de 26,5 milhões de toneladas anuais, e tem se mantido nessa posição por muitos anos. A mandioca suplanta o milho em potencial de produção de energia por hectare (Pires, 1999).

O processamento industrial da mandioca tem por objetivo a produção de farinha e a extração de amido, também chamado de fécula. Além destes produtos a industrialização da mandioca gera resíduos sólidos como cascas, bagaços e descartes e resíduos líquidos como a água de lavagem e a manipueira.

Devido ao seu alto valor energético e alta produção de MS/ha, tanto a parte aérea como as raízes frescas e os subprodutos sólidos tem potencial para uso na alimentação animal. Como alternativas ao milho, quando este está com preço elevado, as raízes frescas e alguns dos seus subprodutos são de interesse na alimentação de vacas leiteiras.

No Brasil as formas mais comuns de utilização da raiz da mandioca para bovinos são:

a) raspa de mandioca

A raspa consiste na raíz picada e seca ao sol ou artificialmente, podendo ser triturada posteriormente, originando o farelo de raspa.

b) farelo de mandioca

Originado após a segunda peneiragem do processo de extração da fécula, o farelo de mandioca tem um aspecto grosseiro, por conter o material mais fibroso da raiz. Apesar de rico em amido, seu teor deste nutriente é inferior ao da raspa.

3.7.2. Valor nutricional dos resíduos de mandioca

A raspa de mandioca possui entre 72 a 91% de amido na MS (Smet et al.,1995; Zeoula,1999), sendo superior ao do milho e demais cereais. O farelo de mandioca possui teor de amido inferior ao da raspa, em torno de 60 a 65% na MS (Scoton, 2003).

Os grãos de amido da mandioca têm forma esférica e semiesférica e os do milho poliédricos, no entanto, o tamanho dos grãos de amido é semelhante para essas fontes (5-35 μm) (Pires, 1999). Em grãos como o milho, a amilopectina representa pelo menos 70% do amido, já na mandioca a amilopectina representa apenas 17% do amido (Morrison & Laidnelet, 1983). Outra característica do amido de mandioca que o diferencia do milho é a ausência de matriz protéica e de corpos protéicos associados aos grãos de amido (Pires 1999). Devido, aos altos teores de amilose existentes no amido da mandioca, esperava-se menores taxas de digestibilidades, no entanto esse é altamente degradável com taxas de 16,8%/h no rúmen em comparação ao milho (4%/h) (Nocek & Taminga, 1991). O NRC (1996) também apresenta taxas elevadas de degradação para o amido da mandioca no rúmen (40%/h). A razão para isso é possivelmente a ausência de associação dos grãos de amido com os corpos e matrizes protéicas, fazendo com que tanto a raspa como o farelo de mandioca sejam produtos interessantes para substituir o milho como principal fonte de amido da dieta.

Aroeira et al.(1996), através da incubação *in situ* com sacos de náilon em vacas secas, observaram 90,4% de degradabilidade efetiva e 96,4% de degradabilidade potencial para a MS da raiz da mandioca e 81,3% e 97,4% respectivamente para o milho fubá. Zeoula et al. (1999) encontraram valores de degradabilidade efetiva de 79,1% para raspa e 57,8% para o milho. Smith et al.(1991) obtiveram com novilhas cruzadas valores de 82 e 77% respectivamente, para degradabilidade potencial da MS da casca de mandioca moída e do milho moído.

Ramos (2000) não encontrou diferenças no coeficiente de digestibilidade de MS, MO, FDN, FDA e PB entre grão de milho e farelo de mandioca. O mesmo autor considera que o farelo de mandioca caracteriza-se como subproduto de boa utilização pela microflora ruminal, com coeficiente de digestibilidade de MS acima de 61%.

A alta degradabilidade ruminal do amido da mandioca, é um fator positivo quando a dieta é balanceada adequadamente. Entretanto, dietas com excesso de amido de alta degradabilidade ou deficientes em fibra efetiva, aumentam significativamente os riscos de ocorrência de baixo pH ruminal, levando a baixo teor de gordura do leite, queda no consumo de MS e na produção de leite e laminite (Santos, 1998). Desta forma deve se evitar a substituição total do milho ou sorgo por amido de mandioca em dietas para vacas leiteiras de bom potencial de produção. A substituição pode ser total quando a raspa ou farelo de mandioca são combinados com subprodutos como polpa cítrica, casca de soja, farelo de trigo ou de glúten de milho (refinasil ou prómill) ou outros subprodutos com baixo teor em amido (Scoton, 2003).

Outro cuidado que deve ser tomado quando do uso de mandioca na alimentação de bovinos é com relação à presença de compostos tóxicos. A mandioca contém os glicosídeos linamarina e lotaustralina, que geram o ácido cianídrico (HCN). Este composto tóxico pode causar danos neurológicos crônicos ou até mesmo a morte do animal. O HCN liga-se ao ferro (Fe) e interage com a hemoglobina para formar a ciano-hemoglobina, que impede o transporte de oxigênio para os tecidos e leva o animal a morte por asfixia.

Com base nos teores de HCN a mandioca pode ser classificada como raiz mansa ou brava. Tanto a parte aérea como as raízes contêm este composto tóxico, porém os valores são mais altos na parte aérea.

Os métodos mais eficientes de se eliminar o HCN é a secagem do material, natural ou artificialmente ou o cozimento da raiz. Entretanto, a simples exposição ao ar por 24 a 48 horas da raiz ou parte aérea são suficientes para a volatilização do HCN (Souza & Boin, 2002). Segundo esses autores, os riscos de intoxicação só ocorrem com o fornecimento de parte aérea e raízes frescas, trituradas e fornecidas aos animais imediatamente após a colheita.

3.7.3. Desempenho de bovinos alimentados com resíduos de mandioca

A substituição do milho em até 45% por farelo de mandioca para garrotes mestiços aumentou o consumo de matéria seca da dieta, mas a substituição acima de 45% reduziu o consumo. No mesmo trabalho, a substituição de até 66% do milho por farelo de mandioca não afetou o ganho de peso diário e a conversão alimentar dos animais (Ramos, 2000).

Ferreira et al. (1989) não encontraram diferença na conversão alimentar de novilhos recebendo suplemento energético com 100% de milho em grão, ou 50% de milho em grão e 50% de raspa de mandioca.

Zinn & De Peters (1991) avaliaram a substituição do milho floculado pela mandioca para novilhos de corte e observaram que, embora ambos apresentem conteúdo de nitrogênio (N) diferentes, a taxa de passagem do N para o intestino delgado foi semelhante para as duas dietas, refletindo em maior síntese de N microbiano das dietas contendo mandioca. Segundo esses autores, o amido da mandioca é muito eficiente na síntese de proteína microbiana, contribuindo com o aumento da degradabilidade da PB.

Pires (1999) não observou diferença entre os tratamentos para consumo de matéria seca, percentagem de gordura e proteína do leite ao comparar milho de diferentes degradabilidades com a mandioca. Por outro lado, o fornecimento de mandioca reduziu a produção de leite, conforme mostra a Tabela 27.

Scoton (2003) comparou dietas contendo milho, milho + polpa cítrica (50:50) e polpa cítrica + farelo de mandioca (50:50) para vacas leiteiras alimentadas com silagem de milho no terço final de lactação, com produções ao redor de 17,5 kg de leite/dia. Não houve efeito da fonte energética na produção e composição do leite (Tabela 28).

Tabela 27. Efeito da degradabilidade de fontes de amido no consumo de matéria seca e na produção e composição do leite.

	Tratamentos					EPM
	M310	M360	Mandioca	MMF	MMG	
Consumo de MS, kg/d	17,11	16,37	14,93	17,27	19,29	1,15
Prod. de leite, kg/d	18,95ab	18,66ab	13,81b	19,45a	20,48a	1,61
LCG, kg/d	17,43a	17,32a	12,48b	19,66a	19,83a	1,21
LCG/consumo MS, kg	1,01a	1,06a	0,86b	1,16a	1,02a	0,04
Gordura, %	3,00	3,14	3,01	3,68	3,30	0,19
Gordura, kg/d	0,57a	0,57a	0,40b	0,69a	0,67a	0,04
Proteína, %	3,23	3,43	3,26	3,26	3,24	0,19
Proteína, kg/d	0,61ab	0,64b	0,45a	0,63b	0,66b	0,04
PB Leite/PB consumida	0,23a	0,24a	0,17b	0,19ab	0,19ab	0,01

Médias seguidas de letras distintas nas linhas indicam diferenças significativas ($P<0,05$).

M310 = milho floculado a 310g/l; M360 = milho floculado a 360 g/l; MMF = milho moído fino; MMG = milho moído grosso; EPM = erro padrão da média.

Fonte: Pires, 1999.

Tabela 28. Valores médios de produção e composição de leite de vacas leiteiras alimentadas com farelo de mandioca em substituição ao milho.

	T1 (M)	T2 (M + PC)	T3 (PC + FM)	EPM
CMS, kg/d	18,10	17,56	16,95	0,2288
Leite (kg/d)	17,43	17,27	17,79	0,778
LCG 3,5%, kg/d	16,83	16,49	16,98	0,876
LCG/CMS	0,86	0,93	0,94	0,0699
Gordura, %	3,43	3,32	3,4	0,138
Gordura, kg/d	0,572	0,556	0,571	0,036
Proteína, %	3.45	3,49	3,54	0,090
Proteína, kg/d	0,572	0,574	0,589	0,026
Lactose, %	4,06	4,00	3,83	0,12

T1= milho; T2 = milho + polpa cítrica; T3 = polpa cítrica + farelo de mandioca.

Fonte: Scoton, 2003.

4. Utilização de grãos alternativos aos tradicionais

As fontes energéticas alternativas ao milho incluem outros grãos de cerais, além dos co-produtos descritos nesse texto, como o sorgo e o milheto, que apresentam elevada disponibilidade em algumas regiões do país e preços mais competitivos.

4.1. Sorgo

A safra nacional de sorgo (1,38 milhões de ton.) ainda é pequena quando comparada à de milho (57,8 milhões de ton.), entretanto vem crescendo consideravelmente (IBGE, 2008)). De modo geral o preço do sorgo no mercado nacional tem girado em torno de 70 a 80% do preço do milho. Assim como o milho, o sorgo é um cereal rico em amido (65 a 72% da MS), com teor de PB (11,6%) e de FDN (10,9%) pouco superiores ao do milho (Santos, 1998; NRC, 2001). Os valores de NDT do sorgo são inferiores ao do milho, em geral em torno 90% do valor do milho (NRC, 2001).

Os dados revisados por Santos (1998), Huntington (1997), Owens et al., (1997) e Theurer et al., (1999), indicam que o sorgo processado na forma seca (moagem ou laminação) é realmente inferior ao milho para vacas leiteiras e para bovinos de corte. A produção de leite é inferior para o sorgo moído ou laminado quando o consumo da dieta não é alterado por este cereal em comparação ao milho processado da mesma forma. Produções similares têm sido relatadas, porém neste caso o consumo de MS das dietas com sorgo tem sido superior as dietas com milho, resultando em pior eficiência alimentar.

Quando processado de forma mais intensa, no caso através da floculação, o sorgo tem se mostrado superior ao milho moído ou laminado para vacas leiteiras é igual ao milho floculado (Theurer et al, 1999).

O menor valor energético do sorgo em relação ao milho se deve à menor digestibilidade do amido deste cereal. A digestibilidade do amido dos grãos de cereais é afetada por vários fatores, mas o mais significativo é a quantidade de matriz protéica e corpos protéicos revestindo os grânulos de amido. Em comparação ao milho, cevada, trigo e aveia, o sorgo é o cereal que apresenta o amido menos digestível. Isto se deve a uma maior presença de matrizes e corpos protéicos revestindo os grânulos de amido do sorgo em comparação aos demais cereais (Theurer et al., 1999).

Devido à menor digestibilidade do amido do sorgo, este cereal é o que mais se beneficia de processamentos mais intensos como a floculação. No Brasil, a principal forma de processamento é a moagem. Neste caso, a moagem fina é indicada em relação a moagem mais grosseira (Santos, 1998).

A ensilagem de grãos úmidos é vantajosa em relação ao processamento seco como a moagem ou laminação, resultando em maior digestibilidade do amido e maior NDT do cereal. Isto se deve à colheita do cereal no campo, antes da formação total das matrizes protéicas e ao processo de proteólise durante a ensilagem.

4.2. Milheto

A safra nacional de milheto ainda é pequena e localizada. Geralmente o milheto tem sido cultivado no Brasil Central na safrinha. O milheto tem sido normalmente cultivado em muitas regiões semi-áridas, onde outras culturas não se desenvolveriam bem, devido às condições desfavoráveis de solo e clima.

O milheto é um cereal e seu grão tem cerca de um terço do tamanho do grão de sorgo, possuindo formato oval. A proporção do gérmen do grão de milheto é duas vezes maior que do sorgo, um fator que contribui para seu alto valor nutritivo. O grão de milheto possui quantidades de extrato etéreo e proteína maiores que do milho e sorgo, com melhor perfil de aminoácidos. Mas este teor mais elevado de lipídeos pode afetar sua qualidade, quando armazenado após a moagem.

O teor de proteína do grão de milheto varia de acordo com os híbridos e manejo da cultura. Burton et al. (1972) avaliou diferentes variedades e obteve teores de 8,8 a 20,9% de proteína bruta, sendo o valor médio 16%. Além de possuir teores de proteína bruta maiores que do milho, as concentrações de lisina, metionina e triptofano do milheto também são maiores.

Outro ponto a ser considerado é o teor de ácido fítico de grãos de milheto não processados, sendo um fator antinutricional com importante influência no valor nutritivo do grão, por ser prejudicial na atividade de enzimas proteolíticas.

Trabalhos comparando o milheto a outros cereais para vacas leiteiras são raros na literatura internacional e nacional.

Ribeiro (1999) substituiu o milho pelo milheto em quantidades crescentes (0, 25, 50, 75 e 100%) na dieta de vacas leiteiras em lactação e não observou diferenças na produção de leite, teor e produção de gordura do leite e produção de proteína do leite (Tabela 29).

Gelaye et al. (1997) avaliaram os efeitos da substituição parcial ou total do milho por milheto em dietas para cabras em lactação e também não observaram diferenças na produção e composição do leite.

Tabela 29. Efeito da inclusão de milheto em dieta de vacas leiteiras sobre a produção e composição do leite.

	% de inclusão de milheto[1]				
	0%	25%	50%	75%	100%
Produção	24,4	24,24	25,09	25,02	24,34
Gordura (kg)	0,82	0,80	0,85	0,82	0,77
Prod 3,5%Gord	23,88	23,50	24,60	24,20	23,03
Gordura (%)	3,41	3,38	3,53	3,34	3,21
Proteína (kg)	0,73	0,74	0,74	0,76	0,72
Proteína (%)	3,00b	3,08[a]	3,02b	3,04ab	2,96c

[1] porcentagem de inclusão do amido do milheto em relação ao amido do milho.

Fonte: Ribeiro, 1999.

5. Referências bibliográficas

ACEDO, C.; BUSH, L.J.; ADAMS, G.D. Responses of dairy cows to different amounts of wheat middlings in the concentrate mixture. **Journal of Dairy Science**. Savoy, v. 70, p. 635–638, 1987.

ADAMS, A.L.; HARRIS, B. JR.; VAN HORN, H.H.; WILCOX, C.J. Effect of varying forage types on milk production responses to whole cottonseeds, tallow and yeast. **Journal of Dairy Science**, Savoy, v. 78, p. 573–581, 1995

ALLEN, M. S. Relationship between fermentation acid production in the rumen and the requirement for physically effective fiber. **Journal of Dairy Science**, v. 80, p. 1447–1462, 1997.

ANDERSON, M.J., ADAMS, D.C., LAMB, R.C., WALTERS, J.L. Feeding whole cottonseed to lactating dairy cows. **Journal of Dairy Science.** Champaign, v. 62(7), p. 1098-103, 1979.

ANDRADE, G.A. 2002. **Substituição do milho moído por polpa cítrica no desempenho de vacas em lactação**. Dissertação (Mestrado). Universidade Federal de Lavras, Lavras. 151p. 2002.

AROEIRA, L.J.M.; LOPES, F.C.; MALDONADO-VASQUEZ, H. Disponibilidade e consumo do capim-elefante (*Pennisetum purpureum*, Schum.) sob pastejo de vacas em lactação. In: **Anais da 33ª Reunião Anual da Sociedade Brasileira de Zootecnia.** Fortaleza: SBZ, p. 177-179, 1996.

ASSIS, A.J.; CAMPOS, J.M.S.; VALADARES FILHO, S.C.; QUEIROZ, A.C.; LANA, R.P.; EUCLYDES, R.F.; MENDES NETO, J.; MAGALHÃES, A.L.R.;

MENDONÇA, S.S. Polpa cítrica em dietas de vacas em lactação: consumo de nutrientes, produção e composição do leite. **Revista Brasileira de Zootecnia**, v.33, n.1, p.242-250, 2004.

BELIBASAKIS, N.G., TSIRGOGIANNI, D. Effect of whole cottonseed on milk yield, milk composition, and blood components of dairy cows in hot weather. **Animal Feed Science Technology**, v. 52, p. 227–235, 1995.

BELYEA, R.L.; STEVENS, B.J.; RESTREPO R.J.; CLUBB, A.P. Variation in composition of by-product feeds. **Journal of Dairy Science**, Savoy, v. 72, p. 1786-1790, 1989.

BERGER, L.L.; WILLMS, C.L. Energy value of wet corn gluten feed in a restricted feeding program for feedlot cattle. In: **University of Ilinois Beef Report**, p.3, 1992.

BITMAN, J., WOOD, D.L., MILLER, R.H., TYRRELL, H.F., REYNOLDS, C.K., BAXTER, H.D., 1996. Comparison of milk and blood lipids in Jersey and Holstein cows fed total mixed rations with or without whole cottonseed. **Journal of Dairy Science,** v. 79, p. 1596–1602, 1996.

BLASI, D.; DROUILLARD, J. Composition and feeding value of cottonseed feed products for beef cattle. **Kansas State University Agricultural Experimental Station and Cooperative Extension Service**, Bull. MF-2538, 20 p. 2002.

BLASI, D. A.; DROUILLARD, J. S.; KUHL, G. L.; WESSELS, R. H. Wheat middlings in roughage based or limit-fed, high concentrate diets for growing calves. **Kansas State University Cattlemen's Day Report Program**, 804, p. 56. 1998(a).

BLASI, D. A.; KUHL, G. L.; DROUILLARD, J. S.; REED, C. L.; TRIGO-STOCKLI, D. M.; BEHNKE, K. C.; FAIRCHILD, F. J. Wheat middlings composition, feeding value and storage guidelines. **Kansas State University Agricultural Experimental Station and Cooperative Extension Service**, Bull. MF-2353, 21 p. 1998(b).

BLASI, D. A.; TITGEMEYER, E.C.; DROUILLARD, J. S.; PAISLEY, S.I.; BROUK, M. J. Soybean hulls, composition and feeding velue for beef and dairy cattle. **Kansas State University Agricultural Experimental Station and Cooperative Extension Service**, Bull. MF-2438, 16 p. 2000.

BRUNO, J.R.; MORENO, T.T.B.. **Digestibilidade da polpa cítrica na alimentação de bovinos.** Monografia apresentada à Faculdade de Ciências Agrárias e Veterinárias para graduação em Zootecnia. UNESP — Jaboticabal. 2000.

BURTON, G.W.; WALLACE, A.T.; RACHIE, K.O. Chemical Composition and Nutritive Value of Pearl Millet [*Pennisetum typhoides* (Burm.) Stapf and E.C. Hubbard] Grain. **Crop Science**, v.12, p.187, 1972.

CARARETO, R. **Uso de uréia de liberação lenta para vacas alimentadas com silagem de milho ou pastagens de capim Elefante manejadas com intervalos fixos ou variáveis de desfolhas.** Dissertação (Mestrado Ciência Animal e Pastagens) — Escola Superior de Agricultura "Luiz de Queiroz", Universidade de São Paulo, Piracicaba, 116 p., 2007.

CARMO, C.A.; SANTOS, F.A.P.; SCOTON, R.A., LIMA, N.V.A.; CLARINDO, R.L.. Fornecimento de aditivo microbiológico (*Saccharomyces cerevisiae*) para vacas no terço final de lactação, recebendo dietas com diferentes teores de amido. In: **Anais da 40ª Reunião Anual da Sociedade Brasileira de Zootecnia**. Santa Maria: SBZ. CD-ROM. 2003a.

CARMO, C.A.; SANTOS, F.A.P.; MARTINEZ, J.C., CORREA, P.S. Varying starch content of lactating dairy cow diets, through different proportions of corn and dried citrus pulp. In: **Proceedings of 9th World Conference on Animal Production**. Porto Alegre: WAAP. CD-ROM. 2003b.

CARMO, C.A., SANTOS, F.A.P., PEDROSO, A.M., PEREIRA, E.M.; RAMALHO, T.R.; RIGHETO, M.V. Grãos de milho moído grosso e fino em combinação com polpa cítrica peletizada ou casca de soja em dietas para vacas leiteiras no terço médio de lactação. In: **Anais da 40ª Reunião Anual da Sociedade Brasileira de Zootecnia**. Campo Grande: SBZ. CD-ROM. 2004.

CARVALHO, M.P.; BOIN, C.; LANNA, D.P.D.; TEDESCHI, L.O. Substituição parcial do milho por subprodutos energéticos em dietas de novilhos, com base em bagaço cana tratado à pressão e vapor: digestibilidade, parâmetros ruminais e degradação in situ. **Revista Brasileira de Zootecnia**, v.27, n.6, p.1182-92, 1998.

CARVALHO, M.P. Citrus. In: **Anais do 6º Simpósio sobre Nutrição de Bovinos.** Piracicaba: FEALQ, p.171-214. 1995.

CARVALHO, M.P. **Substituição do milho por subprodutos energéticos em dietas de bovinos à base de bagaço de cana tratado à pressão e vapor: digestibilidade e parâmetros ruminais.** Dissertação (Mestrado Ciência Animal e Pastagens) — Escola Superior de Agricultura "Luiz de Queiroz", Universidade de São Paulo, Piracicaba, 1998.

CHANDLER, P.T. Wet brewers grain: Its role in dairy cattle feeding. Feedstuffs, April 27, 1987

CLARK, J.H.; MURPHY, M.R.; CROOKER, B.A. Supplying the protein needs of dairy cattle from by-products feeds. In: **Symposium: Alternate feed sources for dairy cattle. Journal of Dairy Science** v.70, p.1092-1109, 1987.

CLIMACO, G.C. **Variação da população de protozoários, bactérias e fungos em bovinos submetidos a dietas de cana-de-açúcar suplementada com caroço de algodão.** Dissertação (Mestrado) — Escola Superior de Agricultura "Luiz de Queiroz", Universidade de São Paulo. Piracicaba, 101p, 1992.

Companhia Nacional de Abastecimento - CONAB, 2008. **Acompanhamento da safra brasileira: grãos: oitavo levantamento**, maio 2008. Brasília : Conab, 2008.

CONRAD, H.R.; HIBBS, J.W. Nitrogen metabolism in dairy cows. II. Soybran flakes versus oats as principal sources of digestible carbohydrates for nitrogen metabolism. **Journal of Dairy Science**. Savoy, v. 44, p. 1903–1909, 1961.

COPOCK, D.E., MOYA, J.R. et al. Effect of lint on whole cottonseed passage and digestibility and diet choise on intake of whole cottonseed by Holstein cows. **Journal of Dairy Science**, v. 68(5), p.1198-1206, 1985.

COPPOCK, C.E., LANHAM, J.K., HORNER, J.I. A review of the nutritive value and utilization of whole cottonseed, cottonseed meal and associated by-products by dairy cattle. **Animal Feed Science. and Technology.**, Amsterdam, v. 18, p.80-129, 1987.

DA SILVA & NASCIMENTO JR. Ecofisiologia de plantas forrageiras. In: **3º Simpósio sobre manejo estratégico da pastagem**. Viçosa: UFV, p.1-42, 430p, 2006.

DADO, R. G.; ALLEN, M. S. Enhanced intake and production of cows offered ensiled alfalfa with higher neutral detergent fiber digestibility. **Journal of Dairy Science**. v.79, p.418–428, 1996.

DePETERS, E.J., FRANKE, A.A., AGUIRRE, A. Effects of feeding whole cottonseed on composition of milk. **Journal of Dairy Science,** Champaign, v. 68(4), p.897-902, 1985.

DePETERS, E.J.; FADEL, J.G.; AROSEMENA, A. 1997. Digestion kinetics of neutral detergent fiber and chemical composition within some selected by-product feedstuffs. **Animal Feed Science and Technology**, v.67, p.127

DEPIES, K.K.; ARMENTANO, L.E. Partial replacement of alfalfa fiber with fiber from ground corn cobs or wheat middlings. **Journal of Dairy Science,** Savoy, v. 78, p. 1328-1335. 1995.

DHIMAN, T.R., SATTER, L.D., 1995. Feeding heat treated cottonseed to lactating dairy cows. **Journal of Dairy Science**. v. 78, S296, (Abstract)

DHUYVETTER, J.; HOPPE, K.; ANDERSON, V. **Wheat Middlings - A useful feed for cattle**. North Dakota State University. Junho, 1999.

EIFERT, E.C.; LANA, R.P.; LANNA, D.P.D.; LEOPOLDINO, W.M.; OLIVEIRA, M.V.M.; ACURI, P.B.; CAMPOS, J.M.S.; LEÃO, M.I.; VALADARES FILHO, S.C. Consumo, produção e composição do leite de vacas alimentadas com óleo de soja e diferentes fontes de carboidratos na dieta. **Revista Brasileira de Zootecnia,** v.35, n.1, p.211-218, 2006.

FELLNER, V.; BELYEA, L. Maximizing gluten feed in corn silage diets for dairy cows. **Journal of Dairy Science**, v.74, p. 996-1005, 1991.

FERNANDES, J.J de R. **Teores de caroço de algodão em dietas contendo silagem de milho para vacas em lactação.** Dissertação (Mestrado) — Escola Superior de Agricultura "Luiz de Queiroz", Universidade de São Paulo. Piracicaba, 67p, 2000.

FERREIRA, J. J.; NETO, J. M.; MIRANDA, E. S. Efeito do milho, sorgo e raspa de mandioca na ração sobre o desempenho de novilhos confinados. **Revista Brasileira de Zootecnia**, v.18, n.3, p.306-313, 1989.

FIRKINS, J.L.; EASTRIDGE, M.L. Replacement of forage or concentrate with combinations of soyhulls, sodium bicarbonate, or fat for lactating dairy cows. **Journal of Dairy Science,** v. 75(10), p.2752-2761, 1992.

FIRKINS, J.L. Effects of feeding nonforage fiber sources on site of fiber digestion. **Journal of Dairy Science**, v.80, p. 1426-37, 1997.

FOX, D.G.; SNIFFEN, C.J.; O'COMOR, J.D.; VAN SOEST, P.J.; RUSSELL, J.B. A Net carbohydrate and protein evaluating cattle diets: 1. Cattle and diet adequacy system for requirements. **Journal of Animal Science,** Savoy, v. 70, p. 3578-3596. 1992.

GELAYE, S.; TERRYL, T.; AMOAH, E.A., et al. Nutritional value of pearl millet for lactating and growing goats. **Journal of Animal Science,** v.75, p.1409, 1997.

GRANT, R. J. Optiming starch concentrations in dairy rations. **Proceedins of the Tri State Dairy Nutrition Conference,** p.73-79, 2005.

GRANT, R. J.; HADDAD, S. G.; MOORE, K. J.; PEDERSEN, J. F. Brown midrib sorghum silage for midlactation dairy cows. **Journal of Dairy Science,** v.78, n.9, p.1970-1980, 1995.

GRANT, R.J. Interactions among forages and nonforage fiber sources. **Journal of Dairy Science,** v.80(7), p.1438-1446, 1997.

GREEN, D.A.; STOCK, R.A.; GOEDEKEN, F.K.; KLOPFENSTEIN, T.J. Energy value of corn wet milling by product feeds for finishing ruminants. **Journal Animal Science**, v. 65, p. 1655, 1987.

HAM, G.A.; STOCK, R.A.; KLOPFENSTEIN, T.J.; HUFFMAN, R.P. Determing the net energy value of wet and dry corn gluten feed in beef growing and finishing diets. **Journal Animal Science**, v. 73, p. 353-359, 1995.

HARRISON, J.H., KINCAID, R.L., MCNAMARA, J.P., WALTNER, S., LONEY, K.A., RILEY, R.E., CRONRATH, J.D. Effect of whole cottonseed and calcium salts of long-chain fatty acids on performance of lactating dairy cows. **Journal of Dairy Science**, v. 78, p.181–193, 1995.

HAWKINS, G.E., CUMMINS, K.A., SILVERIO, M. JILEK, J.J. Physiological effects of whole cottonseed in the diet of lactating dairy cows. **Journal of Dairy Science,** Champaign, v.68(10), p.2608-2614, 1985.

HENDERSON, S.J., AMOS, H.E., EVANS, J.J. Influence of dietary protein concentration and degradability on milk production, composition, and ruminal protein metabolism. **Journal of Dairy Science,** v.68, p.2227–2237, 1985.

HEROLD, D.; KLEMESRUD, M.; KLOPFENSTEIN, T.; MILTON, T.; STOCK, R. Solvent-extracted germ meal, cron bran and steep liquor blends for finishing steers. In: **University Neb. Beef Cattle Report**, MP 69-A, p. 50, 1998.

HEROLD, D.; COOPER, R.; KLOPFENSTEIN, T.; MILTON, T.; STOCK, R. Corn bran, solvent-extracted germ meal, and steep liquor blends for finishing yearlings. In: **University Neb. Beef Cattle Report**, MP 71-A, p. 29, 1999.

HOPKINS, B. A.; WHITLOW, L. W. Recommendations for feeding selected by-product feeds to dairy cattle. **North Carolina State University Cooperative Extension Service**, Bull. ANS01-205D, 2002.

HORNER, J.L., COPPOCK, C.E., SCHELLING, G.T., LABORE, J.M., NAVE, D.H. Influence of niacin and whole cottonseed on intake, milk yield and composition, and systemic responses of dairy cows. **Journal of Dairy Science,** Champaign, v.69(12), p.3087-93, 1986.

HUNTINGTON, G. B. Starch utilization by ruminants: from basics to the bunk. **Journal Animal Science**, v.75, p.852-867, 1997.

HUSSEIN, H.S.; BERGER, L.L. Effects of feed-intake and dietary level of wet corn gluten feed on feedlot performance, digestibility of nutrients, and carcass characteristics of growing-finishing beef heifers. **Journal Animal Science**, v.73(11), p.2905-912, 1995.

IMAIZUMI, H. **Suplementação protéica, uso de subprodutos agroindustriais e processamento de milho em dietas para vacas leiteiras em confinamento.** Tese (Doutorado) — Escola Superior de Agricultura "Luiz de Queiroz", Universidade de São Paulo. Piracicaba, 182p., 2005.

IMAIZUMI, H., SANTOS, F.A.P., SCOTON, R. A., CLARINDO, R.L., SANTOS, J.P.V.A. Avaliação de teores crescentes de resíduo úmido de cervejaria e uréia sobre o desempenho lactacional de vacas leiteiras In: **Reunião Anual da Sociedade Brasileira de Zootecnia,** Recife:SBZ, 2002.

IPHARRAGUERRE, I. R.; CLARK, J. H. Soyhulls as an alternative feed for lactating dairy cows: a review. **Journal of Dairy Science,** v.86(4), p.1052-1073, 2003.

IPHARRAGUERRE, I. R.; IPHARRAGUERRE, R. R.; CLARK, J. H. Performance of lactating dairy cows fed varying amounts of soyhulls as a replacement for corn grain. **Journal of Dairy Science**, v.85(11), p.2905-2912, 2002.

JOHNSON, C. R.; REILING, B. A.; MISLEVY, P.; HALL, M. B. Effects of nitrogen fertilization and harvest date on yield, digestibility, fiber, and protein fractions of tropical grasses. **Journal of Animal Science**, Champaign, v. 79, p. 2439-2448, 2001.

KAJIKAWA, H., ODAI, M., SAITOH, M., ABE, A. Effect of whole cottonseed on ruminal properties and lactation performance of cows with different rumen fermentation patterns. **Animal Feed Science Technology**, v.34, p.203–212, 1991.

KUOPPALA, K.; RINNE, M.; NOUSIAINEN, J.;HUHTANEN,P. The effect of cutting time of grass silage in primary growth and regrowth and interactions between silage quality and concentrate level on milk production of dairy cows. **Livestock Science,** v.116. p. 171-182, 2008.

LANZA, A. Dried citrus pulp in animal feeding. In: FEGEROS, K.; ZERVAS, G.; STAMAULI, S. (Ed). Nutritive value of dried citrus pulp and its effect on Milk yield and milk composition of lactating ewes. **Journal of Dairy Science,** v.78, p.1116-1121, 1995.

LIMA, M.L.M.; MATTOS, W.R.S. Cana-de-açúcar na alimentação de bovinos leiteiros. In: **Anais do 5º Simpósio sobre Nutrição de Bovinos: Cana-de-açúcar e seus subprodutos para bovinos.** Piracicaba: FEALQ, p. 77-105, 1993.

LOBO, J.R. **Avaliação da idade de corte e do uso de polpa cítrica sobre a qualidade fermentativa e estabilidade aeróbia da silagem de capim-elefante.** Dissertação (Mestrado em Medicina Veterinária) - Faculdade de Medicina Veterinária e Zootecnia, Universidade de São Paulo, Pirassununga, SP, 2006.

LUBIS, D., VAN HORN, H.H., HARRIS, B. JR., BACHMAN, K.C., EMANUELE, S.M. Responses of lactating dairy cows to protected fats or whole cottonseeds in low or high forage diets. **Journal of Dairy Science,** v.73, p.3512–3525, 1990.

LUCCI et al., 1975; Van Horn, 1975; Sutton et al., 1987, citados por Rocha Filho, 1998; Belibasakis et al., 1996; Menezes Jr., 1999

MACHADO, R.S. **O Caroço de algodão e seu touro.** http://www.milkpoint.com.br/mn/dicas/artigo.asp?nv=1&id_artigo=19878&perM=8&perA=2004 Milkpoint, 2004. Acessado em 12/08/2004.

MACHADO, M.C. **Avaliação de alimentos para ruminantes pelo sistema in vitro de produção de gases e pela estimativa de síntese microbiana a partir da incorporação de radiofósforo.** Dissertação (Mestrado) — Escola Superior de Agricultura "Luiz de Queiroz", Universidade de São Paulo. Piracicaba, p.28-29, 2001.

MARI, L.J. **Intervalo entre cortes em capim-marandu (*Brachiaria brizantha* (Hochts. ex A. Rich.) Stapf. Cv Marandu): produção, valor nutritivo e perdas associadas à fermentação da silagem.** Dissertação (Mestrado em Ciência Animal e Pastagens) — Escola Superior de Agricultura "Luiz de Queiroz", Universidade de São Paulo, Piracicaba, 2003.

Martin, 1990, citado por Harris, 1994

MARTINEZ, J.L.; THOMAZINI, P.L. Níveis de caroço de algodão para vacas leiteiras em produção recebendo silagem de milho como volumoso exclusivo. In: **Anais da 35ª Reunião Anual da SBZ**, Botucatu:SBZ, SP. 1998.

MARTINEZ, J.C.; SANTOS, F.A.P.; VOLTOLINI, T.V., MATTOS, W.R.S.; PENATI, M.A. Substituição parcial do milho moído fino por polpa cítrica peletizada no concentrado de vacas holandesas em início de lactação, pastejando capim-elefante. 1. Produção e composição de leite, parâmetros sangüíneos, peso vivo e escore corporal. In: **Anais da 40ª Reunião Anual da Sociedade Brasileira de Zootecnia**, Santa Maria: SBZ. CD-ROM. 2003a.

MARTINEZ, J.C. **Substituição do milho moído fino por polpa cítrica peletizada no concentrado de vacas leiteiras mantidas em pastagens de capim elefante durante o outono — inverno.** Dissertação (Mestrado) — Escola Superior de Agricultura "Luiz de Queiroz", Universidade de São Paulo. Piracicaba, 121p, 2004.

MARTINEZ, J.C. **Avaliação de co-produtos na alimentação de vacas leiteiras mantidas em pastagens tropicais durante a estação chuvosa e alimentadas no cocho durante a estação seca do ano.** Tese (Doutorado) –Escola Superior de Agricultura "Luiz de Queiroz", Universidade de São Paulo. Piracicaba, 351p, 2008.

McCOY, R.A.; STOCK, R.A.; KLOPFENSTEIN, T.J.; SHAIN, D.H.; KLEMESRUD, M.J. Effect of energy source and escape protein on receiving and finishing performance and health of calves. **Journal Animal Science**, v.76, p.1488-98, 1998.

MENA, H.; SANTOS, J. E. P.; HUBER, J. T.; TARAZON, M.; CALHOUN, M. C.; The effects of varying gossypol intake from whole cottonseed and cottonseed meal on lactation and blood parameters in lactating dairy cows. **Journal of Dairy Science**. v.87, p.2506-2518, 2004.

MENEZES JUNIOR, M.P. **Efeito do processamento do grão de milho e sua substituição parcial por polpa de citros peletizada sobre o desempenho, digestibilidade de nutrientes e parâmetros sangüíneos de vacas de leite.** Dissertação (Mestrado) - Escola Superior de Agricultura "Luiz de Queiroz", Universidade de São Paulo. Piracicaba, p.27-29, 1999.

MIRON, J.; YOSEF, E.; BEM-GHEDALIA, D. Composition and in vitro digestibility of monossacharide constituents of selected byproduct feeds. **Journal of Agriculture and Food Chemistry**, v.49, p.2322-2326, 2001.

MOHAMED, D.E., SATTER, L.D., GRUMMER, R.R., EHLE, F.R. Influence of dietary cottonseed and soybean on milk production and composition. **Journal of Dairy Science**, v.71, p.2677–2688, 1988.

MOREIRA, P.C.; REIS, R.B.; LANA, A.M.Q. Produção e composição do leite de vacas alimentadas com polpa cítrica em substituição ao milho grão. In: **Anais da 41ª Reunião Anual da Sociedade Brasileira de Zootecnia**, Campo Grande: SBZ. CD-ROM, 2004.

MORRISON, W. R., and LAIGNELET, B. An improved colorimetric procedure for the determination of amylose in cereal and starches. **Journal of Cereal Science**, v.1, p.9-20, 1983.

MUCK, R. E.; HOLMES, B. J. Factors affecting bunker silo densities. **Applied Engineering in Agriculture**, v.16, n.6, p.613-619, 2000

NOCEK, J.E. and TAMMINGA, S. Site of digestion of starch in the gastrointestinal tract of dairy cows and its effect on milk yield and composition. **Journal of Dairy Science,** v.74, p.3598-3629, 1991.

NOGUEIRA, M.P. O leite em primeiro. **Carta Leite**. Scot Consultoria, Bebedouro. Ano 6, v. 78, 2008.

NATIONAL RESEARCH COUNCIL. **Nutrient Requirements of Dairy Cattle.** Seventh Revised Edition. National Academic Press. Washington, DC. 2001.

NATIONAL RESEARCH COUNCIL. **Nutrient Requeriments of Beef Cattle.** Seventh Revised Edition, Washington, National Academy of Science, 1996.

NRC. **Nutrient Requeriments of Dairy Cattle.** Washington, D.C.: National Academy Pess, 1989. 157p.

NUSSIO, C.M.B.; SANTOS, F.A.P.; PIRES. A.V. Fontes de amido de diferentes degradabilidades e sua substituição por polpa de citrus em dietas para vacas leiteiras. **Acta Scientarium,** v.24(4), p.1079-1086, 2002.

OBA, M.; ALLEN, M.S. Evaluation of the importance of the digestibility of neutral detergent fiber from forage: effects on dry matter intake and milk yield of dairy cows. **Journal Dairy Science**, v.82, p.589-596, 1999.

ORSKOV, E.R. **The feeding of ruminants: principles and practice**. Marlow: Chalcombe Publications. 92p, 1987.

OWENS, F.N.; ZINN, R. Protein metabolism of ruminant animals. In: CHURCH, D.C. (Ed) The **ruminant animal: digestive physiology and nutrition.** New Jersey: Waveland Press, cap. 12, p.227-250, 1993.

OWENS, F.N.; SECRIST, D.S.; HILL, W.J.; GILL, D.R. The effect of grain source and grain processing on performance of feedlot cattle: a review. **Journal Animal Science**, v.75, p.868-879, 1997.

OZAKI, M.; ALVES, L.R.A. Mercados de milho e soja. **Boletim do leite**, Cepea, Piracicaba. Ano 14, v. 164, 2008.

PANTOJA, J.; FIRKINS, J.L.; EASTRIDGE, M.L.; HULL, B.L. Effects of fat saturation and source of fiber on site of nutrient digestion and milk production by lactating dairy cows. **Journal of Dairy Science**, Savoy, v. 77, p. 2341–2356, 1994.

PEDROSO, A.M.; SANTOS, F.A.P.; BITTAR, C.M.M.; PIRES, A.V.; MARTINEZ, J.C. Substituição do milho moído por casca de soja na ração de vacas leiteiras em confinamento. **Revista Brasileira de Zootecnia**, v.36, n.5, p.1651-1657, 2007 (supl.).

PEDROSO, A.M. **Substituição do milho em grãos por subprodutos da agroindústria na ração de vacas leiteiras em confinamento**. Tese (Doutorado) — Escola Superior de Agricultura "Luiz de Queiroz", Universidade de São Paulo. Piracicaba, 119p., 2006.

PEREIRA, M.N.; GARRETT, E.F.; OETZEL, G.R.; ARMENTANTO, L.E. Partial replacement of forage with nonforage fiber sources in lactating cow diets. I. Performance and health. **Journal of Dairy Science,** Savoy, v.82, p.2716–2730. 1999.

PEYRAUD, J.L.; CAMERON, E.A.; WADE, M.H.; LEMAIRE, G. The effect of daily herbage allowance, herbage mass and animal factors upon herbage intake by grazing dairy cows. **Annalles de Zootechnie**, Paris, v.45, p.201-217, 1996.

PIRES, A.V. **Efeito da inclusão de fontes de amido e silagem de milho em dietas base de cana-de-açúcar na digestibilidade de nutrientes e na produção de leite de vacas holandesas.** Tese (Livre Docência). Escola Superior de Agricultura "Luiz de Queiroz", Universidade de São Paulo. Piracicaba, 1999.

PRATES, E.R. Arroz e cereais de inverno. In: **Anais do 6º Simpósio sobre Nutrição de Bovinos**, Piracicaba: FEALQ, 1995. p. 73-98.

RAMOS, P.R., PRATES, E.R., FONTANELLI, R.S. Uso do bagaço de mandioca em substituição ao milho no concentrado para bovinos em crescimento. 2. Digestibilidade aparente, consumo de nutrientes digeríveis, ganho de peso e conversão alimentar. **Revista da Sociedade Brasileira de Zootecnia.** v.29, n. 1. p. 300, 2000.

RIBEIRO, C.V.M. **Efeito da substituição do grão de milho pelo de milheto (*Pennisetum americanum*) na dieta de vacas em lactação**. Dissertação (Mestrado) — Escola Superior de Agricultura "Luiz de Queiroz" Universidade de São Paulo. Piracicaba, 67p., 1999.

RUPPEL, K.A., PITT, R.E., CHASE, L.E.; GALTON, D.M. Bunker silo management and its relationship to forage preservation on dairy farms. **Journal of Dairy Science**, v.78, n.1, p.141-153, 1995.

SANTOS, F.A.P.; PEREIRA, E.M.; PEDROSO, A.M. Suplementação energética de bovinos de corte em confinamento. In: **Anais do 5° Simpósio sobre Bovinocultura de Corte.** Piracicaba:FEALQ, p.261-299, 2004.

SANTOS, F.A.P.; MENEZES Jr., M.P.; SIMAS, J.M.C. Processamento do grão de milho e sua substituição parcial por polpa de citros peletizada sobre o desempenho, digestibilidade de nutrientes e parâmetros sanguíneos. **Acta Scientarium,** v.23(4), p.923-931, 2001.

SANTOS, F.A.P.; SANTOS, J.E.P.; THEURER, C.B.; HUBER, J.T. Effects of rúmen undegradable protein on dairy cow performance: A 12 year literature review. **Journal of Dairy Science**, v.81, p.3182-3213, 1998.

SARMENTO, D.O.L. **Comportamento ingestivo de bovinos em pastos de capim marandu submetidos a regime de lotação contínua.** Dissertação (Mestrado em Ciência Animal e Pastagens) — Escola Superior de Agricultura "Luiz de Queiroz", Universidade de São Paulo. Piracicaba, 2003.

SARWAR, M.; J.L. FIRKINS e M.L. EASTRIDGE. Effects of varying forage and concentrate carbohydrates on nutrient digestibilities and milk production by dairy cows. **Journal of Dairy Science,** v.75(6), p.1533-1542, 1992.

SCOTON, R.A. **Substituição do milho moído fino por polpa cítrica peletizada e/ou raspa de mandioca na dieta de vacas leiteiras em final de lactação.** Dissertação (Mestrado) - Escola Superior de Agricultura "Luiz de Queiroz" Universidade de São Paulo, Piracicaba, 55p., 2003.

SINDT, J.J.; DROUILLARD, J.S.; TITGEMEYER,E.C.; MONTGOMERY, S.P.; COETZER, C.M.; FARRAN, T.B.; PIKE, J.N.; HIGGINS, J.J.; ETHINGTON, R.T. Wet corn gluten feed and alfalfa hay combinations in steam-flaked corn finishing cattle diets. **Journal Animal Science**, v.81(12), p.3121-29, 2003.

SKLAN, D., ASHKENAZI, R., BRAUN, A., DEVORIN, A., TABORI, K. Fatty acids, calcium soaps of fatty acids, and cottonseeds fed to high yielding cows. **Journal of Dairy Science**, v.75, p.2463–2472, 1992.

SMET, A.M., BOEVER, J.L., BRABANDER, D.L. et al. 1995. Investigation of dry matter degradation and acidotic effect of some feedstuffs by means of in sacco and in vitro incubations. **Animal Feed Science and Technology**, v.51, p.297-315, 1995.

SMITH, W.A., B. HARRIS, Jr. The influence of forage type on the production response of lactating dairy cows supplemented with different types of dairy fat. **Proc. Fl. Ruminant Nutr. Symp.**, Gainesville. 1992.

SMITH, W.A., VOSLOO, L.P. Effect of whole cottonseed, heat-treated whole cottonseed and whole cottonseed plus lanolin on milk production and composition. S. Afr. **Journal of Animal Science**, v.24, p.45–48, 1994.

SMITH, N.E.; COLLAR, L.S.; BATH, D.L.; DUNKLEY, W.L.; FRANKE, A.A. Digestibility and Effects of Whole Cottonseed Fed to Lactating Cows. **Journal of Dairy Science**, v.64, n.11, p.2209-2215, 1981.

SMITH, N.E., COLLAR, L.S., BATH, D.L., DUNKEY, W.L. FRANKE, A.A. Whole cottonseed and extruded soybean for cows in early lactating. **Journal of Dairy Science**, Champaign, 63 (Suppl. 1):153-4, 1981. (Abstract).

SMITH, W.A., HARRIS, B., VAN HORN, H.H., WILCOX, C.J. Effect of forage type on production of dairy cows supplemented with whole cottonseed, tallow, and yeast. **Journal of Dairy Science**, v.76, p.205–215, 1993.

SNIFFEN, C.J. Balancing rations for carbohydrates for dairy cattle. In: **Proceedings of the 1988 Feed Dealer Seminars**, Cornell Cooperative Extension, n.112, p.9-19, 1988.

SOARES, C.A.; CAMPOS, J.M.S.; VALADARES FILHO, S.C.; VALADARES, R.F.D.; MENDONÇA, S.S.; QUEIROZ, A.C.; LANA, R.P. Consumo, digestibilidade aparente, produção e composição do leite de vacas leiteiras alimentadas com farelo de trigo. **Revista Brasileira de Zootecnia**, Brasília, v. 33, n. 6, p. 2161-2169, 2004.

SOUZA, A. A.; BOIN, C. Possíveis alterações causadas pela utilização de caroço de algodão na dieta de bovinos de corte confinados. http://www.beefpoint.com.br/bn/radarestecnicos/artigo.asp?nv=1&area=15&area_desc=Nutri%E7%E3o&id_artigo=4306&perM=8&perA=2004. Milkpoint, 2002. Acessado em 18/04/2008

STAPLES, C.R., BURKE, J.M., THATCHER, W.W. Influence of supplemental fats on reproductive tissues and performance of lactating cows. **Journal of Dairy Science**, v.81, p.856–871, 1998.

STERN, M.D. and ZIEMER, C.J. Consider Value, Cost When Selecting Nonforage Fiber. **Feedstuffs.** p.14. jan-1993.

THEURER, C.B.; LOZANO, O.; ALIO, A.; DELGADO-ELORDUY, A.; SADIK, M.; HUBER, J.T.; ZINN, R.A. Steam-processed corn and sorghum grain flaked at different densities alter ruminal, small intestinal, and total tract digestibility of starch by steers. **Journal Animal Science**, v.77, p.2824-31, 1999.

THIAGO, L.R.L.S; GILL, M. Consumo voluntário de forragens por ruminantes: mecanismo físico ou fisiológico?. In: **Anais da 38ª Reunião Anual da Sociedade Brasileira de Zootecnia.** Campinas:SBZ, p. 853-871, 1990.

VAN SOEST, P.J.; ROBERTSON, J.B.; LEWIS, B.A. Methods for dietary fiber, neutral detergent fiber, and nonstarch polysaccharides in relation to animal nutrition. **Journal of Dairy Science**, v.74, n.10, p.3583-3597, 1991.

VAN SOEST, P.J. Soluble carbohydrates and the non-fiber components of feeds. **Large Animal Veterinary**, v.40,p.44-46, 1987.

VAN SOEST, P.J. 1994. **Nutritional ecology of the ruminant**. Ithaca: Cornell University Press. 476p.

VAN SOEST, P. J. Environment and forage quality. Proceedings of the Cornell Nutrition Conference for Feed Manufacturers, p.1-12, 1996.

VILLELA, S.D.J. **Utilização de caroço de algodão na alimentação de vacas em lactação**. Dissertação (Mestrado) Universidade Federal de Viçosa. Viçosa, 82. 1995.

VOLTOLINI, T.V. **Adequação protéica em rações com pastagem ou cana-de-açúcar e efeito de diferentes intervalos entre desfolhas da pastagem de capim-elefante sobre o desempenho lactacional de vacas leiteiras.** Tese (Doutorado)–Escola Superior de Agricultura "Luiz de Queiroz", Universidade de São Paulo, Piracicaba, 2006.

WHITHAM, N.G.; DROUILLARD, J.S.; BLASI, D.A.; TITGEMEYER, E.C.; COETZER, C.M.; HUNTER, R.D. Evaluating corn and corn gluten feed in growing cattle diets as a replacement for roughage. **Cattlemen's Day**. p.102-5, 1999.

WILKS, D.L., COPPOCK, C.E., BROOKS, K.N., GATES, C.E. Effect of differences in starch content of diets with whole cottonseed or rice bran on milk casein. **Journal of Dairy Science**. v. 74, p.1314–1320, 1991.

WU, Z.; HUBER, J.T. Relationship between dietary fat supplementation and milk protein concentration in lactating cows: a review. **Livestock Production Science.** 39(2):141-155, 1994.

Yokoyama & Johnson, 1988

ZEOULA, L.M.; MARTINS, A.S.; ALCALDE, C.R. Solubilidade e degradabilidade ruminal do amido de diferentes alimentos. **Revista Brasileira de Zootecnia**, v.28, n.5, p.905-912, 1999. et al.(1999

ZINN, R.A.; & DE PETERS, E.J. Comparative feeding value of tapioca pellets for feedlot cattle. **Journal of Animal Science**, v.69, n.12, p. 4726-4733, (1991).

Adequação da fração fibra em rações para bovinos

João Luiz Pratti Daniel[1]
Rodrigo Silva Goulart[1]
Vanessa Pilon Dos Santos[1]
Patrick Schmidt[2]
Luiz Gustavo Nussio[3]

1. Conceitos e caracterização dos carboidratos

O aproveitamento adequado de rações para vacas de leite é influenciado pela composição química e pelas características físicas da ração. Os carboidratos compõem a maior fonte de energia para ruminantes e compreendem de 60 a 70% da ração destes animais (NRC, 2001). Sua grande importância está relacionada ao fornecimento de energia para os microrganismos ruminais e para o animal,

1 Doutorando em Ciência Animal e Pastagem, USP/Esalq.
2 Professor Adjunto do Departamento de Zootecnia, UFPR.
3 Professor Associado do Departamento de Zootecnia, USP/Esalq, e-mail: nussio@esalq.usp.br.

além de manter a saúde e a funcionalidade do rúmen (Allen, 1997; Armentano e Pereira, 1997).

As características dos carboidratos como composição química, física e cinética da digestão afetam o consumo de matéria seca (CMS) pelo animal, a digestão e a utilização dos nutrientes da ração (Allen e Voelker, 2007). Entretanto, deve-se ressaltar que ainda não há consenso quanto a nomenclatura, a separação de frações e aos procedimentos metodológicos empregados nas análises de carboidratos, embora esses aspectos representem um passo importante para definições de exigências destes nutrientes (NRC, 2001).

Mertens (1996) sugerem que a classificação dos carboidratos estabelecida como estruturais (CE) e não-estruturais (CNE), referese unicamente a função desempenhada nas plantas e não deve ser confundida com o papel dos carboidratos na nutrição animal. Conceitualmente, CE estão relacionados com a parede celular (PC) dos vegetais (que é composta por celulose, hemicelulose, lignina, pectina, compostos fenólicos e proteínas) fornecendo o suporte físico, necessário para o crescimento da planta. Já os CNE, estão localizados no conteúdo celular e são encontrados em maiores concentrações nas sementes, folhas e raízes e representam reservas energéticas utilizadas para crescimento, reprodução e sobrevivência durante períodos de estresse.

Embora inúmeras vezes usados como sinônimos, os termos PC e fibra não representam frações idênticas dos carboidratos, tanto em definição quanto em composição. Em relação à composição de alimentos, fibra é um termo utilizado para estabelecer o conceito puramente nutricional, ou seja, a fibra é definida como sendo a fração indigestível ou de digestão lenta do alimento e que ocupa espaço no trato gastrintestinal (TGI). Assim, a parede celular não pode ser considerada como uma medida acurada de fibra, pois pode conter pectina, uma fonte de carboidrato de alta digestibilidade (Mertens, 1996), que exerce efeito limitado como fibra.

Nesse cenário, Mertens (1992) mencionou que, em termos nutricionais, a classificação dos carboidratos em fibrosos (CF) e não fibrosos (CNF) parece mais apropriada porque é dependente de características nutricionais do animal e não necessariamente de funções exercidas na planta. Nesta classificação, os CNF representam as frações degradadas mais rapidamente e incluem amido, açúcares e pectina. Já os CF, principalmente a celulose e hemicelulose, ocupam espaço no TGI e exigem mastigação, cominuição e degradação microbiana para redução do tamanho de partículas, fermentação, liberação de nutrientes e passagem pelo TGI.

O método denominado de fibra bruta (FB) descrito por Weende foi durante muito tempo usado para tentar caracterizar a fração de fibra de alimentos destinados a ruminantes e monogástricos. Supostamente, o método deveria avaliar uma entidade quimicamente uniforme (glucana) que poderia representar outros grupos de carboidratos indisponíveis. Contudo, este método historicamente vem recebendo críticas por ignorar a lignina e a hemicelulose, solubilizadas pelo tratamento da amostra com soluções alcalina e ácida, e não satisfazer a exigência de recuperação de componentes indigestíveis da fibra dietética. Além disso, a celulose, principal carboidrato determinado pela metodologia de FB, não é um componente uniforme sob o ponto de vista nutricional ou bioquímico (Van Soest, 1994).

O sistema de FB foi gradativamente substituído nas pesquisas envolvendo nutrição de ruminantes, após o advento dos sistemas para determinação de fibra insolúvel em detergente neutro (FDN) e fibra insolúvel em detergente ácido (FDA), frações estas mais representativas dos componentes da parede celular de um alimento, disponíveis para fermentação ruminal.

A fração FDN compreende hemicelulose, celulose e lignina; enquanto que a FDA é composta por celulose e lignina apenas, excluindo-se a hemicelulose no processo analítico. Portanto, os valores de hemicelulose publicados na literatura são usualmente determinados por diferença entre ambos os valores, onde:

$$\text{Hemicelulose} = \text{FDN} - \text{FDA}$$

A avaliação da composição das diferentes frações de carboidratos fibrosos é importante para o entendimento do potencial de utilização de diversos alimentos, principalmente forragens. Embora sob controvérsias, hemicelulose é degradada no rúmen ligeiramente mais rapidamente que a celulose; já a lignina é indigestível (Van Soest, 1994). O balanço entre esses diferentes componentes determina se a fibra de um alimento será mais ou menos degradada no ambiente ruminal.

Van Soest (1994) mencionou que a fração FDN é negativamente relacionada com a densidade do alimento, representando a fração de digestão lenta e, portanto, é bem correlacionada com o enchimento ruminal e o consumo de matéria seca (MS). Já a digestibilidade de um alimento está mais relacionada com a fração FDA, pois a fração da fibra indigestível, a lignina, representa uma maior proporção da entidade FDA.

A partir do método de detergente neutro, inicialmente proposto por Van Soest e Wine (1967) para determinação de componentes da fração fibrosa, o sistema passou por algumas modificações, sendo esta a principal causa de variação nos resultados de análise entre laboratórios (Mertens, 1998).

Alterações no método original foram adotadas visando reduzir a contaminação da FDN por amido (principalmente em silagem de milho e ingredientes concentrados) e melhorar as condições de filtragem e lavagem do resíduo de fibra (Mertens, 1996). A modificação mais recente do método original inclui o uso de sulfito de sódio (para reduzir a contaminação com proteína insolúvel) e da inclusão de amilase termo-estável (para remover amido), sendo o resíduo de fibra obtido denominado de FDN tratado com amilase (aFDN) (Undersander et al. 1993). Geralmente os valores de aFDN são diferentes e menores que os obtidos por outros métodos de determinação de FDN (Tabela 1), com implicações sobre estimativas do valor energético do alimentos e a formulação de rações (Mertens, 1998).

Tabela 1. Teores de FDN (% MS) de ingredientes submetidos a diferentes procedimentos relacionados com alterações do sistema de detergente neutro.

Alimentos	FDN[a]	NDR[b]	aFDN[c]	aFDN/FDN
	(---------------% da MS		---------------)	(%)
Palha de trigo[d]	83,9	86,0	82,8	98,7
Capim Timoteo[d]	67,2	68,0	65,1	96,9
Grama dos pomares	66,6		64,2	96,4
Feno de alfafa[d]	47,2	50,6	45,6	96,6
Feno de alfafa	45,5		44,3	97,4
Silagem de alfafa	43,6		42,2	96,8
Silagem de milho[d]	55,9	55,0	52,6	94,1
Silagem de milho	36,1		34,7	96,1

continua...

...continuação

Tabela 1. Teores de FDN (% MS) de ingredientes submetidos a diferentes procedimentos relacionados com alterações do sistema de detergente neutro.

Trevo	31,9		30,3	95,0
Resíduo de cervejaria	52,3		40,9	78,2
Resíduo de destilaria	38,6		27,9	72,3
Farelo de soja	18,5		12,4	67,0
Milho grão	11,4		10,1	88,6
Polpa cítrica	21,3		20,2	94,6

[a] Fibra Detergente Neutro – Método original com sulfito, sem amilase (Van Soest e Wine, 1967)

[b] Resíduo Detergente Neutro – Sem sulfito, com amilase (Robertson e Van Soest, 1981)

[c] Fibra Detergente Neutra tratada com amilase – Com sulfito e amilase (Undersander et al. 1993)

[d] Robertson (1984)

Fonte: Mertens (1998)

O teor de FDN no alimento ou na ração é negativamente correlacionada com a concentração energética e a composição química da FDN (proporções de celulose, hemicelulose e lignina) afeta a digestibilidade da fração FDN. Portanto, alimentos ou rações com concentrações similares de FDN não necessariamente terão concentrações de energia líquida semelhantes, do mesmo modo que certos alimentos ou rações com teores elevados de FDN poderão apresentar concentrações de energia maiores que outros com menores teores de FDN (NRC, 2001).

2. Exigências de fibra

Na década de 1970, a relação entre ingredientes forragens e concentrados foi inicialmente utilizada para descrever carboidratos, sugerindo que vacas leiteiras deveriam consumir rações com 40 a 50% da MS oriunda de forragens. Este conceito apresentava limitações, pois não considerava a diferença de valor nutritivo entre plantas forrageiras, nem tampouco a natureza dos concentrados (Pereira, 2003). Desta forma, como exemplo prático das limitações do uso da relação entre forragens e concentrados, pode-se citar que: 1) fontes de forragem de baixa qualidade não induzem à resposta produtiva similar à de uma fonte de forragem de alta qualidade e, portanto, seria necessário maior inclusão dessa, para formular rações nutricionalmente idênticas; 2) a relação entre forragens e concentrados também não considera o processamento físico das forragens (tamanho médio de partículas); 3) concentrados ricos em subprodutos fibrosos não são idênticos a concentrados ricos em amido ou outro carboidrato de degradação rápida no rúmen.

A quantidade máxima de FDN que pode ser incluída em rações é função do requerimento de energia líquida do animal, da quantidade de CNF necessário para boa fermentação ruminal e do efeito negativo que a FDN exerce sobre o consumo de MS. A quantidade mínima de FDN na ração está intimamente relacionada com a manutenção do funcionamento ruminal, da ruminação e da saúde do animal.

O teor da FDN nas rações está diretamente relacionado ao pH ruminal, em virtude da lenta fermentação da FDN, com menor produção de ácidos graxos voláteis (AGV), quando comparada aos CNF (Allen, 1997). Além disso, a FDN oriunda de forragens possui estrutura física que estimula a mastigação e a motilidade ruminal (Dado e Allen, 1995; Weidner e Grant, 1994). A mastigação estimula a produção e o fluxo de saliva para o rúmen e a motilidade ruminal aumenta a absorção dos ácidos graxos voláteis.

Em termos práticos, nas rações fornecidas para vacas leiteiras de alta produção, busca-se fornecer quantidades mínimas de FDN, para proporcionar máximo consumo de energia. Entretanto, certa quantidade de FDN faz-se necessária para estimular a ruminação e a produção de saliva (tamponante), o que evita o abaixamento excessivo do pH ruminal e conseqüências negativas para a saúde da vaca e a composição do leite produzido.

Vários indicadores têm sido utilizados por pesquisadores para monitorar condições ruminais incluindo a percentagem de gordura no leite, o pH ruminal, a concentração de ácidos graxos voláteis no rúmen e o tempo de mastigação total. Essas medidas respondem rapidamente a mudanças nas rações podendo algumas delas ser aferidas com certa facilidade (Armentano e Pereira, 1997; Mertens, 1997).

Na década de 1990, alguns estudos (Hansen et al., 1991; Clark e Armentano, 1997; Depies e Armentano, 1995; Armentano e Pereira, 1997; Mertens, 1997; Mooney e Allen, 1997) com vacas alimentadas com rações à base de alfafa contendo milho como fonte primária de amido, concluíram que 25% de FDN na ração total resultou em composição e produção de leite satisfatória, para rações contendo entre 16 e 20% de FDN oriundo de forragem. Esses autores relataram que a diminuição na percentagem de gordura no leite pode ocorrer quando rações com menos de 25% de FDN total e menos de 16% de FDN oriundo de forragem são ofertados para vacas em lactação.

Utilizando como referência os trabalhos citados anteriormente, o NRC (2001) sugeriu que o teor de FDN de forragem (FDNF) mínimo para manter a função ruminal seria similar em rações formuladas com diferentes fontes de forragem. Concluiu-se também que a partir de uma ração com 19% de FDNF e 25% de FDN total, para cada unidade percentual de redução na FDNF, deve-se aumentar em duas unidades percentuais na FDN total e, conseqüentemente reduzir em duas unidades percentuais no teor de CNF máximo (Tabela 2), visando manter a funcionalidade normal do rúmen. Entretanto, ao analisar as recomendações dadas pelo NRC (2001) envolvendo teores mínimos de fibra para vacas em lactação, é possível notar certo "empirismo" quanto suas estimativas (Pereira, 2005), visto que a utilização de valores fixos impossibilita ajustes entre os efeitos biológicos (nível de produção animal) e das características específicas de cada alimento, bem como a interação desses fatores.

Mesmo havendo evidências que vacas são capazes de tolerar rações com mínimo de 25% de FDN na ração total e 19% de FDNF, o NRC (2001) ressaltou que esses teores devem ser utilizados em situações específicas, como por exemplo: rações contendo forragem com tamanho de partículas adequado, uso de grão de milho seco como fonte predominante de amido e o uso de ração em mistura total. Em contra partida, esse sistema faz menção de que a ausência de algum desses fatores, exigirá maiores teores de FDN na ração. Ainda, a concentração mínima requerida de FDN pode não ser considerada a concentração ótima, por exemplo: vacas com menores produções de leite requerem menos energia, podendo receber ração contendo maiores concentrações de FDN mínimo. Dessa forma, pode-se dizer que uma boa formulação deve não somente suprir as exigências mínimas preconizadas pelo NRC (2001), mas considerar o conhecimento prático e bom senso para adequar as rações.

Tabela 2. Recomendações dos teores mínimos de FDN total e de FDN de forragem (% da MS) e teores máximos de CNF (% da MS) em rações de vacas em lactação[1].

Mínimo de FDN de Forragem	Mínimo de FDN na ração	Máximo de CNF na ração	Mínimo de FDA na Ração
19	25	44	17
18	27	42	18
17	29	40	19
16	31	38	20
15	33	36	21

1 Considerando tamanho adequado de partícula da forragem, milho como principal fonte de amido e rações fornecidas em mistura total

Fonte: NRC (2001)

De acordo com Pereira (2005) as recomendações oferecidas pelo NRC (2001) para exigências mínimas de fibra merecem questionamento. Este autor ressaltou que a primeira dificuldade está em fixar a exigência máxima de CNF e, ao mesmo tempo, definir a exigência mínima de FDN, visto que o teor de FDN mínimo automaticamente define o teor máximo de CNF, e vice versa. Logo, a proposta do NRC (2001) pode gerar formulações sem soluções factíveis. A maior limitação destas recomendações é o fato das rações preconizadas não conterem o mesmo teor de FDN efetivo (FDNe) (Tabela 3). Este cálculo assume que o fator de efetividade (*fe*) da FDNF seria 1 e o *fe* da FDN em concentrados (FDN total – FDNF) seria 0,5. Como as rações não são iso-FDNe, torna-se impossível incorporar uma restrição mínima de FDNe em uma planilha computadorizada para formulação de rações (Tabela 3).

Tabela 3. Conteúdo de FDNe nas rações preconizadas pelo NRC (2001).

Mínimo de FDN de forragem	Mínimo de FDN total	FDNe na ração
19	25	19 + 3 = **22,0**
18	27	18 + 4,5 = **22,5**
17	29	17 + 6 = **23,0**
16	31	16 + 7,5 = **23,5**
15	33	15 + 9 = **24,0**

* Assume-se que a efetividade da FDN em concentrados é 0,5 e a efetividade da FDN em forragens é igual a 1. Adaptado de Pereira (2005)

Uma solução para tornar útil a recomendação de carboidratos do NRC (2001), proposta por Pereira (2005), seria a redução do valor da *ef* da FDN dos concentrados. Mesmo admitindo o valor de 0,5 para a *ef* da FDN em concentrados, a utilização deste valor torna a utilização do conceito de FDNe pouco adequado (Tabela 3). Dessa forma, a adoção de um valor de efetividade de 0,33, substituindo o valor de 0,5, torna idêntico o conteúdo de FDNe nas rações recomendadas (Tabela 4). Neste caso, o conteúdo de FDNe nas rações seria 21% da MS e não 22%. Contudo, Pereira (2005) ressaltou que esta parece ser a única maneira viável para que o conceito de fibra efetiva seja adotado e, ao mesmo tempo, condizente às recomendações do NRC (2001).

Allen (1997), utilizando relações empíricas entre FDNF e FDN oriundo de fontes de fibra não forragem (FDNNF), descreveu que a FDNNF (FDN de concentrado) foi apenas 35% efetiva em manter o pH ruminal quando comparado com o FDNF. Utilizando dados de mastigação para a realização dos cálculos do *fe*, Mertens (1997) concluiu que a FDNNF (subprodutos) gerou valores de aproximadamente 40% e, para outros concentrados, estes estiveram entre 30 e 80% quando comparados com a efetividade típica da FDN de forragens. Pode-se dizer que o fator 0,33 sugerido por Pereira (2005) trata-se de uma estimativa conservadora da efetividade em subprodutos fibrosos e que embora seja uma coincidência conveniente para ajustar os valores de FDNe, possui fundamento científico, justificando seu uso.

Como o efeito da utilização de rações com baixo teor de FDN oriundo de forragens e alto conteúdo de FDN de concentrados ainda é polêmico, sobre a incidência de distúrbios digestivos, como deslocamento de abomaso, a atitude conservadora na formulação poderá

Tabela 4. Adoção de um valor de efetividade de 0,33 sugerido por Pereira (2005) para FDNe dos concentrados em substituição ao conteúdo de FDNe nas rações sugeridas pelo NRC (2001).

Mínimo de FDN de forragem	Mínimo de FDN total	FDNe na ração
19	25	19 + 2 = **21**
18	27	18 + 3 = **21**
17	29	17 + 4 + **21**
16	31	16 + 5 = **21**
15	33	15 + 6 = **21**

* Assume-se que a efetividade da FDN em concentrados é 33% e a efetividade da FDN em forragens é igual a 1. Adaptado de Pereira (2005)

ser vantajosa. O menor valor do *fe* induz uma maior inclusão de FDN oriunda de fonte de fibra não forragem na ração e reduz o teor de CNF, o que torna a ração menos acidogênica e, portanto, mais segura para o nutricionista.

De forma resumida, mesmo sendo uma atitude empírica, é possível observar grande praticidade na metodologia sugerida por Pereira (2005), quanto ao balanço de carboidratos do NRC (2001), em que rações poderiam ser balanceadas para 21% de FDNe. Assim, de acordo com Pereira (2005), algumas recomendações podem ser adotadas:

- Mínimo de FDN de forragem na ração = 15% da MS;
- No início da lactação, FDN de forragem acima de 19% da MS;
- A efetividade de todo FDN oriundo de concentrado, exceto caroço de algodão seria = 0,33;
- A efetividade da FDN de forragens = 1
- Mínimo de FDNe na ração = 21% da MS;
- Mínimo de CNF na ração = 30-40% da MS (dependendo da fonte de CNF e da digestibilidade da FDN)

De forma clara, é possível observar que as recomendações no uso de carboidratos do NRC (2001) apresentam dificuldade de aplicação, principalmente no momento da formulação da ração com o uso de computadores. Entretanto, Pereira (2005) menciona que propor um fator de efetividade para a FDN em concentrados com o intuito de tornar prática uma norma nutricionalmente já publicada, talvez não seja um bom procedimento científico, tornado-se necessário mais estudos sobre as metodologias empregadas no balanceamento dos carboidratos.

3. Avaliação da efetividade da fibra em alimentos

O conceito de efetividade da fibra nos estudos sobre nutrição de ruminantes, principalmente vacas leiteiras, foi introduzido no início dos anos 90 (Swain e Armentano, 1994), tendo como grande vantagem permitir a comparação de diferentes fontes de FDN, numa mesma escala relativa. Este conceito (FDNe) foi definido a partir da capacidade total da FDN de um determinado alimento ou ração, em manter efetivamente a mastigação, o teor de gordura do leite e a saúde do animal (Mertens, 1997).

Dentro deste contexto, tornou-se possível comparar subprodutos fibrosos e forragens, forragens com diferentes graus de processamento e, principalmente, determinar a economicidade de cada ração completa, em relação ao teor e a origem da FDN. Já a FDN fisicamente efetiva (FDNfe), por relacionar-se apenas as propriedades físicas da fibra, é um termo mais restrito e conceitual do que o FDNe.

O fator de efetividade da FDN é medido empiricamente utilizando variáveis que respondem ao perfil de carboidratos da ração, tais como mastigação, camada de fibra longa do rúmen ("mat ruminal"), motilidade rumial, teor de gordura no leite, pH ruminal e perfil de ácidos graxos voláteis no rúmen (Armentano e Pereira, 1997; Mertens, 1997).

A FDNfe está relacionada às características físicas da fibra (principalmente o tamanho de partícula) que influencia a atividade de mastigação, a camada de fibra longa no rúmen e a motilidade ruminal (Mertens, 1997). O conteúdo de FDNfe de um alimento é calculado pelo teor de FDN analisado quimicamente e multiplicado pelo *fator de efetividade física* (*fef*) da fibra naquele alimento:

$$\text{FDNfe} = \text{FDN} * fef$$

Para que se possa utilizar de maneira adequada o conceito de fibra efetiva no campo, é importante compreender como os valores são calculados para cada alimento. O fator de efetividade de um alimento pode ser medido em ensaios biológicos com animais, ou seja, experimentos de curta duração contendo rações com baixo conteúdo de forragem (Armentano e Pereira, 1997), ou utilizando métodos laboratoriais como os sugeridos por Mertens (1997).

3.1. Avaliação laboratorial da efetividade da fibra

Mertens (1997) mencionou a importância de se desenvolver um novo sistema de exigência de fibra para vacas leiteiras, sugerindo que envolvesse as características de cada alimento e também a realização de determinações quantitativas utilizando métodos laboratoriais de rotina. Esses métodos poderiam estimar o valor de FDNfe por meio de medidas físicas e químicas no laboratório, como concentração de FDN de um alimento e a proporção de partículas que são retidas em uma peneira de 1,18 mm de porosidade. Dessa forma, assumindo-se que o *fef* seria calculado da seguinte forma:

fef = % FDN do alimento x % alimento retido
em uma peneira de 1,18 mm

Nessa metodologia as partículas seriam estratificadas por tamanho e o seu desenvolvimento teria como base a observação que menos de 5% das partículas de fezes de ovinos e bovinos passaram por uma peneira de 1,18 mm (Poppi et al., 1980).

O método laboratorial proposto por Mertens (1997) para estimar FDNfe foi estabelecido com base em três suposições: 1 – que o teor de FDN é uniformemente distribuído sobre toda partícula do alimento; 2 – que a atividade de mastigação é igual para todas as partículas retidas em uma peneira de 1,18 mm de porosidade; 3 – a facilidade em reduzir o tamanho de partícula do alimento não é diferente entre fontes de FDN. Em relação às suposições de Mertens (1997) citadas acima, algumas questões devem ser analisadas: Predizer uma relação entre tamanho de partícula e atividade de mastigação não é uma tarefa fácil, devido a grande complexidade entre esses fatores. A atividade de mastigação por quilograma de MS não é um atributo unicamente do alimento, mas sim um efeito conjunto entre alimento e o animal, sofrendo variação em decorrência de raça, tamanho e nível de consumo do animal (Bae et al., 1983; Welch e Smith, 1970). Também, supor que a redução no tamanho de partícula não difere entre fontes de FDN é um ponto bastante questionável, principalmente quando há maiores inclusões de fontes de FDNNF em substituição a FDNF (Grant, 1997; Armentano e Pereira, 1997).

3.2. Avaliações biológicas da efetividade da fibra

Avaliações biológicas envolvendo a quantificação da FDNfe e da FDNe são relativamente distintas, visto que a efetividade física é definida restritamente em termos de atividade de mastigação, enquanto que a FDNe representa toda a propriedade do alimento que ajuda a manter a percentagem de gordura no leite (Armentano e Pereira, 1997; Mertens, 1997). Várias pesquisas (Balch, 1971; Sudweeds et al., 1981; Welch e Smith, 1970) demonstraram que a atividade de mastigação é uma característica que reflete as propriedades químicas e físicas do alimento, como o teor de FDN, tamanho de partículas, fragilidade do alimento e umidade.

Mertens (1986) destacou que alimentos devem ser comparados em relação a um padrão hipotético do qual resultará em um valor máximo de mastigação por quilograma de MS ou FDN. Este autor sugeriu ainda que, o alimento referência deveria ser um feno de capim com tamanho de partícula longo contendo 100% de FDN e *fef* igual a 1, resultando em um valor hipotético de FDNfe igual a 100. Este alimento, usado como padrão, determinou aproximadamente 240 minutos de mastigação por quilograma de MS ou FDN para vacas não lactantes, ingerindo entre 0,4 a 2 vezes a exigência de mantença. Embora a variação no tempo de mastigação entre as fontes de forragens longas esteja relacionada primariamente às diferenças no teor de FDN, a taxa de mastigação, por quilograma de FDN, aumenta com o aumento no teor de FDN de forragens não picadas (Tabela 5).

Tabela 5. Efeito do tamanho de partículas da forragem sobre a atividade de mastigação de vacas leiteiras e relação entre atividade de mastigação e teor de FDN nos ingredientes.

Ingrediente		Atividade total de mastigação		Tempo relativo de mastigação
Forma física	**FDN**	**min/kg de MS**	**min/kg de FDN**	
Feno de alfafa				
Longo	54	72	134	100
Picado (38 mm)	54	59	109	82
Feno de Bermuda				
Longo	72	108	149	100
Picado (38 mm)	72	85	118	79
Silagem de milho				
Picado (19 mm)	68	66	97	100
Picado (13 mm)	62	60	96	99
Picado (6 mm)	60	40	66	68
Feno de Alfafa				
Picado (25 mm)	55	52	95	100
Picado (5 mm)	45	30	66	69

Fonte: Adaptado de Mertens (1997)

A redução do tamanho de partícula da forragem diminui a atividade de mastigação, por quilograma de FDN ou quilograma de MS.

Mertens (1997) relatou que forragens picadas podem reduzir a atividade de mastigação entre 20 e 40% e forragens picadas com tamanho médio de 5 mm resultam em aproximadamente 57% da mastigação quando comparadas com forragem contendo tamanho médio de 25 mm.

4. Interações entre fontes de fibra de forragem e não forragem

Fonte, quantidade e características físicas da forragem podem interagir com fontes de fibra não forragem (FFNF) e influenciar o comportamento ingestivo, a digestão da fibra no trato gastrintestinal, a taxa de passagem, a energia metabolizável da ração e o desempenho dos animais (Grant, 1997; Mooney e Allen, 1997; NRC, 1996).

Os tempos de mastigação e ruminação são menores quando o teor de FDN ou o tamanho da partícula da forragem diminuem (Grant, 1997). Fontes de fibra não forragem (FFNF) diferem consideravelmente quanto à efetividade capaz de estimular a mastigação (Sudweeks et al., 1981), em relação aos alimentos volumosos (forragem). Isso se deve principalmente ao menor tamanho de partícula das FFNF e, também, às diferenças quanto à gravidade específica da fibra e capacidade de retenção de água das diferentes fontes no ambiente ruminal (Grant, 1997).

Quando a percentagem de FDNF diminui em rações para bovinos, em detrimento da substituição de FDNF por FDNNF, recomenda-se que a forragem incluída na ração tenha maiores tamanhos de partícula, visto que FDNNF não estimula a mastigação de forma tão eficientemente quando comparado com fontes de fibra tradicionais (Grant, 1997). Conseqüentemente, esse autor menciona que outros estudos com intuito de compreender as interações entre o efeito da FFNF em substituição a fibra de forragem são de grande importância, pois os resultados de desempenho são conseqüências dessas interações.

Rações contendo diferentes proporções de volumosos e FFNF podem apresentar valores diferentes quanto ao tempo de mastigação, pH ruminal, tempo de retenção ruminal e taxas de digestão e passagem. Hintz et al. (1964) compararam rações contendo casca de soja, com ou sem a adição de feno, na mistura total. Estes autores observaram que quando a casca de soja foi fornecida exclusiva, a digestibilidade da fibra bruta foi apenas de 66,3%. Por outro lado, quando a casca de soja foi fornecida com feno na proporção de 1:1 na ração total, a digestibilidade da fibra bruta aumentou para 80,5%.

Nakamura e Owen (1989) verificaram elevação de 8 unidades percentuais na taxa de passagem da casca de soja quando a inclusão desta FFNF foi aumentada na ração, de 50% para 95,3%, na ração total. Estes autores relataram que a elevação na taxa de passagem pode ter sido a principal responsável pela diminuição da digestibilidade das frações FDN e FDA, em rações com inclusão elevada de casca de soja.

Poucos estudos avaliaram o impacto do tamanho da partícula da forragem na utilização da FFNF. Loggins et al. (1964) avaliaram rações com 0 ou 10% de feno picado grosso (6 a 8 cm) ou picado fino (< 1 cm) com inclusões de 67 e 74,5% de polpa cítrica. A substituição de feno picado fino (< 1 cm) por feno picado grosso (6 a 8 cm) aumentou o ganho de peso em 11%, aumentou a eficiência alimentar em 19% e aumentou o pH ruminal, além de diminuir a concentração de ácidos graxos voláteis. Também estes autores mencionaram que a inclusão de feno picado grosso reduziu a incidência e a severidade de hiperqueratose.

Mooney e Allen (1997) avaliaram rações contendo diferentes tamanhos de picagem da silagem de alfafa, com ou sem a inclusão de caroço de algodão e encontraram diferenças no coeficiente de efetividade física da fração FDN deste co-produto. O fator de efetividade física do caroço de algodão foi 1,27 quando a silagem de alfafa com menor tamanho de partículas foi considerada o alimento padrão. Em contra partida, quando a silagem de alfafa com maior tamanho de partícula foi considerada o alimento padrão, o fator de efetividade física deste alimento foi 0,50.

Sabendo-se que o nível de inclusão de forragem na ração e o tamanho de partícula interagem com a substituição de FFNF, novos estudos devem ser realizados para quantificar o impacto das interações entre volumosos e fontes de fibra alternativas, em rações de bovinos.

5. Influência dos métodos na determinação do fator de efetividade da fração FDN

A efetividade da fração FDN pode ser determinada por meio de diversos procedimentos metodológicos, o que pode resultar em diferentes valores de efetividade. A avaliação de diferentes respostas nos animais leva à valores de fator de efetividade distintos. A capacidade da FDN de FFNF em manter o teor de gordura no leite, por exemplo, é maior do que sua capacidade de estimular mastigação (Swain e Armentano, 1994; Pereira et al., 1999). Neste caso, a efetividade calculada pelo teor de gordura no leite será maior do que aquela calculada pelo tempo de mastigação. Por outro lado, alimentos capazes de estimular a mastigação, mas ricos em açúcares, apresentam maior efetividade determinada pelo tempo de mastigação que pelo teor de gordura no leite (Mertens, 1997). Mesmo com valores diferentes, os fatores de efetividade medidos por diferentes respostas deveriam ser altamente correlacionados (Mertens, 1997), no entanto, isto nem sempre ocorre (Armentano e Pereira, 1997).

A determinação do fator de efetividade física da fração FDN de um alimento pode ser determinada com base em bio-ensaios (Armentano e Pereira, 1997), que avaliam a efetividade por meio de resposta de animais (ex. mastigação, "mat" ruminal, motilidade ruminal). Alternativamente, podem ser realizadas as avaliações de laboratório (Mertens, 1997), como a porcentagem de partículas do alimento retido em uma peneira de 1,18 mm de orifício, multiplicada pelo teor de FDN do alimento retido nessa peneira. Teoricamente, duas forragens com teores de FDN e tamanhos médios de partículas similares deveriam ter a mesma efetividade física, ou a mesma capacidade de estimular a mastigação. Contudo, a afirmativa acima nem sempre se aplica, tomando-se como exemplos a silagem de milho e a cana-de-açúcar.

Corrêa et al. (2003) não observaram diferenças significativas na atividade mastigatória de vacas holandesas alimentadas com dietas contendo o mesmo teor de FDN proveniente de cana-de-açúcar *in natura* picada finamente ou silagem de milho (Tabela 6). Embora esse experimento não tenha sido delineado para determinação da efetividade da fibra da cana-de-açúcar, o mesmo será utilizado para estimá-la, com base no método descrito por Mooney e Allen (1997). Para realização dos cálculos será assumido que a efetividade da FDN de concentrados é igual a zero, conforme descrito por Mooney e Allen (1997). A simulação dos fatores de efetividade da FDN da cana-de-açúcar *in natura* em relação a FDN da silagem de milho, utilizando os dados publicados por Corrêa et al. (2003), encontra-se na Tabela 7. Na metodologia sugerida por Mooney e Allen (1997) foi utilizado o valor fixo de 355 min/dia de atividade mastigatória basal, entretanto, para a realização desses cálculos foram utilizados três tempos de mastigação basal (min/dia ou min/kg MS consumida) e três teores basais de gordura no leite. Os valores basais indicam a intensidade de uma dada resposta quando a dieta consumida não contém FDN de forragem. Armentano e Pereira (1997) demonstraram que as respostas basais diferem significativamente de zero e não podem ser assumidas como valores fixos, ou seja, em cada avaliação a resposta basal se apresenta com um valor diferente, justificando a utilização de alguns valores basais nesta simulação.

Tabela 6. Atividade mastigatória e teor de gordura no leite de vacas holandesas em lactação consumindo cana-de-açúcar *in natura* picada finamente ou silagem de milho.

	Silagem de milho	Cana-de-açúcar	P
Tempo de ingestão (min/dia)	228,0	234,0	0,64
Tempo de ruminação (min/dia)	479,0	453,0	0,39
Tempo de mastigação (min/dia)	707,0	687,0	0,49
Taxa de mastigação (min/kg MS)	31,1	33,6	0,19
% gordura no leite	3,56	3,64	0,22

Fonte: Adaptado de Corrêa et al. (2003)

Ao observar os valores da Tabela 6, nota-se que a efetividade física da fração FDN da cana-de-açúcar picada finamente pareceu ser superior à efetividade física da FDN da silagem de milho, uma vez que a FDN da forragem com menor tamanho de partícula apresentou valores discretamente superiores de efetividade física, verificados pela maior taxa de mastigação por quilograma de MS consumida.

Por definição, o fator de efetividade da FDN (*fef*) pode variar de 0, quando o alimento não tem habilidade de estimular a resposta estudada (mastigação, ruminação, teor de gordura do leite), até 1, quando o estímulo do alimento teste à resposta estudada é máximo, equivalente ao do alimento padrão (Mertens, 1997). A determinação de fatores de efetividade física em laboratório sempre resulta em valores menores ou iguais a 1 (Mertens, 1997). Isto poderia subestimar a efetividade da fração FDN da cana em relação a FDN da silagem de milho. Neste exemplo, o fator de efetividade física da cana-de-açúcar *in natura* foi superior a 1 (Tabela 7), ao considerar a silagem de milho como um volumoso com 100% de efetividade da FDN. Ao utilizar o teor de gordura do leite como variável resposta, o fator de efetividade da cana também será superior a 1. O valor elevado de efetividade da fibra observado para a cana-de-açúcar pode estar relacionado, em média, a menor digestibilidade da fração FDN neste volumoso, conforme relatado por Corrêa et al. (2003) e Andrade (1999). A digestibilidade da fração FDN de volumosos tradicionais como a cana-de-açúcar e silagem de milho são dependentes de variedades, época de colheita, tratos agronômicos dispensados na cultura, bem como o processamento mecânico da forragem. Com isso, a comparação relativa da digestibilidade dessas fontes está subordinada a uma variação e deve ser cautelosa.

Tabela 7. Simulação de fatores de efetividade física e efetividade da FDN da cana-de-açúcar *in natura* picada finamente em relação a FDN da silagem de milho para diferentes respostas animal.

Mastigação basal (min/dia)	Fator de efetividade[1]	Mastigação basal (min/kg MS)	Fator de efetividade[2]	% gordura basal	Fator de efetividade[3]
250	0,98	12	1,15	2,0	1,08
350	0,96	16	1,19	2,6	1,11
450	0,94	20	1,25	3,2	1,26

[1] *fe* calculado com base no tempo de mastigação em minutos por dia

[2] *fe* calculado com base no tempo de mastigação por quilograma de MS consumida

[3] *fe* calculado com base no teor de gordura no leite

Fonte: calculado à partir dos dados de Corrêa et al. (2003)

Uma outra simulação, utilizando o mesmo método (Mooney e Allen, 1997), foi realizada com os dados publicados por Andrade et al. (1999). Neste trabalho, os autores compararam o desempenho de novilhas holandesas alimentadas com dietas contendo o mesmo teor de FDN proveniente de cana-de-açúcar *in natura* picada finamente ou de silagem de milho. A atividade mastigatória das novilhas alimentadas com cana-de-açúcar foi significativamente superior à das novilhas alimentadas com silagem de milho (Tabela 8), indicando uma maior efetividade física da fração FDN da cana-de-açúcar (Tabela 9). Na presente simulação, também foram utilizados três tempos de mastigação basal para a realização dos cálculos e em todos os casos a efetividade física da cana foi maior do que 1.

Tabela 8. Atividade mastigatória de novilhas holandesas consumindo cana-de-açúcar *in natura* picada finamente ou silagem de milho.

	Silagem de milho	Cana-de-açúcar	*P*
Tempo de ingestão (min/dia)	224	276	<0,01
Tempo de ruminação (min/dia)	470	536	<0,01
Tempo de mastigação (min/dia)	694	812	<0,01
Tempo de mastigação (min/kg MS)	86,9	107,0	<0,01

Fonte: Adaptado de Andrade (1999)

Tabela 9. Fatores de efetividade física da FDN da cana-de-açúcar picada finamente em relação a fração FDN da silagem de milho.

Mastigação basal (min/dia)	Fator de efetividade[1]	Mastigação basal (min.kg MS^{-1})	Fator de efetividade[2]
250	1,25	20	1,29
350	1,33	30	1,34
450	1,47	40	1,42

[1] *fe* calculado com base no tempo de mastigação em minutos por dia

[2] *fe* calculado com base no tempo de mastigação por quilograma de MS consumida

Fonte: calculado à partir dos dados de Andrade (1999)

Além das diferenças entre os valores de efetividade determinados em laboratório ou em bio-ensaios, existem diferenças entre os delineamentos utilizados em diferentes bio-ensaios (Armentano e Pereira, 1997; Mooney e Allen, 1997) e por conseqüência, nos valores dos fatores de efetividade obtidos com base nesses estudos. No delineamento apresentado por Mooney e Allen (1997), a fração FDN de um alimento teste é comparada a FDN de um alimento padrão (ex. silagem de alfafa ou silagem de milho), onde apenas dois tratamentos são utilizados (Figura 1). No delineamento sugerido por Armentano e Pereira (1997) utiliza-se uma dieta com teor adequado de FDN de forragem (FDNF) (controle positivo), uma dieta com nível sub-ótimo de FDNF (controle negativo) e uma dieta teste, onde o nível de FDNF é semelhante ao controle negativo e o alimento teste é incluído até atingir o nível de FDN do controle positivo (Figura 1). O aumento da resposta animal por unidade de aumento na fração FDN do alimento teste, proporcionalmente à resposta animal por unidade de aumento na fração FDN do alimento padrão, define o fator de efetividade.

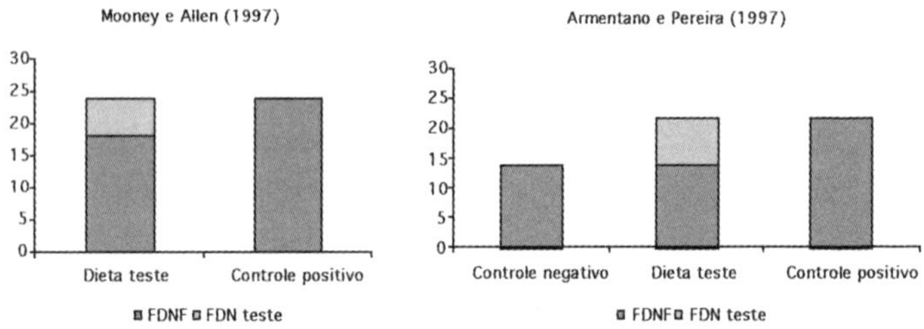

Figura 1. Delineamentos dos bio-ensaios utilizados para determinação do fator de efetividade de um alimento teste em relação a um alimento padrão.

Na metodologia de Armentano e Pereira (1997), os cálculos se baseiam na razão das inclinações das regressões (coeficientes angulares) envolvendo o teor de FDN da dieta no eixo das abscissas e a resposta animal (ex. mastigação, gordura no leite) no eixo das ordenadas. As retas se originam do controle negativo, chegando até o controle positivo ou a dieta teste (Figura 2).

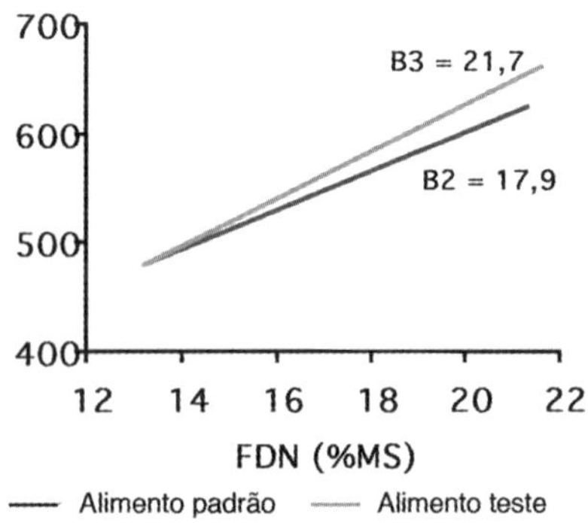

Figura 2. Correlações entre FDN da dieta (FDN padrão + FDN teste) e tempo de mastigação. Os dados utilizados neste exemplo foram publicados por Lima (2003). O alimento padrão foi a silagem de milho e o alimento teste foi a cana-de-açúcar.

O método de Mooney e Allen (1997), entretanto se baseia no seguinte cálculo:

$$TRA = B_0 + B_1{*}F_c + B_2{*}F_P + B_3{*}F_T$$

onde:

TRA: total da resposta expressa pelo animal na dieta controle positivo (TRA_P) ou na dieta teste (TRA_T);

B_0: resposta basal à uma dieta sem FDN de forragem. Este valor é calculado usando médias de tratamentos encontradas na literatura. Na revisão de Mooney e Allen (1997) o valor encontrado para atividade mastigatória foi de 355 min/dia;

B_1: aumento da resposta animal por unidade de aumento de FDN de ingredientes concentrados. Este valor é calculado usando médias de tratamentos encontradas na literatura. Na revisão de Mooney e Allen (1997) este valor não diferiu significativamente de zero;

F_c: FDN de concentrados como porcentagem da MS da dieta;

B_2: aumento da resposta animal por unidade de aumento de FDN do alimento padrão;

F_P: FDN do alimento padrão como porcentagem da MS da dieta;

B_3: aumento da resposta animal por unidade de aumento de FDN do alimento teste;

F_T: FDN do alimento teste como porcentagem da MS da dieta.

Logo, B_2 é calculado na dieta controle positivo e B_3 é calculado na dieta teste, substituindo-se o B_2 calculado na dieta controle positivo:

$$B_2 = (TRA_P - B_0)/F_P \qquad B_3 = [(TRA_T - B_0) - (B_2{*}F_P)]/F_T$$

A razão B_3/B_2 define o fator de efetividade do alimento teste em relação ao alimento padrão.

Para ilustrar as diferenças nos fatores de efetividade gerados pelos métodos de Mooney e Allen (1997) e Armentano e Pereira (1997) serão utilizados os dados publicados por Lima (2003) em uma simulação para determinar o fator de efetividade física da cana-de-açúcar em relação a silagem de milho, baseando-se na atividade mastigatória (min/dia). No experimento de Lima (2003), o tempo de mastigação aumentou 17,9 minutos/dia, por unidade de aumento de FDN de silagem de milho. Para a cana-de-açúcar *in natura*, o tempo de mastigação aumentou 21,7 minutos/dia, por unidade de aumento de FDN. Assim, o fator de efetividade física da cana-de-açúcar em relação à silagem de milho, determinado pela metodologia de Armentano e Pereira (1997), foi **1,21** (21,7/17,9) (Figura 2). Por outro lado, utilizando a metodologia proposta por Mooney e Allen (1997), o fator de efetividade seria calculado como se segue:

$B_2 = (TRA_P - B_0)/F_P$ $\quad$ $B_3 = [(TRA_T - B_0) - (B_2{*}F_P)]/F_T$

$B_2 = (624 - 355)/21,3 = 12,6$ $\quad$ $B_3 = [(661 - 355) - (12,7{*}13,3)]/8,3 = 16,6$

$$B_3/B_2 = 16,6/12,6 = \mathbf{1,32}$$

Conforme descrito, o fator de efetividade física da fração FDN da cana-de-açúcar em relação à silagem de milho, determinado pela metodologia de Mooney e Allen (1997), foi de 1,32, ou seja, 11 unidades percentuais superior ao fator de efetividade calculado pelo método de Armentano e Pereira (1997). Esta diferença pode ser explicada pela utilização de um B_0 "virtual", pré-determinado com base na literatura. Entretanto, em cada avaliação o termo B_0 pode ter um valor, e pode ser considerado indefinível (Armentano e Pereira, 1997). No experimento de Lima (2003), a regressão envolvendo os tempos de mastigação (min/dia) contra os teores de FDN nas dietas apenas com silagem de milho (controles negativo e positivo) resultou em intercepto igual a 242,7 min/dia. Este é o valor real de B_0 nesta triagem. Assim, refazendo os cálculos, pelo método de Mooney e Allen (1997), com o valor real de B_0, tem-se:

$B_2 = (TRA_P - B_0)/F_P$ $\quad$ $B_3 = [(TRA_T - B_0) - (B_2{*}F_P)]/F_T$

$B_2 = (624 - 242,7)/21,3 = 17,9$ $\quad$ $B_3 = [(661 - 242,7) - (17,9{*}13,3)]/8,3 = 21,7$

$$B_3/B_2 = 21,7/17,9 = \mathbf{1,21}$$

Neste caso, o fator de efetividade da FDN da cana-de-açúcar calculado pelo método de Mooney e Allen (1997), em relação à silagem de milho, foi idêntico àquele calculado pelo método de Armentano e Pereira (1997). A Figura 3 demonstra, portanto, o efeito do valor de B_0 sobre o fator de efetividade da fração fibra.

A última edição do NRC para bovinos leiteiros (NRC, 2001) sugeriu que o mínimo de FDN oriundo de forragens para manter a função ruminal, seria similar em dietas formuladas com diferentes

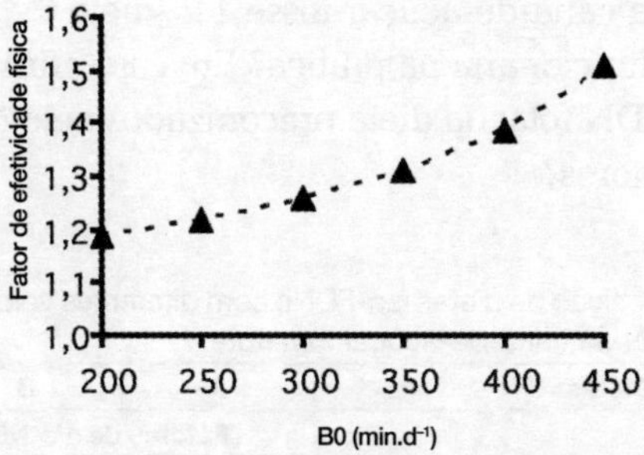

Figura 3. Influência do valor de B_0 sobre o fator de efetividade física da cana-de-açúcar em relação a silagem de milho, calculado pelo método de Mooney e Allen (1997). Os resultados foram simulados com os dados publicados por Lima (2003).

forrageiras. Apesar de prático, esta não é a melhor maneira de se definir uma exigência, já que desconsidera as peculiaridades, ou a natureza da fração FDN de cada alimento (Clark e Armentano, 1994; Mertens, 1997). Teoricamente, a melhor forma de balancear fibra longa na dieta seria a utilização do conceito de efetividade física, discutido anteriormente.

Na Tabela 10, são apresentadas três dietas com o mesmo teor de FDN efetivo (iso-FDNe), com diferentes inclusões de forragem, neste caso a cana-de-açúcar *in natura*. Apesar da variação na inclusão de forragem nas dietas, a efetividade física das dietas, indicada grosseiramente pelo produto FDNF x *fe*, parece não alterada. Isto só foi possível porque assumiu-se diferentes valores para o fator de efetividade da FDN da cana.

Mesmo atendendo as exigências de FDNe de 21%, indicada na Tabela do NRC (2001) (Tabela 8), os valores de FDN total das rações não foram atingidos, logo, a definição de um valor correto das efetividades geral (determinado com base no teor de gordura no leite) e física (determinado com base no tempo de mastigação) dos alimentos e o estabelecimento de uma exigência de FDN fisicamente efetivo, possibilitam melhor ajuste das dietas. Assim, pesquisadores e nutricionistas poderão utilizar tais parâmetros para tomar a melhor decisão, visto que a relação entre forragens e concentrados será aquela mais econômica na condição vigente de preços dos ingredientes.

Caso o *fe* da cana-de-açúcar fosse 1,2 (dieta C, Tabela 10) será que esta dieta funcionaria na prática? Em caso afirmativo, será que os valores de FDN total da dieta preconizados pelo NRC (2001) poderiam ser menores?

Tabela 10. Composição de dietas iso-FDNe com diferentes valores de efetividade da FDN da cana-de-açúcar *in natura.*

Dietas	A	B	C
	Fatores de efetividade da cana		
	1,0	1,1	1,2
Ingredientes	% MS		
Cana-de-açúcar	32,10	30,00	27,49
Resíduo de cervejaria	11,01	2,69	0,00
Polpa cítrica	28,61	34,78	38,64
Milho moído	8,00	8,00	8,00
Farelo de soja	17,80	22,09	23,45
Uréia	0,48	0,45	0,41
Premix mineral-vitamínico	2,00	2,00	2,00
Nutrientes	% MS		
Proteína bruta	17,00	17,00	17,00
Fibra em detergente neutro (FDN)	31,05	28,64	27,39
FDN de forragem (FDNF) (cana)	16,05	15,00	13,75
FDN efetivo[1]	**21,00**	**21,00**	**21,00**
FDNF x *fe*	**16,05**	**16,50**	**16,50**
Extrato etéreo	2,91	2,71	2,72
Cinzas	7,46	7,67	7,79
Carboidratos não fibrosos	41,57	43,98	45,10

[1] Assume o fator de efetividade das fontes de fibra não forragem igual a 0,33

Até o momento não se sabe quanto aos valores reais de efetividade geral e física da FDN da cana-de-açúcar ou o tamanho médio das partículas, afetam a efetividade da mesma. Da mesma forma, as exigências de FDN fisicamente efetivo de dietas para vacas leiteiras em diferentes estágios fisiológicos (vacas secas, vacas no pré-parto, no início, no meio e no final da lactação) não estão bem determinadas. Diante destes questionamentos evidencia-se a necessidade de novos estudos para serem gerados valores específicos para essas variáveis.

6. Exigências de fibra para bovinos de corte

A FDN fisicamente efetiva (FDNfe) é caracterizada pelo NRC Gado de Corte (1996) como a percentagem da FDN retida em uma peneira com orifício de 1,18 mm, de acordo com os dados apresentados por Sniffen et al. (1992) e, utiliza-os como sendo um preditor do pH ruminal (Equação 1). Este sistema utiliza os dados de Russell et al. (1992) e Pitt et al. (1996) para justificar a relação existente entre os valores de pH ruminal, a produção de proteína microbiana e a degradação de carboidratos fibrosos (CF).

$$\text{pH ruminal} = 5{,}425 + 0{,}04229 \times \%\ \text{FDNfe} \qquad \textbf{(Equação 1)}$$
$$\text{para FDNfe} < 35\%\ \text{da MS} \qquad (r^2 = 0{,}52)$$

O NRC (1996) utiliza a FDNfe para auxiliar nos cálculos do valor de pH ruminal e taxa de passagem, ou seja, para um dado valor de FDNfe na ração, o programa irá predizer um valor de pH ruminal, que por sua vez será utilizado para ajustar a taxa de digestão da fibra e a síntese de proteína microbiana. Este ajuste baseia-se no fato que uma ração com menos de 20% de FDNfe (% da MS) resultará em pH inferiores a 6,2 diminuindo o crescimento microbiano e a taxa de degradação da fibra. Dessa forma, esse sistema recomenda uma inclusão mínima de 20% de FDNfe (% da MS) em rações de alto grão para manter um pH maior que 6,2, maximizar a digestão da fibra e a síntese de proteína microbiana. Também, para rações com alto valor energético, objetivando máxima eficiência alimentar, com bom

Tabela 11. Exigências estimadas de FDN fisicamente efetivo (FDNfe) para bovinos de corte.

Tipo de dieta	Exigência mínima de FDNfe (% da MS)
Rações de alto concentrado para maximizar a eficiência alimentar, bom manejo de cocho e uso de ionóforos	5 a 8[a]
Manejo de cocho variável, com ou sem a presença de ionóforos	20
Rações de alto concentrado para maximizar o uso CNF e produção de proteína microbiana	20[b]

[a] Concentração necessária para manter pH do rúmen > 5,6-5,7; limiar abaixo do qual bovinos interrompem o consumo

[b] Concentração necessária para manter o pH do rúmen acima de 6,2; maximizando a digestão de fibra e/ou síntese de proteína microbiana

Fonte: NRC (1996)

manejo de cocho e uso de ionóforo, o NRC (1996) recomenda o mínimo de 8% de FDNfe na ração total (% da MS), com base nos dados publicados por Pitt et al. (1996) e Fulton et al. (1979) (Tabela 11). Com base nessa estimativa, o NRC (1996) relatou que para rações contendo menos de 40% de forragem, ocorre uma redução de 2,2% na síntese de proteína microbiana para cada unidade percentual reduzida no valor de FDNfe oriundo de forragem, em rações com menos de 20% de FDN.

Como já reportado, os dados de pH ruminal utilizados pelo NRC (1996) são oriundos dos estudos de Pitt et al. (1996) que correlacionou os valores de pH ruminal e da FDNfe das ração total de vários experimentos. Esse autor avaliou 34 trabalhos publicados na literatura utilizando vacas em lactação, novilhos e um estudo com ovinos (Figura 4). Nesta avaliação, a FDNfe da ração de cada trabalho foi estimada com a soma da FDNfe de cada componente da ração utilizando os valores tabulados por Sniffen et al. (1992).

Como mencionado no item 3.1, o método laboratorial proposto por Mertens (1997) para estimar FDNfe e utilizado por Sniffen et al. (1992), apresenta algumas limitações. Dessa forma, os valores de FDNfe preconizados por Sniffen et al. (1992) e utilizados pelo NRC (1996) devem ser utilizados com certa cautela.

Quando Pitt et al. (1996) relacionaram o pH ruminal e a FDNfe estes autores notaram que nenhuma variação no pH foi explicada quando a dieta continha mais que 30% de FDNfe. Utilizando a mesma relação e, apoiado no trabalho de Russell et al. (1992) que verificaram redução linear na produção de proteína microbiana e digestão da fibra quando o pH ruminal apresentava-se abaixo de 6,2 Pitt et al. (1996) concluíram que a exigência mínima de FDNfe seria 20% da MS para que o pH se mantivesse acima de 6,2.

Para as exigências mínimas de 5 a 8% de FDNfe o NRC (1996), utilizou apenas um único trabalho para justificar tais exigências. Esses valores são oriundos do trabalho realizado por Fulton et al. (1979), que observaram que quando animais apresentavam pH ruminal inferiores a 5,6 e 5,7, ocorria interrupção do consumo (quilograma de MS consumida/hora) (Figura 5).

Em resumo, o NRC Gado de Corte (1996) utiliza valores tabulares para estimar a FDNfe dos alimentos, ou seja, a proporção de FDN

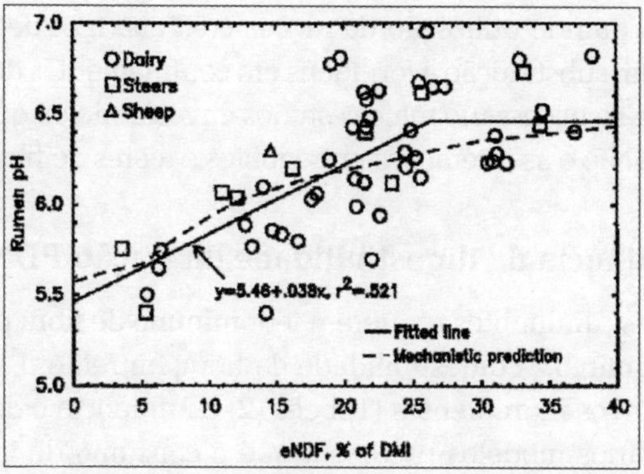

Figura 4. Relação empírica entre o pH ruminal e o teor de FDN fisicamente efetivo (FDNfe, % da MS) na ração utilizando dados de 34 trabalhos. Fonte: Pitt et al. (1996).

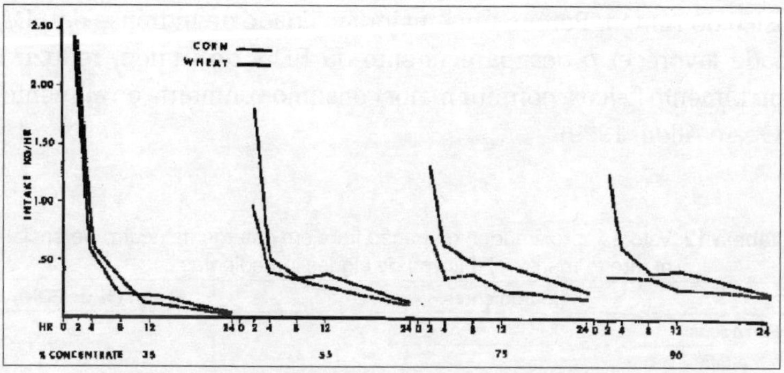

Figura 5. Quantidade de matéria seca consumida por hora (kg/h) em intervalos de tempo de 0 a 2, 2 a 4, 4 a 8, 8 a 12 e 12 a 24 horas após a refeição, para quatro níveis de concentrado na ração (35%, 55%, 75% ou 90%) (% da MS). Fonte: Fulton et al. (1979).

retida em uma peneira de 1,18 mm de diâmetro do orifício. Também, esse sistema se apóia em apenas três trabalhos (Fulton et al., 1979; Pitt et al.,1996; Sniffen et al., 1992) para justificar as exigências mínimas de FDNfe, o que sugere um certo empirismo. Dessa forma, medidas do fator de efetividade de FDN utilizando ensaios biológicos (Armentano e Pereira, 1997) poderiam ser utilizadas por esse sistema, fornecendo maior precisão quanto a resposta dos animais. Também, tendo em vista a grande utilização de rações com alto teor de grãos e co-produtos em substituição a forragens em confinamentos de todo mundo, tornam-se necessário maios estudos envolvendo exigências mínimas de FDNfe e as interações entre fontes e teores de fibra na ração.

7. Importância da digestibilidade da fração FDN

Animais ruminantes requerem teor mínimo de fibra para manter a saúde ruminal. A digestibilidade da fibra, entretanto, varia largamente entre os ingredientes (Tabela 12) e influencia o desempenho animal. Vários modelos predizem que o consumo de ingredientes primeiro aumenta e, então, diminui com o aumento na concentração de FDN na ração (Mertens, 1987). O mesmo autor sugere que o consumo de matéria seca pode ser predito pela concentração de FDN da ração, em parte pela relação positiva entre FDN e enchimento físico do rúmen. Porém, uma maior facilidade de hidrólise da FDN pode favorecer o desaparecimento da FDN do rúmen, reduzir o enchimento físico e permitir maior consumo voluntário de alimentos (Oba e Allen, 1999).

Tabela 12. Valores aproximados da fração fibra em detergente neutro potencialmente fermentável (FDNpf) de alguns ingredientes.

Ingredientes	FDNpf (% da FDN)
Forragens	
Alfafa	46%
Silagem de milho	68%
Palha de trigo	47%
Grãos	
Cevada	74%
Milho	67%
Aveia	64%
Trigo	63%
Co-produtos	
Polpa de beterraba	74%
Polpa cítrica	84%
Farelo de glúten de milho	89%
Casca de algodão	56%
Resíduo de cervejaria seco	61%

continua...

...continuação

Tabela 12. Valores aproximados da fração fibra em detergente neutro potencialmente fermentável (FDNpf) de alguns ingredientes.

Resíduo de destilaria seco	84%
Casca de aveia	36%
Casca de soja	89%
Farelo de soja 44%	64%

Fonte: Adaptado de Thonney e Hogue (2007)

Neste cenário, um grupo pesquisadores da Universidade de Cornell (Cornell Teaching & Research Center Sheep Farm) tem desenvolvido trabalhos envolvendo a digestibilidade da FDN na nutrição de ruminantes. Thonney e Hogue (2007) revisaram dados de 31 dietas, de 6 experimentos, formuladas com diferentes teores de FDN potencialmente fermentável (FDNpf) sobre o desempenho de ovinos. Os valores de FDNpf foram obtidos pela diferença entre a fração FDN e a fração indigestível da FDN, corrigida para perdas endógenas fecais. O conjunto de dados mostrou que o efeito da FDN no consumo dependeu da fermentabilidade da fração FDN. O teor de FDN da ração explicou apenas 30% da variação no consumo de matéria seca. Por outro lado, uma equação de regressão envolvendo a FDNpf e a FDN indigestível explicou 85% da variação no consumo de alimentos. De fato, a concentração de FDN da ração dos animais que apresentaram o maior consumo foi 54% da MS, enquanto a concentração de FDN da ração dos animais com menor consumo foi 36% da MS. No primeiro caso, a fração FDN da ração era mais digestível do que no segundo.

Dado e Allen (1999) avaliando o efeito da digestibilidade da fração FDN de forragem no desempenho de vacas leiteiras, encontraram que o aumento da digestibilidade da FDN da forragem elevou o consumo de MS e a produção de leite. A elevação de uma unidade percentual na digestibilidade da FDN foi associada com um aumento de 0,17 kg na ingestão de MS e um aumento de 0,25 kg de leite corrigido para 4% de gordura.

Assim, pode-se concluir que a digestibilidade da FDN é um importante parâmetro da qualidade dos alimentos.

8. Referências bibliográficas

ALLEN, M.S. Relationship between fermentation acid production in the rumen and the requirement for physically effective fiber. **Journal of Dairy Science**, v. 80, p. 1447-1462, 1997.

ALLEN, M.S.; VOELKER, L.J.A. In vivo methods to measure digestibility and digestion kinetics of feed fractions in the rumen. In: SIMPÓSIO INTERNATIONAL AVANÇOS EM TÉCNICAS DE PESQUISA EM NUTRIÇÃO DE RUMINANTES, 2007, Pirassununga. **Anais...** Pirassununga: USP, 2007, p. 72-89.

ANDRADE, M.A.F.; PEREIRA, M.N. Performance of Holstein heifers on fresh sugarcane as the only dietary forage. **Journal of Dairy Science**, v. 82 (Suppl. 1), p. 91, 1999.

ARMENTANO, L.E.; PEREIRA, M.N. Measuring the effectiveness of fiber by animal response trials. **Journal of Dairy Science**, v. 80, p. 1416-1425, 1997.

BAE, D.H.; WELCH, J.G.; GILMAN, B.E. Mastigation, and rumination in relation to body size of cattle. **Journal of Dairy Science**, v. 66, p. 137, 1983.

BALCH, C.C. Proposal to use time spent chewing as and index of the extent to which diets for ruminants possess the physical property of fibrousness characteristics of roughages. **British Journal Nutrition,** v. 26, p. 383, 1971.

CLARK, P.W.; ARMENTANO, L.E. Replacement of alfalfa neutral detergent fiber with a combination of nonforage fiber sources. **Journal of Dairy Science**, v. 80, p. 675-680, 1997.

CORREA, C.E.S.; PEREIRA, M.N.; OLIVEIRA, S.G.; RAMOS, M.H. Performance of Holstein cows fed sugarcane or corn silages of different grain texture. **Scientia Agricola,** v. 60(4): p. 621-629, 2003.

DADO, R.G.; ALLEN, M.S. Intake limitations, feeding behavior, and rumen function of cows challenged with rumen fill from dietary fiber or inert bulk. **Journal of Dairy Science**, v. 78, p. 118, 1995.

DEPIES, K.K.; ARMENTANO, L.E. Partial replacement of alfalfa fiber with fiber from ground corn cobs or wheat middlings. **Journal of Dairy Science**, v. 78, p. 1328, 1995.

FULTON, W.R.; KLOPFENSTEIN, T.J.; BRITTON, R.A. Adaptation to high concentrate diets by beef cattle. I. Adaptation to corn and wheat diets. **Journal of Animal Science**, v. 49, p. 775-784, 1979.

GRANT, R.J. Interactions among forages and nonforage fiber sources. **Journal of Dairy Science,** v. 80, p. 1438-1446, 1997.

HANSEN, W.P.; OTTERBY, D.E.; LINN, J.C.; DONKER, J.D. Influence of forage type, ratio of forage to concentrate, and methionine hydroxyl analog on performance of dairy cows. **Journal of Dairy Science**, v. 74, p. 1361-1369, 1991.

HINTZ, H.F.; MATHIES, M.M.; LEY, H.F.; LOOSLI, J.K. Effects of processing and of feeding hay on the digestibility of soybean hulls. **Journal of Animal Science,** v. 23, p. 43, 1964.

LIMA, M.L.M. Análise comparative da efetividade da fibra de volumosos e subprodutos. 2003. Tese (Doutorado em Ciência Animal e Pastagem) – Escola Superior de Agricultura "Luiz de Queiroz". Universidade de São Paulo, Piracicaba, 2003.

LOGGINS, P.E.; AMMERMAN, C.B.; MOORE, J.E.; SIMPSON, C.F. Effects of feeding long hay or sodium bicarbonate with ground or pelleted diets high in citrus pulp on lamb performance. **Journal of Animal Science,** v. 27, p. 745-750, 1964.

MERTENS, D. Fiber composition and value of forages with different NDF concentrations. In: SOUTHWEST NUTRITION AND MANAGEMENT CONFERENCE, 1998 Arizona. **Proceedings...** Arizona: University of Arizona, 1998, p. 85-99.

MERTENS, D. Creating a system for meeting the fiber requirements of dairy cows. **Journal of Dairy Science**, v. 80, 1463-1481, 1997.

MERTENS, D. Formulating Dairy Rations: Using fiber and carbohydrate analyses to formulate dairy rations. In: INFORMATION CONFERENCE WITH DAIRY AND FORAGE INDUSTRIES, 1996, Wisconsin. **ProceedingsÖ** Wisconsin: U.S. Dairy Forage and Research Center, 1996, p. 81-92.

MERTENS, D.R. Análise da fibra e sua utilização na avaliação de alimentos e formulação de rações. In: REUNIÃO ANUAL DA SOCIEDADE BRASILEIRA DE ZOOTECNIA, 29., 1992, Lavras. **AnaisÖ** Lavras: SBZ, 1992. p.188-217.

MERTENS, D.R. Effect of physical characteristics, forage particle size and density on forage utilization. **In:** Proc. Nutr. Symp., St. Louis, MO. Am. Feed Ind. Assoc., Arlington, V.A, 1986.

MERTENS, D.R. Predicting intake and digestibility using mathematical models of rumen function. **Journal of Animal Science,** v. 64, p. 1548-1558, 1987.

MOONEY C.S., ALLEN, M.S. Physical effectiveness of the neutral detergent fiber of whole cottonseed relative to that of alfalfa silage at two lengths of cut. **Journal of Dairy Science.** v. 80, p. 2052-2061, 1997.

NAKAMURA, T.; OWEN, F.G. High amounts of soyhulls for pelleted concentrate diets. **Journal of Dairy Science,** v. 72, p. 988, 1989.

NATIONAL RESEARCH COUNCIL. **Nutrient requeriment of dairy cattle**. 7ed. Washington D.C. Nacional Academia Press, 2001, 381p.

NATIONAL RESEARCH COUNCIL. Nutrient requirements of beef cattle, 7ª.ed. Washington: National Academy Press, 1996. 242p.

OBA, M.; ALLLEN, M.S. Evaluation of the importance of the digestibility of neutral detergente fiber fron forage: Effects on dry matter intake and milk yield of dairy cows. **Journal of Dairy Science.** v. 82, p. 589-596, 1999.

PEREIRA, M.N. Fibra efetiva no NRC 2001. É permitido ser tão empírico? 2005. Disponível em: <http://www.milkpoint.com.br/?noticiaID=23653&actA=7&areaID=61&secaoID=176>

PEREIRA, M. N. Balanceando a fibra dietética. 2003. Disponível em: < http://www.milkpoint.com.br/?noticiaID=15942&actA=7&areaID=61&secaoID=176>

PEREIRA, M.N.; GARRETT, E.F.; OETZEL, G.R.; ARMENTANO, L.E. Partial replacement of forage with nonforage fiber sources in lactating cow diets. I. Performance and Health. **Journal of Dairy Science**, v. 82, p. 2716-2730, 1999.

PITT, R.E.; Van KESSEL, J.S.; FOX, D.G. BARRY, M.C.; VAN SOEST, P.J. Prediction of ruminal volatile fatty acids and pH within the net carbohydrate and protein system. **Journal of Animal Science**, v. 74, p. 226, 1996.

POPPI, D.P., NORTON, B.W. The validity of the critical size theory for particles leaving the rumen. **Journal of Agricultural Science.** v. 94, p. 275-280, 1980.

ROBERTSON, J.B.; VAN SOEST, P.J. The detergent system of analysis and its application to human foods. **In:** The analysis of dietary fiber in food. W.P.T. James and O. Theander, eds. Marcel Dekker, New York, p. 123-158, 1981.

RUSSELL, J.R.; O'CONNOR, J.D.; FOX, D.G.; VAN SOEST, P.J. SNIFFEN, C.J. A net carbohydrate and protein system for evaluating cattle diets. I. Ruminal fermentation. **Journal of Animal Science**, v. 70, p. 3551, 1992.

SNIFFEN, C.J.; OíCONNOR, J.D.; VAN SOEST, P.J.; FOX, D.G.; RUSSEL, J.B. A net carbohydrate and protein system for evaluating cattle diets: II. Carbohydrate and protein availability. **Journal of Animal Science**, v. 70, p. 3562-3577, 1992.

SWAIN, S.M.; ARMENTANO, L.E. Quantitative evaluation of fiber from non-forage sources used to replace alfalfa silage. **Journal of Dairy Science**, v. 77, p. 2318, 1994.

SUDWEEKS, E.M., ELY, L.O., MERTENS, D.R., SISK, L.R. Assessing minimum amounts and form of roughages in ruminant diets: roughage value index system. **Journal of Animal Science.** v. 53, n , p. 1406, 1981.

THONNEY, M.L.; HOGUE, D.E. Formulation of ruminant diets using potentially-fermentable NDF and nonstructural carbohydrates. **Proceedings**: Cornell, 2007.

UNDERSANDER, D.; MERTENS, D.; THIEX, N. Forage analyses procedures. National Forage Testing Association, Omaha, NE. 154 pp. 1993.

VAN SOEST, P.J. **Nutritional Ecology of the Ruminant** (2nd Ed.). Cornell University Press, Ithaca, NY, 1994.

VAN SOEST, P.J.; WINE, R.H. Use of detergents in the analysis of fibrous feeds. IV Determination of plant cell-wall constituents. **Journal of Association of Official Agricultural Chemists**, p. 50-55, 1967.

WEIDNER, S.J.; GRANT, R.J. Altered ruminal mat consistency by high percentages of soybean hulls fed to lactating dairy cows. **Journal of Dairy Science**, v. 77, p. 552, 1994.

WELCH, J.G.; SMITH, A.M. Forage quality and rumination time in cattle. **Journal of Dairy Science**, v. 53, p. 797, 1970.

Conforto de bovinos leiteiros em sistemas intensivos de produção

Flávio Augusto Portela Santos[1]
Rafaela Carareto[1]
Arlindo José Dias Pacheco Júnior[1]

1. Introdução

Com a intensificação dos sistemas de produção de leite, tem aumentado a preocupação dos técnicos e produtores com questões relativas ao conforto animal. Vários são os fatores que afetam o conforto animal, dentre eles destacam-se o estresse provocado pelo calor, por problemas de comportamento social das vacas e pelo uso de instalações inadequadas.

1 Departamento de Zootecnia – USP/Esalq.

2. Estresse Térmico

De acordo com Hanh (1993), o estresse caracteriza a soma dos mecanismos de defesa do organismo em resposta a um estímulo provocado por um agente estressor, externo ou interno, para manter o equilíbrio fisiológico.

A resposta dos animais a um evento estressante compreende três componentes principais: o reconhecimento da ameaça à homeostase ou ao bem-estar, a resposta e as conseqüências do estresse. Uma série de fatores, como, experiência anterior, genética, idade, sexo ou condições fisiológicas modela a natureza da resposta biológica de um animal a um agente estressor (Moberg, 1987).

A intensidade e duração do agente estressor, atuando sobre o animal, irão desencadear alterações fisiológicas, imunológicas e comportamentais. O êxito das respostas de adaptação permite que a função normal continue. Entretanto, quando certos limites são ultrapassados, a função é prejudicada, afetando a sanidade e o desempenho produtivo e reprodutivo do animal (Hahn, 1993).

2.1. Zona de termoneutralidade

Os animais homeotérmicos, em função da espécie, raça, nível de produção, estádio fisiológico e plano nutricional, apresentam uma faixa de temperatura ambiente na qual se encontram em conforto térmico, denominada zona de termoneutralidade (Figura 1).

Na zona de termoneutralidade, o sistema termorregulador não é acionado, seja para fazer termólise ou termogênese. Assim, o gasto de energia para manutenção é mínimo, resultando em máxima eficiência produtiva. Os limites da zona de termoneutralidade são: a temperatura crítica inferior (TCI) e a temperatura crítica superior (TCS). Abaixo da TCI, a vaca entra em estresse pelo frio, e acima da TCS, em estresse pelo calor (Baccari Junior, 1998).

Há grande divergência entre os autores sobre qual seria a temperatura crítica superior para vacas em lactação, uma vez que as raças ditas especializadas em produção de leite tiveram suas origens em regiões de clima temperado. Segundo Berman et al, (1985) estaria entre 25 a 26°C para vacas em lactação, independentemente de estas terem sido submetidas à aclimatação prévia ou nível de produ-

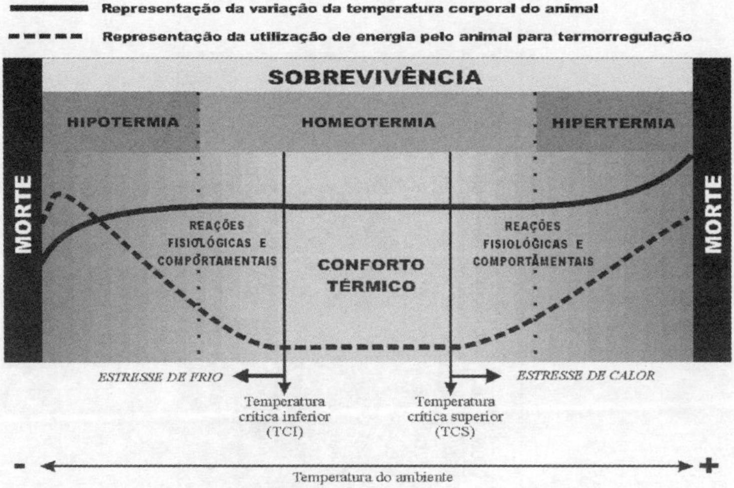

Figura 1. Zona de Termoneutralidade

ção. Essa especificidade generalizada de temperatura crítica superior contradiz as considerações de Yousef e Johnson (1985) segundo os quais, a zona de termoneutralidade varia com o estado fisiológico e as condições ambientais.

Fuquay (1997) considerou para o gado europeu valor de temperatura crítica superior entre 25 a 27°C. De acordo com Nääs (1989), em função da umidade relativa do ar e radiação solar local, a faixa de termoneutralidade poderia ser restringida entre 7 e 21°C. Huber (1990) considerou como adequadas para o conforto térmico de vacas em lactação temperatura do ar entre 4 e 26°C.

O estresse térmico pode ser em função de temperaturas abaixo da TCI ou acima da TCS. O Brasil por estar situado geograficamente, na sua maior parte, entre o equador e o trópico apresenta problemas com o estresse causado pelo calor, ou seja, acima da TCS.

Na tentativa de caracterizar e quantificar as zonas de conforto ideais às diferentes espécies animais foram criados índices de conforto térmico. Estes índices apresentam em uma única variável os fatores meteorológicos (temperatura e umidade relativa do ar, velocidade do vento e radiação solar) e o estresse que tal ambiente possa estar causando no momento. Dentre os índices criados, destaca-se

Tabela 1. Índice de temperatura e umidade.

Temp.	Umidade Relativa																				
°C	0	5	10	15	20	25	30	35	40	45	50	55	60	65	70	75	80	85	90	95	100
23,89														72	72	73	73	74	74	75	75
26,67							72	72	73	73	74	74	75	76	76	77	78	78	79	79	80
29,44			72	72	73	74	75	75	76	77	78	78	79	80	81	81	82	83	84	84	85
32,22	72	73	74	75	76	77	78	79	79	80	81	82	83	84	85	86	86	87	88	89	90
35,00	75	76	77	78	79	80	81	82	83	84	85	86	87	88	89	90	91	92	93	94	95
37,78	77	78	79	80	82	83	84	85	86	87	88	90	91	92	93	94	95	97	98	99	
40,55	79	80	82	83	84	86	87	88	89	91	92	93	95	96	97						
43,33	81	83	84	86	87	89	90	91	93	94	96	97					Estresse moderado				
46,11	84	85	87	88	90	91	93	95	96	97							Estresse médio				
48,89	88	88	89	91	93	94	96	98									Estresse severo				

o índice de temperatura e umidade (THI), desenvolvido por Thom (1959) como um índice de conforto para humanos. Johnson et al. 1962 observaram quedas significativas na produção de vacas leiteiras, associadas ao aumento no THI, que desde então tem sido utilizado para descrever o conforto térmico destes animais. Esse índice pode ser calculado a partir da temperatura de bulbo seco e da umidade relativa do ar, conforme descrito por Johnson (1980). Assim:

$$THI = Ts + 0,36\,Tpo + 41,2$$ em que:

Ts = temperatura do termômetro de bulbo seco, °C; Tpo = temperatura do ponto de orvalho, °C.

A Tabela 1 nos dá uma indicação das faixas de THI estressantes para vacas em lactação.

Animais em condições de estresse térmico apresentam uma série de modificações comportamentais e fisiológicas visando à manutenção da homeotermia, estas modificações vão fatalmente afetar a produção.

2.2. Respostas Comportamentais

Os animais se comportam segundo determinados padrões. Esses padrões são definidos como um segmento organizado de atitudes que possuem uma função especial. Pode ser um ato único ou uma série de atividades e usualmente representam uma resposta do animal a algum estímulo ambiental. Uma dada alteração ambiental pode estimular mais do que uma resposta comportamental, mas o animal aprende a usar aquela que mostra ser mais eficiente. Os animais exibem seus padrões de comportamento ciclicamente, uma vez que estes ocorrem em respostas aos desafios externos e internos, muitos dos quais seguem ciclos regulares (Curtis, citado por Pires et al., 1998).

O estresse calórico pode ser evidenciado pelas alterações no comportamento do animal. Em alguns casos, mudanças nos padrões do comportamento são as únicas indicações de que o estresse está presente (Pires et al., 1998).

Vacas leiteiras em condições de estresse permanecem mais tempo em ócio, os animais substituem atividades relacionadas com o comportamento alimentar (ingestão e ruminação) pelo ócio, numa provável tentativa de reduzir a produção de calor metabólico (PIRES et al., 1998).

1) Postura corporal

Os animais podem ajustar-se ao ambiente térmico alterando sua postura. Orientam seus corpos em relação ao sol, e vacas leiteiras tendem ficar mais tempo de pé quando a temperatura ambiente é mais alta (Muller et al., 1994). Camargo (1988) verificou, em *free-stall*, que no verão houve uma tendência das vacas ruminarem em pé por mais tempo do que no inverno.

2) Procura por sombra e locais frescos

A procura por sombra é uma resposta ao estresse e é dependente da temperatura ambiente, umidade do ar e genótipo do animal. Vacas leiteiras, em climas quentes, procuram por sombra, fontes de água e locais frescos para se deitarem (Machado, 1998)

3) Comportamento ingestivo

A atividade de alimentação obedece a parâmetros relacionados com: a espécie, a raça, a idade, o estado fisiológico do animal, o ambiente em que o animal está inserido e a qualidade e disponibilidade deste alimento. Vacas leiteiras reduzem o tempo de alimentação quando sob temperaturas mais altas. Em experimento realizado na EMBRAPA Gado de Leite, considerando o tempo de 24 h, os animais permaneceram 21% do tempo alimentando-se, no inverno, e 18% no verão (Pires et al., 1998b). Richards, (1985) trabalhando em confinamento constatou um drástico aumento no consumo à noite quando o ambiente passou de termoneutro a estressante e Perera et al., (1986) relataram redução de 1hora e 15 min no tempo de alimentação de vacas em lactação confinadas em *free-stall*.

Rossarola (2007) avaliou o comportamento ingestivo de vacas Holandesas mantidas em pastagens de milheto, com ou sem disponibilidade de sombra, Figuras 2, 3 e 4.

A ausência de sombreamento diminui o tempo de pastejo nos horários mais quentes do dia e aumenta o tempo de ócio, de vacas da raça Holandesa em lactação.

A atividade de pastejo é mais intensa nas horas mais amenas do dia, pela manhã e no final da tarde, e a ruminação predomina

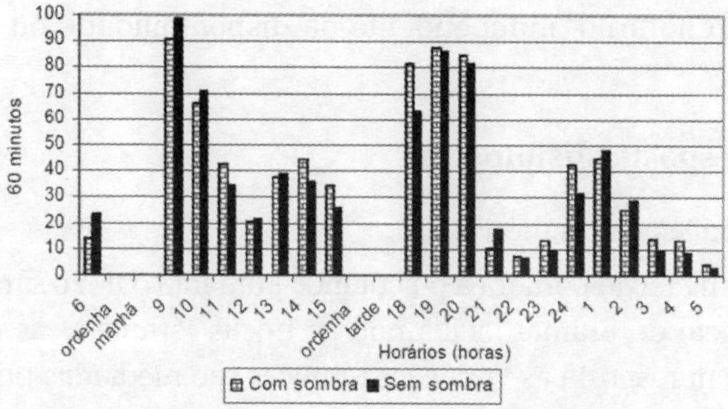

Figura 2. Tempo de pastejo de vacas leiterias da raça Holandesa, em pastagem de milheto com ou sem disponibilidade de sombra.

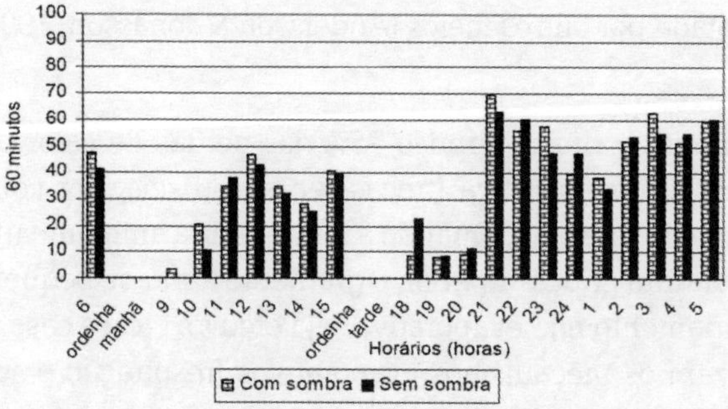

Figura 3. Tempo de ruminação de vacas leiterias da raça Holandesa, em pastagem de milheto com ou sem disponibilidade de sombra.

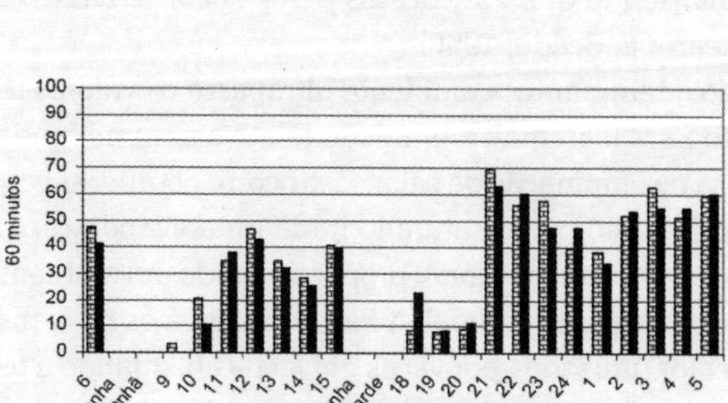

Figura 4. Tempo de ócio de vacas leiterias da raça Holandesa, em pastagem de milheto com ou sem disponibilidade de sombra.

no período noturno, independente da disponibilidade ou não de sombra.

2.3. Respostas fisiológicas

1) Vasodilatação periférica

A vasodilatação periférica ou cutânea aumenta o fluxo sangüíneo na superfície do animal facilitando as trocas térmicas. As reações cutâneas em resposta às variações térmicas são mediadas principalmente pelos nervos vasoconstritores do simpático. Acima de uma temperatura ambiental de cerca de 30°C, a vasodilatação cutânea não é suficiente para aumentar a dissipação do calor e resultará em aumento na temperatura corporal, a menos que a perda calórica possa ser aumentada por outros meios (Andersson & Jónasson, 1996).

2) Sudorese

Na zona de conforto térmico 75% das perdas de calor ocorrem pela forma não evaporativa (trocas secas), ou seja, por condução, convecção e/ou radiação. Quando a temperatura ambiente ultrapassa a temperatura crítica superior, o gradiente torna-se pequeno para que o resfriamento não evaporativo seja efetivo. Nesse caso, os animais utilizam os mecanismos evaporativos (respiração e sudação) para manter o balanço térmico, que se tornam as principais a vias de dissipação de calor. Ao redor de 80% da dissipação de calor ocorre dessa forma, sendo que 75% dessas perdas ocorrem através da sudação (Shearer & Beede, 1990).

Quando a temperatura ambiente ultrapassa os valores máximos de conforto para o animal, a umidade relativa assume fundamental importância na eliminação de calor. Isso ocorre porque, em condições de umidade elevada, o ar saturado irá inibir a evaporação da água pela pele e sistema respiratório, proporcionando um ambiente ainda mais estressante para o animal. A Figura 5 ilustra os mecanismos de perda de calor utilizados por vacas em lactação, quando a temperatura ambiente aumenta. Em temperaturas amenas, a maior parte é perdida pelo resfriamento não evaporativo. À medida que a temperatura ambiente se eleva, a vaca mostra-se cada vez mais dependente do resfriamento evaporativo.

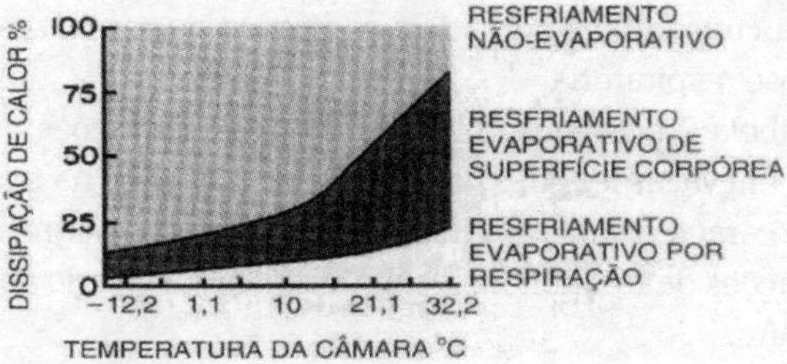

Figura 5. Perda total de calor por meio dos mecanismos evaporativos e não evaporativos.

3) Freqüência Respiratória

O primeiro sinal visível de resposta ao estresse térmico é a taquipinéia, embora este seja o terceiro mecanismo na seqüência de adaptação fisiológica, pois a vasodilatação periférica e o aumento da sudorese ocorrem antes (Cunninghan, 2004).

O aumento da freqüência respiratória, quando considerada por curto período, caracteriza-se como um mecanismo eficiente de perda de calor. Entretanto, quando este mecanismo passa a ser exigido durante períodos prolongados, pode acarretar problemas aos animais, tais como: interferir na ingestão de alimentos e ruminação, proporcionar calor endógeno adicional em função da atividade muscular (ofegação), desviar energia de outros processos metabólicos e, ainda, redução da capacidade combinante do CO_2 com conseqüente dimi-

Tabela 2. Efeito da sombra sobre alguns parâmetros fisiológicos em vacas leiteiras.

Item	Sombra	Sem sombra
Temp. de Globo °C [1]	29,10	41,00
Temperatura Retal °C	39,20	40,80
Taxa Respiratória /min	82,00	133,00
Hematócrito, %	31,90	32,50
pH sangue	7,43	7,48
Pressão de CO2, mm Hg	39,80	30,90
HCO_3 mmol/l	25,50	22,10
CO_2, mmol/l	26,70	23,10
HCO_3/pCO_2	21,60	24,30

[1] Média dos horários entre 9:00 e 17:00h durante 14 dias

Fonte: Scheineder et al. (1984).

nuição na concentração de ácido carbônico no sangue, resultando em alcalose respiratória.

Na Tabela 2 podemos observar algumas alterações fisiológicas ocorridas em vacas leiteiras em função da diferença na temperatura ambiente caracterizada pela temperatura do globo negro e na Tabela 3 alterações da freqüência respiratória em função do aumento da temperatura.

Tabela 3. Freqüência respiratória em bovinos leiteiros.

Normal	Estresse	Condição	Autor
18-28	-	tbs 26°C	Andersorn (1988)
-	44-108	tbs 31 °C; THI=79	Bacari et all (1995)
-	50-60	tbs>25°C	Berman (1985)
60	120-160	-	Hahn e Mader (1997)
32	94	tbs 30°C	McDowell (1975)

Fonte: Adaptado de Matarazzo, 2004.

4) Ingestão de Alimentos

A principal razão para o decréscimo na produção de leite em climas quentes é a redução no consumo de alimentos, sendo esta uma tentativa do animal de minimizar o desbalanço térmico e manter a homeotermia. A ingestão de matéria seca inicia seu declínio e a exigência de mantença aumenta quando a temperatura ambiente excede os 25°C (NRC, 1989).

O estresse calórico aumenta as exigências nutricionais de manutenção para vacas em lactação. Com o aumento de temperatura de 26 para 40°C, por 6 horas diárias, houve um aumento de 30% na exigência de mantença e 55% de redução no consumo de matéria seca (McDowell et al., 1976).

Na Tabela 4 está ilustrado o aumento na exigência de mantença em função do aumento da temperatura ambiente.

5) Consumo de água

A água é o mais crítico dos nutrientes para a vaca leiteira. A procura por água pode ser considerada uma alteração comportamental, mas o aumento no consumo é uma resposta fisiológica do animal ao aumento da temperatura ambiente e corporal. O aumento na ingestão de água em condições de estresse calórico visa à reposição das

Tabela 4. Mudança relativa nas exigências de manutenção, consumo de MS e produção de leite em virtude do aumento da temperatura.

Temperatura °C	Exigência manutenção (% de 20 °C)	Exigência MS (kg/dia)	Consumo esperado MS (kg/dia)	Produção leite esperada (kg/dia)
20	100	18,2	18,2	27,3
30	111	19,0	17,0	23,2
35	120	19,5	16,7	18,2
40	132	20,2	10,2	11,8

Vacas com 602kg; 3,7% de gordura no leite; 27,3kg leite/dia

Fonte: adaptado de McDowell et al., 1976

perdas sudativas e respiratórias além do resfriamento corporal através do contato da água, mais fria que o corpo, com as mucosas do trato digestivo (West, 1999) (Tabela 5).

Durante os meses mais quentes há um aumento no consumo de água, com elevação na excreção de urina, alteração na composição dos dejetos e aumento na perda por sudorese e taquipnéia como pode ser observado na Tabela 6. O consumo de água segue o consumo de

Tabela 5. Consumo de água por vacas Holandesas em diferentes temperaturas ambientes e em diferentes estágios de produção.

Estágio de produção	Temperatura (°C)		
	10	21	32
	Consumo de água (l/dia)		
Secas de 635 kg	25	31	33
Final de lactação	37	48	55
Produzindo 18 kg/dia	65	81	100
Produzindo 36 kg/dia	103	130	170

Fonte: Perissinotto, 2005.

Tabela 6. Perdas de água em kg/dia por diferentes rotas em função do aumento da temperatura de 20°C para 30°c em vacas leiteiras não lactantes.

Fontes	20 °C	30 °C	% aumento
Fezes	13,0	9,8	-24,6
Urina	11,7	14,7	25,6
Saliva	0,0	2,4	-
Respiratória	7,6	11,7	53,9
Superfície corporal	10,6	29,3	176,4
Total	43,1	67,9	58,3

Fonte: adaptado de MacDowell, 1972.

alimento, sendo que o pico de consumo de água coincide com o pico de consumo de matéria seca, mesmo quando o alimento é oferecido várias vezes por dia. Picos de consumo de água são também observados após as ordenhas, quando podem representar 40% a 50% do consumo total diário (Campos, 2000).

2.4. Produção e qualidade do leite

Head (1995) cita trabalho de Regan e Richardson de 1938 em que já era pesquisado o efeito da temperatura ambiente sobre a produção de leite. Segundo os autores, temperaturas superiores a 26°C causavam redução na produção de leite e no conteúdo de caseína e sólidos não gordurosos do leite.

Baccari Junior (1998) referiu-se à prioridade da homeotermia, em detrimento da lactação, em vacas sob estresse calórico. A redução na produção de leite, portanto, é conseqüência de uma série de alterações que contribuem para redução na produção, ou aumento na perda de calor pelo animal. Segundo Johnson et al. (1963), citado por West, (1999), a produção de leite diminui quando a temperatura corporal torna-se superior a 38,9°C, e um incremento de 0,55°C na temperatura retal acarretará uma redução na produção de leite e na ingestão de NDT de 1,8kg e 1,4kg, respectivamente. O ponto na curva de lactação em que a vaca vivencia o estresse térmico é de suma importância na produção de leite total. As vacas são menos capazes de se recuperar do estresse térmico durante o início de lactação. Neste período, as vacas encontram-se em balanço energético negativo, mobilizando reservas corporais (Sharma et al. 1983).

A produção e a composição do leite está diretamente relacionada a alimentação da vaca e alterações na alimentação vão necessariamente concorrer para mudanças na composição do leite. As alterações verificadas na composição do leite compreendem decréscimos nos teores de gordura, lactose, proteína, ácido cítrico, cálcio e potássio (HEAD, 1989). Rodriguez et al. (1985) verificaram que com a elevação da temperatura de 6 para 36ºC, os teores de gordura e proteína do leite das vacas diminuíram 0,54 e 0,44 unidades percentuais respectivamente.

A redução na produção de leite em função das variações ambientais não é a mesma em todas as raças leiteiras. Na Tabela 7 podemos

Tabela 7. Efeitos da temperatura do ar e da umidade relativa sobre a produção de leite em diferentes raças leiteiras.

Temperatura (ºC)	Umidade (%)	Raça		
		Holandesa	Jersey	Pardo-Suiça
		(% relativa de produção de leite)		
24	38	100	100	100
24	76	96	99	99
34	46	63	68	84
34	80	41	56	71

Diferenças na produção de leite baseadas na porcentagem da produção normal a 24°C e 38% de umidade relativa (Johnson & Vanjonack, citado por Baccari, 1998).

observar como a temperatura e a umidade relativa afetam a produção de três raças leiteiras.

Temperaturas diárias médias e máximas geralmente têm efeitos variáveis sobre o consumo de alimentos e, conseqüentemente, sobre a produção de leite, dependendo da umidade relativa e do tempo em que as vacas são expostas às temperaturas capazes de provocar o estresse térmico (Huber, 1990). MacDowell, 1974, citado por Huber, 1990, comparou vacas Holandesas que receberam dietas isoenergéticas, porém mantidas em diferentes locais: San Juan, Porto Rico; New Iberia, Loisiana e Phoenix, Arizona. As temperaturas médias dos três locais foram de 28°C, porém as temperaturas máximas foram de 30, 32 e 38°C respectivamente para os locais mencionados. Além das temperaturas máximas, a umidade relativa também foi diferente entre os locais utilizados. Maiores produções de leite foram obtidas em Phoenix (25,9 kg/dia contra 15,9 para Porto Rico e 16,8 kg/dia para Louisiania). O autor atribui a maior produção devido a menor umidade relativa, que permite o resfriamento mais rápido ao entardecer e ao maior consumo de alimentos.

2.5. Reprodução

A elevação da temperatura causa, inicialmente, uma elevação da temperatura uterínica, criando um ambiente hostil para o embrião, levando-o à morte. A temperatura afeta, também, a qualidade dos folículos. Como o desenvolvimento folicular se dá por um período de 60 dias, qualquer estresse interferirá na taxa de fecundação por até 2 meses posteriormente ao evento. Se, no entanto a fecundação ocorrer, o aumento da temperatura externa induzindo um maior fluxo sangüíneo periférico determinará redução na troca de nutrientes entre o feto e a mãe levando ao nascimento de bezerros menores e a um menor desenvolvimento placentário. Como conseqüência há menor produção de hormônio mamogênicos pela placenta o que determinará menor crescimento da glândula mamária e menor produção de leite posterior (Collier, 1982, citado por Machado, 1998).

Na Tabela 8 podemos observar alguns resultados obtidos por Collier (1982), que comparou 2 ambientes (com sombra x sem sombra) para vacas durante o pré-parto. Após o nascimento dos bezerros manejou todas as vacas em um mesmo rebanho.

Tabela 8. Influência da temperatura retal e da taxa respiratória da mãe, no peso dos bezerros e posterior produção de leite.

Itens avaliados	Sombra	Sem Sombra
Temperatura retal °C	39,2	40,0*
Taxa respiratória (mov./min.)	63,3	87,4*
Peso da vaca Pré-parto (kg)	598,0	589,0
Peso pós parto (kg)	502,0	502,0
Peso do Bezerro (kg)	39,7	36,6*
Produção de leite 100-d (kg)	2672,0	2556,0
Produção de leite 305-d (kg)	6758,0	5948,0

* Diferença significativa

Fonte: Collier et al., 1982

2.6. Maneiras de atenuar os efeitos do estresse térmico

2.6.1. Sombra

O primeiro passo para atenuar os efeitos do estresse térmico é evitar a radiação solar direta sobre o animal, através do fornecimento de sombra, seja ela natural ou artificial nas horas quentes do dia.

2.6.1.1. Sombra Natural

O sombreamento natural, proporcionado por árvores, além de propiciar proteção contra a radiação solar direta, propicia um ambiente mais confortável que sombras artificiais, devido à evapotranspiração das folhas.

No momento da escolha da espécie vegetal, segundo Montoya et al. (1994), a espécie deve apresentar as seguintes características:

adequação às condições ecológicas ambientais; compatibilidade entre os componentes do sistema; preferencialmente ser perenifólia; crescimento rápido e ereto (em condições de campo e a céu aberto); resistente a ventos (raízes profundas); capacidade de rebrotar e ter fenologia conhecida, dentre outras.

Devem ser evitadas, plantas tóxicas aos animais, excessivamente armadas de espinhos pontiagudos que possam ocasionar ferimentos; que tenham raízes expostas, que dificultem a acomodação das vacas e espécies produzam frutos grandes, com mais de 5 cm de diâmetro, que possa causar morte do animal por obstrução do esôfago. Assim como, plantas hospedeiras de pragas e doenças dos animais ou da forragem, e espécies que tenham efeito alelopático na planta forrageira.

Segundo Waldige (1994) árvores de folhas largas com copa densa e baixa, não são recomendadas para o sombreamento natural. Copas muito densas e folhas largas dificultam a ventilação em função da ascensão do ar quente, tendo o mesmo maior dificuldade em se dissipar. Para Baccari Junior (2001), árvores frondosas, de folhas perenes com altura mínima de 3 metros para propiciar uma sombra de 20 m^2 e boa ventilação, são as ideais para sombreamento de piquetes com vacas leiteiras, pois secam rapidamente o solo, evitando assim, doenças nos cascos e a incidência de bernes.

2.6.1.2. Sombras Artificiais

As sombras artificiais baseadas na utilização de redes plásticas ou telas (sombrite) são mais indicadas para regiões onde existe uma estação quente definida e podem ser adotados manejo estratégico ou semi-estabulação. As redes plásticas oferecem diferentes porcentagens de sombra. Este tipo de estrutura deve ter altura mínima de 3m com pequena inclinação para evitar acúmulo de água nas chuvas, que quando acumuladas na tela causam gotejamento produzindo excesso de umidade no solo. Para regiões onde a carga radioativa é elevada recomendam-se telas que forneçam 80% de sombra. As sombras de materiais compactos são adequadas para regiões onde o estresse calórico ocorre ao longo do ano, e requer estruturas de maior durabilidade. Em geral seu desenho é mais complexo, o custo mais elevado e se adequam melhor aos sistemas de confinamento.

O material selecionado para o teto deve ter algumas das seguintes propriedades: alta refletividade, baixa condutividade e baixa emissividade para o interior da instalação, com inclinação adequada e altura da parte mais baixa não inferior a 4m.

O sentido da cobertura em relação aos pontos cardeais e a relação comprimento: largura são importantes na localização das sombras projetadas, tanto no sombreamento natural como no sombreamento artificial. Procura-se obter área de sombra de 5m^2 por animal. Quando o animal, mantido em pasto ou confinado em piquete, tem livre acesso à área de sombra, esta deve ser orientada no sentido norte-sul. Desta maneira a área de sombra caminha conforme a posição do sol. Isto resulta em menor formação de barro. A largura da sombra deve ser tal que permita receber sol por toda a área sob a cobertura determinada hora do dia. Em geral 6 metros de largura são suficientes.

Quando o animal é mantido confinado dentro da instalação, esta deve ser orientada leste-oeste, com o objetivo de evitar ao máximo a incidência de radiação solar nos animais.

2.6.2. Climatização das instalações

O conforto do animal na área sombreada pode ser melhorado através da adoção de conceitos técnicos no dimensionamento das instalações e através da climatização das mesmas.

O controle eficiente do ambiente pode empregar sistemas naturais e artificiais. Métodos de controle naturais envolvem arborização ao redor das instalações, galpões abertos, altura do pé direito, escolha do local, orientação longitudinal da instalação na direção leste-oeste, cobertura reflectiva, beirais amplos e presença de lanternim. Já os mecanismos artificiais, se referem, basicamente, a sistemas de resfriamento adiabático evaporativo (SRAE), ou seja, sistemas mecânicos para redução da temperatura do ambiente com a utilização de vapor díágua como elemento de refrigeração. A água é um excelente agente resfriador devido a sua alta capacidade calórica e ao elevado calor latente de vaporização (Silva, 1998).

1) Ventilação

A ventilação adequada dentro de uma instalação é de extrema importância, pois é responsável pela remoção da umidade, dispersão de gases e do excesso de calor. Com o uso da ventilação natural eficiente, taxas mínimas de ventos em uma instalação são garantidas e isto é muito desejável, pois pode renovar o ar e com isso limitar a elevação de temperatura no interior das instalações.

Vários aspectos devem ser considerados para assegurar uma ventilação natural eficiente: altura do pé direito; orientação das instalações, garantindo que o vento passe no sentido transversal da instalação (Figura 6); conhecimento prévio dos ventos da região; abertura mínima da parede lateral de 1 m^2 por cada m^2 de área de piso; abertura do cume – 5 cm para cada 3 m de largura do estábulo; evitar uso de estruturas no telhado e o uso exagerado de arborização em torno da instalação (Silva, 1998). As forças naturais disponíveis para o aumento do movimento do ar são devido à ação do vento através das aberturas da instalação e da diferença de temperatura entre o interior e o exterior.

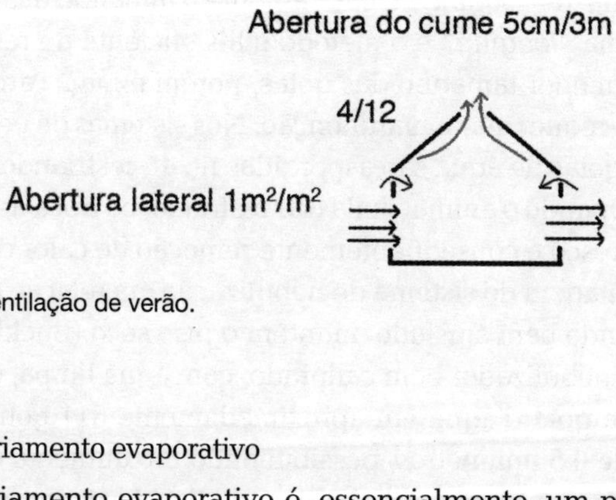

Figura 6. Ventilação de verão.

2) Resfriamento evaporativo

O resfriamento evaporativo é, essencialmente, um processo de saturação adiabática, não há perda nem ganho de calor. O ar a ser resfriado é posto em contato com água em temperatura igual à temperatura de bulbo úmido do ar. O calor sensível do ar inicialmente evapora a água, abaixando a temperatura de bulbo seco do ar e sendo convertido em calor latente no vapor adicionado (Baêta & Souza, 1997).

Nenhum calor externo é adicionado durante o processo, e o conteúdo total de calor não varia. Há simplesmente uma mudança adiabática de calor sensível para calor latente. Ocorre uma alteração ambiental a partir da mudança de estado da água e da mudança na temperatura da mistura ar-vapor, que melhora de forma considerável as condições de conforto. Ao passar do estado líquido para o gasoso, a água retira do ambiente cerca de 580 kcal para cada kg de água evaporada (Silva, 1998).

O sistema de resfriamento adiabático evaporativo (SRAE) pode ser aplicado em diversos mecanismos: nebulização, microaspersão e aspersão nos animais, conseguindo-se reduções de até 6ºC na temperatura interna das instalações (em climas secos). Porém, há um problema relacionado a regiões com alta umidade relativa, onde o acionamento do sistema deve ser intermitente, evitando excessiva umidade relativa, também prejudicial aos animais (Silva, 1998).

Os sistemas de resfriamento evaporativo são agrupados em "*misting*" (nebulização de baixa a média pressão), "*fogging*" (nebulização de alta pressão) e "*sprinkling*" (aspersão). A diferença entre os sistemas "*misting*" e "*fogging*" é basicamente o tamanho das gotas.

O sistema "*fogging*" é o método mais eficiente de resfriamento do ar pelo menor tamanho das gotas, porém é mais caro do que o "*misting*" e requer maior manutenção. Nos sistemas de nebulização, pequenas gotas de água são aspergidas no ar, resfriando-o, ao evaporarem. Quando o animal inala o ar resfriado, há troca de calor com o ar mais fresco e conseqüentemente remoção de calor do corpo. A grande vantagem do sistema de nebulização em relação à aspersão é que, quando bem ajustado, mantém o piso seco (Bucklin & Bray, 1998). Um nebulizador bem calibrado, com água limpa, é capaz de dividir uma gota d'água em aproximadamente 611 gotículas com diâmetro de 0,5 milímetros, possibilitando um aumento da área de abrangência do sistema. A linha de nebulização deve ser instalada separadamente da linha de ventilação, o que promove maior movimentação de ar, e a uma altura razoável (aproximadamente três metros). Maiores eficiências são encontradas em nebulização com alta pressão ("*fogging*"), em que o tamanho das gotículas é reduzido, aumentando a área coberta com o mesmo volume de água e também o tempo em que à mesma permanecerá flutuando antes de atingir o solo, favorecendo a evaporação. Há necessidade de dimensionamento para cada tipo de instalação, calculando-se tamanho e número de bicos, número de linhas, posicionamento das linhas e cálculo da intermitência de funcionamento do sistema, evitando o aumento excessivo da umidade relativa do ar. A instalação aleatória pode causar aumento da umidade relativa, prejudicando os animais (Silva, 1998).

Segundo Bray et al. (1992), estudos na Flórida mostraram um aumento de 11,6% na produção de leite de vacas estabuladas em "*freestall*" climatizado com ventiladores e nebulizadores (Tabela 9). O sistema foi montado em cima do cocho de alimentação. A ventilação foi contínua, com uma velocidade do ar de 3 $m.s^{-1}$, e controlada por um termostato que a fazia parar quando a temperatura atingia 22,2ºC. Os nebulizadores se localizaram abaixo dos ventiladores, sendo dimensionados para não molhar a cama, sendo controlados por um termostato e por um timer, que os acionavam a intervalos de 1,5 min a cada 15 min, quando a temperatura se encontrava entre 24,4ºC e 25,6ºC. O gasto com água foi de aproximadamente 216 litros. $dia^{-1}vaca^{-1}$ para o sistema de resfriamento, proporcionando resultados satisfatórios. Porém, a escolha adequada dos bicos e do intervalo de tempo de aplicação da nebulização pode diminuir o gasto com água para 70,7 $litros.vaca^{-1}.dia^{-1}$, mantendo um adequado resfriamento para as vacas.

Armstrong (1994) observou um aumento na produção em leite de vacas submetidas ao sistema de resfriamento adiabático evaporativo, usando ventilação associada à nebulização dentro do "*freestall*", em clima semi-árido e com umidade relativa do ar em aproximadamente 30%.

A aspersão não tem a finalidade de resfriar o ar, pois usa gotas largas para molhar o pêlo e a pele das vacas. O animal se resfria com a evaporação da água da pele e dos pêlos, permitindo que o mesmo perca calor com mais eficiência do que quando se utiliza apenas o suor. A aspersão, quando associada à ventilação natural ou forçada, aumenta a eficiência do resfriamento, por acelerar o processo de evaporação, e evita que a pulverização das gotas ocorra em um só local e molhe a cama (Bucklin & Bray, 1998).

Segundo Chastain & Turner (1994), vacas submetidas à ventilação associada à aspersão em local sombreado conseguem reduzir o efeito do estresse calórico na produção diária e apresentam um aumento de 7,8% no consumo de alimento, um aumento de 12% na produção de leite (2,5 kg.dia^{-1}), uma diminuição de 0,2ºC a 0,5ºC da temperatura retal e uma redução de 29% na taxa respiratória.

Para o controle do sistema de resfriamento, pode ser usado um termostato com um ajuste de tempo, que ativa o sistema, quando a temperatura chega a 25,6ºC. Quando a ventilação é utilizada, ela é continuamente empregada abaixo dessa temperatura. A aspersão é utilizada intermitentemente através de um timer, e os períodos de aspersão são de 1 min a 3 min, quando a umidade do ar está baixa, seguidos de 4,5 min a 15 min de parada no sistema (Chastain & Turner, 1994). Este sistema de resfriamento utiliza entre 215 litros e 456 litros de água.dia^{-1}.vaca^{-1} para manter um conforto eficiente, e o uso de água aumenta em 84% o custo do sistema. A seguir, seguem algumas recomendações desses pesquisadores quanto à utilização do sistema de resfriamento:

- A velocidade do ar promovida pelos ventiladores deve variar de 1 m.s^{-1} a 2,2 m.s^{-1}, dependendo da direção do fluxo de ar.
- O sombreamento proporciona a obtenção do máximo benefício do resfriamento evaporativo direto, reduzindo o gasto de água do sistema em 26%.
- O sistema não é recomendado para a redução da temperatura durante a noite. Para essas horas, apenas a ventilação é suficiente, proporcionando uma redução no uso diário de água.
- A duração do tempo do ciclo do resfriamento depende da umidade relativa, das condições de umidade da pelagem dos animais e da carga radiante total incidente no animal.

De acordo com Head, (1995), os aspersores devem possuir um raio de ação de 180º e situados à distância de 2,5 m entre si e devem ser posicionados entre 3 m e 4 m do solo e inclinados 20º a 30º para facilitar a circulação de ar no dorso dos animais. O sistema pode ser ligado automaticamente, quando a temperatura atinge valores acima de 27ºC.

Resultados positivos da aspersão de água, em locais sombreados para vacas holandesas, também foram obtidos no México (aspersão das 12 h às 13 h) com aumento de 7% na produção de leite; nos EUA, região de Missouri (aspersão das 11h às 17 h 30 min quando a temperatura excedeu 27 ºC), com aumento de 700 gramas de leite.dia^{-1}.vaca^{-1}; e na Austrália (aspersão quando a temperatura excedeu 26ºC), com aumento de 4,8 kg de leite.dia^{-1}.vaca^{-1}, sempre comparando-se a animais que não receberam a aspersão (Silva, 1998).

Tabela 9. Efeito do uso de aspersores de água e ventiladores no resfriamento de vacas leiteiras.

Resposta	Controle	Resfriada	Diferença
Consumo de alimento	**kg / dia**	**kg / dia**	**%**
Flórida (matéria seca)	17,8	19,1	7,1
Missouri (alimento)	32,9	35,2	7,1
Alabama (matéria seca)	16,6	18,7	12,7
Kentucky (alimento)	'35,0	38,2	9,2
Produção de leite	**kg / dia**	**kg / dia**	**%**
Flórida	18,1	20,2	11,6
Missouri	23,4	25,5	8,6
Israel	33,1	35,5	7,1
Alabama	22,5	23,6	4,9
Kentucky	22,8	26,4	15,8
Temperatura retal	**ºC**	**ºC**	**ºC**
Missouri	39,2	38,8	- 0,4
Kentucky	39,2	38,7	- 0,5
Temperatura do leite	**ºC**	**ºC**	**ºC**
Missouri	39,1	38,6	- 0,5
Respiração / minuto			
Florida	96	57	- 41%
Kentucky	91	75	- 18%
Alabama	73	51	- 30%

Fonte: Bucklin et al., 1991.

Perissinotto et al. (2006), realizou um estudou com vacas de leite, produzindo em média 20kg leite/dia, com peso aproximado de 650kg, no terço médio de lactação; mantidas em free-stall comercial, para avaliar a preferência desses animais quanto aos sistemas de aspersão ou nebulização. Os animais foram divididos em dois grupos de 10 animais cada, sendo que para o tratamento 1 (T1), os animais foram mantidos em sistema com ventilação forçada e aspersão, e para o tratamento 2 (T2), os animais foram mantidos em sistema com ventilação forçada e nebulização (Tabela 10).

Nas condições ambientais resultantes do T1 os animais mostraram preferência para ficar parados na área da alimentação (tanto para comer e /ou apenas em pé), quando comparado ao T2. Esse aumen-

Tabela 10. Tempo gasto pelas vacas em cada padrão comportamental, em porcentagem (o total corresponde a 100%).

Tratamento	Padrão Comportamental					
	Comendo	Bebendo	Ruminando	Ócio	Em pé	Deitada
T1	30,0[a]	5,0[a]	30,0[a]	35,0[a]	57,5[a]	42,5[b]
T2	16,5[b]	4,2[a]	26,8[a]	52,4[b]	47,1[b]	52,9[a]

a;b: médias seguidas por letras diferentes na mesma coluna diferem entre si ($P<0,05$). Fonte: adaptado de Perissinoto et al. 2006.

to no tempo em pé, junto à área de alimentação, pode aumentar a incidência de problemas de casco. A climatização no free-stall deve focar também a área das camas, para estimular os animais a permanecerem deitados a maior parte do tempo em que não estiverem consumindo alimento.

As recomendações iniciais para a intermitência de acionamento do SRAE sugeriram que o intervalo deveria ser de 15 minutos (Brouk et al., 2001). Entretanto, estudos realizados posteriormente revelaram que estratégias distintas de intermitência deveriam ser adotadas para diferentes níveis de estresse térmico. Hillman et al. (2001) avaliaram diferentes intervalos de acionamento para a aspersão: sem molhar e molhando a cada 20 ou 40 min. A água era aplicada durante 1,5 minutos até que o excesso escorresse pelo flanco da vaca e as intermitências eram associadas a diferentes fluxos de ar: desligado, 0,1; 0,9 e 2,2 m s^{-1}. A temperatura da pele caiu rapidamente quando a intermitência foi 20 minutos e fluxo de ar igual a 2,2 m s^{-1}. Cabe ainda ressaltar que o SRAE por aspersão utiliza grandes volumes de água. Portanto, deveria ser empregado o intervalo com a menor taxa de aplicação de água, a fim de evitar desperdícios e preservar esse recurso natural.

De acordo et al., 2006) foi realizado um estudo utilizando 12 vacas holandesas, multíparas, na fase intermediária de lactação, com peso médio de 600 kg e produção média de 30 kg de leite por dia. Os tratamentos foram aplicados de maneira aleatória em três períodos distintos, de modo que cada tratamento foi avaliado para o período em questão:

- Tratamento 1: intermitência de 12 min (1 min 25 s ligado e 10 min 35 s desligado);

- Tratamento 2: intermitência de 14 min (1 min 25 s ligado e 12 min 35 s desligado);
- Tratamento 3: intermitência de 16 min (1 min 25 s ligado e 14 min 35 s desligado).

O sistema de aspersão, em tubo de PVC, foi montado 2,5 m acima da linha de alimentação, com espaçamento entre bicos de 1 m. A vazão empregada foi a mesma em todos os tratamentos, ou seja, 0,71 L de água foram aspergidos no ambiente durante o intervalo de 1 minutos 25 s. No período de uma hora, para o tratamento de 12 minutos, o sistema foi acionado cinco vezes, resultando no consumo de 3,6 L/h. Para a intermitência de 14 minutos, acionou-se 4,3 vezes e para o intervalo de 16 minutos, 3,8 vezes, sendo gastos, respectivamente, 3,1 L e 2,7 L/h. Durante o experimento, o sistema ficou ligado, em média, nove horas por dia. Dessa forma, tem-se o consumo médio de água de 32,0 L, 27,9 L e 24,3 L vaca^{-1} dia^{-1}, respectivamente, para os tratamentos de 12 minutos, 14 minutos e 16 minutos. Foram utilizados ventiladores com diâmetro de 0,9 m, espaçados a cada 11 m, equipados com motor de 1/4 cv, vazão de 300 m3 h^{-1}, 495 rpm, com capacidade de produzir movimentação de ar de até 2,5 m s^{-1} na altura do dorso do animal.

Na Tabela 11, são apresentados os valores médios para a temperatura retal (TR), freqüência respiratória (FR) e temperatura do pelame (TP) durante o período analisado.

Os valores médios encontrados para a temperatura retal foram 39,1ºC, 38,8ºC e 38,7ºC, respectivamente, para os tratamentos de 12; 14 e 16 min. A análise dos dados identificou a presença de interação entre tratamento e hora ($P<0,05$) para a TR. O desdobramento da interação mostrou-se significativo para os horários das 14; 15 e 16 h. Quando os animais foram submetidos ao tratamento de 12 min, os valores de TR foram maiores (39,1ºC) do que quando aplicados os tratamentos de 14 min (38,7ºC) e de 16 min (38,7ºC); esse efeito foi verificado para o horário das 14 h e 15 h. Por outro lado, às 16 h, os animais mantidos no tratamento de 12 min apresentaram maior TR (39,1ºC), comparados com a aplicação do intervalo de 16 min (38,7ºC). Entretanto, os valores verificados para a TR permaneceram na faixa de normalidade para bovinos, que está entre 38 e 39,5ºC.

Tabela 11. Valores médios para as variáveis fisiológicas das vacas em lactação medidas das 13 às 16 h.

TR	13h	14h	15h	16h
12 min.	39,0±0,11 a	39,1±0,11 a	39,3±0,11 a	39,1±0,11 a
14 min.	38,8±0,11 a	38,7±0,11 b	38,8±0,11 b	38,8±0,11 ab
16 min.	38,8±0,11 a	38,7±0,11 b	38,7±0,11 b	38,7±0,11 b
FR				
12 min.	80,0±0,68	76,0±0,68	76,0±0,68	68,0±0,11
14 min.	60,0±0,68	60,0±0,68	60,0±0,68	60,0±0,11
16 min.	64,0±0,68	60,0±0,68	60,0±0,68	56,0±0,11
TP				
12 min.	31,7±0,22 a	31,7±0,22 a	31,5±0,22 a	31,3±0,22 a
14 min.	31,2±0,22 ab	31,9±0,22 a	30,9±0,22 c	31,3±0,22 a
16 min.	30,7±0,22 b	30,7±0,22 b	30,2±0,22 b	28,9±0,22 b

a, b: Médias seguidas por letras minúsculas distintas, nas colunas, diferem pelo Teste t de Student ($P<0,05$).
Fonte: adaptado de Matarazzo et al. 2006.

As intermitências de 14 e 16 minutos proporcionaram menores valores para as variáveis termorregulatórias de temperatura retal, freqüência respiratória e temperatura do pelame, mostrando-se eficiente na redução do estresse térmico de vacas em lactação.

A sala de espera para a ordenha é um ambiente com alto potencial para gerar estresse térmico, pois geralmente apresenta alta densidade animal, 1,5 m^2/animal, ventilação ineficiente e elevada produção de calor e umidade. Vacas permanecem de 15 a 60 minutos 2 ou 3 x por dia na sala de espera e o estresse causado neste período pode causar queda de consumo de alimentos. Alguns cuidados devem ser tomados no momento da construção de salas de espera, como tipo e inclinação de telhado, altura dos beirais e do pé direito. Salas de espera com sistemas de resfriamento aumentam o tempo em que as vacas ficam no cocho logo após a saída da ordenha (Huber, 1990). No Arizona, vacas que permaneciam em sala de espera provida com sistema de resfriamento (ventilação e aspersão), tiveram aumento na produção de 0,79 kg/d, em regime de 2 ordenhas diárias. Em Israel, com 5 ordenhas diárias, o resfriamento na sala de espera, resultou em aumento de 2,5 kg de leite/d.

3. Comportamento social

3.1. Comunicação

Mecanismos de comunicação nos bovinos receberam pouca atenção dos etologistas e resultaram em pouco conhecimento sobre os diferentes sentidos dos movimentos corporais, sons, odores e toques que ocorrem entre os indivíduos. Certamente a linguagem vocal e a troca de idéias abstratas não fazem parte do repertório dos bovinos. Os mecanismos que irão expressar as necessidades, vontades, estímulos sexuais, medo, submissão ou estado de alerta para briga são mensagens transmitidas de um animal para outro através de um ou de uma combinação de sinais físicos. A estrutura coesa e saudável de um rebanho depende de várias formas de comunicação (Albright e Arave, 1997).

As principais formas de comunicação são por visão, sonorização, olfato e tato. A comunicação visual é um importante e distinto meio de comunicação entre os bovinos. Touros possuem sinais característicos quando em estado de alerta como balançar e abaixar a cabeça e jogar terra para trás, inibindo desta forma uma futura interação com outro animal que já foi vencido em um combate anterior. Outra forma de comunicação visual é o posicionamento do rabo que descreve sentimentos ou atividades do animal. Quando andando, pastejando, ou simplesmente em estado de ócio, o rabo apenas permanece em posição normal, porém quando o animal está com frio, doente, ou submisso o rabo fica entre as pernas. Esses são apenas alguns exemplos de comunicação visual entre bovinos.

Algumas das vocalizações mais comuns em bovinos aparecem relacionadas à frustração ou estresses, como por exemplo, bezerros que foram separados de suas mães expressam o seu descontentamento através de repetidos berros. Outros sinais em forma de sons são emitidos por animais com fome, dor e em cio.

As células olfatórias são quimioreceptores das moléculas transportadas pelo ar. Bovinos são capazes de distinguir vários odores através da depressão ou aumento de impulsos que chegam ao sistema nervoso central vindo dos receptores nasais e interpretado pelo centro olfatório no cérebro. Bovinos possuem senso olfativo mais aguçado do que seres humanos, conforme apresentado pela recepção da urina das fêmeas em extro. Os feromônios que são compostos quimicamente voláteis encontrados nos fluídos corporais, são estímulos sexuais quando cheirado pelo touro. O reflexo de *Flehmen* é responsável para que o touro ponha o odor em contato direto com o órgão vomeronasal. Interações envolvendo o tato são extremamente importantes no acasalamento, em cuidados com o neonato e estabelecimento da posição social. Vacas lactantes respondem favoravelmente ao ordenhador que conversa com elas e que não faça movimentos agressivos com as mãos e com os braços e que seja hábil na interação com as mesmas através de estímulos táteis.

3.2. Liderança

Liderança refere-se à habilidade de um animal em influenciar o movimento de um grupo do qual ele é membro durante um deslocamento. Syme e Syme (1975) categorizaram a liderança em dois grupos: social (relacionado a movimento), ou espacial (proximidade entre indivíduos em uma área limitada). A motivação é o fator chave para determinação de um movimento individual livre dentro de um grupo. As causas de motivação, entretanto, podem ser tão variadas quanto o ambiente, como por exemplo, uma vaca movendo-se do sol em direção a sombra quando a temperatura começa a ficar desconfortável. A fome e a sede estimulam os animais a saírem a procura de alimento e água, a pressão do leite no interior da glândula mamária pode ser outro exemplo de motivação, fazendo com o animal se dirija à sala de ordenha. Vacas recém paridas de alta produção são freqüentemente vistas entrando na sala de ordenha à frente das vacas em final de lactação, ignorando o seu status social no grupo. Durante um movimento livre, vacas de média dominância ficam à frente a as vacas líderes vão ao meio, já as vacas subordinadas são encontradas no final do grupo (Arave & Albriht, 1981).

3.3. Dominância

A hierarquia social em um grupo é estabelecida na idade jovem e têm componentes de experiências prévias, herança, gênero, características físicas, medo e emocionais. Dominância vem sendo definida quando um animal inibe o comportamento de outro e a ordem de dominância em um grupo engloba todos os relacionamentos (Beilharz e Zeeb, 1982). Um encontro inicial de dois animais freqüentemente causa algum tipo de resposta. Se um animal for claramente maior, mais saudável, mais forte, e mais velho, a troca entre os dois pode ser apenas um simples gesto, podendo impor a submissão ou produção de espaço físico entre eles. O medo talvez contribua significativamente para o estabelecimento da dominância. A dominância é estabelecida em um novo grupo em média em uma semana, após algumas brigas e ameaças. E esta, é freqüentemente mantida por um simples gesto de ameaça. As brigas frontais representam 60% dos confrontos que ocorrem para formar o ranking em um rebanho, em seguida, aparecem brigas de cabeça-pescoço e de flanco ou lado.

Logo após misturar alguns animais nos grupos, pressupõe-se que ocorra diminuição na produção de leite, mas há muitos resultados contraditórios. Brakel e Leis, 1976, dizem que a redução é de 3% por um dia e Clark et. al (1977) e Collis et al. (1979) não obtiveram diferenças na produção de leite.

A redução ou não na produção de leite do grupo está relacionada com fatores como a facilidade ou não de acesso ao cocho de alimentação, por isso a grande variação nos resultados (Brakel e Leis, 1976).

Grupos pequenos, com menos de 100 animais, contribuem para estabilidade social, pois as vacas conseguem reconhecer as suas companheiras de grupo (Albright & Arave, 1997). Relacionamentos de dominância tendem a durar por longo período, persistindo em alguns casos por toda a vida do animal (mãe e filha, por exemplo).

3.4. Comportamento ingestivo

O consumo de alimentos é um fator de grande influência na produção de leite e pode alterar a condição corporal de uma vaca durante a lactação. Conseqüentemente, estratégias como alimentação em grupo, que pode alterar o comportamento alimentar e a IMS podem ter grande impacto na produção de leite, no bem estar animal, na saúde do rebanho e na lucratividade do sistema. O agrupamento indevido de animais pode causar perturbações, alterando o comportamento normal do animal. No geral, vacas leiteiras em confinamento gastam de 3 a 5 h/d se alimentando, sendo que fazem de 9 a 14 alimentações por dia. Gastam de 7 a 10h/d ruminando, aproximadamente 30 min/d bebendo água, 2 a 3 h/d sendo ordenhadas e requerem cerca de 10h/d para ócio (Grant e Albright, 2000). As decisões de manejo devem ser tomadas de maneira que não interfira a rotina diária dos animais.

Um bom agrupamento, além de diminuir as interações negativas entre os animais, facilita a formulação de ração pela homogeneidade do lote, melhorando o desempenho dos animais e diminuindo a excreção de nutrientes para o meio ambiente (Grant e Albright, 2000). Dado e Allen, 1994, concluíram que o comportamento alimentar de vacas mais velhas e de maiores produções era diferente de animais mais jovens e de menores produções. Vacas mais velhas comiam mais, faziam suas refeições mais rapidamente, ruminavam de maneira mais eficiente e bebiam mais água do que as vacas mais novas.

3.5. Grupos de animais – primíparas e multíparas

Segundo o NRC (2001), vacas primíparas (PP) consomem menos alimentos e de maneira diferente que vacas multíparas (MP), além disso, vacas PP geralmente são mais medrosas e se encontram em posição social inferior no rebanho. Por estes motivos, é bastante comum separar lotes de animais PP e MP.

Philips e Rind (2001) avaliaram os efeitos na produção de leite e no comportamento dos animais misturando ou não grupos de vacas multíparas e primíparas. Foram avaliados três grupos: um com 16 vacas multíparas, um com 16 vacas primíparas e outro com 8 vacas primíparas e 8 vacas multíparas. Os animais eram mantidos em sistema de pastejo rotacionado. A produção de leite na primeira semana foi 3% menor para o grupo com animais misturados e na sexta semana foi 1% menor que a dos grupos não misturados. A redução na produção de leite foi similar para as vacas multíparas e primíparas. No grupo misturado, todos os animais diminuíram o tempo pastejando e ficaram mais tempo parados, principalmente na primeira semana de experimento, porém, as vacas multíparas deste mesmo grupo aumentaram a taxa de bocado e tiveram mais interações de agressão com as demais vacas do que nos grupos separados. Os autores concluíram que ao misturar vacas primíparas e multíparas, há interferência no tempo de pastejo e no comportamento social do grupo, resultando com isso em queda de produção de leite.

Bach et al. (2006), avaliaram os resultados na produção de leite e no comportamento animal quando se misturava ou não animais PP e MP. Foram utilizados 2 grupos de animais, um exclusivo de PP, um com 30% de PP e 70% de MP. Os animais eram mantidos confinados, recebiam a mesma dieta basal e mais 3 kg de concentrado por dia no momento da ordenha. Não houve diferença de produção de leite e no consumo de matéria seca entre os animais PP dos dois lotes (25,5 kg/d e 18,1 kg/MS para PP sozinhas e 25,9 kg/d e 18, 7 kg/MS para as PP junto com lote de MP).

Tradicionalmente, vacas leiteiras são agrupadas em lotes que tenham de 40 a 100 animais (Albrigh, 1978). Grupos de até 100 animais teriam algumas vantagens como facilidade de locomoção dos animais, facilidade dos animais reconhecerem todo o grupo, facilidade para observar todos os animais e de formular a ração que atenda de maneira eficiente. Porém, segundo Grant e Albright, 2000, muitos fatores podem interferir no tamanho do grupo: 1) espaço de cocho, competição por água, alimento; 2) as interações sociais que existam no rebanho; 3) espaço disponível para os animais; 4) tamanho dos animais e idade; 5) condição corporal dos animais; 6) IMS; 7) presença ou não de sistemas de ventilação.

O tamanho máximo do grupo é ditado pelas características da ordenha, uma vaca não deve esperar mais do que 1h e 45 min para ser ordenhada, considerando de 2 a 3 ordenhas por dia (Grant e Albright, 2000). O tamanho do grupo deve ser no máximo 4,5 vezes o tamanho da ordenha. Por exemplo, para uma ordenha do tipo duplo 10, o grupo deverá ser de no máximo 90 animais (Smith et al. 2000, citado por Grant e Abright 2000).

4. Instalações de confinamento

4.1. Espaçamento de cocho

O espaço de cocho disponível pode variar em função do tamanho do lote, da quantidade e da disponibilidade de comida ao longo do dia. A tradicional medida de 0,60m de espaço entre as vacas permite que todas as vacas visitem o cocho ao mesmo tempo. Porém esta medida pode ser alterada quando se utiliza dietas totalmente misturadas

(TMR), com ótimo manejo dos cochos e a separação dos animais em grupos pequenos e homogêneos. De acordo com Grant e Albright, 2000, o espaçamento de 0,2 m de cocho por vaca seria o limite sem causar decréscimo no consumo de alimento. A Tabela 12 resume alguns dados de espaçamento e alterações no comportamento alimentar.

Tabela 12. Espaçamento de cocho e IMS de vacas em lactação[1].

Espaçamento	Efeito na IMS
<0,20m	Redução no tempo de alimentação e na IMS
0,20 a 0,51m	Aumento da competição com efeitos variáveis na IMS
0,51 a 0,61m	Sem efeito na IMS

[1] Dados sumarizados de Albright (1993), Friend e Polan (1974), Friend e al. (1977).

Fonte: adaptado de Grant e Albrihgt, 2000.

DeVries et al. 2004, compararam a atividade de alimentação e o número de agressões entre vacas leiteiras submetidas a dois espaçamentos de cocho, 1m e 0,5m. O aumento no espaçamento de cocho para 1m fez com que as agressões diminuíssem 57%, comparando com o espaçamento de 0,5m. A Tabela 13 apresenta os resultados de comportamento alimentar, os dados foram obtidos durante 7 dias seguidos. Como conseqüência, comparando os tratamentos com espaçamento de cocho de 1m com o de 0,5m, houve aumento o número de acessos ao cocho durante o período avaliado (atividade de alimentação), aumento no número total de refeições e no acesso ao cocho durante os primeiros 90 minutos após o fornecimento da ração.

Tabela 13. Medidas de comportamento alimentar com espaçamentos de cocho de 1m ou 0,5 m.

Variáveis	0,5m	1,0m	P
Atividade de alimentação	133,5	1520,9	<0,001
Total de refeições	279	307,6	<0,001
Atividade de alimentação (90 min pós fornecimento)	210,2	260,7	0,004

Fonte: adaptada de DeVries et al. 2004.

4.2. Baias

Produtores de leite são confrontados com uma série de recomendações relativas às dimensões adequadas para o *free-stall*. Por exemplo, recomendações gerais para o comprimento da cama variam entre 200 a 274 cm, e as recomendações para um espaço livre para a movimentação da cabeça do animal entre 40 e 60 cm (Faull et al., 1996; Bickert, 2000). Recomendações para largura geralmente são dadas em termos de tamanho dos animais. Recomendações comuns são cerca de duas vezes a largura da anca, que muitas vezes se traduz em cerca de 100 a 120 cm (Irish e Martin, 1983; McFarland e Gamroth, 1994; Bickert, 2000). Pouco se sabe sobre a variedade de tamanhos de *free-stalls* encontrada em fazendas na América do Norte e na Europa. Em levantamento feito em 37 fazendas no Reino Unido (Faull et al., 1996), verificou-se que 87% das baias mediam menos de 230 cm de comprimento e 50% tinham entre 115 e 122 cm de largura. A variação nas recomendações reflete a falta de resultados adequados sobre dimensões em *free-stalls* e seus efeitos sobre o comportamento da vaca (Tucker et al., 2004).

O tamanho e o design da baia e o tipo de material da cama são fatores muito importantes que determinam o conforto animal. Animais mantidos em baias com dimensões ideais conseguem entrar e sair das mesmas sem dificuldades, além de defecar fora da cama, ajudando a manter as baias limpas por mais tempo.

Há grande variação nas recomendações das dimensões das camas entre diferentes fontes. Em trabalho publicado na década de 80 (Curtis e Nimz, 1988) e usado com referência por Albright e Arave (1997) foram apresentadas as dimensões recomendadas para as baias de acordo com a idade e peso animal (Tabela 14).

Tabela 14. Dimensões recomendadas de baias para fêmeas leiteiras de acordo com o peso e com a idade.

Peso	idade (meses)	dimensões (cm)
118	4	61 x 122
182	6	69 x 122
236	8	76 x 137-152
327	12	86-91 x 152-168
377	16	91-107 x 168-198
454	20	99 x 183
500	24	107 x 98-213
545	26	114 x 208-213
636	48	122 x 213-218
727	60	122 x 229

Fonte: adaptado de Albright e Arave, 1997.

As dimensões apresentadas na Tabela 15 são menores que as adotadas em estudo mais recente (Nordlund e Cook, 2002) (Tabela 15). Tucker et al., 2004, realizaram dois estudos para avaliar o impacto do tamanho da baia do *free-stall* sobre a produção de leite e o comportamento das vacas quanto ao uso, preferência e limpeza dessas baias. No experimento 1 foram comparados duas larguras (112 ou 132 cm) e dois comprimentos das baias (229 e 274cm). Quando as vacas tinham acesso livre a qualquer uma das baias, não foi detectada preferência clara dos animais por tamanho de baia. Quando os animais foram restritos a uma baia com determinada dimensão, o número de horas deitadas foi maior nas baias mais largas que nas estreitas. No experimento 2, foram comparados baias com 3 diferentes larguras (106, 116 ou 126 cm). Em comparação com as baias de 106 cm, as vacas mantidas nas baias de 126 cm, permaneceram deitadas 42 minutos a mais por dia e permaneceram menos tempo (58 X 85 min/24h) em pé com as duas patas dianteiras na baia. Nas baias mais largas (126 cm) as vacas permaneceram mais tempo em pé com as 4 patas dentro da baia. Essas baias se apresentaram mais sujas com fezes do que as baias estreitas. A produção de leite não foi afetada pela largura da baia. Em conclusão, nas baias maiores, os animais passaram mais tempo deitados e menos tempo em pé com as duas patas dianteiras dentro da baia. Em contrapartida, essas baias ficaram mais sujas com fezes.

Tabela 15. Dimensões da cama de acordo com o peso dos animais.

Peso (kg)	Espaço ocupado pelo animal deitado (m)	Largura (m)	Comprimento total (m)	Altura do neck-rail (m)
181	1,09	0,74	1,45	0,81
272	1,22	0,84	1,65	0,89
362	1,32	0,91	1,85	0,94
453	1,45	1,02	2,06	1,02
544	1,55	1,12	2,29	1,09
634	1,68	1,19	2,49	1,14
725	1,78	1,30	2,69	1,22
815	1,91	1,37	2,90	1,30

Fonte: Nordlund e Cook, 2002.

O uso correto da cordoalha ou barra de contenção de pescoço (neck rail) é fundamental para manter a baia limpa e permitir que o animal deite e se levante corretamente da baia. Estes protetores não precisam ser móveis, porém devem ser instalados nos devidos lugares, pois se alocados muito na frente podem dificultar os movimentos de entrada e de saída dos animais e se colocado muito para trás perde a função de fazer com que o animal defeque fora da cama.

Um animal ao se levantar em uma cama com dimensões adequadas, transfere o peso para as pernas traseiras por um movimento para frente, usando os joelhos como ponto pivô (Figura 7). Em uma cama curta, maior quantidade de peso é levantada pelas pernas traseiras devido ao inadequado espaço para os movimentos, resultando em excesso de cama jogada para for da baia, buracos na cama e ferimentos na região dos jarretes dos animais. Costuma-se deixar 0,7m de cama para a região da cabeça do animal, e 168 cm ou mais de cama para restante do corpo do animal.

Na parte da frente das baias, pode-se utilizar placas de contenção do peito, as quais têm função de definir o espaço para o corpo da vaca e a desencoraja de mover-se muito a frente, invadindo a baia da frente.

Algumas observações são importantes para verificar se as dimensões do *free-stall* estão ou não adequadas:

- Vacas batendo nas divisórias ou contenção de pescoço quando deitam ou levantam, fazendo esforço para levantar.
- Vacas metade dentro metade fora das baias
- Vacas ou baias sujas
- Vacas deitadas nos corredores, preferindo a sujeira

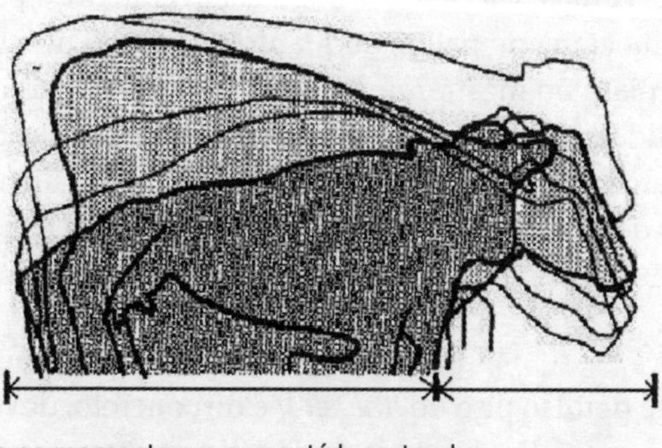

Figura 7. Vaca no momento em que está levantando.

Ao contar os animais que não estão comendo ou bebendo dentro do curral, deve-se obter a seguinte condição:

- 80% ou mais deves estar deitadas fazendo leite
- 5% ou menos devem estar de pé na baia
- Vacas devem se deitar dentro de 5 minutos da chegada na baia

4.3. Camas

O gado leiteiro permanece cerca de 8 a 16 h/dia deitada, tornando a qualidade da cama importante para os animais (Dechamps et al., 1989; Webster, 1994; Haley et al., 2000; 2001). A cama onde as vacas deitam afeta o conforto dos animais, a saúde dos cascos e a limpeza e saúde dos úberes (Tucker et al., 2003).

Os materiais utilizados nas camas devem ter algumas características como absorver a umidade do local, promover o amortecimento para o animal e prevenir a fricção. São exemplos de alguns materiais utilizados como cama: pó de serra, maravalha de madeira, casca de amendoim, casca de arroz, casca de amêndoas, jornais picados, feno, pedra moída, esterco sólido seco, areia, colchões e até mesmo concreto.

Camas de materiais inorgânicos possuem a vantagem de reduzir o crescimento bacteriano. A limpeza e reposição do material das camas devem ser diários. Para camas de areia se utiliza de 18 a 30 kg/baia/dia. Após a reposição da cama, esta deve ser nivelada com uma barra lateral no trator, mantendo inclinação de 1 -2%.

Norring et al (2008) estudaram dois tipos de cama, areia e palha. O tempo de permanência deitado, foi maior nas camas de palha que nas camas de areia (12,5 X 11,3 horas/dia). Durante o teste de preferência das camas, vacas acostumadas em camas de palha preferiram deitar na cama de palha, enquanto que vacas acostumadas em cama de areia, não mostraram preferência pelos tipos de cama. As vacas mantidas nas camas de palha ficaram mais sujas que as mantidas nas camas de areia. A incidência de lesões no jarrete foi menor com camas de areia do que com camas de palha e a saúde geral dos cascos também foi melhor com camas de areia.

4.4. Piso

De modo geral, o piso do *free-stall* é de concreto, devido algumas vantagens como a durabilidade, facilidade de obtenção, preço e facilidade de limpeza (Stefanowska et al., 2001). Porém, o uso de piso de concreto pode predispor a ocorrência de problemas de casco, prejudicar o desempenho reprodutivo dos animais, além de interferir negativamente no tempo de alimentação do animal (Wierenga, 1990).

O uso de materiais alternativos ao concreto seria para diminuir a ocorrência de problemas de casco dos animais e alterar o comportamento animal, como elevar o tempo que os animais permanecem em frente ao cocho ou aumentar o tamanho das passadas dos animais (Fregonesi et al. 2004). Os resultados a diminuição de problemas de casco substituindo o concreto por piso emborrachado são variados. Leonard et al. (1994) e Bergsten, (1994), relataram diminuição nos problemas de casco com o uso de piso de borracha substituindo o concreto. Já trabalhos de Vokey, 2001 e Bergsten e Frank, 1996, não encontraram diferenças no número de lesões no casco dos animais mantidos em pisos de concreto ou pisos emborrachados. Com relação ao comportamento animal, ainda são poucos trabalhos realizados.

Fregonesi et al. 2004 avaliaram o efeito do piso emborrachado em frente a linha de cocho no comportamento de vacas leiteiras. A largura emborrachada em frente ao cocho foi de 1,85m. Não foi observado diferença no tempo total desprendido com alimentação ao longo do dia. Houve um aumento no tempo que os animais permaneciam parados em frente ao cocho, porém sem estarem comendo, para tratamento com piso emborrachado (Tabela 16).

Tabela 16. Comportamento dos animais submetidos a dois tipos de pisos em frente ao cocho.

Comportamento	% tempo		Valor de P
	concreto	borracha	
Deitada na baia	54,3	52,5	0,02
2 patas na baia	6,4	5,8	ns
4 patas na baia	2,2	2,2	ns
Comendo	20,4	20,2	ns
Em frente ao cocho sem comer	4,8	5,5	0,01
De pé em outro local	9	11	0,01
Bebendo água	1,9	1,9	ns
Outros	0,9	0,9	ns

Fonte: Adaptado de Fregonesi et al., 2004.

Tucker et al. (2006) realizaram dois estudos onde avaliaram a preferência, o tempo de movimentação e o comportamento alimentar de vacas leiteiras em resposta ao tipo de piso em frente ao cocho de alimentação. No experimento 1, compararam plataformas preenchidas com serragem ou concreto na frente do cocho. No experimento 2, as vacas tiveram acesso ao piso de concreto ou de borracha, ambos em frente ao cocho de alimentação. De modo geral pisos macios em frente ao cocho estimularam permanência das vacas em frente ao cocho com maior consumo de matéria seca as vacas

4.5. Superlotação influenciando o conforto de vacas leiteiras

Vacas leiteiras estabuladas gastam cerca de 50 a 60% do seu tempo deitada e são motivadas a manter-se deitada por 12 a 13 h/d (Jensen et al., 2005; Munksgaard et al., 2005). Além disso, a função fisiológica e a saúde são prejudicadas quando os animais estão privados da possibilidade de se deitar. Vacas com restrições de acesso a deitar-se têm aumentos nas concentrações de cortisol, reduzindo as respostas aos desafios de ACTH (hormônio adrenocorticotrófico) e reduzem as concentrações de hormônio de crescimento circulante quando comparados com vacas livres para deitar. A saúde dos cascos e a locomoção são igualmente comprometidas quando as vacas leiteiras gastam menos tempo deitada (Fregonesi et al., 2007).

Alocar 20% a mais de vacas em relação ao número de baias disponíveis no *free-stall* tem sido prática adotada por diversos fazendeiros para melhorar o retorno sobre os investimentos (Bewley et al., 2001). Entretanto, há evidências que a superlotação do *free-stall* reduz tempo para os animais deitarem (Friend et al., 1977; Wierenga e Hopster, 1990), e aumentam as interações agressivas entre os animais. (Fregonesi e Leaver, 2002).

Fregonesi et al. (2007) avaliaram a influencia da superpopulação em *free*-stalls (Tabela 17). Os autores compararam a lotação de uma vaca por baia (100%), até 1,5 vacas por baia (150%).

De modo geral, o aumento da lotação acima de 100% (uma vaca/baia), reduziu o tempo que a vaca permaneceu deitada e aumentou o tempo em que ela permaneceu em pé fora da baia e o número de deslocamentos.

Tabela 17. Média do tempo gasto para a posição deitada, de pé com as pernas da frente na baia, em pé fora da baia, tempo que permanecem deitadas após a ordenha e o número de deslocamentos dentro do *free-stalls*.

	Lotação (vaca/baia)					
Variáveis	**100%**	**109%**	**120%**	**133%**	**150%**	**P≤[1]**
Deitada (h/24h)	12.9	12.1	12.0	11.5	11.2	0.001
Pernas da frente na baia (h/24h)	1.4	1.4	1.4	1.4	1.5	0.722
Em pé fora da baia (h/24h)	8.4	8.9	9.1	9.6	9.9	0.004
Tempo deitada pós ordenha(min)	39	34	38	28	26	0.025
Número de deslocamentos (nº/5h)	0.7	0.9	1.6	2.1	1.9	0.001

[1] os valores são indicados para o efeito linear de tratamento.

Fonte: adaptado de Fregonesi et al., 2007.

6. Referências

ALBRIGHT, J. L. Social considerations in grouping cows. In: Wilcox, C.J.; Van Horn, H.H. **Large Dairy Herd Management**. Ed. University Press of Florida, Gainesville, p.757-779, 1978.

ALBRIGHT, J. L., ARAVE, C.W. The Behaviour of Cattle. CAB International, Cambridge, UK, 1997.

ARAVE, C.W.; ALBRIGHT, J.L. Cattle Behavior. **Journal of Dairy Science**, v.64, p.1318-1329, 1981.

ANDERSSON, B.E.; JÓNASSON, H. Regulação da temperatura e fisiologia ambiental. In: SWENSON, M.J. (Ed.) **Dukes – fisiologia dos animais domésticos**. 11.ed. Rio de Janeiro: Guanabara Koogan, 1996. p.805-841.

ARMSTRONG, D.V. Heat stress interaction with shade and cooling. **Journal of Dairy Science,** v.77, p.2044-2050, 1994.

BACCARI JUNIOR, F. Adaptação de sistemas de manejo na produção de leite em climas quentes. In: SIMPÓSIO BRASILEIRO DE AMBIÊNCIA NA PRODUÇÃO DE LEITE, Piracicaba, 1998. **Anais...** Piracicaba: FEALQ, 1998, p.24-67.

BACCARI JUNIOR, F. **Manejo ambiental da vaca leiteira em climas quentes.** Londrina:UEL, 2001. 142p

BACH, A.; IGLESIAS, C.; DEVANT, M.; Ràfols, N. Performance and Feeding Behavior of Primiparous Cows Loose Housed Alone or Together with Multiparous Cows. **Journal of Dairy Science**, v.89, p.337–342, 2006.

BAÊTA, F. C.; SOUZA, C. de F. Ambiência em Edificações Rurais – Conforto Animal. Viçosa: UFV. 1997. 246p.

BEILHARZ, R.G.; ZEEB, K. Social dominance in dairy cattle. **Applied Animal Ethology**, v.8, p.79–97, 1982.

BERGSTEN, C. Hemorrhages of the sole horn of dairy cows as a retrospective indicator of laminitis: An epidemiological study. **Acta Veterinaria Scandinavica**, v.35, p.55–56, 1994.

BERGSTEN, C., FRANK, B. Sole haemorrhages in tied primiparous cows as an indicator of periparturient laminitis: Effects of flooring and season. **Acta Veterinaria Scandinavica**, v.37, p.383–394, 1996.

BERMAN, A.; FOLMAN, Y. M.; KAIM, M.; et al. Upper critical temperature and forced ventilation effects of high yielding dairy cows in a tropical climate. **Journal of Dairy Science**, v.67, p. 488-495, 1985.

BEWLEY, J.; PALMER, R.W.; JACKSON-SMITH, D.B. A comparison of free-stall barns used by modernized Wisconsin dairies. **Journal of Dairy Science**, v.84, p.528–541, 2001.

BICKERT, W.G. Freestall design. In:Dairy Housing and Equipment Systems: Managing and Planning for Profitability. National Research of Agricultural Engineering Service, **Proceedings...** Ithaca, NY, p.205–213, 2000.

BRAKEL, W.J.; LEIS, R.A. Impact of Social Disorganization on Behavior, Milk Yield, and Body Weight of Dairy Cows. **Journal of Dairy Science**, v.59, p.716-721, 1976.

BRAY, D. R., BEEDE, D. K.; BUCKLIN, R.A.; HAHN, G.L. Cooling, Shade and Sprinkling. In: Van Horn, H.H.; Wilcox, C.J. **Large Dairy Herd Management**, American Dairy Science Association. Ed. Champaign, IL, p 655-663, 1992.

BROUK, M.J.; SMITH, J.F.; HARNER III, J.P. Efficiency of modified evaporative cooling in Midwest dairy freestall barn In: INTERNATIONAL LIVESTOCK ENVIRONMET SYMPOSIUM, 6., 2001, Louisville. ***Proceedings***... Louisville: ASAE, 2001a.1 CD-ROM.

BUCKLIN, R.A.; BEEDE, D.K; BRAY, E.R. Methods to relieve heat stress for dairy cows in hot, humid climates. **Applied Engeenier Agricultural**., v.7, p.241, 1991.

BUCKLIN, R.A.; BRAY,D.R. The american experience in dairy management warm and hot climates. In: SIMPÓSIO BRASILEIRO DE AMBIÊNCIA NA PRODUÇÃO DE LEITE, Piracicaba 1998. **Anais.** Piracicaba: FEALQ, 1998. p.156-174.

CAMARGO, A. C. Comportamento de vacas da raça holandesa em um confinamento do tipo *"freestall"*, no Brasil Central. Piracicaba, 1988. 146p. Dissertação (Mestrado) - Escola Superior de Agricultura "Luiz de Queiroz", Universidade de São Paulo. 40

CAMPOS A. T. A importância da água para o gado de leite. Embrapa Gado de Leite.2000. Disponível em: http://www.sbz.org.br. Acesso em 20 de jun. de 2008.

CHAMBERS, B.J.; WILLIAMS, J.R.; COOKE, S.D.; KAY, R.M.; CHADWICK, D.R.; BALSDON, S.L. Ammonia losses from contrasting cattle and pig manure management systems. In: McTAGGART, I.; GAIRNS, L. Agriculture, Waste and the Environment. **Scottish Agricultural College**. Edinburgh, UK, p.19–25, 2003.

CHANTIGNY, M.H.; ROCHETTE, P.; ANGERS, D.A. Short-term C and N dynamics in a soil amended with pig slurry and barley straw: A field experiment. **Canadian Journal of Soil Science**, v.81, p.131–137, 2001.

CHASTAIN, J.P.; TURNER, L.W. Practical results of a model of direct evaporative cooling of dairy cows. In: INTERNATIONAL DAIRY HOUSING CONFERENCE, 3, Orlando, 1994. **Proceedings...** Orlando: ASAE, 1994. p.337-352.

CLARK, P.W.; RICKETTS, R.E.; KRAUSE, G.F. Effect on Milk Yield of Moving Cows from Group to Group. **Journal of Dairy Science**, v.60, p.769-772, 1977.

COLLIER, R.J., DOELGER, S.G., HEAD, H.H. et al. Effects of heat stress during pregnancy on maternal hormone concentrations, calf birth weight and postpartum milk yield of Holstein cows. **Journal of Animal Science**, v.54, p.309-319, 1982

COLLIS, P.W.; KAY, S.J.; GRANT, A.J.; Quick, A.J. The effect on social organization and milk production of minor group alterations in dairy cattle. **Applied Animal Ethology**, v.4, p.61–70, 1979.

CUNNINGHAN, J.G. **Tratado de fisiologia veterinária**. Rio de Janeiro: Guanabara Koogan. 2004. 528p.

DADO, R.G.; ALLEN, M.S. Variation in and relationships among feeding, chewing, and drinking variables for lactating dairy cows. **Journal of Dairy Science**, v.77, p.132-144, 1994.

DE PALO, P.; TATEO, A.; ZEZZA, F.; CORRENTE, M.; CENTODUCATI, P. Influence of Free-Stall Flooring on Comfort and Hygiene of Dairy Cows During Warm Climatic Conditions. **Journal of Dairy Science**, v.89, p.4583–4595, 2006.

DECHAMPS, P.; NICKS, B.; CANART, B.; GIELEN, M.; ISTASSE, L. A note on resting behaviour of cows before and after calving in two different housing systems. **Applied Animal Behavior Science**, v.23, p.99–105, 1989.

DeVRIES, T.J., VON KEYSERLINGK, M.A.G.; WEARY, D.M. Effect of feeding space on the inter-cow distance, aggression, and feeding behavior of free-stall housed Holstein dairy cows. **Journal of Dairy Science**, v.87, p.1432–1438, 2004

FAULL, W.B.; HUGHES, J.W. ; CLARKSON, M.J.; DOWNHAM, D.Y.; MANSON, F.J.; MERRITT, J.B.; MURRAY, R.D.; RUSSELL, W.B.; SUTHERST, J.E.; WARD, W.R. Epidemiology of lameness in dairy cattle: Influence of cubicles and indoor and outdoor walking surfaces. **Veterinary Record.**, v.139, p.130–136, 1996.

FREGONESI, J.A., LEAVER, J.D. Influence of space allowance and milk yield level on behaviour, performance and health of dairy cows housed in strawyard and cubicle systems. **Livestock Production Science**, v.78, p.245–257, 2002.

FREGONESI, J.A., TUCKER, C.B.; WEARY, D.M.; FLOWER, F.C.; VITTIE, T. Effect of rubber flooring in front of the feed bunk on the time budgets of dairy cattle. **Journal of Dairy Science**, v.87, p.1203–1207, 2004.

FREGONESI, J.A.; TUCKER, C.B.; WEARY, D.M. Overstocking Reduces Lying Time in Dairy Cows. **Journal of Dairy Science**, v.90, p.3349–3354, 2007.

FRIEND, T.H.; POLAN, C.E.; McGILLIARD, M.L. Free stall and feed bunk requirements relative to behavior, production and individual feed intake in dairy cows. **Journal of Dairy Science**, v.60, p.108–116, 1977.

FUQUAY, J.W. Heat stress and it affects animal production. **Livestock Environment,** v.2, p.1133-1137, 1997.

GRANT, R.J., ALBRIGHT, J.L. Feeding behaviour. In: D'Mello, J.P.F. Farm Animal Metabolism and Nutrition, ed. CABI Publishing. Wallingford, Oxon, UK, p.365-382, 2000.

HAHN, G. L. Bioclimatologia e instalações zootécnicas: aspectos teóricos e aplicados. In: WORKSHOP BRASILEIRO DE BIOCLIMATOLOGIA ANIMAL, 2., Jaboticabal, 1993. **Boletim H148b**. Jaboticabal: FUNEP, 1993.p.132-146.

HALEY, D.B., RUSHEN, J; De PASSILLÉ, A.M. Behavioural indicators of cow-comfort: Activity and resting behaviour of dairy cows in two types of housing. **Canadian Journal of Animal Science**, v.80, p.257–263, 2000.

HALEY, D.B., De PASSILLÉ, A.M.; RUSHEN, J. Assessing cow comfort: Effects of two floor types and two tie stall designs on the behaviour of lactating dairy cows. **Applied Animal Behavior Science**, v.71, p.105–117, 2001.

HEAD, H.H. The strategic use of the physiologic potential of the dairy cows. In: SIMPÓSIO DE LEITE NOS TRÓPICOS: NOVAS ESTRATÉGIAS DE PRODUÇÃO, Botucatu, 1989. **Anais...** Botucatu: UNESP, p.38-89, 1989.

HEAD, H.H. Management of dairy cattle in tropical and subtropical environments. In: CONGRESSO BRASILEIRO DE BIOMETEOROLOGIA, 1., Jaboticabal, 1995. **Anais...** Jaboticabal: Sociedade Brasileira de Biometereologia, p.26-68. 1995.

HILLMAN, P.E.; GEBREMEDHIN, K.G.; PARKHRST, A. Evaporative and convective cooling of cows in a hot and humid environment. In: INTERNATIONAL LIVESTOCK ENVIRONMET SYMPOSIUM, 6., 2001, Louisville. ***Proceedings***... Louisville: ASAE, 2001. 1 CD-ROM

HUBER, J.T. Alimentação de vacas de alta produção sob condições de estresse térmico. In: SIMPÓSIO SOBRE BOVINOCULTURA LEITEIRA. Piracicaba: FEALQ., 1990. p.33-48. 41

IRISH, W.W.; MARTIN, R.O. Design considerations for free stalls.In: Dairy Housing II, National Dairy Housing Conference American Society of Agricultural Engineering, **Proceedings...** St. Joseph, MI, p.108-121, 1983

JENSEN, M.B.; PEDERSEN, L.J.; MUNKSGAARD, L. The effect of reward duration on demand functions for rest in dairy heifers and lying requirements as measured by demand functions. **Applied Animal Behavior Science**, v.90, p.207–217, 2005.

JOHNSON, H.D.; RAGSDALE, A.C.; BERRY, I.L. Effects of various temperature-humidity condinations on milk production of Holstein cattle. Columbia:Missouri Agricultural Experimental Station, 1962. (Research Bulletin, 791)

JOHNSON, H.D. Environmental management of cattle to minimize the stress of climatic change. **International Journal Biometeorology**, v.24, p.65-78, 1980.

LEONARD, F.C., O'CONNELL, J.; O'FARRELL, K. Effect of different housing conditions on behavior and foot lesions in Friesian heifers. **Veterinary Record**. 134:490–494, 1994.

MACHADO, P.F. Efeito da Temperatura sobre a produção, Reprodução e Sanidade de Bovinos Leiteiros. In: SIMPÓSIO BRASILEIRO DE AMBIÊNCIA NA PRODUÇÃO DE LEITE, Piracicaba, 1998. **Anais**. Piracicaba: FEALQ, 1998.

MATARAZZO, S.V. Eficiência do sistema de resfriamento adiabático evaporativo em confinamento do tipo *free-stall* para vacas em lactação. Piracicaba, Esalq, 2007. Tese (Doutorado) – Departamento de Engenharia Rural, Universidade de São Paulo.

MATARAZZO, S.V.; DA SILVA, I.J.O.; PERISSINOTTO, M.; FERNANDES, S.A.A. Intermitência do sistema de resfriamento adiabático evaporativo por aspersão em instalação para vacas em lactação **Engenharia Agrícola**, Jaboticabal, v.26, n.3, p.654-662, 2006.

McDOWELL, R.E. **Improvement of livestock production in warm climate**. San Francisco: W. H. Freeman, 1972. 436p.

McDOWELL, R.E., HOOVEN, N.W., CAMOENS, J.K. Effects of climate on performance of Holsteins in first lactation. **Journal of Dairy Science**, v.54, p.391-402, 1976.

McFARLAND, D.F., GAMROTH, M.J. Freestall designs with cow comfort in mind.In: Dairy Systems for the 21st Century, 3rd International Dairy Housing Conference R. Bucklin American Society of Agricultural Engineering, **Proceedings...** St. Joseph, MI, p.145-158, 1994.

MISSELBROOK, T.H.; POWELL, J.M. Influence of Bedding Material on Ammonia Emissions from Cattle Excreta. **Journal of Dairy Science**, v.88, p.4304–4312, 2005

MOBERG, G.P. A model for assessing the impact of behavioral stress of domestic animals. **Journal of Animal Science**, v.65, p. 1228-1265, 1987.

MONTOYA, L.J.; MEDRADO, M.J.S.; MASCHIO, L.M.A. Aspectos de arborização de pastagens e de viabilidade técnica-econômica da alternativa silvipastoril. Documentos EMBRAPA/CNPF, Colombo, v. 26, p.157-171. 1994.

MULLER, C.J.C.; BOTHA, J.A.; SMITH, W.A. Effects of shade on various parameters of Friesian cows in a Mediterranean climate in South Africa. 3. Behavior. South África **Journal of Animal Science**, v.24, p.61-66, 1994.

MUNKSGAARD, L.; JENSEN, M.B.; PEDERSEN, L.J.; HANSEN, S.W.; MATTHEWS, L. Quantifying behavioural priorities - Effects of time constraints on behaviour of dairy cows, *Bos taurus*. **Applied Animal Behavior Science**, v.92, p.3–14, 2005.

NÄÄS, I.A. **Princípios de conforto térmico na produção animal**. Editora ícone, 1989.

NATIONAL RESEARCH COUNCIL. In: 6th Revised Edition Update.Nutrient Requirements of Dairy Cattle. National Academy Press, Washington, DC, 1989.

NATIONAL RESEARCH COUNCIL. In: 7th Revised Edition of Nutrient Requirements of Dairy Cattle. National Academy Press, Washington, DC, 2001.

NORRING, M.; MANNINEN, E.; De PASSILLÉ, A.M.; RUSHEN, J.; MUNKSGAARD, L.; SALONIEMI, H. Effects of Sand and Straw Bedding on the Lying Behavior, Cleanliness, and Hoof and Hock Injuries of Dairy Cows. **Journal of Dairy Science**, v.91, p.570–576, 2008.

PENATI, M.A., CORSI, M. Condições técnicas para localização e instalação da Exploração Leiteira. In: Planejamento da Exploração Leiteira. FEALQ – Piracicaba, p 7- 53, 1998.

PERERA, K.S.; GWAZDAUSKAS, F.C.; PEARSON, R.E. et al. Effect of season and stage of lactation on performance of Holstein. **Journal of Dairy Science,** v.69, p. 28-236, 1986.

PERISSINOTTO, M.; MOURA, D.J.; SILVA, I.J.O.; MATARAZZO, S.V. Influence of the ambient conditions on water intake by dairy cows. **Revista Brasileira de Engenharia Agrícola e Ambiental,** v.9, p.289-294, 2005.

PERISSINOTTO, M.; MOURA, D.J.; MATARAZZO, S.V.; Mendes, A.S.; NAAS, I.A. Behavior of Dairy Cows Housed in Environmentally Controlled

Freestall. Agricultural Engineering International:**the CIGR Ejournal**., v. VIII, p. 1-11, 2006.

PHILLIPS, C.J.C; RIND, M.I. The Effects on Production and Behavior of Mixing Uniparous and Multiparous Cows. **Journal of Dairy Science**, v.84, p.2424–2429, 2001.

PIRES, M.F.A. Reflexo do estresse térmico no comportamento das vacas em lactação. In: SIMPÓSIO BRASILEIRO DE AMBIÊNCIA NA PRODUÇÃO DE LEITE, 1, Piracicaba, 1998. **Anais...** Piracicaba: FEALQ, p.68-102, 1998.

PIRES, M.F.A.; VILELA, D.; VERNEQUE, R.S.; TEODORO, R.L. Reflexo do estresse térmico no comportamento das vacas em lactação. In: SIMPÓSIO BRASILEIRO DE AMBIÊNCIA NA PRODUÇÃO DE LEITE, 1, Piracicaba, 1998b. **Anais...** Piracicaba: FEALQ, p.68-102, 1998b.

RENDOS, J.J.; EBERHART, R.J.; KESLER, E.M. Microbial Populations of Teat Ends of Dairy Cows, and Bedding Materials. **Journal of Dairy Science**, v.58, p.1492-1500, 1975.

RICHARDS, J.L. Mik production of Friesan cows subjected to high daytime temperatures when allowed food either as lib or at night time only. **Tropical animal Health Production,** Edinburgh, v.17, p.141-152, 1985.

RODRIGUEZ, L.A.; MCKONNEN, G.; WILCOX, C.J. et al. Effects of relative humidity, maximum and minimum temperature, pregnancy, and stage of lactation on milk production and yield. **Journal of Dairy Science,** v. 68, p. 973-978, 1985.

ROSSAROLA, G. Comportamento de vacas leiteiras da raça holandesa, em pastagem de milheto com e sem sombra. Santa Maria, UFSM, 2007. 46p. Dissertação (Mestrado) – Centro de Ciências Rurais, Universidade Federal de Santa Maria.

SCHNEIDER, P.L., D.K. BEEDE, C.J. WILCOX, AND R.J. COLLIER. Influence of dietary sodium and potassium bicarbonate and total potassium on heat-stressed lactating dairy cows. **Journal of Dairy Science,** v.67, p.2546-2553. 1984.

SHARMA, A.K.; RODRIGUEZ, L.A.; MEKONNEN, G. et al. Climatological and genetic effects on milk composition and production. **Journal of Dairy Science**, v.66, p.119-126, 1983.

SHEARER, J.K., BEEDE, D.K. Thermoregulation and physiological responses of dairy cattle in hot weather**. Agri-Practice**, v.11, p.5–17, 1990.

SILVA, I.J.O. Climatização das instalações para bovino leiteiro. In: SIMPÓSIO BRASILEIRO DE AMBIÊNCIA NA PRODUÇÃO DE LEITE, Piracicaba, 1998. **Anais...** Piracicaba: FEALQ, 1998. p.114-145.

STEFANOWSKA, J.; SWIERSTRA, D.; BRAAM, C.R.; HENDRIKS, M.M.W.B. Cow behaviour on a new grooved floor in comparison with a slatted floor, taking claw health and floor properties into account. **Applied Animal Behavior Science**, v.71, p.87–103, 2001.

SYME G.J.; SYME L.A. The concept of spatial leadership in farm animals: an experiment with sheep. **Animal Behavior**, v.23, p.921-925, 1975.

TOM, E.C. The discomfort index. **Weatherwise**, v.12, p.57-59, 1959.

Tucker, C.B.; Weary, D.M. Bedding on geotextile mattresses: How much is needed to improve cow comfort? **Journal of Dairy Science**, v.87, p.2889–2895, 2004.

TUCKER, C.B.; WEARY, D.M.; FRASER, D. Free-stall dimensions: Effects on preference and stall usage. **Journal of Dairy Science**, v.87, p.1208–1216, 2004.

TUCKER, C.B.; WEARY, D.M.; De PASSILLÉ, A.M.; CAMPBELL, B.; RUSHEN, J. Flooring in Front of the Feed Bunk Affects Feeding Behavior and Use of Freestalls by Dairy Cows **Journal of Dairy Science**, v.89, p.2065–2071, 2006.

TUCKER, C.B.; WEARY, D.M.; FRASER, D. Free-Stall Dimensions: Effects on Preference and Stall Usage. **Journal of Dairy Science**, v.87, p.1208–1216, 2004.

TUCKER, C.B; WEARY, D.M.; FRASER, D. Effects of Three Types of Free-Stall Surfaces on Preferences and Stall Usage by Dairy Cows. **Journal of Dairy Science**, v.86, p. 521–529, 2003.

VOKEY, F.J.; GUARD, C.L.; ERB, H.N.; GALTON, D.M. Effects of Alley and Stall Surfaces on Indices of Claw and Leg Health in Dairy Cattle Housed in a Free-Stall Barn. **Journal of Dairy Science**, v.84, p.2686-2699, 2001.

WALDIGE. V. Avaliação do sombreamento proporcionado por alguns tipos de árvores em pastagens. Jaboticabal: UNESP. 1994. p.30.

WEBSTER, J. Comfort and injury. In: Wathes, C.M.; Charles, D.R. Livestock Housing. **CAB International**. Wallingford, UK, p.49–68, 1994.

WEST, J.W. Nutritional Strategies for Managing the Heat-Stressed Dairy Cow1 **J. Anim. Sci.** Vol. 77, Suppl. 2/J. Dairy Sci. Vol. 82, Suppl. 2/1999 disponível em http://www.asas.org/JAS/papers/1999/am/am003.pdf acesso em 27/06/2008

WIERENGA, H.K.; HOPSTER, H. The significance of cubicles for the behaviour of dairy cows. **Applied Animal Behavior Science**, v.26, p.309–337, 1990.

YOUSEF, M.K.; JOHNSON, H.D. Endocrine system and thermal environment. In:YOUSEF, M. K. **Stress physiology in livestock**. Boca Raton:CRC Press, 1985, v.1, p.133-142.

Função reprodutiva da vaca de alta produção leiteira

Roberto Sartori[1]

1. Introdução

Vacas de elevada produção leiteira têm apresentado um aumento gradativo em problemas reprodutivos ao longo dos anos, aparentemente devido a causas multifatoriais (Lucy et al., 2001). Uma dessas causas, e talvez a mais relevante, seja o próprio aumento na produção de leite associado ao aumento no consumo de alimento. Diversos trabalhos têm demonstrado uma correlação negativa entre o aumento da produção de leite e a eficiência reprodutiva em vacas leiteiras (Royal et al., 2000; Lucy, 2001; Washburn et al., 2002). Por exemplo, as taxas de concepção (TC) em vacas lactantes apresentavam-se acima de 50% nos anos 40 e 50 (Barret & Casida, 1946; Ca-

1 Embrapa Recursos Genéticos e Biotecnologia, Brasília, DF, Brasil; E-mail: sartori@cenargen.embrapa.br

sida, 1961; Mares et al., 1961), aproximadamente 50% nos anos 70 (Macmillan & Watson, 1975; Spalding et al., 1975; Washburn et al., 2002) e 40% nos anos 90 (Butler, 1998; Pursley et al., 1997; Schmitt et al., 1996; Washburn et al., 2002). Atualmente, a TC relatada tem sido abaixo de 40% (Negrão et al., 2002; López-Gatius, 2003; Vasconcelos et al., 2006; Sartori et al., 2006). Associado à baixa TC em vacas com maior produção leiteira, observou-se um aumento nos problemas reprodutivos tais como cistos ovarianos (Jordan & Fourdraine, 1993; Garverick, 1997; López-Gatius et al., 2002; Wiltbank et al., 2002), ovulação pós-parto atrasada (Nakao et al., 1992; Lamming & Darwash, 1998; Royal et al., 2000), duração e/ou intensidade de estro reduzidos (Nebel et al., 1997; Dransfield et al., 1998; Lopez et al., 2004), ou gemelaridade (Nielen et al., 1989; Kinsel et al., 1998). Outra evidência da inter-relação entre nível de produção de leite e subfertilidade está no fato de que, ao longo dos anos, a TC em novilhas nulíparas não se alterou, permanecendo entre 60 e 70% (Foote, 1975; Spalding et al., 1975; Pursley et al., 1997; Xu & Burton, 1999), apesar de terem genótipo similar ao das vacas e serem inseminadas com o mesmo sêmen e pelos mesmos técnicos nas fazendas.

Esta revisão discorre sobre alguns aspectos da fisiologia reprodutiva da vaca de alta produção e discute diferenças nas funções ovarianas, uterinas e metabólicas entre as vacas de alta produção e fêmeas de menor ou nenhuma produção leiteira.

2. Primeira ovulação pós-parto

O uso de ultra-sonografia e dosagens hormonais permitiu compreender melhor a função ovariana durante o período entre o parto e a primeira ovulação. Após o parto, ocorre um pico de FSH circulante na primeira semana (Ginther et al., 1996), provavelmente resultante da redução nos níveis de estradiol (E2). Em seguida, ocorre a primeira onda folicular entre quatro e 12 dias pós-parto (Savio et al., 1990a; Ginther et al., 1996; Haughian et al., 2002). Algumas vacas ovulam essa primeira onda folicular, mas de maneira geral a primeira ovulação é adiada em muitas das vacas leiteiras em lactação e o tempo decorrido até a primeira ovulação é em média de 33 dias em vacas holandesas nos EUA (compilação de 10 estudos; relatada por Ferguson, 1996). A primeira ovulação pós-parto geralmente ocorre na ausência (cio silencioso) ou com uma discreta manifestação de estro. De fato, Lopez et al. (2004) utilizando o sistema de radiotelemetria HeatWatch (DDx Denver, CO) observaram que apenas 12% das vacas tiveram duas ou mais aceitações de monta durante o estro que precedeu esta primeira ovulação. Além disso, entre 11 e 54% das vacas apresentam ciclo estral curto (< 16 dias) após esta primeira ovulação pós-parto (Stevenson & Britt, 1979; Hinshelwood et al., 1982; Savio et al., 1990b; Staples et al., 1990; Royal et al., 2000). Ainda em relação à ovulação, vacas leiteiras mantidas a pasto apresentaram, em média, 4 ondas de crescimento folicular antes da primeira ovulação, com aumento do diâmetro máximo do maior folículo à medida que se aproximava a primeira ovulação (McDougall et al., 1995). Este atraso na primeira ovulação é geralmente atribuído ao período de balanço energético negativo durante o início da lactação e redução dos pulsos de LH necessários para estimular os estágios finais do crescimento folicular e produção de E2 (Beam & Butler, 1997; Lamming & Darwash, 1998; Staples et al., 1990; Roche et al., 2000; Butler, 2001). Embora o atraso na primeira ovulação esteja associado a balanço energético negativo durante o início da lactação, não está claramente associado ao nível de produção de leite. Vacas selecionadas para alta produção de leite, comparadas a linhagens controle (menor mérito genético para rendimento leiteiro), apresentam intervalo mais longo até a primeira ovulação pós-parto (+14 dias [revisão de Lucy, 2001]; +8 dias [Gong et al., 2002]) e até o primeiro estro detectado pós-parto (+4,5 dias, [Hageman et al., 1991]). Entretanto, um estudo recente não detectou correlação entre o nível de produção de leite e a porcentagem de vacas anovulatórias (sem terem ovulado no período pós-parto) aos 71 dias em lactação (Lopez et al., 2005). Nesse estudo, 25% das vacas apresentavam-se anovulatórias entre 50 e 71 dias pós-parto, independentemente do nível de produção (25 a 60 kg leite/dia e). A taxa bastante alta de vacas anovulatórias deste estudo não é inconsistente com outros estudos recentes (Moreira et al., 2001; Gümen et al., 2003; Santos et al., 2004). Infelizmente, estes estudos não relataram nenhuma relação potencial entre o nível de produção de leite e anovulação. Erb (1984) revisou quatro estudos norte-americanos em que foram comparados os níveis de produção de leite ou potencial genético para produção de leite entre vacas ovulatórias e anovulatórias. O autor concluiu que alta produção de leite não causa anovulação em vacas leiteiras holandesas, mas vacas anovulatórias produziam mais leite que as demais companheiras de rebanho.

Diversos estudos têm relatado uma alta porcentagem de vacas leiteiras "modernas" em que a primeira ovulação somente ocorreu após 42 dias em lactação. Esta alteração reprodutiva foi denominada ovulação atrasada tipo I (OvA-I). Estudos no Japão (Nakao et al., 1992) observaram incidências entre 23 e 25% de OvA-I aos 50 dias pós-parto tanto em rebanhos de alta quanto media produção leiteira. Um estudo nos Estados Unidos com 266 vacas de alta produção detectou uma incidência de 51% de OvA-I aos 42 dias, 44% aos 50 dias, e 16% aos 100 dias pós-parto (Lopez et al., não publicado). Menores incidências de OvA-I foram observadas em vacas na Inglaterra (8 a 11%; Darwash & Lamming, 1995; Lamming & Darwash, 1998) e em estudos dos anos 60 e 70 (< 6%; Morrow et al., 1966; Bulman & Lamming, 1978). O atraso da primeira ovulação pós-parto está relacionado a efeitos adversos na eficiência reprodutiva subseqüente da vaca. Alguns pesquisadores sugerem que um retorno mais cedo à ciclicidade seja benéfico ao desempenho reprodutivo (Stevenson et al., 1983; Staples et al., 1990; Senatore et al., 1996; Darwash et al., 1997). A justificativa seria devido ao aumento no número de ciclos estrais antes da inseminação artificial (IA) estar associado à maior TC na primeira IA (Thatcher & Wilcox, 1973). Em contraste, outros estudos relataram queda na eficiência reprodutiva em vacas com atividade luteal mais cedo no período pós-parto (Ball & McEwan, 1998; Smith & Wallace, 1998), ou nenhuma relação evidente entre o momento da ovulação pós-parto e fertilidade (Kruip et al., 1998; Royal et al., 2000). Uma explicação para o efeito negativo da ovulação mais cedo no pós-parto na fertilidade seria uma possível associação entre atividade luteal precoce e involução uterina retardada (Smith & Wallace, 1998). Além disso, uma alta incidência de corpo lúteo (CL) persistente, que geralmente está associado a infecção uterina, foi observada em vacas com atividade luteal mais precoce (Ball & McEwan, 1998; Smith & Wallace, 1998). Vacas com CL persistente têm menor eficiência reprodutiva (Lamming & Darwash, 1998).

3. Função reprodutiva durante o ciclo estral de vacas e novilhas

Agrupando resultados de diversos trabalhos científicos que avaliaram função ovariana em novilhas holandesas (Sirois & Fortune, 1988; Ginther et al., 1989; Knopf et al., 1989; Ko et al., 1991; Lucy et al., 1994; Wilson et al., 1998a; Ronchi et al., 2001), e vacas holandesas lactantes (Savio et al., 1990b; Schemm et al., 1990; Taylor & Rajamahendran, 1991; Pursley et al., 1993; Kirby et al., 1997; Trout et al., 1998; Roth et al., 2000; Townson et al., 2002), um total de 230 ciclos de 224 vacas e 104 ciclos de 97 novilhas foi obtido. A média do intervalo interovulatório (ou duração do ciclo estral) nas vacas lactantes foi de 23,0 dias e nas novilhas de 20,8 dias. Este intervalo interovulatório relatado na literatura é, de fato, geralmente mais longo em vacas do que em novilhas. Interessantemente, a duração do ciclo estral nas vacas lactantes tem sido consistemente mais longo do que os conceituados 21 dias. Nos estudos citados acima, o momento da luteólise durante um ciclo estral típico ocorreu entre os dias 14 e 19 em novilhas e entre os dias 16 e 24 nas vacas. Quando vacas lactantes de alto e baixo mérito genético para produção de leite foram comparadas (Lucy et al., 1998) observou-se que a luteólise ocorreu um pouco mais tardiamente nas vacas com alto mérito genético. Alguns pesquisadores relataram que vacas lactantes desenvolveram folículos dominantes/ovulatórios maiores, porém tiveram concentrações séricas de E2 mais baixas quando comparadas a novilhas nulíparas (Ahmad et al., 1996; Wolfenson et al., 2004) ou a vacas não lactantes (De La Sota et al., 1993). As razões para menores concentrações de E2 circulante em vacas lactantes estão provavelmente relacionadas a uma menor produção pelos folículos ou maior metabolismo deste homônio. Aparentemente, não há nenhum estudo que confirmou a hipótese de que folículos de vacas lactantes são menos esteroidogênicos do que em novilhas ou vacas não lactantes; entretanto, Sangsritavong et al. (2002) demonstraram que vacas lactantes têm um metabolismo de E2 muito maior do que não lactantes. Portanto, é muito provável que os folículos das vacas lactantes tenham que continuar a crescer um pouco mais para produzirem E2 suficiente para induzirem comportamento de cio e o pico pré-ovulatório de GnRH/LH. Se as vacas lactantes ovulam folículos maiores, é esperado que também tenham CLs maiores, uma vez que há uma correlação positiva entre tamanho do folículo ovulatório e volume de tecido luteal (Vasconcelos et al., 2001; Sartori et al., 2002a). Estudos que compararam vacas lactantes a novilhas (Wolfenson et al., 2004), ou a vacas não lactantes (De La Sota et al., 1993) descreveram menores concentrações circulantes de progesterona (P4) nas vacas lactantes. Portanto, vacas lactantes ovulam folículos maiores e produzem um CL maior, entretanto têm concentrações séricas de P4 reduzidas, provavelmente devido ao maior metabolismo desse esteróide nessa categoria animal. Em estudos realizados em Wisconsin (Sartori et al., 2002a, 2002b, 2004), comparamos vacas lactantes (n = 31; >40 kg de leite/dia) com novilhas púberes (n = 29; 12 a 16 meses de idade) durante o verão (Tabela 1), e vacas lactantes (n = 27; >45 kg de leite/dia) com vacas não lactantes não gestantes (n = 26) durante o inverno. Durante o verão, as vacas lactantes ovularam folículos maiores do que as novilhas, mas apesar disso, o pico de E2 antes da ovulação foi menor nas vacas. De forma similar, o pico de P4 durante o ciclo estral foi menor em vacas do que em novilhas, apesar das vacas, em geral, terem CL maior (Tabela 1). Na comparação entre vacas lactantes e não lactantes durante o inverno, o pico de E2 antes da ovulação foi similar (7,6 vs 8,5 pg/ml), apesar das vacas lactantes terem ovulado folículos maiores (18,6 vs 16,2 mm). Seis dias após a ovulação, as vacas lactantes tiveram CLs maiores do que as vacas não lactantes (7600 vs 5100 mm^3), mas apesar disso, as concentrações séricas de P4 foram similares (2,2 e 1,9 ng/ml).

Durante o ciclo estral em bovinos, há um padrão de ondas de atividade folicular. Alguns pesquisadores relataram que em novilhas holandesas a maioria dos ciclos tinha duas ondas foliculares (Ginther et al., 1989; Knopf et al., 1989; Ko et al., 1991; Wilson et al., 1998a; Wolfenson et al., 2004; Kulick et al., 2001; Sartori et al., 2004 [Tabela 1]); enquanto que Sirois & Fortune (1988) relataram uma maioria de ciclos com três ondas. Quatro ondas foliculares no ciclo também foram observadas ocasionalmente em novilhas (Sirois & Fortune, 1988; Wolfenson et al., 2004; Sartori et al., 2004 [Tabela 1]). Similar às novilhas, o padrão de duas ondas foi o mais comumente observado em vacas lactantes, mas ciclos estrais com três e quatro ondas também foram descritos (Taylor & Rajamahendran, 1991; Pursley et al., 1993; Wilson et al., 1998b; Roth et al., 2000; Wolfenson et al., 2004; Townson et al., 2002; Sartori et al., 2004 [Tabela 1]). Em vacas ou novilhas com regressão premature do CL, o folículo dominante da primeira onda geralmente torna-se o ovulatório, e portanto o ciclo tem apenas uma onda folicular (Savio et al., 1988). Na maioria das novilhas com duas ondas foliculares, o momento da emergência da segunda onda ocorre de forma bem consistente entre os dias 10 e 11 após o estro (Savio et al., 1988; Sirois & Fortune, 1988; Ginther et al., 1989; Knopf et al., 1989; Ko et al., 1991; Gong et al., 1993; Wolfenson et al., 2004). Em contraste, o momento da emergência da segunda onda em vacas lactantes com duas ondas é mais variado e ocorre entre os dias 11 e 16 do ciclo estral (Savio et al., 1990b; Taylor & Rajamahendran, 1991; Kirby et al., 1997; Roth et al., 2000; Wolfenson et al., 2004). Em novilhas com três ondas foliculares, a emergência da segunda onda ocorre entre os dias 9 e 10 e da terceira onda entre os dias 15 e 18 (Savio et al., 1988; Sirois & Fortune, 1988; Ginther et al., 1989; Knopf et al., 1989; Ko et al., 1991; Gong et al., 1993; Wolfenson et al., 2004). Vacas com três ondas no ciclo têm a segunda onda emergindo entre os dias 11 e 14 e a terceira onda entre os dias

Tabela 1. Comparação (médias ± EP e porcentagens) entre novilhas nulíparas (n = 27) e vacas em lactação (n = 14) com intervalos interovulatórios típicos (adaptado de Sartori et al., 2004).

	Novilhas	**Vacas lactantes**	**P**
Intervalo interovulatório (dias)	22,0 ± 0,4	22,9 ± 0,7	0,28
Dia da luteólise	18,5 ± 0,4	18,9 ± 0,6	0,53
Ciclos com duas ondas; % (no./no.)	55,6 (15/27)	78,6 (11/14)	0,15
Ciclos com três ondas; % (no./no.)	33,3 (9/27)	14,3 (2/14)	0,19
Ciclos com quatro ondas; % (no./no.)	11,1 (3/27)	7,1 (1/14)	0,68
Dia da emergência da segunda onda folicular	8,9 ± 0,3	11,1 ± 0,6	<0,01
Dias entre a emergência da última onda e ovulação	10,1 ± 0,5	10,9 ± 0,5	0,30
Dias entre luteólise e ovulação	4,6 ± 0,1	5,2 ± 0,2	<0,01
Folículos codominantes na primeira onda; % (no./no.)	3,7 (1/27)	35,7 (5/14)	<0,01
Taxa de ovulação múltipla; % (no./no.)	1,9 (1/54)	17,9 (5/28)	0,02
Diâmetro máximo do maior folículo ovulatório (mm)	14,9 ± 0,2	16,8 ± 0,5	<0,01
Pico de estradiol que antecedeu a ovulação (pg/mL)	11,3 ± 0,6	7,9 ± 0,8	<0,01
Volume máximo de tecido lúteo (mm^3)	7303 ± 308	11120 ± 678	<0,01
Pico de progesterona (ng/mL)	7,3 ± 0,4	5,6 ± 0,5	<0,01

17 e 19 (Savio et al., 1990b; Taylor & Rajamahendran, 1991; Wolfenson et al., 2004).

Relatos na literature sobre incidência de folículos codominantes ou ovulações duplas ou múltiplas em novilhas nulíparas são raros. A maioria dos trabalhos que avaliaram características do ciclo estral em novilhas não relatou a ocorrência de folículos codominantes ou dupla ovulação (Quirk et al., 1986; Sirois & Fortune, 1988; Ginther et al., 1989; Ko et al., 1991). Em um estudo em que avaliamos ovulação em novilhas, apenas uma entre 54 (2%) ovulações foi dupla (Sartori et al., 2004). Por outro lado, estudos que avaliaram ovulações em vacas lactantes observaram uma alta incidência (10 to 39%) de ovulações múltiplas (Santos et al., 2000; Vasconcelos et al., 2001; Sartori et al., 2002a, 2004 [Tabela 1]). A relação entre produção de leite e taxa de ovulação múltipla foi avaliada em outros estudos em Wisconsin (Fricke & Wiltbank, 1999; Lopez et al., 2005). Um deles (Fricke & Wiltbank, 1999) avaliou a taxa de dupla ovulação em 240 vacas leiteiras que foram submetidas à sincronização da ovulação com o protocolo Ovsynch (Pursley et al., 1995). A produção média de leite, determinada 3 dias antes da ovulação, foi de 40,7 ± 0,8 kg/d e as vacas foram segregadas em grupos acima ou abaixo da média. A taxa de dupla ovulação em vacas que apresentavam produção acima da média foi de 20,2%, contra 6,9% nas de produção abaixo da média. Esta diferença se manteve, independentemente do número de lactações. Em outro estudo (Lopez et al., 2005) que avaliou vacas de ovulação natural, foi observada uma correlação semelhante entre produção de leite e taxa de dupla ovulação. Vacas que produziam menos de 40 kg/dia apresentavam índice muito baixo de dupla ovulação, enquanto vacas produzindo acima de 50 kg/dia apresentavam acima de 50% de dupla ovulação.

4. Alterações na expressão de estro da vaca leiteira

Após a luteólise, as concentrações sangüíneas de P4 diminuem e as concentrações de E2 aumentam em consequência do crescimento do folículo pré-ovulatório. A queda nos níveis de P4 e o aumento em E2 são responsáveis pelo comportamento estral. Estro é um evento de receptividade sexual que dura entre 30 minutos e 36 horas em vacas leiteiras (Dransfield et al., 1998; revisado por Stevenson, 2001) e entre 1,3 e 20 horas em vacas zebuínas (revisado por Bó et al., 2003). O início do estro coincide com o pico pré-ovulatório de GnRH/LH, seguido de ovulação 28 horas após. A duração e intensidade de estro em bovinos leiteiros estão diretamente relacionadas à categoria dos animais (novilha ou vaca lactante) e ao nível de produção leiteira. Estudos mais recentes, utilizaram o sistema de radiotelemetria HeatWatch que possibilita observação contínua durante 24 horas por dia e detecta estro com grande acurácia (95%). O HeatWatch fornece, com exatidão, os horários de início e final dos estros, os horários de monta e o número de montas e sua duração. Usando esse sistema, Nebel et al. (1997) compararam novilhas nulíparas e vacas lactantes das raças Holandesa e Jersey em relação às características de estro e observaram que as novilhas aceitaram mais montas por estro comparadas às vacas (Holandesa: 17 vs 7 aceites de monta; Jersey: 30 vs 10 aceites de monta) e tiveram maior duração de estro (Holandesa: 11 vs 7 horas; Jersey: 14 vs 8 horas). No mesmo estudo, foi observado que vacas multíparas, tanto da raça Holandesa como Jersey, aceitaram mais montas por estro no inverno do que no verão (Holandesa: 9 vs 4,5; Jersey: 12 vs 5). No Brasil, entretanto, estudando vacas Gir através de observação contínua, Ávila Pires et al. (2003) não detectaram diferenças entre inverno e verão na duração de estro (inverno: 12,3 horas; verão: 11,8 horas) ou número de montas por estro (inverno: 28; verão: 23), porém observaram duração e intensidade de estro superiores aos relatados em vacas das raças Holandesa e Jersey. Esses resultados, provavelmente, devem-se ao fato das vacas Gir estudadas não estarem lactando. Assim como Nebel et al. (1997), outros estudos com HeatWatch em vacas de alta produção de leite observaram menos montas por estro e curta duração de estro em vacas lactantes mantidas em free-stalls (Dransfield et al., 1998; At-Taras & Spahr, 2001) ou a pasto (Dransfield et al., 1998; Xu et al., 1998). Trabalhando com novilhas holandesas nulíparas, Stevenson et al. (1998) relataram médias de 10 horas de estro e 17 aceitações de monta por estro. Em um estudo recente da Universidade de Wisconsin-Madison, avaliando a associação entre níveis de produção de leite e comportamento de estro, Lopez et al. (2004) observaram menor duração (6,2 vs 10,9 horas) e intensidade (6,3 vs 8,8 aceites de monta) de estro nas vacas de maior produção (>39,5 kg/dia) comparado às de menor produção (<39,5 kg/dia) de leite. Essas diferenças de comportamento estral entre categorias distintas de animais dentro da mesma raça, parecem estar relacionadas aos menores níveis circulantes de E2 em vacas lactantes comparado às novilhas (Sartori et al., 2002a; 2004 [Tabela 1]) e menor E2 em vacas de maior produção de leite comparado a vacas de menor produtividade, como demonstrado por Lopez et al. (2004). Neste estudo, vacas de alta produção (47 kg/d) produziram folículos maiores (18,6 ± 0,3 vs 17,4 ± 0,2 mm de diâmetro), mas níveis mais baixos de E2 (6,8 ± 0,5 vs 8,6 ± 0,5 pg/mL) em comparação a vacas de baixa produção (32 kg/d). A duração do estro apresentou correlação positiva com concentrações de pico de E2 (r = 0,57) e negativa com a produção de leite (r = -0,51). O nível de produção de leite também apresentou correlação negativa com diâmetro folicular (r = -0,45).

5. Fecundação e desenvolvimento embrionário em vacas e novilhas

Na reprodução de bovinos, além dos aspectos relacionados ao sêmen e técnicas de inseminação ou monta natural, alterações na qualidade ovocitária, ou no ambiente uterino e de ovidutos também podem afetar os índices de fecundação e de desenvolvimento embrionário. Dentre os fatores que podem comprometer o transporte de gametas, fecundação dos ovócitos, integridade ovocitária, ou a viabilidade embrionária e fetal em bovinos, encontram-se fatores ambientais, genéticos, metabólicos, nutricionais e infecciosos.

Diversos estudos têm relatado que a taxa de fecundação após IA de estruturas coletadas de oviduto ou útero de vacas é alta, independente de idade ou raça (revisado por Sartori, 2004). Estudos com novilhas e vacas não lactantes observaram 78 a 100% de taxa de fecundação após uma única IA. Resultados inferiores na taxa de fecundação, entretanto, foram observados em algumas circunstâncias específicas. Vacas com alta produção leiteira sob condições de estresse térmico apresentaram taxas de fecundação de apenas 55% (Sartori et al., 2002b; Tabela 2). Vacas leiteiras repetidoras de serviço ("repeat-breeders") tiveram 62 e 72% de fecundação, como descrito por Almeida (1995) e O'Farrell et al. (1983), respectivamente.

Após a fecundação, o zigoto passa por uma série de divisões celulares (clivagem) e permanece no oviduto até o dia 3 ou 4, quando então entra no útero. A porcentagem de ovócitos que não são capturados pelo infundíbulo após a ovulação ou a porcentagem de embriões/óvulos que não são transportados ao útero após 3 a 4 dias do pico de LH, não é conhecida, mas é muito provável que alguns embriões/óvulos são perdidos antes de alcançarem o útero. De fato, diversos estudos em que o oviduto ou útero de bovinos foram lavados, com o propósito de avaliar taxa de fecundação ou qualidade embrionária, entre os dias 3 e 14 após IA em vacas não superovuladas ou superovuladas coletaram menos de 85% de embriões e/ou óvulos por CL. Caso nem todos os óvulos alcançam o sítio de fecundação, é provável que as taxas de fecundação relatadas na literatura estejam superestimadas. Além disso, os estudos que avaliaram taxas de fecundação em bovinos foram conduzidos sob condições experimentais controladas, que podem não refletir completamente a realidade nas fazendas.

Tabela 2. Taxa de fecundação em vacas de leite lactantes (adaptado de Sartori, 2004).

Referência	Observação	Taxa de fecundação; % (n/n)
Almeida (1995)	Vacas repetidoras de serviço	62,4% (63/101)
Almeida (1995)	Vacas não repetidoras de serviço	74,5% (70/94)
Cerri et al. (2004)		80,2% (69/86)
OíFarrell et al. (1983)	Vacas repetidoras de serviço	72,0% (13/18)
Ryan et al. (1993)	Inverno	85,9% (73/85)
Ryan et al. (1993)	Verão	84,9% (90/106)
Sartori et al. (2002b)	Inverno	87,8% (36/41)
Sartori et al. (2002b)	Verão	55,3% (21/38)
Tanabe et al. (1994)		87,0% (87/100)
Wiebold (1988)		100,0% (25/25)

Diversos estágios da formação embrionária inicial são importantes para o desenvolvimento e sobrevivência do embrião, o qual se move do oviduto para o útero no estágio de 8 a 16 células (Grealy et al., 1996). Com 5 a 6 dias de idade o embrião atinge o estágio de 16 a 32 células e estas células começam a se juntar para se formar uma esfera compacta denominada mórula. A compactação celular e as junções intercelulares representam o primeiro estágio crítico em que o embrião começa a atuar como um organismo individual. Nos dias 7 ou 8 uma cavidade se forma e as células do blastocisto inicial diferenciam-se em massa celular interna, destinada a formar o feto, e trofoblasto, destinado a formar a placenta (revisado por Sreenan et al., 2001). Entre os dias 9 e 10, o blastocisto expandido eclode da zona pelúcida e continua a se expandir antes de começar a elongar por volta do dia 13. O elongamento ocorre próximo ao momento do reconhecimento materno da gestação e é acompanhado por um aumento na atividade metabólica e secreção de interferon τ (revisado por Mann et al., 1999; Thatcher et al., 2001). A fixação do embrião ao endomério começa aproximadamente no dia 19. A implantação embrionária está completa no dia 42. A sobrevivência do embrião e estabelecimento da gestação envolve comunicação ativa e passiva entre o embrião e o útero. A manutenção do CL, como resultado dos sinais embrionários para a mãe, garante a produção continuada de P4, a qual é necessária para preparar o endométrio para implantação e nutrição embrionária. A presença do embrião por volta do dia 16 do ciclo inibe a síntese e liberação de $PGF_{2\alpha}$ do endométrio (revisado por Geisert et al., 1994; Mann et al., 1999; Thatcher et al., 2001; Okuda et al., 2002), prevenindo assim a luteólise e o conseqüente declínio na produção de P4.

Mortalidade embrionária é considerada a principal causa responsável pelo aumento no intervalo entre partos nos bovinos. A maioria das mortes embrionárias ocorre durante o período embrionário da gestação (< 45 d) tanto em bovinos de corte quanto de leite (Thatcher et al., 1994; Vanroose et al., 2000; Sreenan et al., 2001), e de acordo com Wathes (1992), a maioria das mortes embrionárias ocorre nos primeiros dias após fecundação e durante o processo de implantação. Contrastando com o elevado número de embriões viáveis observado em bovinos de corte, e fêmeas de leite não lactantes (78% de média entre os dias 3 e 16 após inseminação), estudos que avaliaram o desenvolvimento embrionário inicial em vacas de leite lactantes, demonstraram índices muito mais baixos de sobrevivência embrionária entre os dias 3 e 14, especialmente em vacas com alta produção leiteira (Tabela 3). Um estudo mais antigo (Boyd et al., 1969) relatou 70% de sobrevivência embrionária até o dia 26 da gestação. Entretanto, estudos mais recentes que coletaram embriões do útero de vacas com alta produção de leite não superovuladas (Wiebold, 1988; Ryan et al., 1993; Sartori et al., 2002b; Cerri et al., 2004) demonstraram uma incidência muito mais elevada de mortalidade embrionária precoce. Wiebold (1988) coletou 25 embriões de 23 vacas lactantes no dia 7 e notou que todas as estruturas estavam fecundadas (Tabela 2), sendo que 12 eram embriões normais e 13 anormais. Dos 13 anormais, pelo menos 9 eram degenerados e possuiam ≤ 8 células. Ryan et al. (1993) coletaram embriões nas estações quente e fria do ano na Arábia Saudita e observaram uma porcentagem baixa de embriões viáveis nos dias 6 ou 7 (59% durante o verão e 52% durante o inverno). Vacas coletadas nos dias 13 ou 14 durante o inverno demonstraram porcentagens similares de embriões viáveis em relação aos dias 6 ou 7 (60%). Entretanto, vacas coletadas nos dias 13 ou 14 durante o verão tiveram uma porcentagem ainda menor de embriões viáveis (27%). Nos experimentos realizados em Wisconsin (Sartori et al., 2002b), dentre os embriões coletados no dia 6 após IA de vacas holandesas com alta produção leiteira não superovuladas, 67% não estavam viáveis no experimento durante o verão e 52% não eram viáveis no experimento do inverno (Tabela 3). No mesmo estudo, novilhas holandesas geraram 72% de embriões viáveis no verão e vacas holandesas não lactantes geraram 82% de embriões viáveis no inverno (Tabela 3). Um outro estudo (Cerri et al., 2004) que avaliou os efeitos de dietas com fontes de gordura com diferentes perfis de ácidos graxos na taxa de fecundação e qualidade embrionária em vacas lactantes sincronizadas com o protocolo Ovsynch, relatou que 26 a 48% dos embriões coletados no dia 5 após IA eram de qualidade pobre ou degenerados. Quando os dados apresentados na Tabela 3 foram agrupados, apenas 51% dos embriões coletados de vacas lactantes entre os dias 3 e 14 eram viáveis. Portanto, em vacas com alta produção leiteira, a maioria dos embriões pode estar com sua viabilidade comprometida antes do dia 13 da gestação. Além disso, a maior parte desses embriões parece já estar comprometida antes do dia 7 em vacas com alta produção leiteira não superovuladas.

Tabela 3. Porcentagem de embriões viáveis coletados de vacas leiteiras lactantes não superovuladas (adaptado de Sartori, 2004).

Referência	Época do ano	Dias após IA	Embriões viáveis; % (n/n)
Cerri et al. (2004)	Fora do verão	5	62,3% (43/69)
Ryan et al. (1993)	Inverno	6 ou 7	51,6% (16/31)
Ryan et al. (1993)	Verão	6 ou 7	58,5% (24/41)
Ryan et al. (1993)	Inverno	13 ou 14	59,5% (25/42)
Ryan et al. (1993)	Verão	13 ou 14	27,1% (13/48)
Sartori et al. (2002b)	Inverno	6	52,8% (19/36)
Sartori et al. (2002b)	Verão	6	33,3% (7/21)
Wiebold (1988)	Fora do verão	7	48,0% (12/25)

Estudos que avaliaram mortalidade embrionária em bovinos entre os dias 25-28 e 42 com auxílio de ultra-sonografia transretal e mortalidade fetal precoce entre os dias 42 e 60-70 observaram resultados muito distintos, que em geral estavam associados à raça, idade, lactação, ou procedência dos embriões (Tabela 4). Quando mortalidade embrionária tardia foi comparada à mortalidade fetal precoce, a maioria das perdas ocorreu antes do estágio fetal (Beal et al., 1992; Vasconcelos et al., 1997; Tabela 4). Os poucos estudos que avaliaram mortalidade embrionária tardia/fetal precoce em bovinos de corte, ou novilhas de leite descreveram incidências baixas (≤ 10%) de perda (Tabela 4). Contrastando com a baixa morte embrionária/fetal em bovinos de corte e novilhas de leite, trabalhos recentes em vacas de leite lactantes têm demonstrado uma incidência mais elevada de mortalidade embrionária tardia/fetal precoce. Valores entre 15 e 30% de mortalidade foram os mais comumente observados na maioria dos estudos (Tabela 4), mesmo quando embriões produzidos em fêmeas superovuladas e de esperada fertilidade alta foram trasferidos em vacas lactantes (Sartori et al., 2006; Vasconcelos et al., 2006). Após exaustiva pesquisa na literatura, encontramos apenas um estudo recente em vacas leiteiras lactantes que descreveu baixas taxas de mortalidade entre os dias 28 e 42 de gestação (Silke et al., 2002; Tabela 4). Uma peculiaridade desse estudo, entretanto, foi que as vacas eram manejadas a pasto, diferentemente dos demais estudos citados na Tabela 4. Esses resultados conflitantes sugerem que níveis de produção de leite, e especialmente fatores nutricionais e de manejo (conforto animal) possam estar influenciando direta ou indiretamente na sobrevivência embrionária/fetal em bovinos.

Tabela 4. Mortalidade embrionária tardia/fetal precoce em bovinos (adaptado de Sartori, 2004).

Referência	Animal	Dias de gestação	Morte embr./ fetal; % (n/n)
Beal et al. (1992)	Vacas de corte	25 a 45	6,5% (9/138)
Beal et al. (1992)	Vacas de corte	45 a 65	1,6% (2/129)
Chebel et al. (2003)	Vacas holandesas lactantes	28 a 42	19,5% (38/195)
Fricke et al. (2003)	Vacas holandesas lactantes	26-33 a 68	23,4% (67/286)
Lamb et al. (1997)	Novilhas de corte	30-35 a 60-75	4,0% (17/420)
Rivera et al. (Com. pes.)	Novilhas de leite	30 a 65-75	9,3% (19/205)
Sartori et al. (2006)	Vacas holandesas lactantes (IA)	25-32 a 60-66	18,6% (13/70)
Sartori et al. (2006)	Vacas holandesas lactantes (TE)	25-32 a 60-66	26,2% (22/84)
Silke et al. (2002)	Novilhas de leite	28 a 42	1,5% (2/131)
Silke et al. (2002)	Novilhas de leite	42 a 56	2,3% (3/129)
Silke et al. (2002)	Vacas de leite lactantes a pasto	28 a 42	3,2% (23/705)
Silke et al. (2002)	Vacas de leite lactantes a pasto	42 a 56	2,0% (~14/682)
Stevenson et al. (2003)	Vacas de corte lactantes	29-33 a 54-61	10,8% (24/223)
Vasconcelos et al. (1997)	Vacas holandesas lactantes	28 a 42	10,9% (56/512)
Vasconcelos et al. (1997)	Vacas holandesas lactantes	42 a 56	6,4% (29/456)
Vasconcelos et al. (2006)	Vacas holandesas lactantes (IA)	25 a 46	9,5% (8/84)
Vasconcelos et al. (2006)	Vacas holandesas lactantes (TE)	25 a 46	21,9% (20/91)

Como mencionado anteriormente, há diversos fatores que podem estar envolvidos com a falha na fecundação ou mortalidade embrionária/fetal em bovinos. Problemas de fecundação ou abortamentos podem ser causados por doenças infecciosas (Bearden & Fuquay, 2000; Vanroose et al., 2000), ou infecções localizadas e restritas a órgãos específicos tais como útero (Nakao et al., 1992; Loeffler et al., 1999a,b; Gröhn e Rajala-Schultz; 2000), ou glândula mamária (Moore et al., 1991; Loeffler et al., 1999a,b; Schrick et al., 2001; Santos et al., 2004). Causas não infecciosas, entretanto, provavelmente contribuem para a maioria das perdas (Christianson, 1992; Thatcher et al., 1994; Labèrnia et al., 1996; Vanroose et al., 2000). Algumas dessas causas são anormalidades cromossômicas, fatores externos (por exemplo, estresse, produtos tóxicos, teratogênicos ou abortivos, e nutrição), e fatores maternos (por exemplo, desbalanços hormonais, lactação e idade). Aspectos técnicos ou relacionados à anatomia e fisiologia que estão associados à fertilidade reduzida em bovinos também foram estudados e incluem: ambiente tubárico e/ou uterino inapropriados (Wiebold, 1988; Binelli et al., 1999), fertilidade ovocitária reduzida devido a anormalidades foliculares (Eicker et al., 1996; Emanuelson e Oltenacu, 1998), técnica de IA inapropriada em relação ao momento do estro (Senger et al., 1988; López-Gatius, 2000; Dalton et al., 2001a,b), e problemas espermáticos ou de fecundação (López-Gatius, 2000; Dalton et al., 2001a,b; López-Gatius et al., 2002).

A maior incidência de mortalidade embrionária/fetal e conseqüentemente, baixa fertilidade em vacas de alta produção leiteira quando comparadas às demais fêmeas bovinas, tem estimulado pesquisadores a investigar com maiores detalhes os aspectos fisiológicos que possam estar associados à subfertilidade neste grupo distinto de animais. Raça não parece ser o fator mais relevante associado à baixa fertilidade de bovinos leiteiros, porque estudos sobre associações genéticas com fertilidade têm demonstrado que a hereditariedade para caracteres de fertilidade é baixa (Weller & Ezra, 1997; Dematawewa & Berger, 1998). Além disso, a continuada fertilidade elevada em novilhas de leite sugere que qualquer componente genético relacionado à fertilidade reduzida nas vacas lactantes teria interações com lactação, manejo, ou idade. Diversos estudos avaliaram possíveis causas nutricionais da baixa fertilidade em gado leiteiro, incluindo: balanço energético negativo evidenciado pela perda de escore de condição corporal (Nebel & McGilliard, 1993; Ruegg & Milton, 1995; Domecq et al., 1997; Loeffler et al., 1999a,b; Moreira et al., 2000; Butler, 2001; López-Gatius et al., 2002), efeitos detrimentais de níveis elevados de energia na dieta (Dunne et al., 1999), efeitos tóxicos da uréia e nitrogênio (Ferguson & Chalupa, 1989; Butler, 1998; Sinclair et al., 2000; Dawuda et al., 2002), e deficiências de vitamina e/ou minerais (Ingraham et al., 1987; Arechiga et al., 1994; 1998). Vacas leiteiras em lactação têm capacidade reduzida de responder a aumentos de temperatura ambiente ou outras formas de estresse (Lucy et al., 1986; Sartori et al., 2002b). Estresse térmico reduz a eficiência reprodutiva, particularmente em vacas lactantes, através da redução da expressão/detecção de estro e pela diminuição nas taxas de concepção (Stevenson et al., 1984;

Ryan et al., 1993). O efeito do estresse térmico na fertilidade também está associado a quedas na taxas de fecundação e elevação na perda embrionária (Al-Katanani et al., 1999, 2002; Hansen et al., 2001; Rivera e Hansen, 2001; Sartori et al., 2002b).

A elevada mortalidade embrionária durante os primeiros dias de gestação é considerada a principal causa responsável pela baixa eficiência reprodutiva, especialmente em vacas de alta produção de leite. A utilização de biotecnologias reprodutivas tais como tratamentos hormonais e transferência de embriões provenientes de animais com elevada fertilidade tem se mostrado alternativas viáveis para o incremento da eficiência reprodutiva. Além disso, o uso de técnicas adequadas de IA e a redução de problemas sanitários, nutricionais e ambientais são condições essenciais para a obtenção de elevados índices de fecundação e manutenção da gestação, culminando no sucesso dos programas reprodutivos em bovinos.

6. Referências Bibliográficas

AHMAD N.; BEAM S.W.; BUTLER W.R.; DEAVER D.R.; DUBY R.T.; ELDER D.R.; FORTUNE J.E.; GRIEL L.C.; JONES L.S.; MILVAE R.A.; PATE J.L.; REVAH I.; SCHREIBER D.T.; TOWNSON D.H.; TSANG P.C.W.; INSKEEP E.K. Relationship of fertility to patterns of ovarian follicular development and associated hormonal profiles in dairy cows and heifers. J Anim Sci 1996;74:1943-1952.

AL-KATANANI Y.M.; PAULA-LOPES F.F.; HANSEN PJ. Effect of season and exposure to heat stress on oocyte competence in Holstein cows. J Dairy Sci 2002;85:390-396.

AL-KATANANI Y.M.; WEBB D.W.; HANSEN P.J. Factors affecting seasonal variation in 90-day nonreturn rate to first service in lactating Holstein cows in a hot climate. J Dairy Sci 1999;82:2611-2616.

ALMEIDA L.A.P. Early embryonic mortality in "repeat-breeder" cows. ARS Veterinaria 1995;11:18-34.

ARECHIGA C.F.; ORTIZ O.; HANSEN P.J. Effect of prepartum injection of vitamin-E and selenium on postpartum reproductive function of dairy-cattle. Theriogenology 1994;41:1251-1258.

ARECHIGA C.F.; VAZQUEZ-FLORES S.; ORTIZ O.; HERNANDEZ-CERON J.; PORRAS A.; MCDOWELL L.R.; HANSEN P.J. Effect of injection of beta-carotene or vitamin E and selenium on fertility of lactating dairy cows. Theriogenology 1998;50:65-76.

AT-TARAS E.E.; SPAHR S.L. Detection and characterization of estrus in dairy cattle with an eletronic heatmount detector and an electronic activity tag. J Dairy Sci 2001;84:792-8.

ÁVILA PIRES, M.F.; ALVES, N.G.; SILVA FILHO, J.M.; CAMARGO, L.S.A.; VERNEQUE, R.S. Comportamento de vacas da raça Gir (Bos taurus indicus) em estro. Arq Bras Med Vet Zootec 2003;55:187-196.

BALL P.J.B.; MCEWAN E.E.A. The incidence of prolonged luteal function following early resumption of ovarian activity in post partum dairy cows. In Brit Soc Anim Sci 1998;187.

BARRET G.R.; CASIDA L.E. Time of insemination and conception rates in artificial breeding. J Dairy Sci 1946;29:556 (Abstract).

BEAL W.E.; PERRY R.C.; CORAH L.R. The use of ultrasound in monitoring reproductive physiology of beef-cattle. J Anim Sci 1992;70:924-929.

BEAM S.W.; BUTLER W.R. Energy balance and ovarian follicle development prior to the first ovulation postpartum in dairy cows receiving three levels of dietary fat. Biol Reprod 1997;56:133-142.

BEARDEN H.J.; FUQUAY J.W. Applied animal reproduction. Upper Saddle River, NJ: Prentice Hall; 2000.

BINELLI M.; HAMPTON J.; BUHI W.C.; THATCHER W.W. Persistent dominant follicle alters pattern of oviductal secretory proteins from cows at estrus. Biol Reprod 1999;61:127-134.

BÓ G.A.; BARUSELLI P.S.; MARTÍNEZ M.F. Pattern and manipulation of follicular development in Bos indicus cattle. Anim Reprod Sci 2003;78:307-26.

BOYD H.; BACSICH P.; YOUNG A.; MCCRACKEN J.A. Fertilization and embryonic survival in dairy cattle. Br Vet J 1969;125:87-97.

BULMAN D.C.; LAMMING G.E. Milk progesterone levels in relation to conception, repeat breeding and factors influencing acyclicity in dairy cows. J Reprod Fertil 1978;54,447-458.

BUTLER W.R. Nutritional effects on resumption of ovarian cyclicity and conception rate in postpartum dairy cows. In: 26 Occ Publ Br Soc Anim Sci (ed.) Fertility in the high producing dairy cow. 2001: 133-145.

BUTLER W.R. Review: Effect of protein nutrition on ovarian and uterine physiology in dairy cattle. J Dairy Sci 1998; 81: 2533-2539.

CASIDA L.E. Present status of the repeat-breeder cow problem. J Dairy Sci 1961;44:2323-2329.

CERRI R.L.A.; BRUNO R.; CHEBEL R.C.; GALVÃO K.N.; RUTGLIANO H.; JUSCHEM S.O.; THATCHER W.W.; LUCHINI D.; SANTOS J.E.P. Effect of fat source differing in fatty acid pro-file on fertilization rate and embryo quality in lactating dairy cows. J Dairy Sci 2004;87 (Suppl.):297.

CHEBEL R.C.; SANTOS J.E.P.; CERRI R.L.A.; GALVAO K.N.; JUCHEM S.O.; THATCHER W.W. Effect of resynchronization with GnRH on day 21 after artificial insemination on pregnancy rate and pregnancy loss in lactating dairy cows. Theriogenology 2003;60:1389-1399.

CHRISTIANSON W.T. Stillbirths, mummies, abortions, and early embryonic death. Vet Clin North Am 1992;8:623-639.

DALTON J.C.; NADIR S.; BAME J.H.; NOFTSINGER M.; NEBEL R.L.; SAACKE R.G. Effect of time of insemination on number of accessory sperm, fertilization rate, and embryo quality in nonlactating dairy cattle. J Dairy Sci 2001a;84:2413-2418.

DALTON J.C.; NADIR S.; BAME J.H.; NOFTSINGER M.; SAACKE R.G. Towards the enhancement of pregnancy rate: The effect of insemination time on sperm transport, fertilization rate and embryo quality in dairy cattle. In: Fertility in the high producing dairy cow. 26 Occ Publ Br Soc Anim Sci 2001b:161-174.

DARWASH A.O.; LAMMING G.E. To define and quantify atypical ovarian-function in untreated postpartum cows. Biol Reprod 1995;52:72.

DARWASH A.O.; LAMMING G.E.; WOOLLIAMS J.A. The phenotypic association between the interval to post-partum ovulation and traditional measures of fertility in dairy cattle. Anim Sci 1997;65:9-16.

DAWUDA P.M.; SCARAMUZZI R.J.; LEESE H.J.; HALL C.J.; PETERS A.R.; DREW S.B.; WATHES D.C. Effect of timing of urea feeding on the yield and quality of embryos in lactating dairy cows. Theriogenology 2002;58:1443-1455.

DE LA SOTA R.L.; LUCY M.C.; STAPLES C.R.; THATCHER W.W. Effects of recombinant bovine somatotropin (Sometribove) on ovarian function in lactating and nonlactating dairy cows. J Dairy Sci 1993;76:1002-1013.

DEMATAWEWA C.M.B.; BERGER P.J. Genetic and phenotypic parameters for 305-day yield, fertility, and survival in Holsteins. J Dairy Sci 1998;81:2700-2709.

DOMECQ J.J.; SKIDMORE A.L.; LLOYD J.W.; KANEENE J.B. Relationship between body condition scores and conception at first artificial insemination in a large dairy herd of high yielding Holstein cows. J Dairy Sci 1997;80:113-120.

DRANSFIELD M.G.B.; NEBEL R.L.; PEARSON R.E.; WARNICK L.D. Timing of insemination for dairy cows identified in estrus by a radiotelemetric estrus detection system. J Dairy Sci 1998;81:1874-1882.

DUNNE L.D.; DISKIN M.G.; BOLAND M.P.; O'FARRELL K.J.; SREENAN J.M. The effect of pre- and post-insemination plane of nutrition on embryo survival in beef heifers. Anim Sci 1999;69:411-417.

EICKER S.W.; GROHN Y.T.; HERTL J.A. The association between cumulative milk yield, days open, and days to first breeding in New York Holstein cows. J Dairy Sci 1996;79:235-241.

EMANUELSON U.; OLTENACU P.A. Incidences and effects of diseases on the performance of Swedish dairy herds stratified by production. J Dairy Sci 1998;81:2376-2382.

ERB H.N. High milk production as a cause of cystic ovaries in dairy cows: Evidence to the contrary. Comp Cont Edu 1984;6:215-219.

FERGUSON J.D.; CHALUPA W. Impact of protein nutrition on reproduction in dairy-cows. J Dairy Sci 1989;72:746-766.

FERGUSON J.D. Diet, production and reproduction in dairy cows. Anim Feed Sci Tech 1996;5:173-184.

FOOTE R.H. Estrus detection and estrus detection aids. J Dairy Sci 1975;58:248-256.

FRICKE P.M.; CARAVIELLO D.Z, WEIGEL K.A.; WELLE M.L. Fertility of dairy cows after resynchronization of ovulation at three intervals following first timed insemination. J Dairy Sci 2003;86:3941-3950.

FRICKE P.M.; WILTBANK M.C. Effect of milk production on the incidence of double ovulation in dairy cows. Theriogenology 1999;52:1133-1143.

GARVERICK H.A. Ovarian follicular cysts in dairy cows. J Dairy Sci 1997;80:995-1004.

GEISERT R.D.; SHORT E.C.; MORGAN G.L. Establishment of pregnancy in domestic species. In: Geisert RD, Zavy MT (eds.), Embryonic mortality in domestic species. Florida: CRC Press 1994:23-53.

GINTHER O.J.; KNOPF L.; KASTELIC J.P. Temporal associations among ovarian events in cattle during oestrous cycles with two and three follicular waves. J Reprod Fertil 1989;87:223-230.

GINTHER O.J.; KOT K.; KULICK L.J.; MARTIN S.; WILTBANK M.C. Relationships between FSH and ovarian follicular waves during the last six months of pregnancy in cattle. J Reprod Fertil 1996;108:271-79.

GONG J.G.; BRAMLEY T.A.; WEBB R. The effect of recombinant bovine somatotrophin on ovarian follicular growth and development in heifers. J Reprod Fert 1993;97:247-254.

GONG J.G.; LEE W.J.; GARNSWORTHY P.C.; WEBB R. Effect of dietary-induced increases in circulating insulin concentrations during the early postpartum period on reproductive function in dairy cows. Reproduction 2002;123:419-427.

GREALY M.; DISKIN M.G.; SREENAN J.M. Protein content of cattle oocytes and embryos from the two-cell to the elongated blastocyst stage at day 16. J Reprod Fertil 1996;107:229-233.

GRÖHN, Y.T.; RAJALA-SCHULTZ P.J. Epidemiology of reproductive performance in dairy cows. Anim Reprod Sci 2000;60-61:605-614.

GUMEN A.; GUENTHER J.N.; WILTBANK M.C. Follicular size and response to Ovsynch versus detection of estrus in anovular and ovular lactating dairy cows. J Dairy Sci 2003;86:3184-3194.

HAGEMAN W.H.; SHOOK G.E.; TYLER W.J. Reproductive performance in genetic lines selected for high or average milk yield. J Dairy Sci 1991;74:4366-4376.

HANSEN P.J.; DROST M.; RIVERA R.M.; PAULA-LOPES F.F.; AL-KATANANI Y.M.; KRININGER C.E. 3RD, CHASE C.C. JR. Adverse impact of heat stress on embryo production: causes and strategies for mitigation. Theriogenology 2001;55:91-103.

HAUGHIAN, J.M.; SARTORI R.; GUENTHER J.N.; GÜMEN A.; WILTBANK M.C. Extending the postpartum anovulatory period in dairy cattle with estradiol cypionate. J Dairy Sci 2002;85:3238-3249.

HINSHELWOOD M.M.; HANSEN P.J.; HAUSER E.R. Short estrous cycles in postpartum cows as influenced by level of milk-production, suckling, diet, season of calving and interval to 1st estrus. Theriogenology 1982;18:383-392.

INGRAHAM R.H.; KAPPEL L.C.; MORGAN E.B.; SRIKANDAKUMAR A. Correction of subnormal fertility with copper and magnesium supplementation. J Dairy Sci 1987;70:167-180.

JORDAN E.R.; FOURDRAINE R.H. Characteristics of the management practices of the top milk producing herds in the country. J Dairy Sci 1993;76:3247-3256.

KINSEL M.L.; MARSH W.E.; RUEGG P.L.; ETHERINGTON W.G. Risk factors for twinning in dairy cows. J Dairy Sci 1998;81:989-993.

KIRBY C.J.; SMITH M.F.; KEISLER D.H.; LUCY M.C. Follicular function in lactating dairy cows treated with sustained-release bovine somatotropin. J Dairy Sci 1997;80:273-285.

KNOPF L.; KASTELIC J.P.; SCHALLENBERGER E.; GINTHER O.J. Ovarian follicular dynamics in heifers: test of two-wave hypothesis by ultrasonically monitoring individual follicles. Domest. Anim Endocrinol 1989;6:111-119.

KO J.C.H.; KASTELIC J.P.; DEL CAMPO M.R.; GINTHER O.J. Effects of a dominant follicle on ovarian follicular dynamics during the oestrous cycle in heifers. J Reprod Fert 1991;91:511-519.

KRUIP T.A.M.; MEIJER G.A.L.; RUKKWAMSUK TH.; WENSING TH. Investigation into the mechanisms of reduction in fertility of high yielding cows. In 10th Intern. Conf. Production Diseases in Farm Animals. 1998;183-190: Utrecht, The Netherlands.

KULICK L.J.; BERGFELT D.R.; KOT K.; GINTHER O.J. Follicle selection in cattle: follicle deviation and codominance within sequential waves. Biol Reprod 2001;65:839-846.

LABERNIA J.; LÓPEZ-GATIUS F.; SANTOLARIA P.; LÓPEZ-BEJAR M.; RUTLLANT J. Influence of management factors on pregnancy attrition in dairy cattle. Theriogenology 1996;45:1247-1253.

LAMB G.C.; MILLER B.L.; TRAFFAS V.; CORAH L.R. Estrus detection, first service conception, and embryonic death in beef heifers synchronized with MGA and prostaglandin. Kansas AES Report of progress. 1997;783:97.

LAMMING G.E.; DARWASH A.O. The use of milk progesterone profiles to characterize components of subfertility in milked dairy cows. Anim Reprod Sci 1998;52:175-190.

LOEFFLER S.H.; DE VRIES M.J.; SCHUKKEN Y.H.; DE ZEEUW A.C.; DIJKHUIZEN A.A.; DE GRAAF F.M.; BRAND A. Use of AI technician scores for body condition, uterine tone and uterine discharge in a model with disease and milk production parameters to predict pregnancy risk at first AI in holstein dairy cows. Theriogenology 1999a;51:1267-1284.

LOEFFLER S.H.; DE VRIES M.J.; SCHUKKEN Y.H. The effects of time of disease occurrence, milk yield, and body condition on fertility of dairy cows. J Dairy Sci 1999b;82:2589-2604.

LOPEZ H.; CARAVIELLO D.Z.; SATTER L.D.; FRICKE P.M.; WILTBANK M.C. Relationship between level of milk production and multiple ovulations in lactating dairy cows. J Dairy Sci 2005;88:2783-2793.

LOPEZ H.; SARTORI R.; WILTBANK M.C. Reproductive hormones and follicular growth during development of one or multiple dominant follicles. Biol Reprod 2005;72:788-795.

LOPEZ H.; SATTER L.D.; WILTBANK M.C. Relationship between level of milk production and estrous behavior of lactating dairy cows. Anim Reprod Sci 2004;81:209-223.

LÓPEZ-GATIUS F.; SANTOLARIA P.; YANIZ J.; RUTLLANT J.; LÓPEZ-BEJAR M. Factors affecting pregnancy loss from gestation Day 38 to 90 in lactating dairy cows from a single herd. Theriogenology 2002;57:1251-1261.

LÓPEZ-GATIUS F. Is fertility declining in dairy cattle? A retrospective study in northeastern Spain. Theriogenology 2003;60:89-99.

LÓPEZ-GATIUS F. Site of semen deposition in cattle: A review. Theriogenology 2000;53:1407-1414.

LUCY M.C.; BYATT J.C.; CURRAN T.L.; CURRAN D.F.; COLLIER R.J. Placental lactogen and somatotropin: hormone binding to the corpus luteum and effects on the growth and functions of the ovary in heifers. Biol Reprod 1994;50:1136-44.

LUCY M.C.; STEVENSON J.S.; CALL E.P. Controlling 1st service and calving interval by prostaglandin-f2-alpha, gonadotropin-releasing-hormone, and timed insemination. J Dairy Sci 1986;69:2186-2194.

LUCY M.C. Reproductive loss in high-producing dairy cattle: where will it end? J Dairy Sci 2001;84:1277-1293.

LUCY M.C.; WEBER W.J.; BAUMGARD L.H.; SEGUIN B.S.; KOENIGSFELD A.T.; HANSEN L.B.; CHESTER-JONES H.; CROOKER B.A. Reproductive endocrinology of lactating dairy cows selected for increased milk production. J Dairy Sci 1998;81 (Suppl. 1):246(Abstract).

MACMILLAN K.L.; WATSON J.D. Fertility diferences between groups of sires relative to the stage of oestrus at the time of insemination. Anim Prod 1975;21:243-249.

MANN G.E.; ROBINSON R.S.; WATHES D.C.; LAMMING G.E. The regulation of interferon-τ production and uterine hormone receptors during early pregnancy. J Reprod Fertil 1999;(Suppl)54:317-328.

MARES S.E.; MENGE A.C.; TYLER W.J.; CASIDA L.E. Genetic factors affecting conception rate and early pregnancy loss in Holstein cattle. J Dairy Sci 1961;44:96-103.

MCDOUGALL S.; BURKE C.R.; MACMILLAN K.L.; WILLIAMSON N.B. Patterns of follicular development during periods of anovulation in pasture-fed dairy cows after calving. Res Vet Sci 1995;58:212-216.

MOORE D.A.; CULLOR J.S.; BONDURANT R.H.; SISCHO W.M. Preliminary field evidence for the association of clinical mastitis with altered interestrus intervals in dairy-cattle. Theriogenology 1991;36:257-265.

MOREIRA F.; ORLANDI O.; RISCO C.A.; MATTOS R.; LOPES F.; THATCHER W.W. Effects of presynchronization and bovine somatotropin on pregnancy rates to a timed artificial insemination protocol in lactating dairy cows. J Dairy Sci 2001;84:1646-1659.

MOREIRA F.; RISCO C.; PIRES M.F.A.; AMBROSE J.D.; DROST M.; DELORENZO M.; THATCHER W.W. Effect of body condition on reproductive efficiency of lactating dairy cows receiving a timed insemination. Theriogenology 2000;53:1305-1319.

MORROW D.A.; ROBERTS S.J.; MCENTEE K.; GRAY H.G. Postpartum ovarian activity and uterine involution in dairy cattle. J Am Vet Med Assoc 1966;149:1596-1609.

NAKAO T.; MORIYOSHI M.; KAWATA K. The effect of postpartum ovarian dysfunction and endometritis on subsequent reproductive-performance in high and medium producing dairy-cows. Theriogenology 1992; 37: 341-349.

NEBEL R.L.; MCGILLIARD M.L. Interactions of high milk-yield and reproductive-performance in dairy-cows. J Dairy Sci 1993;76:3257-3268.

NEBEL R.L.; JOBST S.M, DRANSFIELD M.B.G.; PANDOLFI S.M.; BAILEY T.L. Use of a radiofrequency data communication system, Heat Watch, to describe behavioral estrus in dairy cattle. J Dairy Sci 1997;80:151.

NEGRÃO S.L.; CHIARI J.R.; DEMÉTRIO D.G.B.; RODRIGUES C.A, 2002. Therapeutic embryo in high production dairy cows with more than three artificial inseminations. Theriogenology 57:555.

NIELEN M.; SCHUKKEN Y.H.; SCHOLL D.T.; WILBRINK H.J.; BRAND A. Twinning in dairy cattle: A study of risk factors and effects. Theriogenology 1989;32:845-862.

O'FARRELL K.J.; LANGLEY O.H.; HARTIGAN P.J.; SREENAN J.M. Fertilization and embryonic survival rates in dairy-cows culled as repeat breeders. Vet Rec 1983;112:95-97.

OKUDA K.; MIYAMOTO Y.; SKARZYNSKI D.J. Regulation of endometrial prostaglandin F(2alpha) synthesis during luteolysis and early pregnancy in cattle. Domest Anim Endocrinol 2002;23:255-264.

PURSLEY J.R.; MEE M.O.; WILTBANK M.C. Synchronization of ovulation in dairy cows using $PGF_{2\alpha}$ and GnRH. Theriogenology 1995;44:915-923.

PURSLEY J.R.; STEVENSON J.S.; MINTON J.E. Ovarian follicular waves in dairy cows after administration of gonadotropin-releasing hormone at estrus. J Dairy Sci 1993;76:2548-2560.

PURSLEY J.R.; WILTBANK M.C.; STEVENSON J.S.; OTTOBRE J.S.; GARVERICK H.A.; ANDERSON L.L. Pregnancy rates per artificial insemination for cows and heifers inseminated at a synchronized ovulation or synchronized estrus. J Dairy Sci 1997;80:295-300.

QUIRK S.M.; HICKEY G.J.; FORTUNE J.E. Growth and regression of ovarian follicles during the follicular phase of the oestrous cycle in heifers undergoing spontaneous and PGF-2 alpha-induced luteolysis. J Reprod Fertil 1986;77:211-219.

RIVERA R.M.; HANSEN P.J. Development of cultured bovine embryos after exposure to high temperatures in the physiological range. Reproduction 2001;121:107-115.

ROCHE J.F.; MACKEY D.; DISKIN M.D. Reproductive management of postpartum cows. Anim Reprod Sci 2000;60-61:703-712.

RONCHI B.; STRADAIOLI G.; VERINI SUPPLIZI A.; BERNABUCCI U.; LACETERA N.; ACCORSI P.A.; NARDONE A.; SEREN E. Influence of heat stress or feed restriction on plasma progesterone, oestradiol-17ß, LH, FSH, prolactin and cortisol in Holstein heifers. Livest Prod Sci 2001;68:231-241.

ROTH Z.; MEIDAN R.; BRAW-TAL R.; WOLFENSON D. Immediate and delayed effects of heat stress on follicular development and its association with plasma FSH and inhibin concentration in cows. J Reprod Fert 2000;120:83-90.

ROYAL M.D.; DARWASH A.O.; FLINT A.P.F.; WEBB R.; WOOLLIAMS J.A.; LAMMING G.E. Declining fertility in dairy cattle: changes in traditional and endocrine parameters of fertility. Anim Sci 2000;70:487-501.

RUEGG P.L.; MILTON R.L. Body condition scores of Holstein cows on Prince-Edward-Island, Canada - Relationships with yield, reproductive-performance, and disease. J Dairy Sci 1995;78:552-564.

RYAN D.P.; PRICHARD J.F.; KOPEL E.; GODKE R.A. Comparing early embryo mortality in dairy-cows during hot and cool seasons of the year. Theriogenology 1993;39:719-737.

SANGSRITAVONG S.; COMBS D.K.; SARTORI R.; WILTBANK M.C. High feed intake increases blood flow and metabolism of progesterone and estradiol-17ß in dairy cattle. J Dairy Sci 2002;85:2831-2842.

SANTOS J.E.P.; CERRI R.L.A.; BALLOU M.A.; HIGGINBOTHAM G.E.; KIRK J.H. Effect of timing of first clinical mastitis occurrence on lactational and reproductive performance of Holstein dairy cows. Anim Reprod Sci 2004;80:31-45.

SANTOS J.E.; HUBER J.T.; THEURER C.B.; NUSSIO C.B.; NUSSIO L.G.; TARAZON M.; FISH D. Effects of grain processing and bovine somatotropin on metabolism and ovarian activity of dairy cows during early lactation. J Dairy Sci 2000;83:1004-15.

SANTOS J.E.P.; THATCHER W.W.; CHEBEL R.C.; CERRI R.L.A.; GALVAO K.N. The effect of embryonic death rates in cattle on the efficacy of estrus synchronization programs. Anim Reprod Sci 2004;82-83 (Special Issue SI):513-535.

SARTORI R. Fertilização e morte embrionária em bovinos. Acta Scientiae Veterinariae 2004;32:35-50.

SARTORI R.; GUMEN A.; GUENTHER J.N.; SOUZA A.H.; CARAVIELLO D.Z.; WILTBANK M.C. Comparison of artificial insemination versus embryo transfer in lactating dairy cows. Theriogenology 2006;65:1311-1321.

SARTORI R.; HAUGHIAN J.M.; SHAVER R.D.; ROSA G.J.; WILTBANK M.C. Comparison of ovarian function and circulating steroids in estrous cycles of Holstein heifers and lactating cows. J Dairy Sci 2004;87:905-920.

SARTORI R.; ROSA G.J.M.; WILTBANK M.C. Ovarian structures and circulating steroids in heifers and lactating cows in summer and lactating and dry cows in winter. J Dairy Sci 2002a;85:2813-2822.

SARTORI R.; SARTOR-BERGFELT R.; MERTENS S.A.; GUENTHER J.N.; PARRISH J.J.; WILTBANK M.C. Fertilization and early embryonic development in heifers and lactating cows in summer and lactating and dry cows in winter. J Dairy Sci 2002b;85:2803-2812.

SAVIO J.D.; BOLAND M.P.; HYNES N.; ROCHE J.F. Resumption of follicular activity in the early post-partum period of dairy cows. J Reprod Fertil 1990a;88:569-79.

SAVIO J.D.; BOLAND M.P.; ROCHE J.F. Development of dominant follicles and length of ovarian cycles in post-partum dairy cows. J Reprod Fertil 1990b;88:581-591.

SAVIO J.D.; KEENAN L.; BOLAND M.P.; ROCHE J.F. Pattern of growth of dominant follicles during the oestrous cycle of heifers. J Reprod Fert 1988;83:663-671.

SCHEMM S.R.; DEAVER D.R.; GRIEL JR. L.C.; MULLER L.D. Effects of recombinant bovine somatotropin on luteinizing hormone and ovarian function in lactating dairy cows. Biol Reprod 199;42:815-821.

SCHMITT E.J.; DIAZ T.; DROST M.; THATCHER W.W. Use of a gonadotropin-releasing hormone agonist or human chorionic gonadotropin for timed insemination in cattle. J Anim Sci 1996;74:1084-1091.

SCHRICK F.N.; HOCKETT M.E.; SAXTON A.M.; LEWIS M.J.; DOWLEN H.H.; OLIVER S.P. Influence of subclinical mastitis during early lactation on reproductive parameters. J Dairy Sci 2001;84:1407-1412.

SENATORE E.M.; BUTLER W.R.; OLTENACU P.A. Relationships between energy balance and post-partum ovarian activity and fertility in first lactation dairy cows. Anim Sci 1996;62:17-23.

SENGER P.L.; BECKER W.C.; DAVIDGE S.T.; HILLERS J.K.; REEVES J.J. Influence of cornual insemination on conception in dairy-cattle. J Anim Sci 1988;66:3010-3016.

SILKE V.; DISKIN M.G.; KENNY D.A.; BOLAND M.P.; DILLON P.; MEE J.F.; SREENAN J.M. Extent, pattern and factors associated with late embryonic loss in dairy cows. Anim Reprod Sci 2002;71:1-12.

SINCLAIR K.D.; KURAN M.; GEBBIE F.E.; WEBB R.; MCEVOY T.G. Nitrogen metabolism and fertility in cattle: II. Development of oocytes recovered from heifers offered diets differing in their rate of nitrogen release in the rumen. J Anim Sci 2000;78:2670-2680.

SIROIS J.; FORTUNE J.E. Ovarian follicular dynamics during the estrous cycle in heifers monitored by real-time ultrasonography. Biol Reprod 1988;39:308-317.

SMITH M.C.; WALLACE J.M. Influence of early post partum ovulation on the re-establishment of pregnancy in multiparous and primiparous dairy cattle. Reprod Fertil Dev 1998;10:207-216.

SPALDING R.W.; EVERETT R.W.; FOOTE R.H. Fertility in New York artificially inseminated Holstein herds in Dairy herd improvement. J Dairy Sci 1975;58:718-723.

SREENAN J.M.; DISKIN M.G.; MORRIS D.G. Embryo survival rate in cattle: a major limitation to the achievement of high fertility. In: Fertility in the high producing dairy cow. 26 Occ Publ Br Soc Anim Sci 2001:93-104.

STAPLES C.R.; THATCHER W.W.; CLARK J.H. Relationship between ovarian activity and energy status during the early postpartum period of high producing dairy cows. J Dairy Sci 1990;73:938-947.

STEVENSON J.S.; JOHNSON S.K.; MEDINA-BRITOS M.A.; RICHARDSON-ADAMS A.M.; LAMB G.C. Resynchronization of estrus in cattle of unknown pregnancy status using estrogen, progesterone, or both. J Anim Sci 2003;81:1681-1692.

STEVENSON J.S.; SCHMIDT M.K.; CALL E.P. Stage of estrous cycle, time of insemination, and seasonal effects on estrus and fertility of Holstein heifers after prostaglandin F2 alpha. J Dairy Sci 1984;67:1798-1805.

STEVENSON, J.S. A review of oestrous behaviour and detection in dairy cows. In: Fertility in the high producing dairy cow. Occ Publ Br Soc Anim Sci 2001;26:43-62.

STEVENSON J.S.; LAMB G.C.; KOBAYASHI Y.; HOFMAN D.P. Luteolysis during two stages of the estrous cycle: subsequent endocrine profiles associated with radiotelemetrically detected estrus in heifers. J Dairy Sci 1998;81:2897-2903.

STEVENSON J.S.; BRITT J.H. Relationships among luteinizing hormone, estradiol, progesterone, glucocorticoids, milk yield, body weight and postpartum ovarian activity in Holstein cows. J Anim Sci 1979;48:570-577.

STEVENSON J.S.; SCHMIDT M.K.; CALL E.P. Factors affecting reproductive performance of dairy cows first inseminated after five weeks postpartum. J Dairy Sci 1983;66:1148-1154.

TANABE T.Y.; DEAVER D.R.; HAWK H.W. Effect of gonadotropin-releasing-hormone on estrus, ovulation, and ovum cleavage rates of dairy-cows. J Anim Sci 1994;72:719-724.

TAYLOR C.; RAJAMAHENDRAN R. Follicular dynamics, corpus luteum growth and regression in lactating dairy cattle. Can J Anim Sci 1991;71:61-68.

THATCHER W.W.; BINELLI M.; ARNOLD D.; MATTOS R.; BADINGA L.; MOREIRA F.; STAPLES C.R.; GUZELOGLU A. Endocrine and physiological events from ovulation to establishment of pregnancy in cattle. In: Fertility in the high producing dairy cow. 26 Occ Publ Br Soc Anim Sci 2001:81-91.

THATCHER W.W.; STAPLES C.R.; DANET-DESNOYERS G.; OLDICK B.; SCHMITT E-P Embryo health and mortality in sheep and cattle. J Anim Sci 1994;72(Suppl. 3):16-30.-

THATCHER W.W.;. WILCOX C.J. Postpartum estrus as an indicator of reproductive status in the dairy cow. J Dairy Sci 1973;56:608-610.

TROUT J.P.; MCDOWELL L.R.; HANSEN P.J. Characteristics of the estrous cycle and antioxidant status of lactating Holstein cows exposed to heat stress. J Dairy Sci 1998;81:1244-1250.

TOWNSON D.H.; TSANG P.C.W.; BUTLER W.R.; FRAJBLAT M.; GRIEL JR. L.C.; JOHNSON C.J.; MILVAE R.A.; NIKSIC G.M.; PATE J.L. Relationship of fertility to ovarian follicular waves before breeding in dairy cows. J Anim Sci 2002;80:1053-1058.

VANROOSE G.; DE KRUIF A.; VAN SOOM A. Embryonic mortality and embryo-pathogen interactions. Anim Reprod Sci 2000;60:131-143.

VASCONCELOS J.L.; DEMETRIO D.G.; SANTOS R.M.; CHIARI J.R.; RODRIGUES C.A.; SA FILHO O.G. Factors potentially affecting fertility of lactating dairy cow recipients. Theriogenology 2006;65:192-200.

VASCONCELOS J.L.M.; SARTORI R.; OLIVEIRA H.N.; GUENTHER J.G.; WILTBANK M.C. Reduction in size of the ovulatory follicle reduces subsequent luteal size and pregnancy rate. Theriogenology 2001;56:307-314.

VASCONCELOS J.L.M.; SILCOX R.W.; LACERDA J.A.; PURSLEY J.R.; WILTBANK M.C. Pregnancy rate, pregnancy loss, and response to head stress after AI at 2 different times from ovulation in dairy cows. Biol Reprod 1997;56:140 (Abstract).

WASHBURN S.P.; SILVIA W.J.; BROWN C.H.; MCDANIEL B.T.; MCALLISTER A.J. Trends in reproductive performance in southeastern Holstein and Jersey DHI herds. J Dairy Sci 2002;85:244-251.

WATHES D.C. Embryonic mortality and the uterine environment. J Endocrinol 1992;134:321-325.

WELLER J.I.; EZRA E. Genetic analysis of somatic cell score and female fertility of Israeli Holsteins with an individual animal model. J Dairy Sci 1997;80:586-593.

WIEBOLD J.L. Embryonic mortality and the uterine environment in 1st-service lactating dairy-cows. J Reprod Fertil 1988;84:393-399.

WILSON S.J.; KIRBY C.J.; KOENIGSFELD A.T.; KEISLER D.H.; LUCY M.C. Effects of controlled heat stress on ovarian function of dairy cattle. 2. heifers. J Dairy Sci 1998a;81:2132-2138.

WILSON S.J.; MARION R.S.; SPAIN J.N.; SPIERS D.E.; KEISLER D.H.; LUCY M.C. Effects of controlled heat stress on ovarian function of dairy cattle. 1. lactating cows. J. Dairy Sci. 1998b;81:2124-2131.

WILTBANK M.C.; GÜMEN A.; SARTORI R. Physiological classification of anovulatory conditions in cattle. Theriogenology 2002;57:21-52.

WOLFENSON D.; INBAR G.; ROTH Z.; KAIM M.; BLOCH A.; BRAW-TAL R. Follicular dynamics and concentrations of steroids and gonadotropins in lactating cows and nulliparous heifers. Theriogenology 2004;62: 1042-1055.

XU Z.Z.; BURTON L.J. Reproductive performance of dairy heifers after estrus synchronization and fixed-time artificial insemination. J Dairy Sci 1999;82:910-917.

XU Z.Z.; MCKNIGHT D.J.; VISHWANATH R.; PITT C.J.; BURTON L.J. Estrus detection using radiotelemetry or visual observation and tail painting for dairy cows on pasture. J Dairy Sci 1998;81:2890-96.

Manejo de eventos pontuais específicos nos períodos pré e pós-parto para melhorar a fertilidade em rebanhos leiteiros[1]

Carlos A. Risco[2]

Num rebanho leiteiro, um programa reprodutivo bem conduzido aumenta a chance de que as vacas permaneçam no rebanho, aumenta o número de vacas que passam a sua vida produtiva gerando lucro para o produtor, aumenta o número de bezerros nascidos ao ano e reduz o descarte involuntário de animais (DeLorenzo et al, 1992). Uma maneira comum de mensurar o desempenho reprodutivo é a taxa de prenhez (TP), definida como a porcentagem de vacas aptas a serem inseminadas que efetivamente tornam-se prenhes durante um

1 Tradução: Alexandre M. Pedroso e Marina A. C. Danés — Departamento de Zootecnia, Esalq/USP.

2 University of Florida, College of Veterinary Medicine.

ciclo estral de 21 dias, e determina o interval parto-concepção (IPC) ao final do período voluntário de espera (PVE). À medida que a TP aumenta, o IPC diminui, de forma que há um aumento na quantidade de leite produzida por dia de vida produtiva do rebanho e diminui o número de vacas descartadas por problemas reprodutivos, o que leva a um aumento no receita total do rebanho. (Risco et al, 1998).

O parto e o início de uma nova lactação resultam em desafios metabólicos e imunológicos que predispoem a vaca aos distúrbios relacionados ao parto (DRP), tais como distocia, hipocalcemia, retenção de membranas fetais, infecções uterinas, cetose e mastite (Curtis et al, 1983). Esses distúrbios, isolados ou em conjunto, reduzem a chance de estabelecimento de uma nova prenhez ao final do PVE. Assim, o ponto crucial de um programa reprodutivo é o manejo correto de eventos pontuais relacionados ao parto a fim de reduzir a incidência das DRP (Fig. 1). Este trabalho vai tratar do manejo desses eventos, em conjunto com a utilização da inseminação artificial em tempo fixo (IATF) ao final do PVE para otimizar a TP em rebanhos leiteiros.

Figure 1. Time specific events pre and post partum that have an effect on the risk for pregnancy at the end of the voluntary waiting period.

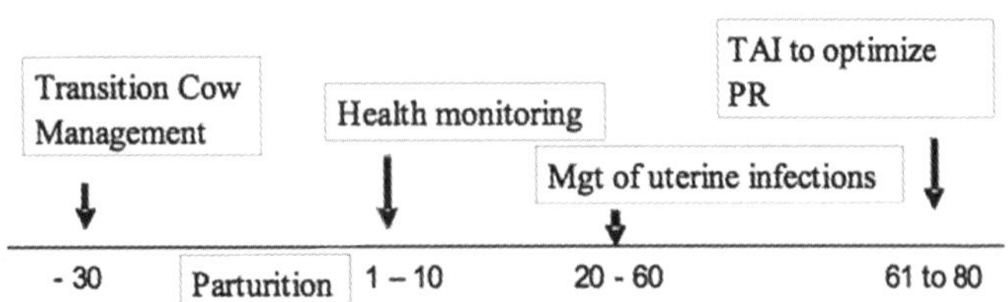

1. Manejo de Vacas em Transição

O correto manejo nutricional das vacas no período de transição pré-parto, com o objetivo de reduzir a incidência das DRP deve ser um component integral do programa reprodutivo-sanitário de rebanhos leiteiros. Infelizmente, na maioria dos rebanhos, a atenção ao manejo pré-parto é dado depois que os problemas surgem. A avaliação periódica do manejo pré-parto das vacas é importante para para determinar o grau de risco de ocorrência das DRP devida a falhas de manejo. Os parâmetros listados abaixo podem ser usados como guia para avaliar o manejo pré-parto das vacas. Esses ítens devem ser checados periodicamente.

- A dieta está corretamente balanceada em termos energéticos, teor de fibra (inclusive fibra efetiva), proteina, balanço cátio-aniônico (BCA), minerais e vitaminas?
- Há espaço suficiente na linha de cocho (pelo menos 60 cm por vaca)?
- Há sombra suficiente (50 m^2 por vaca)?
- Há uma área para partos, limpa e bem dimensionada?
- O escore de condição corporal (ECC) é avaliado durante o período seco e no pós-parto?
- O pH urinário está sendo avaliado para checar o BCA da dieta?
- O status energético do rebanho, pré e pós-parto, está sendo avaliado?
- Há água abundante e limpa suficiente e disponível para todas as vacas?
- As vacas são rotineiramente monitoradas em relação à evolução do processo de parição?
- O veterinário trabalha "afinado" com o nutricionista?

2. Manejo do Parto:

Tratamento e manejo das DRP (distocia, hipoalcemia, retenção de membranas fetais e edema de únere). Quem trata, qual treinamento receberam, quando e como esses problemas são tratados?

Protocolos de Parição e Procedimentos para o pessoal da fazenda:

- Mover as vacas para o grupo de transição 3 a 4 semanas antes da data prevista para o parto.
- Observar sinais de início de parição à primeira hora da manhã e ao anoitecer, e a cada 2-4 horas ao longo do dia
- O trabalho de parto tem início com o rompimento da primeira bolsa diágua (esperar 1-4 horas para vacas e 2-6 horas para novilhas). É preciso haver algum progresso nesse período.
- Quando não se notar progresso, examiner a condição, posição e postura do bezerro.

- Regras para definir se há espaço suficiente para parir o bezerro vaginalmente: cabeça à frente: se for possível puxar as patas dianteiras 10 cm para fora da vulva, há espaço suficiente. Bezerro invertido: se é possível export ambas as patas trazeiras para for a da vulva, há espaço suficiente. SE NÃO HOUVER ESPAÇO SUFICIENTE chame o veterinário.
- Não puxe bezerros em locais inapropriados (galpões ou corredores). Sempre é melhor para a vaca parir numa instalação apropriada. Se não for possível, amarre a vaca ou novilha num mourão de cerca, próxima ao solo. Puxe o bezerro somente quando a vaca apresentar contração.
- Após o nascimento do bezerro:
  a. Certifique-se de que está respirando — limpe as vias respiratórias, coloque em decúbito ventral e estimule a respiração se necessário.
  b. Cheque a vaca/novilha para presença de outro bezerro e para problemas do trato reprodutivo.
  c. Cheque o úbere para produção de colostro e/ou ocorrência de mastite.
  d. Trate o umbigo com tintura de iodo (7%)
  e. Garanta que o bezerro consuma quantidade adequada de colostro!
- Anote o grau de dificuldade do parto
  f. Normal, ou não assistido;
  g. Fácil, somente com reposição de cabeça ou tronco;
  h. Difícil, com ajuda de 2 homens;
  i. Muito difícil, com extração mecânica forçada do bezerro;
  j. Fetotomia;
  k. Cesareana.

Procedimentos Obstétricos

Condições: Vaca não consegue progredir no trabalho de parto. Falha no progresso, não há alterações no status do trabalho de parto nos últimos 45-60 minutos.

ESTÁGIO 1: Vacas no início do trabalho, bezerro posicionando-se no canal vaginal. (1 — 4 horas)

ESTÁGIO 2: Bolsa díágua rompe, bezerro no canal. Novilhas (1 — 3 horas); vacas (1/2 — 1 hora.)

SINTOMAS A:

Dificuldade de entrar em trabalho de parto. Vacas inquietas e aparentando cansaço. Vacas deitam-se sem sinais aparentes de contrações. Muco já foi expulso. Cauda pode estar elevada. Vacas não se interessam por comida e mantêm-se isoladas das outras vacas. Possibilidade de visualizar a primeira bolsa se romper, mas não de forma evidente.

SINTOMAS B:

Vacas em trabalho de parto. Multíparas parem mais rapido que novilhas. Vacas demoram em média 1-2 horas. Novilhas demoram em média 2-3 horas. Uma vez que o bezerro esteja no canal, deve haver progresso a cada 30- 45 minutos. Se o progresso parar depois de 45-60 minutes é preciso checar a vaca, especialmente a posição do bezerro.

Procedimentos: **Lave muito bem** a vaca antes de intervir no parto. Use luvas de látex bem lubrificadas para avaliar a condição intra-vaginal. Se for necessário extrair o bezerro, siga as seguintes instruções:

Corrija o problema:

- Cabeça para trás: Uso do laço facilita muito o trabalho.
- Perna dianteira para trás: Empurre o bezerro de volta para o útero e reposicione no canal pélvico. Tome cuidado para não causar injúrias ao útero.
- Bezerro em posição dorsal: Verifique se há torção de útero. Tente virar o bezerro empurrando-o de volta para o útero, e puxando e rotacionando as patas.
- Posição de cahorro sentado: Empurre o bezerro de volta para o útero e empurre as patas traseiras para trás o máximo que conseguir.
- Bezerro invertido: Empurre o bezerro de volta para o útero e reposicione no canal pélvico. Tome cuidado para não causar injúrias ao útero.
- Torções: Determine o sentido das torções seguindo a direção dos ligamentos do útero. Torções parciais (<90º) podem ser

revertidas puxando e rotacionando as patas do bezerro. Torções mais severas requerem intervenção do veterinário.

Tratamentos: Um problema no parto não é uma emergência. Usar bem o tempo e fazer o procedimento correto minimiza traumas para a vaca e o bezerro. Utilize a regra da meia-hora!

REGRA DA MEIA HORA: Se você não conseguiu nenhum progresso no parto dentro de meia-hora, PARE e peça ajuda, ou chame o veterinário.

- Lubrifique as mãos.
- Limpe suas mãos, braços e a vaca.
- Use 2 correntes — puxe alternadamente.
- Use corrente ou laço para a cabeça, se necessário.
- Use o extrator de bezerros somente como ultimo recurso, e somente depois de corrigir torções uterinas e determinar se o bezerro pode ser retirado pela vagina.
- Verifique ocorrência de gêmeos em todas as vacas.

Um componente importante do manejo de partos é ter respostas prontas para as seguintes questões. Quem na fazenda lida com partos distócicos e trata DRP, que treinamento eles receberam, quando e como esses distúrbios são tratados de acordo com procedimentos padrão determinados pelo veterinário? O treinamento e supervisão do pessoal envolvido com práticas obstétricas deve ser um component do programa reprodutivo da fazenda!

Para mais referências sobre obstetrician bovina e reprodução em geral visite o site do Drost Project Visual Guide (www.drostproject.vetmed.ufl.edu).

3. Monitoramento e controle de infecções uterinas

Saúde pós-parto

O período pós-parto de uma vaca leiteira determina seu desempenho produtivo e reprodutivo durante a lactação subseqüente. É, portanto, um período crucial no ciclo produtivo da vaca. Durante este período, as vacas estão predispostas a desenvolverem problemas como infecções uterinas, deslocamento de abomaso e cetose, que podem ocasionar prejuízos da ordem de U$ 200 a U$ 400 por ocorrência, por lactação (Bartlett et al, 1986; Erb et al, 1980). O monitoramento da saúde da vaca no período pós-parto permite a identificação precoce dos animais com problemas, possibilitando a terapia de suporte, além de prevenir que algumas doenças se desenvolvam. Por exemplo, uma vaca tratada para metrite no início do problema tem menos chance de desenvolver desordens secundárias como deslocamento de abomaso ou cetose. Da mesma forma, uma vaca diagnosticada com cetose subclínica pós-parto e medicada precocemente pode não apresentar infecções uterinas.

O balanço de energia durante o período periparturiente foi associado com doenças uterinas e febre em vacas Holandesas (Hammon et al, 2006). Vacas com febre (1º ao 10º dia pós-parto) e endometrite apresentaram consumo reduzido de matéria seca da primeira semana antes do parto até a quinta semana pós-parto, cetose da segunda semana antes do parto até a quarta pós-parto, e função imune prejudicada. Os resultados deste trabalho mostraram que desordens uterinas são precedidas por balanço energético negativo no pré-parto e início de lactação. Outros estudos relacionaram a cetose com maior risco de metrites puerperais (Markusfeld O, 1984 and 1987), deslocamento de abomaso (Geishauser et al, 1997) e mastite (Syvajarvi et al, 1986). Benzaquen et al (2007) constataram que o tratamento precoce de vacas com metrite resultou em taxas de prenhes semelhantes às das vacas sem metrite, sugerindo que a identificação das vacas com metrite no início do problema, e o pronto tratamento podem minimizar o efeito da metrite na reprodução.

O monitoramento da sanidade no período do pós-parto envolve a avaliação de todas as vacas recém-paridas (7 a 10 dias), realizada por um funcionário treinado da fazenda. Os parâmetros que podem ser utilizados na avaliação do status de saúde das vacas incluem temperatura retal, comportamento, produção de leite, secreções uterinas e urina cetótica. Um problema comum observado em muitas fazendas que realizam o monitoramento pós-parto é a importância exagerada dada a apenas um ou dois desses parâmetros. É fundamental que a equipe de funcionários responsável pelo monitoramento entenda que a combinação desses parâmetros deve ser considerada para decidir se uma vaca está doente ou não e se necessita de tratamento. A seguir são apresentados alguns pontos-chave que devem ser considerados na elaboração de um programa de monitoramento de saúde no pós-parto:

- Identificação dos funcionários que tenham interesse e dedicação para trabalhar com vacas doentes e tratá-las. O veterinário do rebanho deve treinar e supervisionar esses funcionários e trabalhar ao lado deles rotineiramente.
- Criação de protocolos operacionais (PO's) para detecção de vacas doentes, exames físicos e procedimentos necessários para diagnóstico e tratamento de cada doença. Esses protocolos devem ser revistos periodicamente.
- Baseados nas instalações da fazenda e nas habilidades dos funcionários, o proprietário e o veterinário devem decidir qual o programa que melhor funciona para o rebanho.
- É importante que o monitoramento sanitário seja feito por pelo menos 10 dias após o parto e principalmente entre os dias 3 e 7, que aparentam ser os mais críticos (Benzaquen et al, 2007).
    - Vacas com metrite puerperal podem apresentar temperatura retal normal (Benzaquen et al, 2007; Kristula et al, 2001). Por isso, na presença ou ausência de febre (temperatura > 39°C), devem ser examinadas para essa doença as vacas que pareçam doentes, que apresentarem queda na produção de leite ou cetose.
    - Avalie a excreção de secreções uterinas nos dias 3, 5 e 7, para garantir que vacas com metrite e sem febre não sejam ignoradas.
    - A observação das alterações das produções de leite diárias pelos primeiros 20 dias pós-parto é uma valiosa ferramenta que pode ser usada eficientemente para avaliar a saúde das vacas.
    - O monitoramento da saúde do rebanho não deve ficar restrito ao período pós-parto, mas sim realizado em todas as vacas em lactação. Os funcionários responsáveis por movimentar, alimentar, ordenhar ou inseminar os animais devem estar cientes de que realizam papel fundamental na identificação de vacas doentes. Os ordenhadores também devem ser bem treinados para identificar vacas com mas-

tite, sendo este treinamento um importante componente das boas práticas de ordenha.

Manejo das infecções uterinas

A literatura veterinária contém inúmeros trabalhos e estudos sugerindo que as infecções reduzem a produção de leite e posteriormente o desempenho reprodutivo. No entanto, esses estudos não caracterizam o tipo de infecção uterina e a classificam como uma doença complexa atingindo desde vacas aparentemente normais até aquelas com septicemia. Posteriormente, com o detalhamento das infecções uterinas, os termos metrite e endometrite foram inexplicavelmente utilizados sem considerar descobertas clínicas e efeito na fertilidade. Essas inconsistências nas definições têm contribuído para a incerteza em torno de veterinários no uso do termo correto para diagnosticar e tratar infecções uterinas. Este trabalho apresenta características clínicas e tratamentos para as infecções uterinas mais comuns em vacas leiteiras em lactação.

Definição e características clínicas

Metrite: Essa condição é resultado de uma inflamação severa nos tecidos do endométrio (Bondurant RH, 1999). Geralmente ocorre durante os primeiros 21 dias após o parto e está associada com distocia, retenção de membranas fetais e problemas durante o parto. As vacas afetadas podem ter infecções e apresentarem febre, depressão, anorexia e redução na produção de leite. Além disso, podem apresentar secreção vaginal abundante e fétida. Outro termo usado para essa doença é metrite puerperal (Sheldon et al, 2006).

Endometrite clínica: Doença causada por inflamação do endométrio, que não se extende além da camada esponjosa (Bondurant RH, 1999), e é caracterizada pela presença de secreções vaginais purulentas (> 50% pus) ou mucopurulentas (aproximadamente 50% pus, 50% muco), com 21 dias ou mais após o parto (Sheldon et al, 2006). O critério para diagnóstico de endometrite clínica foi definido como sendo a combinação dos sintomas clínicos com o aumento no IPC (LeBlanc et al, 2003). Os sintomas clínicos são a presença de muco vaginal purulento ou diâmetro cervical maior que 7,5 cm aos 21 dias ou mais após o parto; ou a presença de material mucopurulento na vagina, aos 26 dias após o parto. Os autores concluíram que o diagnóstico de endometrite clínica com mais de 21 dias pós-parto inclui uma grande proporção de animais que estão se recuperando de contaminação bacteriana e, por isso, reflete a presença da doença com menos acurácia. Em concordância com um

Endometrite subclínica: Essa condição foi descrita como uma inflamação no útero determinada por citologia, na ausência de material purulento secretado pela vagina (Sheldon et al, 2006). A presença de neutrófilos é a primeira resposta contra bactérias patogênicas no útero após o parto, resultando em um aumento das células polimorfonucleares (PMN) no lúmen uterino. A avaliação citológica mede a proporção de células PMN presentes em uma amostra coletada em uma lavagem uterina ou utilizando uma escova citológica. A presença de mais de 18% de neutrófilos nas amostras coletadas 20 a 30 dias após o parto, ou mais de 10% de neutrófilos de 34 a 47 dias pós-parto, na ausência de sintomas clínicos, sugere endometrite subclínica. Vacas com endometrite subclínica diagnosticadas pelo método de citologia uterina tem menos chance de emprenhar quando comparadas a vacas sem a doença (Gilbert et al., 1998; Kasimanickan et al., 2004).

Piômetra: Doença caracterizada pela presença de quantidades variáveis de secreção purulenta na cavidade endometrial, persistência de um corpo lúteo e suspensão do ciclo estral (Jubb et al, 1985). A doença é mais comum em vacas que tiveram a primeira ovulação pós-parto antes da eliminação da contaminação bacteriana do útero. O corpo lúteo resultante persiste além do tempo normal de duração uma vez que o fluido intrauterino previne a luteólise e a progesterona continua a dominar o útero, suprimindo os mecanismos de defesa (Hussain AM, 1989). A piômetra é também um sinal clínico ocasional de tricomoníase e o *Tritrichomonas fetus* pode ser a causa de casos de piômetra que ocorrem durante a estação de monta.

Tratamento e manejo

O tratamento das infecções uterinas continua sendo um tópico polêmico entre veterinários, talvez por causa da falta de critérios precisos de diagnóstico e falta de experimentos controlados em que vários procedimentos terapêuticos tenham sido rigorosamente controlados. O tratamento para infecção uterina inclui infusão intrauterina com antibióticos, antibióticos sistêmicos e terapia de suporte, e terapias hormonais (Hussain et al, 1991).

Oxitetraciclina tem sido recomendada para terapia intrauterina para vacas recém-paridas apresentando metrite ou endometrite clínica causada por *A. pyogenes*. No entando, em estudo que isolou *A. pyogenes* recuperado do útero de vacas, o patógeno se mostrou resistente a oxitetraciclina e o tratamento intrauterino com altas doses não afetou a freqüência do patógeno isolado (Cohen et al, 1995). Além disso, muitas preparações a base de oxitetraciclina podem irritar e ainda causar endometrite química. É importante mencionar que nos EUA não é permitida a administração intrauterina de antibióticos para vacas em lactação, uma vez que resulta em contaminação no leite e o período de carência apropriado não foi determinado (Bishop et al, 1984).

Uma grande variedade de antibióticos de amplo espectro tem sido recomendada para administração parenteral em vacas com metrite (Montes et al, 1993). A penincilina ou um de seus análogos sintéticos é o mais comumente recomendado (20,000 to 30,000 U/kg bid). Oxitetraciclinas provavelmente não é uma boa opção para administração sistêmica por causa da dificuldade em atingir a minima concentração inibitória necessária para *A. pyogenes* no lúmen uterino. Ceftiofur é uma cefalosporina de terceira geração que possui amplo espectro contra bactérias gram-positivas e gram-negativas responsáveis pela causa da metrite (Chenault et al, 2004). Além disso, foi constatado que o ceftiofur atinge todas as camadas do útero sem deixar resíduos no leite. Administração subcutânea de ceftiofur na dose de 1 mg/kg em vacas recém-paridas resultou em uma concentração de ceftiofur e seus metabólitos ativos no plasma, tecidos e fluidos uterinos que excedeu os valores de MCI (mínimas concentrações inibitórias) reportados para patógenos normalmente causadores da metrite (Schmitt and Bergwerff, 2000). Ceftiofur administrado na dose de 2,2 mg/kg, diariamente, por 5 dias, apresentou tratamento igualmente efetivo para vacas recém-paridas apresentando metrite (temperatura retal maior que 103,1°F, útero flácido, e secreções vaginais mal cheirosas), quando comparado a penincilina ou penincilina mais infusão intrauterina com oxitetraciclina (Smith et al, 1998). Em um estudo conduzido em diversos locais, envolvendo 406 vacas nos primeiros 14 dias após o parto, o ceftiofur administrado na dose de 2,2 mg/kg, diariamente, por 5 dias, foi eficaz no tratamento da metrite (temperatura retal maior que 103,1°F, secreção vaginal mal cheirosa) (Chenault et al, 2004). Nos EUA, o ceftiofur é permitido para administrações sistêmicas em vacas em lactação apresentando metrite.

Antiinflamatórios não esteróides são usados para combater a toxemia e aumentar o apettite. Vacas com metrite apresentam consumo deprimido, o que afeta o balanço de cálcio e energia no organismo. Conseqüentemente, tratamentos com suplementos de energia e cálcio podem ser recomendados.

Uma grande variedade de hormônios tem sido administrada para vacas com o objetivo de previnir ou tratar a metrite pós-parto (Frazer GS, 2005). A ocitocina causa contrações no miométrio se o útero estiver dominado por estrógeno, por isso deve ser efetiva no auxílio da evacuação uterina se administrada 48 a 72 horas após o parto. Normalmente são utilizadas doses de 20 a 40 U a cada 3 a 6 horas.

Prostaglandina F_2 alfa ($PGF_{2\alpha}$) e seus análogos sintéticos tem sido largamente utilizados para tratamento de metrite e endometrote clínica (Wenzel et al, 1993). Durante o período imediatamente após o parto, as concentrações séricas de $PGF_{2\alpha}$ e seus metabólitos são elevadas e estão relacionadas com o processo de involução uterina. No entanto, a administração de prostaglandina exógena durante o período pós-parto não altera a taxa de involução uterina, nem esta é retardada quando a síntese de prostaglandina é inibida. Diversos ensaios clínicos mostraram que a administração de protaglandina durante o período pós-parto pode melhorar o desempenho reprodutivo de vacas leiteiras que não estejam afetadas por doenças periparturientes (Young et al, 1986; McClary et al, 1989). Da mesma forma, vacas com distocia, retenção de placenta, ou ambos os problemas, tratadas com PGF_{2a} logo após o parto, seguido de um segundo tratamento 14 dias depois, apresentaram maior taxa de concepção no primeiro serviço do que as vacas que não receberam tratamento, tendo ou não apresentado problemas no parto (Risco et al, 1994). Em vacas primíparas tratadas para metrite puerperal com ceftiofur sistêmico, a administração de duas doses de $PGF_{2\alpha}$, com intervalo de 8 horas, no 8° dia após o parto, melhorou a involução uterina, reduziu a concentração de substâncias inflamatórias e aumentou a taxa de concepção no primeiro serviço. (Melendez et al, 2004).

Prostaglandina é o tratamento de escolha para piômetra. O tratamento tem efeito em 3 a 9 dias com a evacuação uterina de 85 a 90% das vacas tratadas. Se as lesões do endométrio tiverem 30 dias para se curar, a fertilidade é reestabelecida para a maioria das vacas tratadas (Gustafson B, 1980).

4. Estratégias para maximizar a TP no final do PVE:

Falhas para detectar vacas no cio e baixas taxas de concepção são os fatores mais limitantes para atingir ótima TP nas vacas em lactação. Para melhorar a TP, geralmente são utilizados protocolos de sincronização de cio. A sincronização de um grupo de vacas com PGF_2 faz com que os ciclos estrais se concentrem em períodos de 7 dias, o que ajuda a melhorar a taxa de detecção de cio. As vacas geralmente recebem PGF_2 em intervalos de 14 dias, iniciando próximo ao final do PVE e são inseminadas quando o cio é detectado. O intervalo de 14 dias é baseado no fato de que deve haver tempo suficiente para permitir que as vacas apresentando corpo lúteo (CL) que responderam à primeira aplicação de PGF tenham um novo CL suficientemente maduro para responder à segunda injeção. Além disso, as vacas que não apresentaram CL (não responderam) na primeira aplicação devem estar com um CL maduro e responsivo ao PGF na segunda injeção, 14 dias depois. No entanto, a inseminação das vacas depende da eficiência na detecção de cio, que é baixa (menor que 50%) na maioria dos rebanhos (Stevenson, 2005).

Atualmente é consenso que a estratégia mais econômica para melhorar as TP é a utilização de protocolos de IATF, como o OvSynch (Figura 2). O protocolo OvSynch permite a inseminação das vacas sem a detecção de cio e conseqüentemente melhora a TP. Por exemplo, durante um ciclo estral em um grupo de vacas de um rebanho com taxa de detecção de cio de 60% e taxa de concepção de 30%, apenas 18% das vacas ficariam prenhes. Já com a aplicação do OvSYnch e uma taxa de concepção semelhante, de 30%, a taxa de inseminação seria 100% e 30% das vacas ficariam prenhes. As TP aumentam

Figure 2. OvSynch Timed AI (TAI) Protocol.

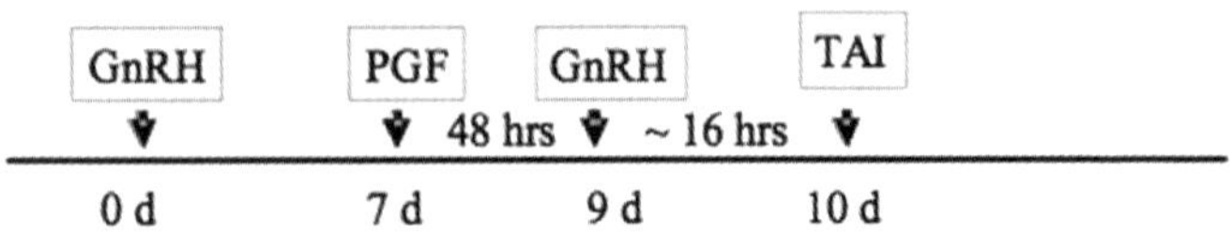

quando o protocolo OvSynch é iniciado entre o 5° e o 12° dia do ciclo estral (Moreira et al, 2001). Isso pode ser realizado pré-sincronizando as vacas com PGF 12 dias antes do início do OvSynch ou mais eficientemente com dois tratamentos com PGF$_2$, em intervalos de 14 dias, com o início do OvSynch 12 dias após a segunda aplicação (Presynch-OvSynch: Figura 3; Moreira et al, 2001). Estudos conduzidos com vacas em lactação indicaram que a taxa de prenhes aumenta de 6 a 18 unidades percentuais quando o protocolo Presynch-OvSynch foi empregado (Moreira et al, 2000; EL-Zarkouny et al, 2004).

Figure 3. Presynch + OvSynch Protocol.

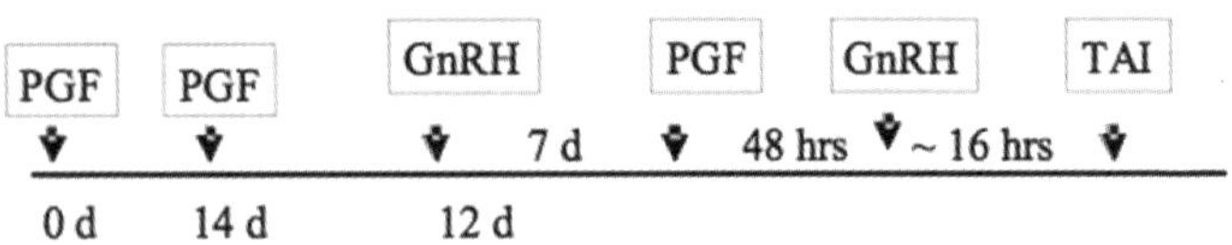

Viabilidade econômica dos programas de IATF:

A viabilidade econômica do uso do OvSynch depende da taxa de detecção de cio do rebanho. Em rebanhos com altas taxas de detecção de cio, o retorno econômico do protocolo é baixo. Este conceito foi ilustrado em um estudo que reportou o retorno da prenhez resultate de inseminação com detecção de cio ou do OvSynch em dois rebanhos[16]. Metade das vacas de cada rebanho foi inseminada por detecção de cio, enquanto a outra metade foi inseminada com o OvSynch. Em um dos rebanhos, com baixa detecção de cio, o custo da gestação foi significativamente reduzido com o uso do protocolo.

Já no outro rebanho, que apresentava maiores taxas de detecção de cio, o custo da gestação foi um pouco maior para o OvSynch, apesar de ter melhorado o desempenho reprodutiva. Os altos custos atribuídos às baixas taxas de prenhes de inseminações com detecção de cio são devidos às altas taxas de descarte e número excessivo de dias em aberto.

Um estudo conduzido na Flórida calculou o retorno líquido potencial por vaca, comparando o uso do OvSynch no inverno e no verão com a inseminação por detecção de cio (Risco et al, 1998). O maior impacto no retorno líquido foi obtido quando Ovsynch foi usado durante o verão, comparado com o inverno. Esse resultado foi atribuído às baixas taxas de detecção de cio observadas durante os meses de verão. Os autores concluíram que o uso de programas de IATF como o Ovsynch é uma alternativa econômica no manejo reprodutivo de rebanhos leiteiros com baixa taxa de detecção de cio.

Mortes embrionárias

Uma consideração importante para baixas TP é a morte embrionária nos primeiros 40 dias de gestação, que pode ser responsável por 15 a 25% das falhas das gestações (Roche, 1986). Um estudo que avaliou os fatores que afetam a morte embrionária em vacas leiteiras indicou que 39% das vacas prenhes no 23° dia após a inseminação perderam seu embrião no 27° dia, e 18% das vacas prenhes no 27° ou 28° dia não estavam prenhes do 35° ao 41° dia (Moore et al, 2005). Os maiores riscos identificados para a morte do embrião durante os dois períodos foi a inseminação de vacas prenhes, a baixa concentração de progesterona e vacas com escore de contagem de células somáticas maior que 4,5. Os autores concluíram que os veterinários realizam importante papel na redução da morte embrionária, devido a:

- Assegurar treinamento apropriado aos técnicos inseminadores para melhorar a detecção de cio. Ou seja, para reduzir a inseminação de vacas prenhes incorretamente identificadas como estando em cio.
- Trabalhar em conjunto com os produtores ajuda a reduzir a incidência de infecções intramamárias.
- Avaliar a nutrição da vaca em lactação para minimizar o balanço energético negativo após o parto e maximizar a concen-

tração de progesterona após a inseminação. Administração de gonadotropina coriônica humana (HCG) eleva as concentrações de progesterona (formação do CL) e reduz as perdas de prenhez (Santos et al., 2001). Tratamento com 3.300 unidades de HCG intramuscular no 5º dia após a inseminação resultou em múltiplos CL, concentração de progesterona mais elevada e TP maiores aos 45 dias.

Conclusões

De uma perspectiva de sanidade, bem-estar e desempenho, o período pós-parto é uma janela curta, em que a sobrevivência e a sanidade da vaca são uma grande preocupação com o desenvolvimento de metrite infecciosa. Subsequentemente, a prevalência de endometrite acaba resultando em baixas taxas de fertilidade em vacas lactantes, com uma TP geral do rebanho em torno de 16%. O desafio é integrar programas de medicina preventiva com o manejo reprodutivo em fazendas comerciais, a fim de melhorar a fertilidade do rebanho. Vacas com DRP, como hipocalcemia, distocia e retenção de membranas fetais têm maior predisposição para contrair infecções uterinas do que vacas que parem normalmente. Assim, o manejo apropriado do period de transição é critic para a prevenção de infecções uterinas. Além disso, um programa de monitoramento sanitário pós-parto que garanta tratamento precoce das vacas afetadas é muito importante e deve ser implementado em toda fazenda leiteira.

Referências

BARTLETT P.C.; KIRK J.H.; WILKE M.A.; et al. Metritis complex in Michigan Holstein-Friesian cattle: incidence, descriptive epidemiology and estimated economic impact. Prev Vet Med Vol 4: pages 235-248, 1986.

BENZAQUEN, M.E.; RISCO C.A.; Archbald L.F.; et al. Rectal Temperature, Calving Related Factors, and the incidence of puerperal metritis in postpartum dairy cows. J.Dairy. Sci., 2007; 90:2804-2814.

BISHOP J.R.; BODINE A.B.; O'DELL G.D.; et al: Retention data for antibiotics commonly used for bovine infusion. *J Dairy Sci* 1984; 67:437.

BONDURANT R.H. Inflammation in the bovine female reproductive tract. 1999; J. Anim. Sci., 77: suppl.2, 101-110.

CHENAULT J.R.; MCALLISTER J.F.; CHESTER S.T.; et al. Efficacy of ceftiofur hydrochloride sterile suspension administered parenterally for the treatment of acute postpartum metritis. 2004; JAVMA, Vol 224, No. 10:1634-1639.

COHEN R.O.; BERNSTEIN M.; ZIV G. Isolation and antimicrobial susceptibility of *Actinomyces pyogenes* recovered from the uterus of dairy cows with retained fetal membranes and postparturient endometritis. *Theriogenology* 1995; 43:1389.

CURTIS C.R.; ERB H.N.; SNIFFEN L.J.; et al. Association of parturient hypocalcemia with eight periparturient disorders in Holstein cows. *J Am Vet Med Assoc* 1983;183: 559-561.

DELORENZO, M.A.; SPREEN T.H.; BRYAN G.R.; et al. Optimizing model: insemination, replacement, seasonal production, and cash flow. J. Dairy Sci., 1992. 75:885-896.

EL-ZARKOUNY S.Z.; CARTMILL J.A.; HENSLEY B.A. Pregnancy in dairy cows alter synchronized ovulation regimens with or without presynchronization and progesterona. J Dairy Sci 2004:83:1024-1037.

ERB H.N.; MARTIN S.W. Interrelationship between production and reproductive diseases in Holstein cows: Data. *J Dairy Sci* 1980; 63:1911.

FRAZER G.S. A rational basis for therapy in the sick postpartum cow. In: Frazer GS (Ed): Veterinary Clinics of North America, Food Animal Practice, Bovine Theriogenology, pages523-568.

GEISHAUSER T.; LESLIE K.; DUFFIELD T.; et al. Evaluation of aspartate aminotransferase activity and beta-hydroxybutyrate concentration in blood as tests for left displaced abomasums in dairy cows. Am J Vet Res 1997; 58:1216-20

GILBERT R.O. Bovine endometritis: The burden of proof. *Cornell Vet* 1992; 82:11.

GUSTAFSSON B.K. Treatment of bovine pyometra with prostaglandins. In Morrow DA (Ed): *Current Therapy in Theriogenology*, pages 189-194. Philadelphia: WB Saunders Co, 1980.

HAMMON D.S.; EVJEN I.M.; DHIMAN T.R.; GOFF J.P.; WALTERS J.L. 2006. Neutrophil function and energy status in Holstein cows with uterine health disorders. Veterinary Immunology and Immunopathology, 2006;113:, 21-29.

HUSSAIN A.M.; DANIEL R.C.W. Bovine endometritis: A review. *J Vet Med Series A* 1991; 38:641.

HUSSAIN A.M. Bovine uterine defense mechanism: A review. *J Vet Med Series B* 1989; 36:641.

JUBB K.V.F.; KENNEDY P.C.; PALMER N. The female genital system. In *Pathology of Domestic Animals,* 3rd Ed, Vol 3, p 305. Orlando: Academic Press, 1985.

KASIMANICKAN R.; DUFFIELD T.F.; FOSTER R.A.; GARTLEY C.J.; LESLIE K.E.; WALTON J.S.; et al. Endometrial cytoloty and ultrasonography for the detection of subclinical endometritis in postpartum dairy cows. Theriogenology 2004;62:9-23.

KRISTULA M.; SMITH B.I.; SIMEONE A.The use of daily postpartum rectal temperature to select dairy cows for treatment with systemic antibiotics. The Bovine Practitioner Vol 35: 2, June 2001, pages 117-125.

LEBLANC S.J.; DUFFIELD T.F.; LESLIE K.E.; et al: Defining and diagnosing postpartum clinical endometritis and its impact on reproductive performance in dairy cows. J. Dairy Sci 2002; 85:2223-2236.

MARKUSFELD O. Factors responsible for post parturient metritis in dairy cattle. Vet. Rec. 114:539, 1984.

MARKUSFELD O. Periparturient traits in seven high dairy herds. Incidence rates, association with parity, and interrelationships among traits. J. Dairy Sci. 70:158, 1987.

MELENDEZ P.; MCHALE J.; BARTOLOME J.; ARCHBALD L. Uterine involution and fertility of Holstein cows subsequent to early PGF2a treatment for acute puerperal metritis. J Dairy Sci 2004; 87:3238-3246.

MILLER H.V.; KIMSEN P.B.; KENDRICK J.W.; et al: Endometritis of dairy cattle: Diagnosis, treatment, and fertility. Bov Pract 1980; 15:13.

MONTES A.J.; PUGH D.G. Clinical approach to postpartum metritis. Compend Contin ghgEduc Pract Vet 1993; 15:1131.

MOORE D.A.; OVERTON M.W.; CHEBEL R.C.; et al. Evaluation of factors that affect embryonic loss in dairy cattle. JAVMA, 2005, Vol 226, No., 7, 112-1118.

MOREIRA F.; ORLANDIC, RISCO C.A.; et al. Effects of presynchronization and bovine somatotropin o pregnancy rates to a timed artificial insemination protocol in lactating dairy cows. J. Dairy Sci 2001; 84: 1646-1659.

MOREIRA F.; RISCO C.A.; PIRES M.F.A.; et al. Use of bovine somatotropin in lactating dairy cows receiving timed artificial insemination. J Dairy Sci 2000;83:1237-1247.

RISCO C.A.; ARCHBALD L.F.; ELLIOTT J.; TRAN T and CHAVATTE P. Effect of hormonal treatment on fertility in dairy cows with dystocia or retained fetal membranes at parturition. J Dairy Sci. 1994; 77:2562-2569.

RISCO C.A.; MOREIRA F.; DELORENZO M.; THATCHER W.W. 1998.Timed artificial insemination in dairy cattle. Part II. Compend Contin Educ Pract Vet; 20(11):1284-1290.

ROCHE J.F. Early embryo loss in cattle. In: Morrow DA, ed. Current therapy in theriogenology. Philadelphia: WB Saunders Co, 1986; 200-204.

SANTOS J.E.; THATCHER W.W.; POOL L. Effect of human chorionic gonadotropin on luteal function and reproductive performance of high-producing lactating Holstein dairy cows. J Anim Sci 2001;79:2881-2894.

SCHMITT E.J.; BERGWERFF A.A. Concentration of potentially active ceftiofur residues in plasma, uterine tissues and uterine secretions after post-partum administration of ceftiofur hydrochloride in lactating dairy cows, Kalamazoo, Mich: Pharmacia Animal Health, 2000.

SHELDON M.; LEWIS G.S.; LEBLANC S.; GILBERT R.O. Defining postpartum uterine disease in cattle. Theriogenology, 2006;65:1516-1530.

SMITH B.I.; DONOVAN G.A.; RISCO C.A.; LITTELL R.; YOUNG C.; STANKER L.H.; ELLIOTT J.B. Comparison of Various Antibiotic Treatments for Cows Diagnosed with Toxic Puerperal Metritis. J. Dairy Sci., 1998; 81: 1555-1562.

STEVENSON J.S. Breeding Strategies to Optimize Reproductive Efficiency in Dairy Herds. In: Frazer GS, ed. Veterinary clinics of north america. Philadelphia: WB Saunders Co, July 2005, Vol. 21, No. 2:349-366.

SYVAJARVI J.; SALONIEMI H.; GROHN Y. An epidemiological and genetic study on registered diseases in Finnish Ayrshire cattle. Acta Vet Scand 1986; 27:223-34.

TENHAGEN B.A.; DRILLICH M.; SURHOLT R. Comparison of timed AI after synchronized ovulation to AI at estrus: reproductive and economic considerations. J Dairy Sci 2004; 87:85-94.

THATCHER W.W. Role of prostaglandin during the periparturient period in the cow. Proc Ann. Mtg Soc Therio, 1988, p 55.

WENZEL J.G.W.; WRIGHT J.C.; CARSON R.L. Use of prostaglandin products by dairy cattle owners, beef cattle owners, and veterinarians. J Am Vet Med Assoc 1993; 203:1732.42. Young IM, Anderson DB: Improved reproductive performance from dairy cows treated with dinoprost tromethamine soon after calving. Theriogenology 1986; 26:199.